U0284465

中国工程院院士文集

我的求学之路

记于大学毕业五十周年之际

龚晓南 著

浙江大学出版社

图书在版编目（CIP）数据

我的求学之路 / 龚晓南著. —杭州：浙江大学出版社，2017.4

ISBN 978-7-308-16803-8

Ⅰ. ①我… Ⅱ. ①龚… Ⅲ. ①龚晓南－回忆录②土木工程－文集 Ⅳ. ①K826.16②TU-53

中国版本图书馆CIP数据核字（2017）第069076号

我的求学之路

龚晓南　著

责任编辑	金佩雯　许佳颖	
责任校对	潘晶晶　郝　娇	
封面设计	续设计	
出版发行	浙江大学出版社	
	（杭州市天目山路148号　邮政编码　310007）	
	（网址：http://www.zjupress.com）	
排　　版	杭州兴邦电子印务有限公司	
印　　刷	绍兴市越生彩印有限公司	
开　　本	787mm×1092mm　1/16	
印　　张	22.75	
字　　数	459千	
版印次	2017年4月第1版　2017年4月第1次印刷	
书　　号	ISBN 978-7-308-16803-8	
定　　价	160.00元	

《中国工程院院士文集》总序

　　二〇一二年暮秋，中国工程院开始组织并陆续出版《中国工程院院士文集》系列丛书。《中国工程院院士文集》收录了院士的传略、学术论著、中外论文及其目录、讲话文稿与科普作品等。其中，既有早年初涉工程科技领域的学术论文，亦有成为学科领军人物后，学术观点日趋成熟的思想硕果。卷卷文集在手，众多院士数十载辛勤耕耘的学术人生跃然纸上，透过严谨的工程科技论文，院士笑谈宏论的生动形象历历在目。

　　中国工程院是中国工程科学技术界的最高荣誉性、咨询性学术机构，由院士组成，致力于促进工程科学技术事业的发展。作为工程科学技术方面的领军人物，院士们在各自的研究领域具有极高的学术造诣，为我国工程科技事业发展做出了重大的、创造性的成就和贡献。《中国工程院院士文集》既是院士们一生事业成果的凝练，也是他们高尚人格情操的写照。工程院出版史上能够留下这样丰富深刻的一笔，余有荣焉。

　　我向来以为，为中国工程院院士们组织出版《中国工程院院士文集》之意义，贵在"真善美"三字。他们脚踏实地，放眼未来，自朴实的工程技术升华至引领学术前沿的至高境界，此谓其"真"；他们热爱祖国，提携后进，具有坚定的理想信念和高尚的人格魅力，此谓其"善"；他们治学严谨，著作等身，求真务实，科学创新，此谓其"美"。《中国工程院院士文集》集真善美于一体，辩而不华，质而不俚，既有"居高声自远"之淡泊意蕴，又有"大济于苍生"之战略胸怀，斯人斯事，斯情斯志，令人阅后难忘。

　　读一本文集，犹如阅读一段院士的"攀登"高峰的人生。让我们翻开《中国工程院院士文集》，进入院士们的学术世界。愿后之览者，亦有感于斯文，体味院士们的学术历程。

徐匡迪

2017 年 1 月

前　言

我们这一代人，人生阅历比较丰富。经历过"大炼钢铁"和"大跃进"，经历过挨饿的日子，经历过史无前例的"文革"风云，最后赶上了改革开放的好时代。我个人的经历不仅丰富，而且幸运。我在1961年进大学前是农家的穷孩子，进了清华园成了大学生。毕业后按当时面向基层的政策被分配到秦岭山区搞"大三线"建设。1978年考上浙江大学研究生，1984年获博士学位。1986年有幸获得德国洪堡奖学金赴Karlsruhe大学从事科研工作。1988年春回国，同年升为教授。2011年被选为中国工程院院士。丰富的人生阅历是宝贵的财富。在大学毕业50年之际，回忆自己的求学历程，出版《我的求学之路》，也是人生中一件很有意义的事情。

在求学途中，无论是在初小、高小、初中、高中、大学、硕士研究生、博士研究生等阶段，在申请洪堡奖学金、出国交流访问和留学期间，在大山区建设"大三线"时，还是在高校从事教学、科研和技术服务阶段，父母亲和亲人们都给我无微不至的关心和帮助，还有那么多的老师和同学、同仁和同行、认识和不认识的朋友，都在引导我、支持我、指导我和帮助我，他们是我人生途中的贵人。许多往事，记忆犹新。希望《我的求学之路》能记录一些往事，略表感谢之情。我对他们有说不完的感谢，这种感恩之心常常涌上心头，是无法用语言来描述的，我唯有努力工作，更好地报效祖国和人民，报答贵人们的支持和帮助。

《我的求学之路》主要内容包括：简历、家和家史、求学历程，以及代表性刊物论文16篇和"一题一议"16篇。简历含学历、工作简历和要点简记。在家和家史中，介绍了家族简况。在求学历程中，回忆了从小学到现在的求学、求知历程。选录的论文和"一题一议"可反映我对岩土工程的认识和学术思想的一个侧面。在其他栏目中，收录短文《我与岩土工程》，以及3篇在会议上的发言稿。附录1收录了已出版的著作目录，在2016年底前我个人以及我与学生合作发表的论文目录，主编学术论文集目录，已培养的硕士和博士名录，合作的博士后及访问学者名录，以及主要学术兼职。附录2收录了我的父亲龚樟杰的三篇文章：《家族考查概况》《我的家史》和《汤溪家乡纪述》。

在《我的求学之路》成书过程中，许多亲友、同学和学生帮我收集资料，核实史料，校对书稿。因人数众多，恕我不能一一列名对他们的帮助和支持表示感谢。《我的求学之路》的出版还得到浙江大学出版社和中国工程院的帮助和支持，在此一并表示衷心感谢。

龚晓南

2017年1月于杭州景湖苑

目录

简　历 1

家和家史 5

求学历程 24

代表性刊物论文 57

软土地基固结有限元法分析 59

油罐软黏土地基性状 73

对岩土工程数值分析的几点思考 87

漫谈岩土工程发展的若干问题 95

21世纪岩土工程发展展望 102

土力学学科特点及对教学的影响 111

软黏土地基土体抗剪强度若干问题 117

广义复合地基理论及工程应用 125

基坑工程发展中应重视的几个问题 149

水泥搅拌桩的荷载传递规律 156

刚性基础与柔性基础下复合地基模型试验对比研究 166

土钉和复合土钉支护若干问题 172

地基处理技术及其发展 179

桩体复合地基柔性垫层的效用研究 190

真空预压加固软土地基机理探讨 199

加强对岩土工程性质的认识，提高岩土工程研究和设计水平 206

一题一议 213

墙后卸载与土压力计算 215

排水固结法与土工布垫层联合作用问题 217

沉降浅议 218

读"岩土工程规范的特殊性"与"试论基坑工程的概念设计"　220

1＋1＝？　222

当前复合地基工程应用中应注意的两个问题　225

应重视上硬下软多层地基中挤土桩挤土效应的影响　227

某工程案例引起的思考——应重视工后沉降分析　229

案例分析　231

从某勘测报告不固结不排水试验成果引起的思考　233

关于筒桩竖向承载力受力分析图　236

薄壁取土器推广使用中遇到的问题　239

基坑放坡开挖过程中如何控制地下水　241

从应力说起　243

承载力问题与稳定问题　245

岩土工程分析的误差主要来自哪个环节　247

其　他　249

我与岩土工程　251

加强学科建设　加快发展步伐　适应形势要求　为建设一流土木
工程学系而努力——浙江大学土木工程学系发展规划概要初步设
想以及工作思路　256

在第六届教职工代表大会(2012年)第三次会议上的发言　260

2014年浙江大学研究生开学典礼讲话　262

附录1　263

著作目录　265

论文目录　268

主编学术论文集目录　314

培养硕士研究生、博士研究生、博士后及访问学者名录　316

主要学术兼职　323

附录2　327

家族考查概况　329

年迈忆少　昼夜思亲　艰辛处事　记忆犹新　岁月蹉跎
白费心神　子孙荣誉　光耀门庭——我的家史　331

汤溪家乡纪述　341

编辑说明　354

简 历

学 历

1949年9月至1953年7月	浙江省汤溪县罗埠区莲湖乡山下龚初级小学
1953年9月至1955年7月	浙江省汤溪县罗埠高级小学
1955年9月至1958年7月	浙江省汤溪初级中学
1958年9月至1961年1月	浙江省金华第四中学(原汤溪初级中学)
1961年2月至1961年7月	浙江省金华第一中学
1961年9月至1967年7月	清华大学土木建筑系工业与民用建筑专业
1978年9月至1981年7月	浙江大学岩土工程专业硕士研究生
1982年2月至1984年9月	浙江大学岩土工程专业博士研究生

工作简历

1968年5月至1978年9月	在国防科委8601工程处(中国人民解放军兰字823部队)工作,参加公路、桥梁、路堤等工程的设计和施工工作,任国防科委8601工程处公路大队副队长兼技术主管。8601工程处撤销后在其所属的国防科委1405研究所(中国人民解放军1440部队)基建办公室任工程组组长,负责1405研究所基建工程技术管理工作
1981年8月至今	浙江大学教师
1981年8月至1982年1月	浙江大学土木工程学系土工学教研室教师
1982年2月至1984年9月	浙江大学在职岩土工程专业博士研究生
1984年10月至1986年11月	浙江大学土木工程学系土工学教研室讲师
1986年	晋升为副教授

1986年12月至1988年4月	获洪堡基金会奖学金,德国卡尔斯鲁厄大学(Universität Karlsruhe)*土力学与岩石力学研究所博士后研究学者,合作导师G. Gudehus教授
1988年4月	回到浙江大学土木工程学系土工学教研室
1988年5月至1989年7月	任浙江大学土木工程学系副主任
1988年12月	晋升为浙江大学教授
1989年	撤销土工学教研室,成立浙江大学岩土工程研究所,任副所长(至2004年)
1989年8月至1990年3月	任浙江大学土木工程学系副主任(主持工作)
1994年5月至1999年9月	任浙江大学土木工程学系主任
1994年5月至1999年9月	任浙江大学建筑工程学院副院长
1993年	被国务院学位委员会聘为岩土工程博士研究生导师
2002年	注册土木工程师(岩土)(特许)
2011年12月	当选中国工程院院士
2012年	任浙江大学滨海和城市岩土工程研究中心主任

要点简记

1944年10月12日	出生于浙江省金华地区汤溪县山下龚村
1949年9月	山下龚初级小学
1961年9月	清华大学土建系工业与民用建筑专业(六年制)
1963年5月25日	加入中国共产党
1868年5月	毕业分配到国防科委8601工程处队工作
1969年	首次设计和负责施工的桥梁(南家关战奋桥)通车
1978年9月	浙江大学硕士研究生,导师曾国熙教授
1981年7月	硕士研究生毕业,获岩土工程硕士学位,留校任教
1983年	发表第一篇科技论文,获浙江大学科技成果理论一等奖
1984年9月12日	通过博士论文答辩(导师曾国熙教授),成为我国岩土工程界和浙江省自己培养的第一位博士
1984年	任中国土木工程学会土力学及基础工程学会地基处理学术委员会委员、秘书

---

　　* 2006年,卡尔斯鲁厄大学与卡尔斯鲁厄科研中心(Forschungszentrum Karlsruhe)签订合同,成立卡尔斯鲁厄理工学院(Karlsruher Instituts für Technologie,KIT)。

1984年12月	任《地基处理手册》编委会编委、秘书,负责组织具体工作。1986年8月书稿交中国建筑工业出版社,1988年出版发行
1985年	参加在日本名古屋举行的第五届国际岩土力学数值分析会议
1985年	组织在浙江大学举行的,浙江大学、同济大学、河海大学、西安空军工程学院和南京水利科学研究院等单位参加的岩土工程研究生教学和学术讨论会
1986年	任第一届全国地基处理学术讨论会组委会负责人
1986年12月	获联邦德国洪堡基金会奖学金,赴联邦德国卡尔斯鲁厄大学从事研究工作
1988年4月	从联邦德国回国
1988年12月	被聘为浙江大学教授
1989年4月	任《桩基工程手册》编委会编委、秘书,负责组织具体工作。1994年书稿交中国建筑工业出版社,1995年出版发行
1990年10月	创办《地基处理》刊物,任报刊负责人
1990年	出版第一部专著《土塑性力学》
1990年	担任浙江省自然科学基金项目"复合地基承载力和变形计算理论研究(1990—1992)"和国家自然科学基金项目"柔性桩复合地基承载力和变形计算与上部结构共同作用研究(1990—1992)"项目负责人
1991年	在《地基处理》上连载《复合地基引论》,首次创建复合地基理论框架
1991年	作为副导师指导的第一位博士研究生毕业
1991年	任中国土木工程学会土力学及基础工程学会地基处理学术委员会主任
1992年	出版第一部复合地基专著《复合地基》
1992年	获国务院政府特殊津贴
1992年	创建浙江省力学学会岩土力学与工程专业委员会,任主任
1992年	提议并大力支持举办由中国力学学会土力学专业委员会,中国土木工程学会土力学及基础工程学会,中国水利学会岩土力学专业委员会和中国建筑学会地基基础学术委员会联合主办的系列全国岩土力学与

	工程青年工作者学术讨论会
1993年	被国务院学位办聘为岩土工程博士研究生导师
1994年	担任浙江大学土木工程学系主任
1994年	受国家自然科学基金委员会材料与工程科学部的委托,在杭州组织召开"建筑环境与结构工程学科领域中年专家学术交流会"
1995年	创办浙江大学土木工程教育基金会,任会长、理事长
1995年	发起并组织募捐、建造浙江大学土木科技馆,任基建领导小组组长
1996年	任金华博士联谊会会长
1996年	受福建省建工集团邀请,担任《深基坑工程设计施工手册》主编,负责组织编写工作,手册于1998年出版
1998年	第一部外文专著《土塑性力学(韩文版)》由欧美书馆出版
1998年	指导第一位外籍(约旦籍)博士研究生(M. Bassam)毕业,也是浙江大学培养的以中文完成学业的第一位外籍博士
2002年	获茅以升科学技术奖—土力学及基础工程大奖
2002年	特许被聘为注册土木工程师(岩土)
2004年	任中国建筑学会施工分会基坑工程专业委员会主任
2007年	任《岩土工程学报》黄文熙讲座撰稿人
2008年	任浙江省岩土力学与工程学会第一届理事会理事长
2011年	中国工程院院士(土木、建筑、水利学部)
2012年	主编的中华人民共和国国家标准《复合地基技术规范》颁布
2012年	任浙江大学滨海和城市岩土工程研究中心主任
2016年	获浙江省教学成果一等奖

家和家史

1944年10月12日,我出生在浙江金华汤溪县罗埠区(今金华经济技术开发区罗埠镇)山下龚村一农民家庭。父亲龚樟杰,母亲章启弟。我出生时家中还有祖母陈大香和姑姑龚珠梅。后来爸妈又添了六个孩子。我们同胞兄弟姐妹七人,我有五个妹妹和一个弟弟,弟弟最小,于1965年出生。

山下龚老宅

父子俩摄于老宅门口

我父亲于2002年10月12日前撰写了《家族考查概况》《我的家史》和《汤溪家乡记述》,详见附录2。

我幼时取名志元,这是家乡名中医、同村唐郁文先生取的。读小学后,7岁时我祖母又请小学老师祝立坦先生给我取了一个"学堂名":晓南。此后,在学校叫晓南,在家中叫志元。山下龚的乡亲多数叫我志元。现在家乡年长的乡亲仍叫我志元,年轻的叫我晓南。

山下龚村位于浙赣铁路线汤溪火车站北侧约1华里,南距汤溪县城7华里,北距罗埠镇5华里。现在,浙赣高铁新线和杭金衢高速公路都在村北侧3华里内通过。罗埠镇北邻衢江,衢江到兰溪与婺江(又名金华江)汇合成兰江,到富阳与新安江汇合成富春江,富春江下接钱塘江。家乡交通比较方便。《汤溪县志》介绍,汤溪置县在明成化七年(1471年),其地于春秋时为越之姑蔑,秦汉为大末乌伤二县境,明朝置县时为金华、兰溪、龙游和遂昌四县交界区。中华人民共和国成立初期,汤溪县分四个区:九峰区、罗埠区、琅玡区和礼义区。1952年九峰区改称为城关区。1958年汤溪县并入金华县。前些年金华县和婺城区合并后再分为金东区和婺城区,原汤溪县属地基本归属婺城区,并在原汤溪县属地上设金西开发区。前不久金西开发区与原金华经济技术开发区合并,成立金华技术开发区(行政建制基本同婺城区平行)。原汤溪县所属范围大部分在金华技术开发区。山下龚村现属金华技术开发区罗埠镇管辖。

我幼时山下龚村不足百户,居民基本上都姓龚。客姓好像只有五家三姓,唐姓一家、吴姓一家和戴姓三兄弟三家。山下龚地处金衢盆地衢江两岸湿地,紧邻黄土丘陵。其中有星罗棋布的池塘和从西向东密布的小河,绝大部分是水田,属江南鱼米之乡。祖辈的开发积累使山下龚村有人均二亩地的农耕收入,自给自足,代代相传。

我的祖父母

祖父龚绍驰,1892年出生,兄弟六人,排行第五。祖母告诉我们,1940年祖父生病发高烧,由于没钱买药治病不幸辞世。祖父发高烧时,父亲去几里远的山脚下的泉水池取泉水给祖父喝,用毛巾浸泉水敷。祖父辞世,留下年轻的祖母和年幼的儿女——我的父亲与我的姑姑。祖父幼时在本村私塾读过书,识几个字,以务农为业。祖父为人忠厚、诚实、勤劳,热心公益事业,乐于帮助别人,办事认真、公道,在村中威望较高,至今尚有传颂。据村中老人回忆,村民买卖土地或典当租赁,都喜欢叫我祖父代笔写契立约,做中证人。村里要请戏班演戏,祖父参与筹经费、请戏班以及演戏安排等工作。龚氏家庙大厅本来只有前后两层,中间是空地。祖父与同村龚大荣带头筹集资金,采购木材砖瓦,请工匠把中层建造起来,成为现在的前、中、后三层大厅。

祖父结婚两次,第一次娶妻,祖母是汤溪县县城人,姓吴(名不详)。吴奶奶生下银珠姑姑后病故。我幼时还跟银珠姑姑去县城外的祖母家中住过几天。吴家住在县城南区,房屋高大宽敞,应属殷富人家。祖父第二次结婚,娶陈大香。陈大香是我的亲奶奶。

祖母陈大香,1891年出生,汤溪县洋埠镇后张陈村人。祖母为人慈善、诚实、忠厚、勤劳。祖母幼年丧父,她的母亲无力养活两个女儿,将七岁的大女儿大香给寺前杨村舅舅家做童养媳,自己带着小女儿小香改嫁。祖母16岁结婚,在寺前杨村时生三女两男。一女两男早夭,剩二女。长女杨金莲,次女杨连珠。祖母命苦,在28岁时不幸丧夫。在那时,因没有儿子,只有女儿,祖母受叔伯排挤,难以继续在寺前杨村杨家立足,不得已把大女儿寄养母亲处,自己带领小女儿转嫁到东祝乡下伊村。祖母转嫁到下伊村后几年未曾生育,下伊夫家有点想法。下伊那家的大女儿是我祖父的大嫂,听闻后就将她的弟媳介绍给她的丧妻的五叔,也就是我的祖父。

陈大香(1891—1969)

祖母在山下龚村生两女两男，养大一男一女，就是我的父亲和珠梅姑姑兄妹二人。这样祖母前后有五个孩子，除父亲和珠梅姑姑二人外，还有与父亲同母异父的姑姑杨金莲和杨连珠，同父异母的姑姑龚银珠。祖母对五个孩子均尽心尽力，平等对待。五个孩子个个都很孝顺。

祖母一生坎坷，但非常慈爱，对儿孙极好。祖母从来不打子女，连重骂都舍不得，最多骂一声，"别轻骨头"（当地的一句口头禅）。祖母晚年常说：我苦了一辈子，但有你们这些子孙，我很满足了。祖母一生勤劳，艰苦度日，1969年因病治疗无效，于农历十月廿七病故，享年七十九岁。

1969年我已在国防科委8601工程处（地处陕西凤县）工作，父亲为了不影响我的工作，当时都没有告诉我祖母生病和去世的消息。1969年底我回家探亲，发现祖母不在了，这给我的打击太大了。我在祖母的坟边呆了很久很久。祖母非常疼我，没想到我参加工作不久，家中条件稍有改善，她就离开了我们。祖母辛苦了一辈子，没有过上好日子。至今想起，我心中都很难过。我们国家的农民太穷了，生活太艰难了。

我的父母亲

父亲龚樟杰，1922年10月12日出生。父亲没有兄弟，只有一同胞妹妹，比他小9岁。父亲18岁时我的祖父去世，全家三人生活的重担就落在父亲身上。父亲事母至孝，从小听祖母的话，我记忆中未见父亲与祖母有过争吵。祖母教育父亲时，只见父亲听祖母的训示，从不争辩。祖母病了，父亲照顾非常周到。村里乡亲都羡慕祖母有这么一个孝顺儿子。祖母、父亲和母亲创造的家风熏陶了我们，也影响了我们的下一代。

我的父母亲

据说经我的陶家姨父母陶品林和章桂花,以及陶家姑父母陶树根和杨莲珠(与父亲同母异父)介绍,父亲22岁时与母亲结婚。当时家中很穷,结婚时用的蚊帐都是借的。我们小时候用的蚊帐到处是补丁,年年补,直到我大学毕业,母亲才用上了新蚊帐。爸妈养育了我们兄弟姐妹七人。在我们领工资前,家中年年缺钱少米,长期过着艰苦的生活。特别是在20世纪60年代的困难时期,家中缺粮少油,常以瓜菜当饭,很难填饱肚子,父亲母亲十分担心儿女饿坏。我当时已在中学念书,是城市户口,有粮食供应。我在暑假回家时带回的粮票十分珍贵,可以用来买米熬粥,祖母、父亲和母亲尽量让我们子女吃稠点,他们吃稀点。还有一件事令我印象很深刻,父亲上县城开会时,常向邻居——我的堂哥借裤子穿。没有补丁的衣服家中几乎没有,袜子也是补了又补。艰辛的条件,生活和工作的重担,使父亲在不到五十岁时便患了肝病,后在母亲的精心护理和亲友的帮助下很快治愈。我那时已在国防科委8601工程处工作,地处盛产党参和当归的两当县(甘肃两当县与陕西凤县相邻,国防科委8601工程处地处两当县与陕西凤县,但行政归陕西省政府管理)。大学毕业后除每月定期寄20元钱回家外,还常寄党参、当归和核桃仁回家。父亲肝病治愈不久后又发现患肺病,那时我刚结婚,岳父是浙江农业大学的茶学专家卢世昌。父亲到杭州治病,我岳父陪他到几家医院检查,有人建议部分肺切除,有人认为不需要动手术,后经会诊决定服药治疗。当时买链霉素都很困难,一是缺,二是贵。我至今还非常感谢8601工程处的医生们为父亲解决了治疗肺结核病所需的主要药品——链霉素和异烟肼。父亲的肺结核病也很快治愈,但多年形成的哮喘病却难以治愈。父亲晚年时常说:庆幸你们兄弟姐妹和睦,孝顺父母,又遇改革开放,我过上了幸福的晚年。

父亲只读过五年初级小学,后因家里穷没有外出继续求学。父亲的小学作文本保存了数十年,直到2007年他才很认真地将作文本交给我。可见父亲非常喜欢读书,非常珍惜过去读书的时光。父亲的小学作文本上写的字很工整,足见父亲天资聪颖。父亲虽然只上过五年初级小学,但通过长期努力,自学成才。新中国成立前,父亲每年除夕夜在祠堂带村中乡亲诵读祈福祭文,新中国成立后常读《浙江日报》和《参考消息》,关心和评论国内外大事,晚年写家史、查考龚氏家族历史——谁也不会相信我父亲只读过五年初级小学。

父亲一生爱读书,鼓励别人读书,创造条件读书。为了扫文盲,20世纪50年代政府号召办民校。民校就是村民晚上集体学文化的地方,教师是自己村里文化高一点的农民,互教互学。村政府领导,团支部组织。山下龚民校被称为“铁民校”,曾得到省政府的嘉奖,父亲为此参加省群英会,被评为省劳动模范。父亲也很重视积极创造条件让子女接受教育。

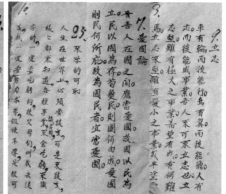

父亲的小学作文本

父亲从小便注意严格自律,并在卧室门侧板墙上自书《自戒》告诫自己。《自戒》书于民国三十五年(1946年)。是年父亲24岁,能注意自戒是很值得我们后辈学习的。我们做子女的年轻时经常看到《自戒》,也受熏陶,受益不浅。

自 戒

酒是串肠毒药,
色是刮骨钢刀,
财是生杀之由,
气是惹祸根苗。

父亲一生勤劳,一年到头没有休息日。新中国成立前要耕种祖传的近十亩地(当时我家五口人,土改时我们村人均土地为二亩多一点,我家土改时为贫农,分到少许土地)。新中国成立后,除种地外,父亲还担任村主任、党支部书记,家事、村事都要忙。白天种地,晚上开会是常事。村里一份《浙江日报》,支部一份《参考消息》,常先送到我们家,父亲常利用饭前饭后或晚上的时间读书看报。农闲季节父亲出外做小生意,上山砍柴。合作化后带头办副业,建碾米厂等村办企业,为村里增收。父亲多次被评为省、县、乡劳动模范。

父亲自新中国成立后一直跟着中国共产党走,忠诚党的事业,党叫干啥就干啥,能上能下,任劳任怨。农业合作化时父亲带头组织互助组、合作社,长期担任村主任、党支部书记等职务。成立人民公社时,曾任副大队长。当时罗埠区成立公社,乡为大队。后因村中工作需要，又让父亲回村任党支部书记。统购统销时，他带头卖粮食。有一次为了完成任务，父亲要把家中几乎所有的谷子全卖给国家，我当时还小，从学校回家见母亲在哭，祖母在说父亲，但是最后还是把家中粮食卖了。现在我理解父亲，基层干部难当啊！好在不久上级发现了问题，及时返销粮食，否则后果不堪设想。

我去清华大学上学，行前父亲教育我说："以前人说'在家靠父母，出外靠朋友'，你要'在家靠父母，出外靠组织'。"在父亲的教育下，我的组织观念一直较强。1963年5月25日我加入了中国共产党，当时大学二年级，才18岁，这与父亲的教育和影响是分不开的。

史无前例的"文化大革命"中，大大小小的"走资本主义道路的当权派"都要挨斗。父亲是村主任、党支部书记，属于小的"走资本主义道路的当权派"。当时我在清华大学读书，弟妹小，我很不放心，利用"革命大串联"的机会回家看望父亲。父亲同我讲："孩子你放心。中华人民共和国成立后我一直在村里当村主任、党支部书记。虽然会有人对我有意见，但这三点是清楚的，在经济上，我没有占村里的便宜；在生活作风上，没有混乱的关系；在工作作风上，没有打过人、骂过人。有这三点，村里人不会对我太不客气的。"父亲又说："也怕外村人来捣乱，我会小心的，你放心。"后来听母亲讲，在"文化大革命"中，父亲在村大会上挨过"造反派"的斗，戴过"高帽子"，但没有挨过打，没有游过街。这对于担任村主任、党支部书记这样的"走资本主义道路的当权派"来说是非常难得的。恢复党支部后，大家又选他担任党支部书记。后父亲因年事已高辞去党支部书记后，但村里乡亲仍旧都很尊重他，不少乡亲都会与他商量自己的私事和村里的公事，听取他的意见和建议。父亲去世后，不少乡亲对我讲：你爸走了，我少了一个说知心话的人。

父亲晚年时的一次谈话给我留下了很深的印象。

几年前我们回家看望父亲，他对我们讲："人生自由最重要。"当时我很吃惊，父亲怎么谈起自由来了。原来父亲回忆几十年的生活经历，感悟良多。父亲从小就肩负生活的重担，缺钱少米，后来不仅要肩负家庭重担，又要承受工作压力，哪里能感到自由。父亲晚年，不愁吃，不愁穿，不缺钱，住得又宽敞，有病就去医院，父亲感悟到这是自由的生活，感悟到自由的可贵。

父亲一生勤于思考，他对国内外大事都很关心，并常有评论，有自己的看法。

还有一事给我的印象很深。中学时，有一次我的成绩单评语说我"主观强"，要注意克服。父亲见了说："'主观强'不是缺点，人没有一点主观怎么行呢？"现在看来，主观是缺点，也是优点，但度要把握好。

母亲章啟弟1923年在汤溪县上章村出生,外祖父章松生,外祖母郑爱云。

章松生(1892—1983)　　　郑爱云(1897—1986)

母亲姐弟四人,姐姐章桂花,弟弟章荣根、章荣华。母亲的祖父很能干,善于经营,家境殷实,且信用很好,在村中威信很高。母亲晚年常说她祖父到镇上买肉、买布是可以挂账的,不用带现钱。外祖父兄弟三人,排行第二。分家后三兄弟变化较大,土改时外祖父家为中农,其兄家为雇农,弟家为富农。外祖母生我母亲时尚未分家,她当时已经是生第五胎了。一见又是女孩,家中多数老人不高兴,让小孩躺在地上多时,小孩脸上都有紫块了。幸好母亲的祖母来了抱起小孩,说这孩子很灵气,招弟的,于是取名"啟弟"。说来也巧,我外祖母接着生了大舅舅和小舅舅。母亲从小没有念过书,只认识亲人的名字及常见的地名等少数字。母亲为人正派、厚道、和蔼、勤劳、能吃苦,严于律己,宽厚待人。在山下龚近六十年,从未与人吵过架,她的为人得到大家的赞颂。

母亲一生艰苦朴素,勤劳持家。父母亲结婚时,家里很穷,结婚时的蚊帐、被子都是借的。母亲事后知道也毫无怨言。为了孩子,为了家,再累再苦她都能忍受。母亲从小体弱,除了操持家务外,还要下田干农活,有时到火车站土产仓库干计时工(一天工资三角五分),或到车站卖自己家种植的甘蔗等,赚钱贴补家用。母亲真是千辛万苦,耗尽心血,把我们抚养长大、培养成才。我们兄弟姐妹长大了,家中经济条件有所改善,子女们常常给她一些零花钱,可她舍不得多花,存在银行里,当她离开我们的时候还给我们留下了不少钱。

妈妈与我摄于妈妈床前。看！妈妈多开心！在这张床上,妈妈生育了我们兄弟姐妹七人(1990)

　　母亲一生充满爱心,她爱父母,爱姐姐,爱弟弟,爱丈夫,爱子女。父亲几次生病,她服侍十分周到。母亲不仅养育了我们同胞七人,还哺养了一个婴儿。她对在我们家生活过较长时间的胜峰表弟、永峰外甥也一样待如亲子。

妈妈看到儿子的博士答辩照片,往事涌上心头！

儿子被聘为博士生导师,妈妈喜在心中!(1993)

母亲不仅充满爱心,而且有一颗慈悲的心。她同情弱者,乐于帮助别人,自己稍有条件就行善事,乐于布施。她自己舍不得花钱,但对赞助公益事业却十分支持。我们家屋后的那座小桥就是她花钱加宽的。再举一例,我弟弟晓峰从浙江大学博士研究生毕业后在成都工作。母亲当然想让儿子调近一点,但她对我们说:晓峰回来,离我们近了,可是他媳妇丽华离她母亲就远了,我看不要一定劝他调回来。所以说,母亲既充满爱心,又充满慈悲心。

龚樟杰(1922—2008)

章启弟(1923—2000)

父亲母亲的一生,平凡而伟大。他们一生勤奋努力,给我们留下了丰厚的精神遗产。有这样的好爸妈,我们是幸运的。

龚鹏、龚晓峰、章啟弟、龚珏、夏丽华、卢蓝玉、龚樟杰、龚晓南、龚程（1995）

我的岳父母

　　我的岳父卢世昌，浙江东阳卢宅人。东阳卢宅卢姓祠堂肃雍堂有"北有故宫，南有肃雍"之誉，为著名明清建筑。岳父1921年3月29日（农历二月二十）出生，1946年于英士大学毕业。1946—1949年，在英士大学农学院任助教。1949—1951年，在永康徐氏职业学校农科任教员。1951—1952年，在杭州肥料公司任技师。

　　1952年起，岳父在浙江农业大学茶叶系任教，事业心很强，做学问认真、严谨，在学术界有很好的声誉，在浙江农业大学被称为四大青年才子之一。当时浙江农业大学茶叶基地在潘板桥，岳父为了筹建茶化实验室呕心沥血。他从英国购买了低谱分析和电泳分析仪器，从事多酚类、儿茶素、氨基酸、茶红素、茶黄素等研究。他提出的茶叶萎稠参数和茶香测定方法在国内外茶学界至今仍得到普遍应用。岳父去世后，岳母让我帮助整理岳父的资料，我发现岳父的读书记录卡片足足有两纸箱，且英文居多。

卢世昌（1921—1977）与
金韵梅（1929—2011）

　　岳父非常重视培养青年人，无论对学生、对青年教师，还是对子女，都能言传身教，严格要求。岳父生活简朴，常教育子女要"量入而出"。

岳父在求学时代遇上战乱,后来工作、生活负担重,几十年忍辱负重,不幸积劳成疾,于1977年9月16日因病英年辞世,享年五十六岁。

我岳父的父亲卢绶青,1896年生,武昌高等师范学校毕业,先后任教于东阳中学、杭州师范学校、温州师范学校、宁波第四中学、春晖中学、衢州中学、杭州高级中学等校,与李叔同(弘一法师)、朱自清、夏丏尊、丰子恺等先生相善,时有诗画往还。1930年,任浙江省教育厅督学。1933年2月,任浙江省立慈溪锦堂乡村师范学校校长。抗日战争期间,卢绶青坚决不为日伪服务。迁学校至嵊县长乐石下阳,借阳山书院旧址继续办学。1946年1月,卢绶青得浙江省教育厅转发国民政府教育部训令"东阳中学校长卢绶青与敌奋斗,应予嘉奖"。卢绶青治校认真,办事严谨,事必躬亲,不辞辛劳;他禀性耿直,不善言辞,疾恶如仇,不徇私情。卢绶青还曾协助他的岳父金品黄于1943年秋重办金华八婺女中。卢绶青于1950年冬逝世。

卢绶青娶妻金爱娇,育有两子两女,我的岳父卢世昌是他的长子,再是大姑姑卢香瑄和小姑姑卢小瑄,卢华昌叔叔最幼。

岳父卢世昌和岳母金韵梅于1946年在金华酒坊巷结婚,育有三个女儿。大女儿即我的夫人卢蓝玉于1948年出生在金华,二女儿卢玲玲和三女儿卢小玫分别于1952年、1954年出生在杭州。

岳母金韵梅,浙江东阳人。1929年12月18日(农历十一月十八)出生,2011年1月22日因病医治无效去世,享年82岁。

岳母金韵梅出身名门望族。祖父金品黄,东阳瑞象头村人,生于清同治庚午年(1870年)。自幼聪慧好学、勤奋自勉,清光绪十八年(1892年)考取秀才,二十一年(1895年)考取增生,次年又考取廪生,曾就读于金华丽正书院。清光绪三十二年(1906年),考入浙江官立法政学堂,秘密加入同盟会。民国之初,任职于浙江省财政司支应科,并兼任监狱学校教师。金品黄为执业律师,是金华律师公会的创始人,并在金华沦陷之前一直担任会长。金品黄于1924年着手创建金华地区的第一所女子中学,次年夏天女子中学开学,自任校长,校名为"金华府属八县联立女子初级中学"。

金品黄娶妻王至英,育有三子一女,大儿子金平垚,二儿子金平淼,小儿子金平晶(又名凤梧),女儿排行第二,名金爱娇。大儿子在东阳务农,育有五子两女;二儿子北京大学法律系本科毕业,育有一子三女;小儿子在新中国成立后曾任余杭县副县长,育有三子六女;女儿育有两子两女。金品黄于1944年12月逝世,享年75岁。

岳母的父亲金平淼是金品黄的二子,北京大学法律系本科毕业。大学毕业后回到浙江工作,曾做过几个月律师,后在杭州、江山、定海等地法院做推事(现称法官),又在龙泉、丽水、金华、诸暨等地任地方法院院长,直至新中国成立。岳母的母亲梅青云,贵州江口人,随在北京工作的伯父到北京求学,就读于女子师范学校。在校读书期间,与北京大学法律系学生金平淼自由恋爱。金平淼毕业后,梅青云跟随金平淼到浙江,在金华结婚。金平淼与梅青云育有两女一子，长女金韵梅是我的岳母，再是小女儿金韵笙，儿子金龙生最小。

我夫人蓝玉说她的母亲有金色的童年，坎坷艰难的青年、中年和幸福的晚年。我的岳母在抗战前的童年生活是幸福的，祖父是名律师，父亲是北京大学毕业生、法院院长，母亲又受过现代教育，是知识女性。岳母又是长女，长辈的疼爱是可以想象的，用金色的童年描述一点也不夸张。日本侵华战争结束了我岳母金色的童年生活。战乱的影响本可在她母亲梅青云在抗战期间写的《蒙难日记》中读到，可惜《蒙难日记》在"文化大革命"中被烧毁了。岳母的父亲虽是国民政府县法院院长，但抗战期间生活还是艰辛的。岳母说她在龙泉县立中心小学毕业后，读简易师范一年半，因日寇轰炸不能去外地读书就失学了。岳母的父亲1944年在法院做录事工作，1947年升为书记官，直至金华解放。

新中国成立后，岳母随岳父来杭州居住，1953年开始在浙江农业大学教务处刻讲义，一刻就刻了几十年。在"文化大革命"期间，师生停课闹革命，没有讲义需要誊写，她就从事糊纸板箱等工作挣钱贴补家用。

我岳母对待工作认真、负责，与人为善，态度极好，得到大家的好评。1985年我们从浙江农业大学华家池住宅小区搬到浙江大学求是村居住后，还有浙江农业大学的老师从华家池赶到求是村请我岳母刻讲义。

我岳母21岁时公公去世，22岁时失去父亲，当时弟妹尚幼，两个家庭的重担落在我的岳父岳母身上。岳母48岁时失去丈夫，当时幼女尚未成家。坎坷艰难的岁月磨炼了我的岳母，也显示出我岳母平凡而伟大的品质。她相夫教子，孝敬父母公婆，照顾弟妹，关爱下一代；她勤奋努力，勤俭持家，精打细算，周密计划；她先人后己，任劳任怨。要用我岳父不到百元的月工资维持这么一个大家庭的生活真是不易，不难理解缺钱少米时岳母作为家庭主妇遇到的困苦；不难理解我岳母长期侍奉母亲和婆婆两位老人的劳苦；不难理解在"文化大革命"中"造反派"要我岳母遣送她的母亲回东阳乡下居住时，她心中的无奈和疼痛；也不难理解几天后她接纳在乡下举目无亲又从乡下偷偷返回的母亲住下所要承担的风险；更不难理解我岳母对在农村插队劳动的两个年幼女儿的牵挂。

没有人见过我岳母与人争吵的情景。她办事公道、诚恳待人，她与人和善、忍辱负重，她一步一个脚印，赢得周围男女老少的尊敬。

岳父辞世后，1978年我从陕西8601工程处到浙江大学攻读研究生，在读书期间住在农大岳父家。1984年，我获得博士学位后留浙江大学工作。浙江大学在求是村给我分了房子，当时妻妹卢玲玲已结婚成家，岳母与我们一起搬到求是村居住。无论是我在浙江大学读书期间，还是毕业后在浙江大学工作期间，岳母都给了我们极大的帮助。可以说我们的每一点进步和取得的成绩都凝聚着我岳母的辛劳和努力。

我夫人在杭州第三建筑公司工作，早出晚归；1978年前我在陕西工作，1978—1984

年在浙江大学读研究生:我们在家时间很少。我们的儿子龚鹏生于1975年,女儿龚程生于1979年。我的岳母为照顾我们的两个孩子付出了很多心血。特别是1986年我获洪堡奖学金去联邦德国留学,她支持我夫人到联邦德国伴读,两个在小学读书的孩子完全由我岳母照顾。岳母对龚鹏、龚程在学习上要求严格,在生活上照顾周到,付出了辛勤的劳动和极大的爱,赢得了大家的称赞。她给两个孩子的极大的爱也可从两个孩子对她的深切怀念中得到印证。爱是伟大的,也是会结果的。

金韵梅、龚程、卢蓝玉、龚鹏和龚晓南(左起)

我于1974年结婚,当年我就陪母亲和姨妈来杭州玩,第二年我陪我三妹来杭州玩,几乎每年我都会陪亲友来杭州玩。1976年我父亲来杭州看病,1978年我的小妹妹来杭州读书,1979年我的小弟弟和一表弟又来杭州读书。我在金华老家的亲友众多,所以杭州家中客人也很多。对这么多客人,我岳母都热情接待,亲如一家。当时交通不方便,回金华汤溪老家要乘早晨6点18分那趟从杭州开往衢州的慢车,我岳母总是不声不响地4点左右就起床了,为赶早车的亲友做好早点。从这件小事足见我岳母的为人。我的父母和亲友没有一个不夸奖我岳父岳母的。

辛勤的劳动是会得到回报的。我们刚搬到求是村不久,有一次我岳母向我们谈起一件高兴的事。她说当她路过求是小学门口时,一群人在看学生成绩榜,有人议论说:龚鹏成绩那么好,不知是谁家的孩子?岳母对我们说,她当时听了心里觉得真甜啊!真想回答他们说龚鹏是我们家的,是我的外孙啊!后来龚鹏考上清华大学,我岳母喜形于色,又记日记又写诗,十分高兴。龚程考上浙江大学,岳母二女儿的孩子朱振华考上大学,岳母都非常高兴。龚鹏和龚程赴美留学,她曾说心中真有点舍不得,但赴美留学对他们的人生会有好处,她也因此感到很高兴。随着改革开放,我们的生活水平不断提高,居住条件不断改善,1992年从求是村6幢6楼56平方米的居室搬到73幢4楼72平方米的居室,2001年再搬到武林门景湖苑顶层16楼258平方米的居室居住,对此岳母都很高兴。至今我们常忆起家中第一次买电视、用彩电、用冰箱、装电话时岳母高兴的情景。

我岳母为人通达乐观,她的能歌善舞反映在晚年参加求是社区的活动上,她的顽强毅力反映在她长年坚持锻炼上。她每天打太极拳,年纪大了还每天坚持走路。坚持锻炼治好了她多年的哮喘病。

我岳母喜欢观赏花卉,特别喜欢梅花。说来也很怪,岳母去世后第二天,我早晨醒来,眼未睁开,却只见许多梅花在我眼前。我当即起床,开车从武林门到浙江大学玉泉校园,趁早晨人少,在教五和教四教学楼前边的梅花丛中折了许多盛开的蜡梅,供在岳母的灵前,最后让岳母躺在梅花丛中走向另一个世界。

我觉得在我岳母身上凝聚了中国妇女的各种优秀品质,这些品质透射出人性的善和美,值得我们永远学习。

在西子湖畔

1994.4.6
春到太子湾

我的家

我与蓝玉于1974年结婚。当时蓝玉在杭州第三建筑公司工作,我在陕西凤县8601工程处工作,我们两地分居。岳父母给了我们一个房间,与他们一起住在杭州华家池浙江农业大学教师宿舍的小二楼。

于德国科隆（1987）

1975年7月1日龚鹏出生，那时我还在陕西工作。照顾蓝玉生产满月后我就回陕西凤县秦岭山区继续工作，妻儿全靠岳父岳母照顾。1978年我考取了浙江大学研究生。来浙江大学报到前，蓝玉和我带着龚鹏，经上海、苏州、南京、西安等地，到地处秦岭山区的8601工程处的1405研究所。这是第一次小家庭全家旅游。之后母子二人把我接回杭州攻读研究生学位。1979年8月21日，女儿龚程出生。龚鹏和龚程都在浙江农业大学附属幼儿园、附属小学上学。1986年我在浙江大学分到房子，一家四口连同岳母一起搬到求是村6幢居住，龚鹏和龚程转到浙江大学附属小学读书，后相继到浙江大学附属中学读书。

1993年龚鹏考取清华大学，1998年毕业于环境工程专业，同年获奖学金赴美国辛辛那提大学环境工程专业学习。龚鹏获硕士学位之后，在美工作两年，后又到西北大学学习，获工商学院MBA学位，现从事金融投资工作。龚鹏在辛辛那提大学学习期间认识同学李瑾，后在美结婚成家。两人育有三个孩子，龚子晋、龚承智和龚冠融三兄弟。龚子晋在读中学，龚承智和龚冠融在读小学。李瑾在威斯康星大学密尔沃基分校任教，2014年被聘为教授。儿子一家现住在美国芝加哥。

1997年龚程考取浙江大学，2001年毕业于土木工程专业，次年获奖学金赴美国威斯康星大学学习，获交通工程硕士学位后在美工作。龚程在美学习期间认识台湾同学陈耀闳。陈耀闳获机械工程硕士学位后到在沪的美国公司工作。龚程回国之后，两人在杭州结婚成家。后来耀闳应好友邀请回台湾一太阳能公司发展，女儿龚程也去台湾，住台湾宜兰。两人育有两个孩子，陈宗禧在杭州出生，陈宗颐在台北出生。2013年陈耀闳受公司委派去德国柏林管理一家在柏林收购的公司。女儿一家四口现住在德国柏林。龚程现为柏林工业大学工商法律硕士研究生，陈宗禧在读小学，陈宗颐在上幼儿园。

于维也纳(2015)

于清华大学(2016)

于山下龚村(2016)

有不少人赞扬我教子有方,其实与现在孩子的父母相比,我花在孩子们身上的时间是很少很少的。有几件小事倒是值得一记。在龚鹏四五岁时,有天晚上我陪他玩了一会,他说:"爸,你去看书!"此事给我留下了深刻的印象,真是言传不如身教! 自1978年来浙大读研究生,我放弃了许多业余爱好,没有节假日,整天忙于学习。在孩子眼里,父亲是要珍惜一切时间用于看书的。回忆起来,我陪孩子的时间太少。但有两件事是值得骄傲的。一是两个孩子较早学会游泳和骑自行车,都是我有计划亲自教的。二是有计划地分别专门陪他们去上海玩过一次。当时去上海玩可不容易,是件大事。去上海有三个任务:一是去上海第一百货公司坐一次电梯(当时全国的公共场所好像只有两个地方有电梯,另一处是北京火车站);二是去上海动物园看长颈鹿,当时杭州没有动物园;三是去外滩,主要看大轮船,杭州也没有。那时家中没有电视,没有电话,更没有计算机。上海是大城市,要让他们见新事物,激发求知欲。

下面摘两段我在德国卡尔斯鲁厄大学时给8岁的女儿和12岁的儿子的信:

> 读了来信很高兴,你们学习成绩都挺好,希望不要骄傲自满,要努力学习,争取更好成绩。龚程得了国际象棋年级第一名,不知龚程知道否,我国有好几位国际象棋大师是女孩子。下棋是可以锻炼思维能力的,但不要"迷棋"而影响其他课程的学习。

(摘自1987年5月10日的信)

> 龚鹏信写得很好,爸爸很想念你们。你们知道努力很好,道路是靠自己走的,历史是靠自己写的。要让自己从少年起就有一个很好的历程。龚鹏已经得到两个市里的奖,这很好。以后要登更大的舞台,取得更好的成绩。杭州不小,但也不大。全国的舞台想过没有? 清华大学,北京大学,中国科大。世界舞台想过没

有？诺贝尔奖……从小自己要有志气，志
当存高远。爸爸、妈妈、爷爷、奶奶、外婆、
叔叔、姑姑……只能给你们一些帮助，主
要靠你们自己。不知道现在是否坚持学
外语，一定要从小把外语学好。

（摘自1987年5月24日的信）

自从1978年我到浙江大学读研究生以
来，夫人和岳母承担了全部家务，我几乎没有
节假日，忙于读书、教书、写书。至今脑中还常
浮起这一情景：我妈来杭州看我，我在准备《土
塑性力学》的书稿，她虽不识字，但坐在边上一
边望着我，一边帮我剪贴书稿中的图。我能被
选为中国工程院院士，与我的亲人的支持是分
不开的。

兄弟姐妹

在清华学堂前合影(2016)

我们兄弟姐妹共七人，我有五个妹妹和一个弟弟，弟弟最幼。我们兄弟姐妹、妯娌
姑嫂相处和睦，相亲相助，感情很深。

龚家七兄妹：龚晓南、龚志金、龚志银、龚志琴、龚志英、龚淑英、龚晓峰（左图中右起）

因我陶家姨父母没有孩子，我二妹出生时，大妹龚志金过继给我姨父姨母，改姓

陶。大妹读过中学,在乡村担任小学教师,退休时为小学高级教师。二妹龚志银和三妹龚志琴,小学四年级后辍学在家帮助父母干农活,在农村结婚成家。四妹龚志英于1976年被推荐到浙江师范大学物理系学习,为工农兵大学生,毕业后在初中担任物理教师。小妹龚淑英得益于改革开放,在1978年年初非常幸运地从一个新的公社办的"五·七农中"经考试到金华第一中学(简称金华一中)学习,并于当年考上浙江农业大学,到茶学系学习,毕业后在西湖区工作。一年后又回母校读研究生,毕业后留校任教,现为浙江大学茶学系教授。淑英妹妹考入金华一中时物理试卷仅得5分(百分制),在金华一中学习一学期后,其高考物理成绩在金华一中排名第一。金华一中物理名师毛颖科(也是我的物理老师)说:"这是从教几十年来第一次遇到的奇迹。"我的弟弟龚晓峰,1965年生,小我21岁。1978年也从同一个新的公社办的"五·七农中"经考试到金华一中学习。在金华一中学习一年半后于1979年考入浙江大学化工自动化专业,成为班里年纪最小的大学生。毕业后到四川工作,后来又读了硕士、博士,现在是四川大学工程自动化专业的教授。

我们兄弟姐妹七人的子女共有13人,子女数量依序分布为:2、2、3、3、1、1、1。2016年8月,13位表(堂)兄弟姐妹相聚杭州,这是他们第一次会齐。这些孩子有的已近退休,有的刚从国外学成回来;有的子女已大学毕业,有的尚未结婚。其中,四位获得国外学位,两位毕业于清华大学,还有几位毕业于浙江大学、海军工程学院等名校。他们都有大专以上教育经历,现活跃在国内外多个领域。

龚珏、马心悦、程曦、程芳、胡强、龚程、程俊、郑永斌、龚鹏、郑永峰、方伟民、郑永胜、方伟娟(左起)于杭州(2016)

求学历程

小　学

我是1949年秋上小学的,当时不足5周岁,正值中华人民共和国成立之年。我对第一天上学时的情景已经没有印象了。

当时小学学制为六年,分两级,四年制初级小学和两年制高级小学。在邻近乡里,初级小学几乎每个村都有,好像是普及的。高级小学则很少,一般在区政府所在地。有的乡政府所在地也有高级小学,但我们莲湖乡没有高级小学。

我们村的小学设在龚氏家庙内,占用了半个祠堂。龚氏家庙是村中最大的建筑物,有前厅、中厅和后厅,两厅间有天井。前厅可搭设戏台,两侧有吊楼,供戏班演出时用。小学设在后厅,需要时几个厅可用木门分隔开,但平时一般不分隔,课余活动空间还宽敞。后厅东侧有间房,既是老师的卧室,也是办公室。全校学生一般20人左右,复式班,设四个年级,全是本村的孩子。全校只有一个老师,要教四个年级的语文、算术、音乐、体育等所有课程,还要监督学生午睡,真可谓是全职老师。小学老师在村中威信很高,全村人都很尊敬他们,老师轮流在学生家中吃饭。轮到老师在家吃饭时,家长们都会去买点肉、豆腐,认真、热情地接待。我一直认为我国农民是最尊重知识、最尊重文化人的。

距我们村比较近的高级小学有三处,分别在罗埠、汤溪和东祝。这三处离我家都不近,特别是去汤溪和东祝,要穿过雷鼓山上的松树林。当年雷鼓山上的松树林中常有狗熊(狼)出没,经常伤人。雷鼓山上的松树林现在没有了,是1958年"大跃进"和"大炼钢铁"时砍光的。到汤溪和东祝走读不具备条件,住读经济负担又重。爸妈思谋再三,让我在1953年初级小学毕业后到罗埠区完全小学高级小学部读书。

为什么会让我到罗埠区完全小学高级小学部读书呢? 我的外祖母家在上章村,上章村与罗埠镇为邻,距离罗埠镇只有2华里左右。如我住在上章村外祖母家,到罗埠读书,就可以走读。外祖父外祖母、舅舅舅妈都非常欢迎我去上章村寄住。我是外祖父外祖母的大外孙,在他们的第三代中年纪最长,而且当时只有我是男孩,外祖父一家人特别疼爱我。在上章走读的两年,我得到了外祖父外祖母、舅舅舅妈在生活上无微不至的照顾。他们给我准备饭菜,洗补衣服。我早晨去学校,下午回家,村中还有两个同学为伴。中午我在校不回家,或自己带饭,或外祖父给我送饭。为了让邻村走读生中午能吃上热饭,学校在食堂灶房有几个小土灶,供我们自己带饭的学生热饭。中午自己热饭,要洗锅,要点火,烧的是自带稻草,边烧火边炒饭,手忙脚乱,至今还留有印象呢。

当时上章村与我一起到罗埠上学的两个同学分别叫章福有和章祝林。为了安全、有伴,我们每天约好同去同回。章祝林因为祖父曾当过保长,后来未能继续上学。他勤奋努力,自学成才,现在是金华市文化馆的名作家,成长之路十分不易。章福有后来在浙江大学学习。章祝林在前些年寄给我的信中说,他回忆我们三人在一次上学途中曾谈到各自的志向:一位长大后想当司令,一位长大后想当总理,而我则想当科学家。他信中说现在只有你实现了。而我自己却不记得这事了,不过我从小喜爱读书倒是事实。

当时农家孩子能去高级小学学习是很不容易的。如果我外祖母家附近没有高级小学,或是外祖母家没有条件让我寄住,我也就不能继续上学了。现在回忆起来,读高级小学也就意味着能再上两年学,这对人生道路影响极大。我庆幸自己能继续去高级小学学习。相信每个小孩都很喜欢外祖母家,而我对外祖母家的感情也因此更深。

中 学

1955年我从高级小学毕业,参加升学考试,被汤溪初级中学正式录取。汤溪初级中学创办于1941年,是当时汤溪县的最高学府。那时汤溪县城还有城墙,录取榜张贴在城西门外的城墙上。因难以筹到学费,爸妈没有能力让我继续到中学读书。故而新学期开始时,我未能按期去报到入学。看到同学们陆陆续续去上学,自己却不能去,我心中十分难过,11岁的我偷偷哭了好几回。父母亲见我求学心切,又会读书,在众多亲友的劝说和帮助下,最后还是决定送我上中学。说来也巧,姑父吴荣琦家住县城,与汤溪中学教务主任李仲先老师熟悉。当时李仲先的二女儿出生不久,因李师母也是老师,他们把女儿奶在我姑姑家,我姑姑龚珠梅是他们女儿的奶娘。父亲陪我先到姑父家,姑父再陪我们一同去汤溪初中找教务主任李仲先老师。李老师了解情况后表示很为难,因为当时正式录取生的报到截止日期已过,备取生正在办理报到。他想了一会,领我们去见了校长王立裕。王立裕是南下干部,山东人,得知我父亲是农村党支部书记,我是因为家庭经济困难误了报到日期,十分同情。王校长和李主任了解情况并商量后,答应我们,若备取生报到期满还余有招生名额,便可考虑接收我。很幸运,到备取生报到期限截止时,招生名额还未满,这样我便得以在备取生报到期后再报到入学。1955年汤溪初级中学招甲、乙、丙三个班,我被分配在乙班。进汤溪中

初中时代

学学习后,我的户籍转为城镇户籍。在1955年,农村户籍转成城镇户籍、城镇户籍转成农村户籍都是很方便的事。当时农村户籍与城镇户籍的差别不大。初中第一学期,学生吃的菜是一人一份,饭是不定量的,第二学期就开始凭票限量了。

汤溪中学在汤溪镇原孔子庙所在区域。那时上汤溪中学,住校生一个学期的费用,包括学费、伙食费、书费和杂费(如理发费)等,约为50元。这在当时对一个贫困的农民家庭来说似天文数字,经济压力之大可想而知。好在还有人民助学金、困难补助费和亲友的帮助。我每个学期可以申请到近30元的人民助学金和困难补助费。暑寒假参加粮库助征等工作,一年下来能挣10余元(那时临时工一天的工资为0.35元)。余下的部分,除父母省吃俭用外,还得到不少亲友的帮助。有的每年给我1~2元,有的每学期送我一瓶墨水和一支蘸水笔。舅舅章荣根和章荣华,姨父陶品林,姑父吴荣琦,名中医唐郁文和他的儿子唐来顺、侄子唐来兴,以及其他亲友都给过我帮助。若没有人民助学金,没有亲友们的帮助,一个贫苦农民家庭是很难供子女上中学的。

1958年,建制于明朝的汤溪县撤县并入金华县,汤溪初级中学也改名为金华第四中学。1958年各行各业"大跃进",金华第四中学开始招收高中班。这对我进入高中阶段学习是很有利的。否则,初中毕业的我将会去报考师范或其他中专学校,很难继续进入普通高中学习。在初中阶段,数学、物理、化学和语文老师都很喜欢我,我的学习成绩很优秀,曾获全校速算比赛第一名。既然母校要办高中,老师和校领导都劝我继续上高中。当年初中毕业三个班,高中只招一个班,只招30人左右。我非常幸运,在初中毕业后能继续上高中就读。我们是金华第四中学第一届秋季高中班的学生。高中阶段的经济负担与初中阶段基本相同,但我自己暑寒假勤工俭学的能力提高了。

1961年国家处于困难时期,各行各业贯彻"调整、巩固、充实、提高"八字方针,上级决定撤销金华第四中学的高中部,高中部学生全部合并到金华第一中学(简称金华一中)插班学习。金华一中创建于1902年,时称"金华中学堂",1912年改称浙江省立第七中学校,1952年称浙江省金华第一中学。这样一来,在整个六年制中学阶段,我在汤溪中学(后改名为金华第四中学)学习五年半,在金华一中学习半年。到金华一中读书时,其高三年级共有五个班,我被插到高三(5)班。1958年金华一中由城区迁往蒋堂农村,新校园地处荒凉的黄土丘陵,学生宿舍大部分还是茅草房。但那时金华一中的师资很强,高考全省连续多年排名第一。虽然在金华一中只读了一个学期,但这对我学业的提升帮助很大,助力我考上清华大学。1961年金华一中毕业生为256人,没有人考上北京大学,只有两人考上清华大学,我是其中之一。

回顾中学阶段,初中阶段学习环境较好,虽然1957年搞了"反右运动",但对我们初中生的影响很小。高中阶段运动不断。"反右"以后,强调"政治挂帅","教育为无产阶级政治服务,教育与生产劳动相结合",运动多,生产劳动多。我曾参加各种"大跃进"活动,如"大办钢铁"修小锅炉,"大办水利"兴修水库,"大办农业"参加抢收抢种,"大办体育"参加体育竞赛,"除四害"参加全民赶打麻雀,等等。订报纸也要"大跃进",

各班比赛。没钱,大家就订最便宜的。还记得当时班级订阅量最大的是一个季度出一小张的"团结报",全年只需8分钱。"大办体育"活动中我跟随班主任兼物理教师林宝堂老师到杭州参加航空模型培训班,这是我第一次到杭州,当时住在解放路附近的航空模型俱乐部的办公楼内。培训班要求每人能用三合板和胶水制作一架简单的模型飞机,模型飞机要达到规定的飞行时间要求。培训班结束考核及格后还发给我少年"劳卫制"勋章一枚。从杭州大学毕业的林老师带我去了很多地方,记忆中有湖滨、三潭印月、花港公园、玉泉植物园、白堤、苏堤等,处处风景如画,真是大开眼界。

在中学阶段,全年级中我的年纪最小。因为我听话、守规矩,学习勤奋,成绩优秀,老师和同学们都很喜欢我、爱护我。我特别喜欢数学、物理。我思路敏捷,课堂回答问题反应快,数理化成绩优秀,在全校是突出的。因此,教过我的老师都对我有深刻的印象。但我的音乐、体育课成绩不好,我也不喜欢,不过老师们也都会让我通过。

在中学阶段,生活很艰苦。有些事可能是当时的城里人和现在的年轻人难以理解的。我没钱买钢笔(又称自来水笔),一直到上大学时我大舅舅章荣根送我一支,我才用上钢笔。整个中学阶段,包括到金华考场参加高考,我都用蘸水笔。尽管使用不方便,但一个蘸水笔尖要用到不能用了再换新的。中学阶段没有买过雨鞋和雨伞,用的都是笠帽和母亲做的鞋,一到刮风下雨天,脚和身上便容易湿透。学校组织学生自费到厂里定做蒸饭用的有统一编号的搪瓷杯,我因缺钱未能购买。不过因此在取饭时反而方便,因为我用的是一只陶瓷杯,虽然没有号码,却与众不同,取饭时很突出。在中学阶段,饿肚子是常事,缺钱不能买饭票,只能省着吃。后来又遇到国家困难时期,饿肚子就更平常了。那时我的身体比较瘦弱,1961年上清华时,体重才80斤。在中学阶段,生活上虽然很艰苦,但觉得有书读就很满足了。因为我知道,父母亲供我读书,是多么的不容易。我深知农民的孩子上学带给父母的辛苦。

中小学时代,我在校是学生,在家是农民。暑寒假也没有休息天,除参加勤工俭学外,我在家中什么农活都干。

参加汤溪中学55周年校庆(1997)

参加金华第一中学110周年校庆(2012)

大　学

　　1961年报考大学填报志愿是很随意的。当年的志愿表分第一表和第二表,第一表为中央管理的院校,第二表为地方管理的院校。我的第一表第一志愿是清华大学土木建筑工程系,第二表第一志愿是浙江大学数学力学系(当时浙江大学属于地方管理的院校)。为什么当时第一志愿会填土建系? 我自己也回忆不出是什么理由,因为两张表共可填18个志愿,填报的18个志愿中只有一个土木建筑工程,其余大部分是数学系、工程力学系或数学力学系。考虑到家庭的经济状况,填报的志愿中师范类院校比较多。当时没有高校来中学招生宣传,也没有老师给我们全面、具体的指导。农民父母和亲友也不了解大学的设置,也不可能给我具体的建议。所以我凭自己的感觉填写了志愿。想上大学念书是强烈的,至于具体什么大学、什么专业,好像很少考虑。

大学一年级

　　收到清华大学的录取通知书后,大家都很高兴。许多亲友帮助我凑路费,送来御寒的衣服,积极准备赴京求学。准备赴京的情景非常难忘。1961年9月7日,我带着母亲给我准备的粽子和炒米等干粮,带着亲友们的祝福和希望,离开家乡。9月7日从汤溪站乘慢车到金华,9日从金华至上海站,10日从上海到南京站,然后乘轮渡到浦口站,11日再乘火车到济南站,再转车赴北京,一路多次中转,于12日凌晨1点42分到达北京火车站。出了火车站,我就被接站工作人员接到清华园了。第一次出远门,一路上我都不敢离开火车站,途中几天都在车上和候车室中度过。一路上舍不得花钱,我只在济南车站凭火车票到车站食堂买过一次饭,其余都吃自带的干粮,这肯定是现在的年轻人难以想象的。

　　"清华园——工程师的摇篮!"和"健康为祖国工作五十年!"的大幅标语给刚进清华园的我留下了深刻印象。开学典礼在学校大礼堂举行,记忆中好像只有两人讲话,一位是校长兼任党委书记蒋南翔(时任教育部长),另一位是体育教研组主任马约翰教授(时任中华全国体育总会主席)。马教授的讲话至今仍印象深刻。马教授讲话的风度特好,他不用麦克风,走到主席台的前沿,边来回走动边讲,反复说道:"同学们! 要动!"他要求同学们重视身体健康,重视运动。当年的清华园中,早晨在图书馆前排队是为了抢座位,但到下午四点半,图书馆也几乎成了空馆,学生们都活跃在操场上。马约翰是著名的体育教育家和理论家,是我国体育界的一面旗帜。在清华园流传着许多关于马约翰的小故事,比如如何坚持饮食定时定量,如何坚持锻炼。我们进校时,80岁高龄的马老还常骑自行车去西郊香山。下雪天常可看到他带着孙辈们活跃在校园操场上。马约翰的体育理论和体育精神深深影响了我们,让我们受益一辈子。马约翰认为,体育锻炼是为了身体健康,不能只锻炼肌肉,更要重视心血管功能的锻炼。他强调体育锻炼要因人而异,结合个人情况选择体育锻炼的项目。在清华园,我的乒乓球和游泳技术得到了较大的提高,并开始学习太极拳、初级剑、棍、刀等武术技能,还学会了滑冰。我自此开始养成坚持体育锻炼的好习惯,毕业后无论是在农村还是在城市,无论是在工地还是在学校,都坚持体育锻炼,这使我日后受益匪浅。

1961年清华大学土木建筑工程系新生有六个小班,均为六年制,1967年毕业。建筑学专业(简称建7)两个班,工业与民用建筑专业(房7)两个班,给水排水专业(给7)一个班,暖气通风专业(暖7)一个班。报到后我被分到工业与民用建筑专业房72班。清华大学的学风很好,大家学习都很努力。但是比起城市里的学生,农村学生的学习基础一般要差一些,特别是外语。刚进大学时,我的学习成绩一般,自己觉得要更努力,到了二年级成绩就名列前茅了。我在学习上经常给自己加码。比如,学理论力学和材料力学时,在用中文版教材的同时,还用英文版教材,并练习用英文记笔记;学结构力学时,用中、英文版教材的同时,还用俄文版教材,一边学专业知识,一边学俄文。我在清华园养成了独立思考的习惯。记得当时学政治经济学时,当老师讲到"随资本主义的不断发展,工人阶级不仅不断相对贫困化,而且还不断绝对贫困化"的论断时,我对"绝对贫困化"不理解,在读书报告中表示了不同意见,并与老师进行了讨论和争辩。尽管老师不能明确同意我的观点,但还是给我最高分。

1962年班级组织游览八达岭长城,途中我们到青龙桥詹天佑纪念馆参观并在詹天佑铜像前合影留念。詹天佑的事迹和贡献深深教育了我,影响了我。在那时,我暗暗下决心,要为祖国的土木工程建设事业做出最大的贡献。

房72班于北京青龙桥詹天佑纪念馆合影(1962)

当时学校实行因材施教制度,教师对少数几位学习成绩较好的学生实行单独辅导,即"开小灶"。材料力学和结构力学两门课程分别由著名的张福范教授和杨式德教授讲授,他们都曾在美国留学,张教授是世界力学权威 Timosheko 的研究生。很荣幸,我成了这两位教授因材施教的对象,并深受他们的熏陶和感染。当时在大学里,我还提前一年通过学校的第一外语考试,进入来自全校各系优秀学生混合组成的英语提高班学习。英语提高班在晚上上课,用英文原版油印教材,不少是著名文学作品的摘录。当时工科大学的外语教学要求主要是阅读、笔译,对听、说几乎无要求。当时清华大学学生第一外语学俄语的是大多数,学英语的是少数。我通过第一外语英语考试后,又开始自学第二外语俄语,班中许多同学都成了我的俄语老师。四年级时我通过了英语、俄语的专业外语考试。当时系里组织几个学习成绩较好的学生参加抗爆防爆教研室的科研活动,我也是参与者之一,我们研究的项目内容是北京地铁模拟防爆试验。那时我的理想是成为一名抗爆专家。

房72班大礼堂前合影(1961)

1962年,大学二年级开始时,班里举行民主选举,我被选为班长。在班里我年纪最小,懂得也最少,不善言辞,开会一发言就脸红。不过我待人诚恳、热情,学习刻苦。大学毕业后,一位同学曾经对我说:"在学校时,特别在一、二年级时,我最喜欢听你发言,话不多,但纯朴,发自内心。"也许这是同学们选我当班长的原因。二年级的第二学期,在1963年5月25日,我加入了中国共产党,介绍人是何高昺和姚崇法。何老师是班主任,姚崇法是比我高一届的学生,学生支部书记。我是小班里的第二个党员,也是全年级的第二个党员。当时的清华,为了培养学生的工作能力,经常会调换社会工作岗位。我在担任班长之后,分别担任过团支部书记、党支部委员、系学生会干部、校卫队学生干部等社会工作职务。现在回想起来,这对一个人的成长十分有利,多一些经历,多一些锻炼,有利于能力的提高!

在清华园上学,我享受最高标准的人民助学金和补助费,一开始每月16.5元,1963年起加至19.5元。进大学后基本生活有了保障,并开始享受公费医疗。大学生活还是比较艰苦的,大家都能做到省吃俭用、艰苦朴素。土建系学生会有一台缝纫机给学生们用,我在清华园还学会了缝纫,主要是补衣服。每件衣服、每条裤子都是补了又补,真是缝缝补补又三年。

大学五年级初,1965年秋,按照党中央的要求参加社会主义教育活动,我与十几位房7和建7的同学被分配到北京郊区延庆县西五里营村参加社会主义教育运动(简称四清运动)。我任四清工作队副队长。那时思想很单纯,党性也很强。我所在的工作队由三部分人组成,军人、清华学生和地方干部。队长是一位营级干部,兼党支部书记。另外一位副队长也是军人。由于各人成长背景不同,军人和学生在一些问题的认识上常有差距,也会产生矛盾。记得有一次校领导把我们这些学生干部召回学校开会,给我们做思想工作,再三提醒我们,"担任副队长的,要听队长的""我们的学生是去锻炼的,受教育的""在认识论上要坚持唯物主义,在行动上要服从组织原则"。这样确实可以让我们少犯错误。但有时也是很痛苦的。"四清"阶段,我负责抓生产。至今还常忆起,寒冬腊月,战天斗地,大挖"大锅井"的情景。真的是不怕苦、不怕累啊!在农村时,与贫下中农同吃、同住、同劳动。1966年夏,"文化大革命"已在全国各地轰轰烈烈展开,清华大学校党委已被轰倒,领导让我们从延庆农村回学校闹革命。

我们回校时中央派来的工作组已进驻学校,党组织已瘫痪。学校由工作组领导,我是房72班的负责人。当时,受鼓动和支持的学生起来要赶走工作组,因我刚从四清工作队回来,对要赶走工作组不理解,成了"保守派"。赶走工作组以后,学校内班级组织也不存在了,只有各种各样的战斗队和所谓的"逍遥派"。各派在清华园中得到了充分的表现,走马灯似的不断轮换,最后武斗了。我很庆幸没有卷入派别斗争,从初期的"保守派"成为所谓的"逍遥派"。其实我并未逍遥,那时,党组织瘫痪了,但我的党性还很强。第一次响应中央号召走出校园去外地串联,从清华园站上火车出发前,几个党员还成立临时党支部,大家推我当临时党支部书记。一路上从呼和浩特到兰州再到西安,看到形势愈来愈乱,我们就从西安回到清华。这些现象引起我的深思,也教育了我。从此我就多看书、多调查、多思考、少参与。因此,在"文革"期间,我在清华大学看了很多马列的书,如《反杜林论》等,也看了孙中山先生的《建国方略》等书,边看边思考,认真做读书笔记。同时还与几位同学一起去北京首都钢铁公司、鞍山钢铁公司和大庆油田等地做社会调查。通过调查,我对中国社会有了进一步的了解和思考,长了很多见识。

这期间,北京地区武斗有增无减,局面混乱。于是我回金华老家务农干活,一直到

"工宣队"进校,那时已是 1968 年春天了。"工宣队"进校后,学校来信催我回校,我才返校参加毕业分配。不久我就离开清华园,结束大学生活。

将近七年(六年制加"文革"影响延迟分配一年)的清华园生活使我从一个不太懂事的农家子弟成为一个决心为祖国、为人民努力奉献的土木工程师。在清华园,我得到很多,我所受的教育不仅使我掌握了现代土木工程知识,更重要的是使我初步懂得了如何去为国家、为人民服务。还有,我的身体也结实了不少(进校体重才 80 斤,毕业时 120 斤),主要是因为养成了坚持锻炼身体的好习惯。

秦岭山区(大三线)十年

1967 年的清华大学毕业生因"文化大革命"一直拖至 1968 年夏才被分配,我被分配到地处陕西凤县的国防科委 8601 工程处(中国人民解放军兰字 823 部队)工作。8601 工程为国家重点国防建设项目。陕西凤县属宝鸡管辖,地处秦岭山区南麓,在陕甘川三省交界处,地理位置偏僻。当时分配到部队的大学毕业生都要到农场劳动。据领导说,国防科委给中央打了报告,要了 10 位大学毕业生直接参加大三线建设,我是其中之一。于是我毕业后直接从事技术工作,没有到农场劳动锻炼。1968 年到 8601 工程处报到的大学毕业生有三位。我是清华大学工民建专业的,另一位是清华大学给排水专业的,还有一位来自哈尔滨建筑工程学院暖通专业。8601 工程处当时房无一间,地无一垄,我们借住在县城双十铺凤县农林局大楼内。报到后不久到茨坝建点。茨坝地处甘肃省两当县,嘉陵江江畔,现为宏庆车站所在地,已成为一个繁华的小镇。到茨坝先住帐篷,再搬入简易草房。为了在温江(嘉陵江支流)两岸山沟里建设研究所,先在嘉陵江边的宝成线上建一个简易火车站,取名为宏庆火车站。同时沿嘉陵江、温江修公路,打井取水,建站发电,再在温江边削山填滩平整土地,"三通一平"后,再盖房子。8601 工程建设需要什么就干什么。为了抢时间,1969 年,8601 工程处成立南费(南家关—费家庄)公路大队,让我担任副大队长兼技术主管,修公路、建桥梁、筑防洪堤。附图是当年我负责设计施工的桥梁。"三通一平"后,8601 工程处撤销,组织上让我担任 1405 研究所(中国人民解放军 1440 部队)基建办公室工程组组长,负责 1405 研究所基建工程技术管理工作。

在公路大队期间,有一件事值得一记。南费公路需要多次跨越温江,需要修桥。山区河流平时水小,但下雨时流量不小。修桥成为南费公路能否按时通车的关键。有一桥取名为战备桥,由我负责设计、组织施工。桥型采用双曲拱桥。在吊装弓形主肋梁时,吊装施工人员不慎把一根肋梁从高空掉到河滩,钢筋混凝土肋梁出现了数十条裂缝,成了"糖葫芦"状,把大家都吓坏了。8601 工程处处长郭森也在现场,他问我怎么办。我反复观察了裂缝,觉得受压时裂缝可以愈合。重新预制一根肋梁需要 20 多天,而且如停止后续施工,已吊装就位的肋梁不能形成整体,也很不安全。我建议重新吊

南家关战备桥,桥跨32米(1969)

起继续施工,我认为这样处理不会影响工程质量。郭处长再三问我:"小龚,能行吗?"我做了解释,他表示同意,同事们也表示支持。出现了数十条裂缝的肋梁就位后处于全受压状态,裂缝愈合。随着后续施工,荷载不断增加,裂缝也找不到了。搞工程,弄清楚概念很重要,处理工程问题要胆大心细。

"文革"前,大学生毕业参加工作后须实习一年,实习期满转正为行政22级国家干部,或定为技术13级技术员。可我们不仅因"文革"推迟一年毕业,还迟迟不能转正。工资长期为实习期工资。8601工程处采用北京标准,六类地区大学毕业生实习期工资为46元。大学毕业后我每月寄给父母20元,扣除生活费后剩余无几。好在山区生活费用很低,冬夏都有工作服穿。

在秦岭山区十年,我们年轻、单纯、有活力,很多事给我留下了深刻的记忆。数十名来自各地大学的毕业生(大部分是在解放军农场锻炼后比我们晚一两年来的非土建类大学生,北京大学和中国科技大学毕业的居多,多为无线电类专业)为了"大三线"建设一起战斗,群策群力,共同努力。简易火车站通了;发电机组运行有电可用了;一座座桥梁建好了;公路通车了;"三通一平"了;厂房盖好了……真是喜事连连。但是,洪水来了,塌方了,交通中断了;缺碘,大脖子地方病威胁着大家;山区消息闭塞……大家的烦恼也不少。

在这期间国家发生了几件大事:珍宝岛自卫反击战、"9·13"林彪叛逃事件、四五天安门事件、毛泽东主席去世、粉碎"四人帮",还有唐山大地震、河南多座水库连环垮坝、四川难民进秦避灾,等等。发生的每件大事都触及每个人的灵魂深处。

在8601工程处的工地上,我认识了许多来自八百里秦川和甘肃西河地区的农民,他们比浙江的农民更苦,特别是西河地区的农民。人们常说,不了解中国的农民就不能了解中国。更加确切地说,不了解中国西部贫困地区的农民就不能真正了解中国。有一次,挖桥台基坑,天刚亮我就去工地了,发现西河地区的民工围着一堆火坐在那里。他们告诉我,来工地干活,大部分人没带被子,一家只有一床被,要留给老婆孩子用,他们每天晚上就围着一堆火坐着打个盹,算休息了。好在秦岭山区不缺柴。至今我还会经常想起工作在8601工程处工地上的西河民工,他们勤劳、不怕苦、不怕累。8601工程处领导小组组长郭森常说,我们把公路修通,靠的是民工加炸药,还有你们这些小工程师。据说

工作之余坚持体育锻炼(1970)

郭森是中国人民解放军的第一位通讯团团长,他也是我大学毕业后遇到的第一个单位领导。他对民工很好,对技术人员也很好,平易近人、平等待人,事业心特别强,非常重视业务。我们在8601工程处工作过的同事现在还常常怀念他。

硕士研究生

粉碎"四人帮"后,我国各项工作逐步走上正轨。1978年我国恢复研究生培养制度,高校开始招收研究生。高校第一批研究生招生时,我考入浙江大学岩土工程专业学习,师从曾国熙教授,开始从事岩土工程的学习与研究。进校后听老师说,进校考试的材料力学我得了满分。

为什么会学岩土工程?为什么会报考浙江大学?说起来也挺有意思。当时我已结婚生子,妻儿都在杭州,因此我决定报考浙江大学。岳父卢世昌带着我去他的亲戚——浙江大学土木工程学系蒋祖荫先生处请教我报考的专业,蒋先生对我们说:"我的专业是钢筋混凝土结构,我们是亲戚,你报考我的专业不合适。曾国熙先生是现在系里唯一从国外留学回国的,他在软土地基方面的研究也比较有名,你可以报考他的专业。"于是我报了岩土工程专业。我在一篇《我与岩土工程结缘》的小文中说过:"从此我有了一个很好的舞台,一位很好的导师。"

1978年,浙江大学招收160多名硕士研究生,中国科学院上海分院的一年级研究生也在浙江大学学习基础课,全班共200多人,其中土木工程学系10人。其中,大多数为"文革"前进校、"文革"期间毕业的学生,也有少数工农兵学员。在研究生同学中,浙江大学毕业的最多,清华大学毕业的也不少。在研究生阶段,组织上让我担任土木系研究生班班长和全校研究生大班班长。

研究生生活还是比较紧张的,学习的课程多,要求也高。曾国熙先生还要求我们

多参与工程实践,并创造条件带领我们参加校外学术活动。1979年4月23—29日,中国水利学会岩土力学专业委员会和南京水利科学研究所在南京共同主办"文革"后的第一次软土地基学术讨论会。曾国熙先生请东南大学唐念慈教授帮助解决我的住宿问题,唐教授让他的同事张克恭老师带我到学生宿舍居住。当时的情景至今历历在目,十分感人。这是我第一次参加土力学与基础工程界的学术会议,印象深刻。黄文熙、俞调梅、汪闻韶、钱家欢、曾国熙等来自95个单位的136位代表参加了会议。会上决定创办《岩土工程学报》。

1981年我通过了硕士学位的论文答辩,论文题目为《软黏土地基固结有限元分析》。硕士学位论文答辩后的第二天,我陪岳母、妻子和孩子玩了一天,并作诗留念:

> 八月杭城桂花香,学业初成精神爽,
>
> 儿童公园嬉戏乐,泛舟西湖全家欢。

浙江大学从教

我于1981年硕士研究生毕业后留浙江大学工作,人事关系从国防科委1405研究所(中国人民解放军1440部队)转入浙江大学,成为浙江大学土木工程学系土工教研室教师。报到后,领导让我承担研究生教学和管理工作,并让我担任土(土工)测(测量)建(建筑)党支部书记。在浙江大学三十多年来,我主要承担研究生教学、指导和管理工作,以及科研和技术服务工作,有时也兼任党政管理工作。下面各节将讲述我在浙江大学从教的情况。

博士研究生

1981年年底,国家通过学位条例,对我国博士、硕士、学士等的培养和管理,以及相应学位的授予和管理做出规定,随后公布了我国第一批博士学位培养单位和相应的博士研究生导师。浙江大学岩土工程学科是我国第一批博士点之一,曾国熙教授是我国第一批博士研究生导师之一。1982年春,浙江大学开始招收第一届博士研究生。我在职报考,成为浙江大学第一批博士研究生。浙江大学第一届博士研究生共五人,分别是物理系董绍静(导师李文铸教授)、医仪系魏大名(导师吕维雪教授)、热物理系倪明江(导师陈运铣教授)、化工系郝苏(导师王仁东教授)和土木系龚晓南(导师曾国熙教授)。

浙江大学第一届博士合影(左起:倪明江、郝苏、董绍静、魏大名、龚晓南)

在博士研究生阶段,我在曾国熙教授指导下从事油罐软黏土地基性状研究,这不仅是继续我在硕士研究生阶段的研究工作,也是曾先生和他的同事长期从事软土地基研究工作的延续和深入。博士论文题目为《油罐软黏土地基性状》。在博士研究生阶段,土工教研室和土工实验室老师们给了我大力支持和帮助。在此期间,结合上海金山石化油罐工程,我做了大量的K_0固结三轴试验,包括排水剪切和不排水剪切试验、压缩和拉伸试验等。K_0固结三轴试验仪是土工教研室自己研制成功的。做一个K_0固结三轴排水抗剪试验需要两天时间,往往要到第二天深夜两三点才能结束。同时,我多次在教研室做阶段性汇报,听取大家的意见和建议。导师还让我多次参加在上海、北京和天津等地举办的外国教授专家学术讲座和学习班。

当时我国数值计算条件很差,浙江省只在省科技局大楼内有一台国产TQ-16计算机,内存容量64KB,机器语言为BCY语言,上机要排队预约。当时计算机采用纸带输入信号,信号在纸带上穿孔形成。修改程序需要打孔,输入数据需要打孔。我的论文中的数值计算就是在省科技局大楼内的计算机上完成的。比起我的老师辈用的手摇计算器,这已经是很大的进步。

经过两年多的努力,我完成了论文初稿。我的学位论文是手写本。论文简要本是油印本,送交全国各地30多位岩土工程专家评审。评审专家对我的研究成果都给予了很高的评价,同时还给出了很好的建议和意见。1984年9月12日在学校图书馆会议室召开了浙江大学首次博士论文答辩会,答辩委员会由卢肇钧学部委员、汪闻韶学部委员、钱家欢教授、曾国熙教授和潘秋元副教授组成,卢肇钧学部委员任答辩主席,副校长王启东教授和学校研究生院领导出席了会议。我通过了博士学位论文答辩,成为浙江省自己培养的第一位博士,也是我国岩土工程界自己培养的第一位博士。9月14日浙江日报头版头条做了《浙江大学培养出第一位博士》的报道,浙江电台、《光明日报》《文汇报》等多家媒体也做了相应报道。

答辩结束后合影(1984)

答辩后第二天,我和家人登上玉皇山。登高望远,即兴作诗留念:

> 昨摘博士冠,今登玉皇山,
>
> 抬头向前看,明日再登攀。

参加名古屋国际会议

1985年,我的论文《大型钢油罐下软黏土地基固结分析》(*Consolidation analysis of the soft clay ground beneath large steel oil tank*)被第5届国际岩土力学数值分析方法会议录用,我被邀请参加会议并宣讲论文。时任土木工程学系系主任舒士霖教授支持我去参加国际会议,上报学校并经教育部同意。当时参加国际会议的费用全部由教育部出,包括外汇额度。获批后,通过外事机构办理护照、签证,购买飞机票,领行李服装费去买行李箱和制作西装。第一次去国外既高兴又紧张。从上海飞东京,再乘火车去名古屋,会后从东京飞上海。我的英语听说能力较差,论文报告有些紧张,回答问题比较困难,好在有钱家欢教授等"保驾护航",论文报告效果还好。钱家欢教授应邀在会上做了专题报告,他在报告中较为详细地介绍了我在博士阶段的研究成果。在会议期间,我认识了张佑启、孙钧、朱可善、陈环、沈珠江等教授专家。

与辛克维奇等合影(1985)

龚晓南、沈珠江、钱家欢、钱征、陈环(1985)

第一次去国外什么都觉得新鲜。新干线、高速公路以及沿线的休息区、公路立交、地下通道、地下商场、超市等等,都是第一次见到。我开了眼界,看到了差距,也感觉到了责任。

当时参加国际会议,参会人员会议期间生活补贴定额包干,参会人员省吃俭用,可用结余部分购买家电或其他日常生活用品。有的买照相机,有的买收音机,多数买电视机。我家第一台电视机也是这样买的。

洪堡基金会研究学者

1986年年底,我获得洪堡基金会奖学金,赴德国Karlsruhe大学土力学及岩石力学研究所从事博士后研究,合作导师是G. Gudehus教授。

洪堡基金会是为纪念德国伟大的自然科学家和科学考察旅行家亚历山大·冯·洪堡(Alexander von Humboldt)于1860年在柏林建立的。1923年之前,洪堡基金仅资助德国学者到外国进行科学考察。1925年后,这项基金转为支持外国学者在德国学习。1945年,基金会停止了活动。根据原洪堡学者的倡议,基金会于1953年12月10日由联邦德国再次建立。洪堡基金成为德国吸引外国年轻博士(小于35岁)到德国从事研究工作的基金。无论种族、国家、信仰、性别,除艺术类以外的年轻博士均可自由申请。是否给予支持由洪堡基金会的专家委员会确定。由于历史原因,洪堡基金会对中国学者的支持在改革开放后才恢复。恢复初期,由我国政府推荐洪堡奖学金获得者。1986年恢复为由个人提出申请,不再由政府推荐。考虑到中国当时的特殊情况,该基金对申请人的年纪放开限制。我在申请洪堡基金会奖学金过程中得到了许多人的帮助。曾国熙先生曾跟我说过,有一次韩祯祥校长与他一同从市里开会回校,韩校长建议他让我去申请洪堡奖学金。然后曾先生到路甬祥教授(当时从德国回来不久)处要了洪堡基金会奖学金的申请表格给我。我请了卢肇钧学部委员、钱家欢教授和曾国熙教授写了推荐信,连同申请表、在德研究计划和三篇已发表的英文论文一同寄给洪堡基金会提出申请。Karlsruhe 大学的 G. Gudehus 教授接收了我,成为我的合作导师。

在洪堡学者聚会上(1987)

在德国一年多,我不仅在土力学及基础工程专业的知识上有不小的进步,而且对当代世界和现代化有了较全面的认识。有几件小事值得一记。

其一是洪堡基金会对我去德国曼海姆语言学院学习的安排。申请被批准后,洪堡奖基金会寄来了详细的计划,安排非常周到。机票是以挂号信寄给我的。我乘国航从杭州到香港,再转乘德国汉莎航空的飞机从香港到法兰克福,两个航班衔接很好。到法兰克福机场后,我到指定的办公室领取去曼海姆的火车票(一等座)和零花钱(现金),到曼海姆后,到歌德语言学院报到,安排好宿舍并领取奖学金。一路上非常顺利。

其二,在曼海姆语言学院学习德语期间,我在打乒乓球时认识了几位德国小孩,并且相互熟悉了。一个下雪天,一位德国小孩趁我不备时友好地给我扔了一个雪球,不小心击中我的眼镜,不仅眼镜破了,而且眼内充血,一只眼睛什么也看不见。身处异国,外语又不好,我吓坏了。此时有人叫来了宿舍管理员,把我送到医院。医生检查的非常认真、细致,认为视觉系统没有受伤,是微血管破裂引起充血。医生开了药,告诉我休息两天就会好的。当我正要离开时,医生又说:明天起是长假(圣诞节),你是外国人,在德国没有亲人和朋友照顾,你应该住院。于是帮我联系了医院,住院手续很快办好,我住进了医院。真没想到德国医院条件那么好,医生护士不断检查,定时送药,一天量两次体温。一日三餐送到病房,下午还有点心。病人不需要花一分钱。

其三,每年度来自世界各地的洪堡学者应邀参加三次集体活动,活动费用由基金会出。一次是迎新会,仅限洪堡学者自己参加;一次是到总统府接受总统接见,参加一次音乐会,并乘豪华游轮游览莱茵河,可带配偶和孩子;一次是为期三周的环德国旅游,可带配偶。环德国旅游时,30 人左右为一组乘坐大巴,为我们当导游的是一位大学教授。三次会餐的座位安排可反映出德国人办事认真、细致、高效的管理水平:一次按与会学者的专业类别安排,一次按与会学者在德国的城市区域安排,一次按与会学者来自的国家区域安排。这样的管理水平,给我留下了深刻的印象。

在德国期间,除在 Karlsruhe 大学外,我还访问了几个其他大学的土工试验室,到奥地利 Innsbruck 参加国际学术会议,去巴黎旅游。当时签证不太方便,去巴黎旅游是德国学生开车送我们过境的,可算“偷渡”。去奥地利参加国际学术会议可算“闯关”,坐上开往 Innsbruck 的火车,在过境处与警察商量,“闯关”成功。因为都是社会主义国家,去东德是不要签证的。穿越柏林墙来往东、西柏林几次,目睹两地差距,真是感慨万千!

1987年6月,我夫人蓝玉到德国陪读,家中两个孩子全靠岳母照料。蓝玉到德国后,先去曼海姆语言学院学习德语四个月。她在Karlsruhe住,在曼海姆读书,需早出晚归,坐火车往返两地之间。每月奖学金850马克,因未住校,还有住房补贴。陪读期间,每月补贴300马克。

摄于科隆(1987)

在德国期间,我们虽收入不低,但仍省吃俭用,舍不得花钱,连5马克一份的冰淇淋也舍不得吃。5马克,当时可兑换30元人民币左右,约等于我当时在国内半个月的工资。1988年春回国时,按国家规定指标,可带七个大件。我们买了一台计算机、三台彩电、一台音响、一台冰箱和一台洗衣机。计算机随身带回家,其他都在上海指定商店提货。三台彩电,爸妈和我们各一台,原有的一台和另外的一台给了两位在农村的妹妹。后来我常说,获得洪堡基金会奖学金去德国后,我就脱贫了。

教学和科研

自1981年硕士研究生毕业留校任教至今已有30多年,我主要从事岩土工程教学和科研工作。

留校后,特别是1988年从德国回国后,直至2004年卸任浙江大学岩土工程研究所副所长,我一直负责浙江大学岩土工程研究所研究生培养管理工作,有幸经历浙江大学从以培养本科生为主到现在每年研究生新生人数比本科生新生人数要多的发展过程。由于历史原因,我主要从事研究生课程教学和指导工作,以及岩土工程硕士与博士的课程体系和培养计划的建设工作。我先后主讲了高等土力学、土塑性力学、计算土力学、工程材料本构方程、地基处理技术、广义复合地基理论等六门研究生课程(高等土力学是曾国熙教授开设的,后来由我主讲;其余五门是由我开设并主讲的)授课,并相继编写和出版了教材。《土塑性力学》和《工程材料本构方程》都是在研究生阶段阅读文献读书报告基础上发展完成的。《土塑性力学》油印稿讲义曾得到同济大学郑大同教授的高度评价,他建议正式出版,并建议增加内蕴时间塑性理论有关内容。《土塑性力学》于1990年出版,后被广泛引用,并被韩国一大学译成韩文出版。1985年冬,浙江大学举办岩土工程研究生教学和学术讨论会,我邀请了同济大学、河海大学、西安空军工程学院、南京水利科学研究院等单位的教授专家来参加。会议期间,我约请南京水利科学研究院沈珠江研究员和同济大学朱百里教授共同编写《计算土力学》,并进行了分工。1986年年底我去德国前,委托李明逵老师代表浙江大学参加编写组织工作。为了满足岩土工程研究生教学需要,我于1996年编写出版了《高等土力学》。经卢肇钧院士推荐,我于1997年编写出版了《地基处理新技术》。

至今我已指导80多位博士研究生和80多位硕士研究生,还指导10多位博士后和多位访问学者(详见附录)。在本科教学方面,我曾参与土木工程概要的教学和多届本科毕业论文的指导,应邀主编出版了三部本科教材。

与在校研究生合影(1996)

在科研上,我坚持为工程建设服务,认真解决工程建设中出现的技术难题,坚持理论研究和工程应用相结合,积极推动行业科技进步。主要研究方向有:地基处理及复合地基、基坑工程、基础工程施工环境效应及对策、既有建筑物地基加固与纠倾、土工计算机分析等。

1988年从德国回来后,根据自己的工作积累和工程建设的需要,并听取同事们的意见,我对自己的主要研究方向进行了调整,决定把复合地基理论和工程应用作为自己的主要研究重点。1989年,我同时申请到浙江省自然科学基金项目"复合地基承载力和变形计算理论研究(1990—1992)"和国家自然科学基金项目"柔性桩复合地基承载力和变形计算与上部结构共同作用研究(1990—1992)",开始复合地基理论和工程应用的研究工作。1990年,参加中国建筑学会在承德举办的复合地基学术讨论会,这次会议给我的帮助和震动很大。我从会上了解到,虽然水泥搅拌桩和碎石桩在工程中应用发展很快,但其理论研究远落后于工程实践,许多问题有待解决。在会议闭幕式上,一位老研究员的发言极大地震动了我。他说:"复合地基学术讨论会开了三天,有谁能告诉我什么是复合地基? 复合地基的定义是什么?"会上没有人能回答。当时确实找不到复合地基的定义。我决心来回答这个问题。回校第二天我就去图书馆找参考书,只有复合材料力学,没有复合地基,地基基础类书中也没有讲复合地基的章节。我借了几本不同版本的复合材料力学,书中有多层复合板、加筋复合板,还有复合梁和柱的分析,其基本理论难以用于复合地基分析。思考几天后,我想:既然找不到复合地基的定义,可以试试给出复合地基的定义;既然没有复合地基理论,可以试试建立复合地基理论。后来我给出的复合地基定义中的"基体"和"加筋体"用词均源自复合材料力学。

经过近一年的努力,在总结多项地基处理工程实践和多项研究项目的基础上,1991年我在《地基处理》杂志上连载《复合地基引论》,第一次给出复合地基的定义、分类、设计计算方法等,并于1992年进一步系统和完善,出版了第一部复合地基专著《复合地基》,首次提出广义复合地基理论框架。在这里,我要感谢乐子炎老师等人,他得知浙江大学出版社出版《复合地基》需要我支付4000元出版费时,很快请工程协作单位帮我支付出版费给出版社,使《复合地基》顺利出版。30多年来,复合地基理论和工程应用一直是我的主要研究重点。我指导完成了一系列研究生学位论文,在全国各地完成了多项工程设计和咨询,有力地促进了复合地基理论的发展和应用水平的提高。为了及时总结复合地基领域的新进展,回答工程建设中提出的问题,分别在2002年和2007年出版了《复合地基理论及工程应用》第一版和第二版,进一步完善了广义复合地基理论。2003年主编出版《复合地基设计和施工指南》,组织编写的浙江省工程建设标准《复合地基技术规程》(DB33/1051 – 2008)于2008年8月1日实施,国家标准《复合地基技术规范》(GB/T 50783 – 2012)于2012年12月1日实施,促进形成复合地基工程应用体系。应该说,自1991年起,我在复合地基理论和工程应用领域一直处于领先地位,得到了学术界和工程界的普遍认同。

从1978年到浙江大学读研究生,我就与地基处理结缘,导师曾国熙教授长期从事软土地基处理,浙江大学岩土工程学科和曾国熙教授在地基处理领域有很大影响。在1983年召开的中国土木工程学会第四届土力学及基础工程学术讨论会(武汉)期间,中国土木工程学会土力学及基础工程学会决定成立地基处理学术委员会,并将它挂靠在浙江大学,请曾国熙教授组建地基处理学术委员会并任主任委员。曾国熙先生让我担任学术委员会秘书,把我送上了一个很好的平台。在组织全国各地各行业的地基处理专家编写《地基处理手册》和组织系列地基处理学术讨论会过程中,我结交了各地的地基处理技术专家,拜他们为师,全面、系统地学习、掌握了各种地基处理技术。1991年学会领导曾国熙、卢肇钧、叶政青和蒋国澄先生一致提议让我担任第二届地基处理学术委员会主任委员。

30多年来,我长期从事深层搅拌法、强夯和强夯置换法、排水固结法、电渗加固和软土固化剂等多种地基处理技术研究,应邀参与、主持完成了十几个省市的高速公路、建筑工程、机场、围海工程等软土地基处理咨询与设计,应邀主持了绍兴、启东、杭州、宁波、玉环、嘉兴等地数十个基础工程事故处理,解决了许多技术难题。多项研究成果用于工程实践,促进了地基处理技术水平的不断提高。

随着我国城市化进程的不断发展,基坑工程成为我国工程建设的热门领域。我是这样步入基坑工程领域的。在厦门外资公司工作的一位浙大校友将厦门的一个基坑围护委托给我们设计。在这以前我们没有做过基坑围护设计,在杭州也没听说谁做过基坑围护设计。在这种情况下,我组织了几位教授、几位年轻教师和几位博士研究生组成设计组,边调查边学习,完成了围护设计。这是由浙江大学岩土工程研究所完成的第一个基坑围护设计,可能也是由杭州工程技术人员完成的第一个基坑围护设计。当时广州、上海、北京等地已完成过一些基坑工程。不久,杭州开始第一项城市道路改造工程——庆春路改造工程。庆春路改造工程中多数基坑围护是我们设计的,我们从中获得了大量的实战训练的机会。于我而言,可谓既长了知识、提高了水平,又练了兵、培养了人才。当年的博士研究生和硕士研究生现在都已成长为基坑工程领域的大师。我在基坑工程领域的主要贡献包括:较早提出在基坑围护设计中要根据环境条件,分别采用按变形控制设计和按稳定控制设计的方法;要重视坑中坑对基坑稳定性的影响;提出根据不同工程地质条件下土钉支护临界高度确定其适用范围等理念和设计方法;揭示了深层承压水减压的环境效应特性,提出基坑工程地下水控制原则;较系统地研究了基坑工程环境效应及防治对策,较好地解决了基坑工程发展中出现的一系列问题;发展了"深埋重力—门架式围护结构"和"基坑围护桩兼作工程桩与地下室墙挡土结构"等多种基坑围护新技术;主持完成了杭州钱江新城第一个深大基坑——杭州大剧院基坑工程围护设计;主持完成了为建设第一条钱塘江过江隧道服务的关于高承压水课题的研究等等。1998年,我主编出版了《深基坑工程设计施工手册》(中国建筑工业出版社)。2004年,钱七虎和陈肇元院士在广州会议上,提议我接任中国建筑学会施工分会基坑工程专业委员会主任委员。

开展基础工程施工环境效应及对策和既有建筑物地基加固与纠倾领域的研究,主要是为了满足工程建设发展和社会稳定的需要,这两个领域的问题难度大,风险也大,社会责任重,具有较高的挑战性。我较早开展了这两个领域的工作。1998年,我与孙钧院士共同主持国家自然科学基金重点项目"受施工扰动影响的土体环境稳定理论和控制方法"的研究工作。对于岩土工程事故处理、施工环境效应及对策、地基加固与纠倾等领域的问题,只要政府部门或业主委托,我都会认真投入,把工作做好。30多年来,我负责完成了宁波北仑电厂一水池工程,宁波甬江隧道沉井工程,江苏启东一高层建筑,萧山一水塔工程,杭州一高速公路人行通道工程,绍兴、嘉兴、杭州、台州、温州、玉环等地多个小区住宅工程的地基加固和纠倾。这些工作中多数是开创性的,或在一个地区、在一工程类型中是首次,应用的加固和纠倾技术中不少是创新技术。我认为,基础工程施工环境效应及对策和既有建筑物地基加固与纠倾最能考验一个岩土工程师的综合实力,上述领域的磨炼能有效提升岩土工程师的能力和水平。

30多年来,我出版的论文著作目录详见附录1。下面简要回忆《地基处理手册》《桩基工程手册》和《深基坑工程设计施工手册》的组织编写情况。

《地基处理手册》编委扩大会议于1985年3月2—5日在浙江大学召开,来自全国14家单位的21位专家参加。参会人员包括曾国熙、卢肇钧、吴肖茗、杨灿文、盛崇文、石振华、周国钧、张作瑢、范维垣、张永钧、钱征、彭大用、叶书麟、顾宝和、曾锡庭、邹敏、张善明、丁金粟、潘秋元、卞守中、龚晓南。会上讨论确定了编写原则、主要内容、各章编写人与编写单位、编写书稿要求、审稿要求以及编写进度计划,要求各章编写人于4月底将编写大纲和审稿人名单报编委会,各章参编人于7月底完成编写内容并交各章第一编写人,9月底交各章审稿人,11月底初审结束。1986年1月底,各章第一编写人将初审修订稿用中国建筑工业出版社稿纸誊写交编委会,计划4月底交出版社。因为各章编写人特别是第一编写人都是该技术的权威,编写工作进展顺利。为了更好地反映我国地基处理技术水平,1986年初夏,在青岛召开中国土木工程学会土力学及基础工程学会理事会期间,各章第一编写人在会上做了汇报,听取了学会理事们的意见和建议。会后,各章编写人对初稿做了进一步修改和补充。各章书稿汇总后,在统稿过程中再做了少许调整平衡,于1986年8月交稿给出版社。中国建筑工业出版社的责任编辑石振华参与了上述全过程。《地基处理手册》于1988年出版发行,得到业界一致好评,有力推动了技术进步,满足了工程建设的需要。

中国建筑工业出版社根据形势需要,委托中国土木工程学会土力学及基础工程学会地基处理学术委员会组织编写《桩基工程手册》。盛情难却,地基处理学术委员会于1989年4月20—22日在浙江大学邵逸夫科学馆召开《桩基工程手册》编写筹备会。参会的15位专家包括刘金砺、龚一鸣、石振华、陈竹昌、张咏梅、蒋国澄、彭大用、卢世深、叶政青、周镜、刘祖德、卢肇钧、曾国熙、潘秋元、龚晓南。会上讨论了编写原则、分章安排、编委会组成、核心小组成员以及各章编写人员。会议建议编委会由筹备会人员和各章第一编写人组成。经协商,编委会核心小组由曾国熙、叶政青、冯国栋、周镜、刘金砺、陈竹昌等六人组成。曾国熙为召集人,龚晓南任编委会秘书。会议决定在7月召开的第二届全国地基处理学术讨论会(烟台)期间召开《桩基工程手册》编委会,确定各章分节目录,会后全面开始编写工作。在烟台会议期间召开了《桩基工程手册》编委扩大会,各章第一编写人汇报了各章分节目录及编写大纲,听取了与会人员的建议和意见。会后全面开始编写工作。1990年9月17日,在河北承德召开中国土木工程学会土力学及基础工程学会理事会期间,召开了《桩基工程手册》编委会核心小组会议。会议由卢肇钧主持,叶政青、冯国栋、周镜、刘金砺和龚晓南出席,曾国熙和陈竹昌请假缺席。核心小组讨论了《桩基工程手册》的编写情况,确定了各章联系人。编委会核心小组决定在1991年6月第六届土力学及基础工程学术讨论会(上海)前后召开《桩基工程手册》编委会,各章编写人汇报编写情况,协调各章之间的内容。1991年6月上海会议后,在松江召开了《桩基工程手册》编委会,各章编写人介绍了编写情况,进行了讨论,协调了各章内容。会后根据松江会议意见,各章进行修改。1992年4月24—28日在浙江舟山召开《桩基工程手册》统稿协商会,出席会议九人。首先统稿人介绍了各章编写情况及存在的问题,然后逐章讨论分析,针对存在的问题提出具体修改意见。舟山统稿协商会后,除个别章节外,各章编写人均很快完成了编写任务。《桩基工程手册》于1995年出版后,也得到业界一致好评,有力推动了我国桩基工程技术的进步。

前排(左起):龚晓南、刘金砺、周镜、陈竹昌;
后排(左起):石振华、潘秋元、曾国熙、冯国栋、彭大用

1995年年底,时任福建省建筑科学研究院院长龚一鸣教授代表福建省建工集团,邀请我担任《深基坑工程设计施工手册》主编,负责该手册的编写组织工作。我极力推辞,但没有推辞掉。我对龚一鸣院长说,福州大学的高有潮教授是我的导师曾国熙教

授的同事,是德高望重的老前辈,高教授是从浙江大学去福州大学的,让我担任主编、高教授担任副主编,我不能接受。我提议请高教授担任主编,我作为副主编,肯定会尽力协助他。龚一鸣院长再三说明让我担任主编,高教授担任副主编,也是高有潮教授的意见。就这样,我担任了《深基坑工程设计施工手册》的主编。根据我的提议,除福建的专家外,还邀请了北京、上海、杭州、南京、武汉、深圳、广州等地专家参加编写和审阅。1996年3月15日在福州召开了第一次编委会,会上讨论了编写原则和章节目录,确定了各章第一编写人。1996年8月7日在福州召开了第二次编委会,各章第一编写人报告了编写大纲和内容提要,会上初步协调了各章间的关系。1997年5月15日在福州召开了第三次编委会,各章第一编写人报告了各章内容及审稿人意见,会上协调了各章间的关系。会后各章编写人修改稿件后交编委会。1997年11月16—18日在浙江大学召开了《深基坑工程设计施工手册》统稿协商会,魏汝龙、施祖元、章履远、潘秋元、俞建霖、龚晓南以及中国建筑工业出版社责任编辑常燕参加。会上对各章重复内容提出删减和合并,并对部分章节内容提出补充意见。会后由我实施并进行统编定稿。《深基坑工程设计施工手册》于1998年7月出版发行,得到了学术界和工程界的欢迎和好评。

对我而言,组织和编写《地基处理手册》《桩基工程手册》和《深基坑工程设计施工手册》的过程是不断学习、不断充电的过程,是知识面不断扩大、不断提升的过程。在组织和编写过程中能得到几代专家学者、许多大师的指导和帮助,能有机会采百家之长,不断升华自己的认识,不断提高自己的能力,我是很幸运的。

1990年,我组织创办《地基处理》刊物,比英国创办的 *Ground Improvement* 刊物早七年,应该是国内外地基处理领域创办最早的刊物。《地基处理》为季刊,一年四期,至今已出版发行27年,已成为广大地基处理同行总结、交流地基处理新鲜经验的平台,为我国地基处理技术的普及和提高做出了贡献。我建议设置并主持"一题一议"专栏,自己也积极为专栏撰文,分析设计和施工中出现的问题,并提出合理建议。书中选录了16篇我为"一题一议"撰写的短文,从中可看出岩土工程的特点,以及岩土工程设计、施工应采取的理念和方法。太沙基说,"岩土工程是一门应用科学,更是一门艺术",是很有道理的。

任土木工程学系主任

1988年春,我从联邦德国回校,组织上让我担任土木工程学系系副主任。当时系主任是唐锦春教授,党总支书记是李身刚,另一位副主任是郭鼎康副教授。郭老师主要分管教学工作,我主要分管科研和技术服务工作。听说组织上让我担任系副主任,有位老先生跟我说:"你这么年轻去做管理工作,太可惜了。你应该先搞业务,年纪再大一点再去做管理工作。"这是老一代知识分子的观念,至今还值得一提。

1989年唐教授任副校长,学校发文让我任系副主任主持土木工程学系工作。主持系工作后,我深知责任重大,做了不少调查研究工作,包括请教老教授、了解分析土木系发展历史、学习兄弟院校经验,谋划浙江大学土木工程学科如何进一步发展。没有想到1990年春,校长向我传达学校领导的意见:计划调我去校图书馆任副馆长。并说现馆长不久将退休离任,浙江大学图书馆需要一位学术水平较高的学者任图书馆馆长。当时我毫无思想准备,听了校长的话后,不知说什么好。我只对校长说:"让我想一想,过几天再告诉您我是否去图书馆任职。"是否去图书馆任职?我征求了我的老师和同事们的意见,绝大多数都劝我不要去。令我感动的是,在一个下雪天,一位年长的老师特意到我家,劝我不要去图书馆。只有一人劝我去图书馆任职,理由是图书馆馆长是处级干部。几天后我给校长交了一张小字条,告诉他我的决定——请求回教研室当一位普通教师。我表达了做好教学、科研工作的意愿。组织同意了我的请求。于是,在浙江大学,我第一次离开土木工程学系的领导中心,专心于岩土工程的教学和科研工作,从此也给人留下了龚教授"牛"和不怕领导的"坏"形象。

1994年春,党总支书记李身刚找我谈话,转达组织意见,请我担任土木工程学系主任。我的态度是服从组织安排。据说李身刚书记和钱在兹主任均向学校党政领导建议提名我担任土木工程学系主任。有位老教授曾与我说过,钱在兹教授原本在校科研处工作,1978年浙江大学恢复研究生招生的许多工作都是他组织做的。我们1978级研究生进校时是归科研处管的,后来成立研究生科,钱教授就在研究生科工作。再后来研究生科发展成研究生处,脱离科研处,再后来又发展成研究生院。1990年我不再担任土木工程学系系主任时,校领导将在研究生院担任领导的钱在兹教授调到土木工程学系任主任,任期满后因年龄原因不能再任。1994年4月,我到土木工程学系担任系主任职务,直至1999年四校合并。期间,同时任建筑工程学院副院长。当时建筑工程学院不是实体,院长由副校长兼任,另一位副院长是建筑系主任。

担任系主任后,首先开展一系列调查研究活动。我邀请省建工集团和省、市设计院等有关单位的领导专家座谈,探讨土木工程建设发展对高等土木工程教育的要求;组织海归教师联系国外校友,调查国外大学土木工程学科设置和课程安排;组织老教师座谈会,了解浙江大学土木工程学科发展沿革,特别是1952年院系调整前后的变化;与国内一些大学进行比较分析。在开展大量调查研究的基础上,根据土木工程建设对高等土木工程教育的要求以及浙江大学的具体情况,我组织制定了浙江大学土木工程学科发展计划,并组织全系教职工讨论,听取大家的意见和建议。我强调重视土木工程领域各个学科的综合发展。由于历史原因,在1952年院系调整时,浙江大学土木系取消了道路、桥梁和水利学科。后来水利学科恢复了,但道路、桥梁学科一直没有恢复。一个一流的土木工程学系需要土木工程领域各个学科的综合发展。在任期内,我破格引进人才,新建了道路桥梁、建筑经济管理、防灾减灾、市政工程等学科,并筹建了相关研究所(室)。这些学科现已成为浙江大学土木工程学科发展的新生力量。

　　我还提出改革大学本科教学计划,拓宽学生知识面,实施"大土木"专业教育。通过对国内外大学土木工程专业教学计划的大量调查,组织制定了土木工程本科"大土木"培养计划,使浙江大学成为第一所在全国实施"大土木"专业教育的院校。我在郑州召开的全国土木工程专业系主任会议上介绍了"大土木"培养计划时,得到土木工程专业指导委员会和与会代表的好评。时任专业指导委员会副主任的清华大学江见鲸教授在会上给予了高度评价。两年后,教育部进行专业调整,全国也逐步实施了"大土木"专业教学计划。

　　受当年清华大学蒋南翔校长大力发展党员的启示,我认为,未来一所大学在社会上的影响力,将会在很大程度上取决于研究生培养的数量和质量,特别是研究生数量。为此,我在任内大力扩招研究生。在担任系主任的五年任期内,不仅建成了土木工程一级学科博士点和博士后流动站,还使研究生数量翻了一番。

　　1995年土木工程学系通过了国家建筑工程专业评估,1996年岩土工程成为"211工程"重点学科。可是当时土木工程学系的办公条件特别差,严重制约发展。例如,岩土工程研究所除实验室外,只有一间教师办公室,可放四张小办公桌。为了改善教师办公条件,经多方咨询和协商,决定自筹经费建设浙江大学"土木科技馆"。当时高校资金很紧张,建系馆资金只能依靠全系教职工的共同努力。我们在系内自筹资金200多万元(包括教师个人捐助和系的自营收入),向社会各界募集200多万元,又通过学校从香港得到部分资助(学校要求顶层用于校远程教育)。于1996年4月1日举行土木科技馆奠基典礼。土木科技馆基建领导小组由我任组长,阮连法和高德申任副组长。1998年9月,一座崭新的土木科技馆终于在浙江大学拔地而起,较大地缓解了教学实验用房的压力。土木科技馆坐落在浙江大学玉泉校区,在第五教学楼北侧。建成后为浙江大学土木工程学系系馆。四校合并后,土木工程学系迁至紫金港校区安中大楼。土木科技馆现为航空工程系系馆。土木科技馆内的电梯是浙江大学建筑设计研究院资助的,当时高校校园中有电梯的楼房还是很少的。这在玉泉校园中可能是第二座。

　　我也积极利用社会力量支持办学。1994年年底发起筹建"浙江大学土木工程教育基金会",1995年正式成立。第一届基金会会长由我担任,时任系副主任的关富玲和张土乔、系总支副书记娄建民任副会长。为合理有效地监督管理、使用基金,成立了基金会理事会。浙江大学土木工程教育基金会于1995年12月22日在浙江大学邵逸夫科学馆举行基金会理事会成立暨第一次浙江大学土木工程教育奖学金颁奖大会,会后举行第一

土木科技馆(2015)

届基金会理事会第一次会议。该会议通过了第一届浙江大学土木工程教育基金会理事长、常务理事、副理事长、理事长、顾问、司库、秘书长名单。第一届基金会理事长由我兼任,益德清、屠建国和郭明明任副理事长。基金会聘请潘家铮、钱令希、魏廉等15位专家学者担任顾问。基金会用基金利息奖励系内的"十佳教工"、优秀学生和学生干部,同时补助家境比较贫寒的学生。

浙江大学建设监理公司是钱在兹教授任系主任时成立的,成立不久就交给我们管理了,当时急需建立管理制度。经研究试行下述管理制度:系主任任法人代表、公司经理,由主管科研和技术服务的系副主任主管,由系务会议决定公司有关政策;聘请一位常务副经理负责公司日常管理,由常务副经理、会计、出纳和公司办公室管理人员组成公司管理层;公司实行项目负责制,项目负责人负责组织完成项目合同规定的各项任务;合同收入的60%归项目负责人管理,10%归公司管理层,30%归系,各部分税费自行负责。试行上述管理制度后,公司发展很快。

我还积极开展继续教育工作,一是办学习班;二是加强土木工程专业工程硕士的培养。我认为,开展继续教育促进了学校与企业的联系,有利于校企合作。

浙江大学第一届土木工程专业研究生班的毕业合影(1997)

通过开办公司和开展继续教育工作,系经济收入逐年增加。增收用于投入学科建设和增加教学补贴。1995年,系里出资对新建硕士点、新建学科予以补助,向每位教授赠送一台"586"计算机,深得大家欢迎。直到2015年还有一位教授对我说:"我初期的不少研究成果是用那台计算机进行计算分析的,你给我们送计算机,真是雪中送炭。"随着系经济收入逐年增加,系教师教学补贴标准也逐年提高。系经济收入还用于建造土木科技馆。

为了调动大家的积极性、集思广益,作为系主任的我于1995年开始组织召开全体教授参加系暑期工作会议,每年讨论研究一个主题。第一次暑期工作会议在莫干山举行,重点研究如何加强研究生培养工作。暑期工作会议议程包括系领导介绍工作思路、分组讨论、小组汇报和系主任小结。莫干山会议的费用是一位校友、民办企业家资助的。这种形式在当时的浙江大学可能也是首次。我们还在1995年年底在学生食堂举行全系在职和退休教职工聚餐。聚餐前由党总支书记李身刚主持,由我向大家汇报一年来各方面的进展以及进一步发展的思路。还给全体退休教职工每人发红包300元。聚餐和红包费用来自教职工集体创收。这在浙江大学可能是首次,影响较大。

为了加强与校友的联系,争取广大校友的支持,也让优秀校友事迹激励在校师生,我于1995年创办浙大土木校友通讯,并请原系主任、校友、学部委员钱令希教授为校友通讯题名。

每年我要求办公室在所室负责人会议上介绍系收入和支出情况,包括教学津贴和系管理人员补贴标准,听取意见,努力做到公开、透明、合理。

应该说两次担任系主任我都是尽力尽职的,两次离开领导岗位时都有不少同仁采用不同形式表达对我的关心和爱护,我在此表示深深的感谢。特别让我欣慰的是,1999年卸任后,我连续多年被评为土木工程学系"十佳教职工",这是土木工程学系同仁们对我的厚爱。"十佳教职工"是由全系教授和系党政与科室负责人不记名投票产生的。"十佳教职工"是根据我的提议设立的,由土木工程教育基金会支持。"十佳教职工"的名额主要分配给普通教师,实验和管理岗位教师共占2~3人,不授予系党政主要领导。

1990年和1999年,两次离开行政领导岗位对我学习岩土工程,对我著书立说,对我学术上的成长,都是很有帮助的。也有几位年轻学者表示,最佩服我的是能在职务升降时淡然处之,心态很好,总是很有朝气。

学术兼职

由于处在我国一个特殊的发展时期,也由于我的特殊经历,我的学术兼职较多。从附录中可了解我的大部分学术兼职。在这里,我聊聊几个我尽力尽职的学术兼职,这几个学术兼职是比较实的,其他大部分学术兼职是比较虚的,或者说投入不够,应该检讨。

一、中国土木工程学会土力学及基础工程学会地基处理学术委员会

为了适应我国工程建设的需要,在1983年召开的全国第四届土力学及基础工程

学术讨论会(武汉)期间,中国土木工程学会土力学及基础工程学会决定,成立地基处理学术委员会,以加强地基处理领域的工作,并决定挂靠在浙江大学。1984年地基处理学术委员会在浙江大学成立,由曾国熙教授担任主任委员,由铁道部科学研究院卢肇钧研究员、上海市建工局叶政青教授、中国水利水电科学研究院蒋国澄研究员担任副主任委员,委员会由来自全国各地的40多位专家组成,我任学术委员会秘书。学术委员会于1991年换届,由我担任学术委员会主任委员。

成立30多年来,在几代人的努力下,地基处理学术委员会相继在上海宝钢(1986)、烟台(1989)、秦皇岛(1992)、肇庆(1995)、武夷山(1997)、温州(2000)、兰州(2002)、长沙(2004)、太原(2006)、南京(2008)、海口(2010)、昆明(2012)、西安(2014)、南昌(2016)举办了14届全国地基处理学术讨论会。地基处理学术委员会还分别在杭州(1996)和广州(2012)举办了两届全国复合地基理论与实践学术讨论会;1993年在杭州举办全国深层搅拌法设计、施工经验交流会;1998年在无锡举办全国高速公路软弱地基处理学术讨论会;2005年在广州举办全国高速公路地基处理学术研讨会。除第一届全国地基处理学术讨论会未出版论文集,第二届全国地基处理学术讨论会胶印论文集外,其余每次学术讨论会均正式出版论文集。2005年在广州举办的全国高速公路地基处理学术研讨会上,不仅出版会议论文集,还在会前组织编写出版《高等级公路地基处理设计指南》。地基处理学术委员会还配合中国土木工程学会和部分委员单位,举办了数十次多种形式的地基处理技术培训班。地基处理学术委员会成立30多年来,组织全国专家编写《地基处理手册》第一至第三版(1988、2000、2008,中国建筑工业出版社),发行量超过12万册,还组织全国专家编写《桩基工程手册》(1995,中国建筑工业出版社)。1990年地基处理学术委员会与浙江大学土木工程系合作出版发行《地基处理》刊物。地基处理学术委员会还努力组织专家为工程建设提供技术咨询服务。

上述一系列活动,有力地促进了我国地基处理技术的普及和提高,我自己也得到锻炼和成长。

二、浙江省力学学会岩土力学与工程专业委员会

在1992年9月召开的第二届华东地区岩土力学学术讨论会(庐山)期间,为了促进浙江各行业、各地区间的学术交流,满足工程建设对岩土工程技术的要求,加快岩土工程技术水平的提高,张土乔、施祖元与我共同发起组建浙江省力学学会岩土力学与工程专业委员会的建议。回杭州后这个提议得到了浙江省力学学会的支持,专业委员会由我担任主任,施祖元任副主任,张土乔任秘书,第一批委员由30多位专家组成。1993年在温州召开第一届浙江省岩土力学与工程学术讨论会,会上增补曾耀华担任副主任,增补严平任秘书。第二届浙江省岩土力学与工程学术讨论会于1995年在宁波举行。会上增补张土乔担任副主任,学会秘书工作请严平、俞建霖负责。接着在金华(1997)、嘉兴(1999)、温州(2002)、衢州(2004)、绍兴(2006)等地召开浙江省岩土力学与工程学术讨论会。学会还组织委员到安吉黄浦江源头、天台神仙居等地考察,加强

了友谊,促进了交流。

岩土力学与工程专业委员会举办的一系列活动,有力地促进了浙江省岩土工程技术水平的提高和人才的成长。

三、中国建筑学会施工分会基坑工程专业委员会

1998年,为了加强基坑工程领域的学术交流,更好地为工程建设服务,钱七虎院士和陈肇元院士发起组建中国建筑学会施工分会基坑工程专业委员会。由钱七虎院士任主任,陈肇元院士和其他多位教授任副主任,我是委员之一。1998年、2001年和2004年相继在济南、温州和广州召开第一、二、三届基坑工程学术讨论会。在广州会议上,钱七虎和陈肇元院士提议我接任主任委员。广州会议后,分别在上海(2006)、天津(2008)、厦门(2010)、深圳(2012)、武汉(2014)和郑州(2016)召开第四至第九届基坑工程学术讨论会。每次会议除组织出版论文集外,还组织出版《基坑工程实例》(中国建筑工业出版社,1—6册)。基坑工程学术讨论会会议论文集系列和《基坑工程实例》系列愈来愈得到工程技术人员的关注和参与,有力推动了我国基坑工程技术水平的提高和基坑工程技术人员的成长,大大促进了基坑工程行业的进步。

当选为中国工程院院士

我于2011年当选为中国工程院院士,许多同事、领导、同行和朋友纷纷来信、来电表示祝贺,在此表示衷心感谢。我在工程院汇报的最后一张PPT是这么写的:"50年前我开始学习土木工程,30年前获得硕士学位,开始从事岩土工程教学和科研工作。今天我能在这里做汇报,我要首先感谢父母亲的养育之恩、老师们的教育之恩、国家和人民的培育之恩,感谢土木工程界的前辈们、我的学生们、同事和同仁的支持和帮助。30多年来我仅是在有限的领域做了一些探索,今后还需继续努力。请继续给予支持和帮助。谢谢! 请多指正!"

在祝贺当选工程院院士会议上(2011)

下面引用几封贺信,作为留念。

辛卯岁末,传来喜讯:恩师龚晓南教授当选中国工程院院士!

老师从事土木工程事业五十余载,是我国自己培养的第一位岩土工程博士。老师长期致力于岩土工程数值计算、软黏土力学、软土地基处理等方面的研究和教学,成果丰硕,著作等身;培养的学生遍布海内外,活跃于我国经济建设的各领域。老师此次荣获我国工程界最高荣誉,实至名归,可喜可贺!

衷心祝愿老师身体安康,学术之树长青!

——童小东

晓南,刚收到仲轩电邮得知你已被选为工程院院士。向你表示祝贺。你多年来对国内土力学及岩土工程发展的贡献当之无愧。下次去杭州再与你联系。祝一切好。

——李相崧

艺高二专业,德满一宗师,勤奋为本。祝贺龚老师!

——连峰

龚老师,祝贺您当选工程院院士!从一开始认识您,就一直感受着您学术和为人的大家风范。再次祝贺您!

——郭红仙

刚从网上获知,您当选为中国工程院院士,热烈祝贺!您是浙大岩土的光荣与骄傲,并实现了岩土人的多年梦想!请珍重身体!

——张忠苗于美国

衷心祝愿龚院士继续引领岩土工程前进!

——孙宏伟(北京市建筑设计研究院地基基础研究室)

贺龚晓南博士当选工程院院士!

荣登高位当欢庆,获取全凭苦耘耕。

院内声誉应为次,士在学海攀新峰。

——白玉堂、王克敏

欣闻龚老师光荣当选为中国工程院院士,学生倍感骄傲和自豪,在此谨向您表示诚挚的祝贺和敬意!

宝剑锋从磨砺出,梅花香自苦寒来,学生在您身边求学五载,深切体会了您对专业的孜孜不倦,对学生的谆谆教诲,对学校的拳拳热情。您的努力,推动了复合地基理论和实践在全国的推广,丰硕的学术成果对土木工程的科技进步做出了重要的贡献。您的当选,是对您工作的肯定。您的荣誉是您个人的,也是这个领域的,学生为您能够获此荣誉而激动。衷心祝愿您阖家幸福,事业再创高新!

——陈明中

清华学子历春夏秋冬暑风凉月自强不息孜孜求知问道书卷泛丽彩

浙大导师育东南西北文曲武魁厚德载物谆谆授业解惑桃李溢芬芳

——祝秉寅于天津

任浙江大学滨海和城市岩土工程研究中心主任

当选中国工程院院士后,浙江大学建筑工程学院党政领导希望我能组建一研究中心,发挥更大的作用。盛情难却,我又开始承担部分行政管理责任。2012年,经学校批准,"浙江大学滨海和城市岩土工程研究中心"成立。

在浙江大学滨海和城市岩土工程研究中心(简称中心)成立会上,我做了《浙江大学滨海和城市岩土工程研究中心建设和发展思路汇报》的发言,大意如下:

中心要以现代化建设需要为发展动力,加强基础理论研究,坚持以人为本,坚持产、学、研相结合,坚持为工程建设服务,同心协力,努力做到人尽其才、物尽其用,同心协力,出成果、出人才。要把中心办成国内外学术界和工程界有较大影响力的岩土工程研究中心。国内外较大影响力反映在下述三个方面:要把中心建成岩土工程大师的培养基地;要完成一批有影响的科研成果,发表和出版一批有影响力的论文、著作;办好一个学术刊物《地基处理》,加强国内外学术交流,要让中心成为一个有影响力的学术交流中心。

中心要通过承担国家重大、重点科学研究项目,增强中心活力,提高科研水平;通过与企业合作建立"院士专家工作站"和"工程研究中心",增强中心活力,促进产、学、研相结合,提高科研水平;通过参与国家和地方重大、重点工程项目建设(包括咨询、设计、监测等),解决工程建设中的问题。

中心发展强调多学科结合,包括岩土工程、交通工程、海洋工程、水利工程、材料工程、结构工程、化学工程、机械工程等;强调开放性,建立的研究开发中心、工程研究中心、实验室、院士专家工作站等都应是开放的,向校内外、国内外开放;强调产、学、研相结合;强调为工程建设服务;强调追求卓越、追求创新、追求领先。中心成立教授委员会,规划、确定、调整研究方向,对中心的学术工作提出咨询意见。

经教授委员会认真讨论,中心研究方向为:软土地基处理、地下工程、桩基工程、海洋岩土工程、土动力学与地震工程、工程地质灾害防治。

2013年,中心主持召开了"海洋土木工程前沿研讨会",决定组织编写《海洋土木工程概论》,推广和普及海洋土木工程理论和技术。2013年中心还主持召开了"岩土工程新技术发布推广会",促进了岩土工程新技术的推广。根据城市化发展的需要,2014年召开了由中国工程院土水建学部、中国土木工程学会土力学与岩土工程分会、浙江大学滨海和城市岩土工程研究中心联合主办的"城市岩土工程前沿论坛",会议对城市岩土工程发展提出了六点建议。为了促进我国城市地下空间合理开发和利用,2015年召开了由上述三个单位联合主办的"城市地下空间开发利用前沿论坛"。2016年召开了三个单位联合主办的"城市岩土工程西湖论坛",论坛中心议题为城市地下综合体、城市地下管廊、城市地下交通和城市地质灾害防沿。论坛期间还召开了"岩土本构理论前沿问题"专题研讨会,并决定以后每年10月在杭州举办"岩土工程西湖论坛",2017年论坛中心议题为岩土工程测试技术。

通过四年多的建设,浙江大学滨海和城市岩土工程研究中心得到了较好的发展。

代表性刊物论文

软土地基固结有限元法分析*#

曾国熙　龚晓南

【摘　要】　本文首先在试验研究的基础上,探讨了用双曲线函数配合上海金山黏土常规三轴固结剪切试验应力－应变曲线及其归一化性状。从归一化的试验曲线出发,得到一个切线模量方程。

其次,根据虚位移原理和结点等价流量等于结点等价压缩量的黏土饱和条件,推导了轴对称条件下Biot固结理论[1]有限单元法方程。

最后,应用有限单元法对上海金山一容量为一万立方米的油罐的地基在充水预压期间固结问题做了非线性分析,并与实测结果做了比较分析。

1　饱和黏土的有效应力和应变关系

1.1　土样的基本物理性质

室内试验采用上海金山石油化工总厂化工一厂油罐区原状黏土,其基本物理性质指标列于表1。

表1　土样的基本物理性质

土样编号	取土深度/米	天然含水量/%	液限 w_L/%	塑限 w_p/%	塑性指数 I_p	土样描述
1	2.58～2.83	29.1	29.8	18.6	11.2	青灰色亚黏土
2	7.00～7.25 7.25～7.50*	41.5	33.8	20.3	13.5	淤泥质亚黏土粉砂夹层
3	9.50～9.75* 10.25～10.50*	38.8	35.0	21.1	13.9	淤泥质亚黏土粉砂互层

* 本文刊于浙江大学学报,1983,17(1):1－14.

\# "代表性刊物论文"部分由周佳锦博士协助校稿。

土样编号	取土深度/米	天然含水量/%	液限w_L/%	塑限w_p/%	塑性指数I_p	土样描述
4	12.75～13.00	38.3	36.8	19.5	17.3	淤泥质黏土
5	13.25～13.50*	50.0	48.3	26.2	22.1	淤泥质黏土
6	17.00～17.25	37.4	33.8	19.8	14.0	淤泥质亚黏土

＊排水剪切试验所用土样

1.2　应力－应变曲线归一化性状的试验研究[2]

采用Konder(1963)[3]提出的双曲线函数配合三轴固结排水剪切试验(CD)和固结不排水剪切试验(CU)应力－应变曲线。其表达式为

$$(\sigma_1 - \sigma_3) = \frac{\varepsilon_1}{a + b\varepsilon_1} \tag{1}$$

式中$(\sigma_1 - \sigma_3)$——主应力差；

ε_1——轴向应变；

a、b——双曲线参数。

图1和图2分别表示用双曲线函数配合第二组土样固结不排水剪切试验(CU－2)和固结排水剪切试验(CD－2)应力应变关系情况,双曲线参数a、b可通过作图法确定,也可通过数理统计的方法确定。

把试验数据绘成$(\sigma_1 - \sigma_3)/\sigma'_m \sim \varepsilon_1$曲线(其中$\sigma'_m$为平均有效应力),从而可以窥测上海金山黏土应力－应变试验曲线对平均有效应力的归一化性状。对σ'_m归一的应力－应变曲线可以用下式表达[2]：

$$\frac{(\sigma_1 - \sigma_3)}{\sigma'_m} = \frac{\varepsilon_1}{\bar{a} + \bar{b}\varepsilon_1} \tag{2}$$

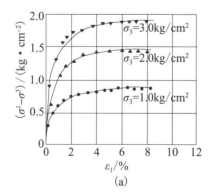
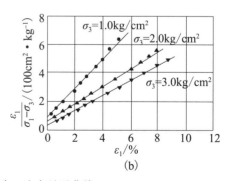

图1　CU-2应力－应变关系曲线

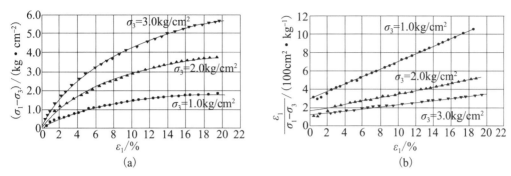

图2　CD-2应力－应变关系曲线

1.3　排水和不排水剪切归一化应力－应变曲线之间的关系

*CD*和*CU*试验对平均有效应力归一的应力－应变曲线可分别表达如下：

$$\frac{(\sigma_1 - \sigma_3)}{\sigma'_m} = \frac{\varepsilon_{1D}}{\bar{a}_D + \bar{b}_D \varepsilon_{1D}} \quad (\text{CD}) \tag{3}$$

$$\frac{(\sigma_1 - \sigma_3)}{\sigma'_m} = \frac{\varepsilon_{1U}}{\bar{a}_U + \bar{b}_U \varepsilon_{1U}} \quad (\text{CU}) \tag{4}$$

从图3(a)可以看到同一组土样的排水和不排水剪对平均有效应力的归一化曲线具有同一渐近线，也就是说：

$$\bar{b}_D = \bar{b}_U \tag{5}$$

结合式(3)、式(4)和式(5)可看到，在 CD 和 CU 两种情况下，若两者的$(\sigma_1 - \sigma_3)/\sigma'_m$值相等，则其对应的轴向应变$\varepsilon_{1D}$和$\varepsilon_{1U}$之间的关系可由系数$\bar{a}_D$和$\bar{a}_U$确定，即

$$\frac{\varepsilon_{1D}}{\varepsilon_{1U}} = \frac{\bar{a}_D}{\bar{a}_U} \tag{6}$$

可令

$$M_a = \bar{a}_D / \bar{a}_U \tag{7}$$

如能确定M_a值，则可由固结不排水剪对平均有效应力的归一化曲线推出固结排水剪的归一化曲线。M_a值与土的含水量、种类、组成成分等因素有关。含水量大，压缩指数大，M_a也大。

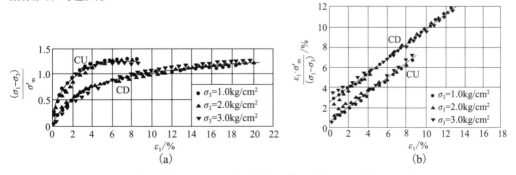

图3　CU-2和CD-2对平均有效应力归一化应力－应变关系曲线

1.4 一个切线模量方程

根据 CD 试验对平均有效应力的归一化应力 – 应变曲线,可导出一个切线模量方程。

式(2)两边分别对轴向应变 ε_1 求偏导数,可得

$$\frac{1}{\sigma'_m} \frac{\partial(\sigma_1 - \sigma_3)}{\partial \varepsilon_1} - \frac{(\sigma_1 - \sigma_3)}{(\sigma'_m)^2} \frac{\partial \sigma'_m}{\partial \varepsilon_1} = \frac{\overline{a}}{(\overline{a} + \overline{b}\varepsilon_1)^2} \tag{8}$$

与 Duncan 和 Chang 模型(1970)[4]类似,上式中 $\partial(\sigma_1 - \sigma_3)/\partial \varepsilon_1$ 为切线模量,记作 E_t。经移项化简,式(8)可写成

$$E_t = \frac{(\sigma_1 - \sigma_3)}{\sigma'_m} \frac{\partial \sigma'_m}{\partial \varepsilon_1} + \frac{\sigma'_m}{\overline{a}} \left[1 - \frac{\overline{b}(\sigma_1 - \sigma_3)}{\sigma'_m} \right]^2 \tag{9}$$

式中 $\partial \sigma'_m / \partial \varepsilon_1$ 尚需确定。

在三轴压缩试验中,轴向应变 ε_1、径向应变 ε_3 和体积应变 ε_V 之间有如下关系:

$$\varepsilon_1 + 2\varepsilon_3 = \varepsilon_V \tag{10}$$

Kulhawy 和 Duncan(1972)提出轴向应变和径向应变关系也可以用双曲线方程表达[5]:

$$\varepsilon_1 = \frac{-\varepsilon_3}{\upsilon_i - \varepsilon_3 D} \tag{11}$$

式中 υ_i——土的初始泊松比;

D——无因次系数。

根据三轴等向压缩试验,可以测定平均有效应力和体积应变之间的关系如下:

$$\mathrm{d}\varepsilon_V = \frac{\lambda}{(1 + e_0 \sigma'_m)} \mathrm{d}\sigma'_m \tag{12}$$

式中 e_0——初始孔隙比;

λ——压缩曲线($e \sim \ln\sigma'_m$)斜率。

初始泊松比 υ_i,根据 Duncan 和 Kulhawy 的建议[5],可采用下式计算:

$$\upsilon_i = G - F\lg\left(\frac{\varepsilon_3}{P_a}\right) \tag{13}$$

式中 G、F——无因次系数;

P_a——大气压值,单位千克/平方厘米。

结合式(9)至式(13),并略去 $\varepsilon_1 D$ 的两次项,可以得到一个切线模量方程:

$$E_t = \frac{(\sigma_1 - \sigma_3)(1 + e_0)}{\lambda} \left\{ 1 - \frac{2[\sigma'_m - \overline{b}(\sigma_1 - \sigma_3)][G - F\lg(\sigma_3/P_a)]}{\sigma'_m - (\sigma_1 - \sigma_3)(\overline{b} + 2\overline{a}D)} \right\} + \frac{\sigma'_m}{\overline{a}} \left[1 - \frac{\overline{b}(\sigma_1 - \sigma_3)}{\sigma'_m} \right]^2 \tag{14}$$

上式中参数 $\overline{a}$、$\overline{b}$、e_0、λ、G、F 和 D 均可由试验测定。在推导过程中,忽略了剪应力对体积变化的效应。

式(14)考虑了平均有效应力对模量的效应,也就考虑了第二主应力对模量的效应,Cornforth(1964)[6]提出当$b = (\sigma_2 - \sigma_3)/(\sigma_1 - \sigma_3)$从0增加至1时,土体的强度和杨氏模量都有显著增加。这与式(14)是一致的。

由式(11)和式(13)可得出泊松比的计算式:

$$\upsilon_i = \frac{G - F \lg\left(\dfrac{\sigma_3}{P_a}\right)}{\left[1 - \dfrac{D\bar{a}(\sigma_1 - \sigma_3)}{\sigma'_m - \bar{b}(\sigma_1 - \sigma_3)}\right]^2} \tag{15}$$

根据弹性增量理论,式(14)和式(15)可用于非线性分析。

2 Biot固结理论轴对称问题有限元方程

2.1 单元选择和位移模式

在轴对称问题中,所取得单元是一个轴对称的整圆环。采用三角形截面,于是在rz平面上形成一个三角形网格。各单元之间用圆环形的铰互相连接,而每一个铰与rz平面的交点就是结点,如图4所示。

假定基本未知量位移W_r、W_z和孔隙压力P_w是坐标的线性函数,则

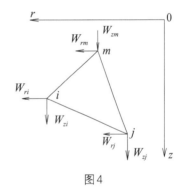

图4

$$\begin{Bmatrix} W_r \\ W_z \end{Bmatrix} = [N]\{\delta\}^e = [IN_i\ IN_j\ IN_m]\{\delta\}^e \tag{16}$$

$$P_w = [N']\{P_w\}^e = [N_i\ N_j\ N_m]\{P_w\}^e \tag{17}$$

式中 $\{\delta\}^e$——单元结点位移矢量,$[W_{ri}W_{zi}W_{rj}W_{zj}W_{rm}W_{zm}]^T$;

$\{P_w\}^e$——单元结点孔隙压力矢量,$[P_{wi}P_{wj}P_{wm}]^T$;

I——二阶单位矩阵;

N_i——形函数,$N_i = (a_i + b_i r + c_i z)/2A$,$a_i = r_j z_m - r_m z_j$,$b_i = z_j - z_m$,$c_i = r_m - r_j$,$(i, j, m)$;

A——三角形单元截面面积。

2.2 有效应力原理

轴对称问题中有效应力原理可表达为

$$\{\sigma\} = \{\sigma'\} + \{M\}P_w \tag{18}$$

式中 $\{\sigma\}$——总应力矢量,$[\sigma_r\ \sigma_\theta\ \sigma_z\ \tau_{zr}]^T$;

$\{\sigma'\}$——有效应力矢量,$[\sigma'_r\ \sigma'_\theta\ \sigma'_z\ \tau_{zr}]^T$;

$\{M\} = [1\ 1\ 1\ 0]^T$。

2.3 几何方程和物理方程

用结点位移表示单元内应变,其几何方程可表示为

$$\{\varepsilon\} = [B]\{\delta\}^e \tag{19}$$

式中 $\{\varepsilon\}$——单元应变矢量,$[\varepsilon_r\ \varepsilon_\theta\ \varepsilon_z\ \gamma_{zr}]^T$;

$[B]$——应变矩阵,$[B_i\ B_j\ B_m]$;

$$[B_i] = \frac{-1}{2A}\begin{bmatrix} b_i & 0 \\ f_i & 0 \\ 0 & c_i \\ c_i & b_i \end{bmatrix}, (i,j,m);$$

(上式中的负号是由于土力学中应变符号规定以压为正而引起的)

$$f_i = \frac{a_i}{r} + b_i + \frac{c_\lambda z}{r}, (i,j,m)。$$

为了简化计算,也为了消除对称轴上结点处由于 $r=0$ 引起的麻烦,把每个单元的 r 和 z 近似地取为常量,即

$$\bar{r} = \frac{1}{3}(r_i + r_j + r_m) \tag{20}$$

$$\bar{z} = \frac{1}{3}(z_i + z_j + z_m) \tag{21}$$

物理方程为

$$\{\sigma'\} = [D]\{\varepsilon\} = [D][B]\{\delta\}^e \tag{22}$$

式中 $[D]$——土体弹性矩阵。轴对称问题中,

$$[D] = \frac{E(1-v)}{(1+v)(1-2v)}\begin{bmatrix} 1 & & 对 & \\ \dfrac{v}{1-v} & 1 & & 称 \\ \dfrac{v}{1-v} & \dfrac{v}{1-v} & 1 & \\ 0 & 0 & 0 & \dfrac{1-2v}{2(1-v)} \end{bmatrix}$$

其中,E、v 为土体的杨氏模量和泊松比。

2.4 Darcy 定律

$$\{v\} = \frac{1}{\gamma_w}[k]\{\nabla\}P_w \tag{23}$$

式中 $\{v\}$——孔隙水流速矢量,$[v_r\ v_z]^T$;

$[k]$——渗透系数矩阵,

$$[k] = \begin{bmatrix} k_r & 0 \\ 0 & k_z \end{bmatrix};$$

$$\{\nabla\} = \begin{bmatrix} \dfrac{\partial}{\partial r} & \dfrac{\partial}{\partial z} \end{bmatrix}^T;$$

γ_w——水容量。

2.5 虚位移定理

根据虚位移定理,外力在虚位移上的虚功等于应力在虚应变上的虚功。对于轴对称问题,虚功方程为

$$\{\delta^*\}^T\{F\} = \iiint \{\varepsilon^*\}^T\{\sigma\}\, r\mathrm{d}r\mathrm{d}\theta\mathrm{d}z \tag{24}$$

式中$\{\delta^*\}$、$\{\varepsilon^*\}$——分别为虚位移矢量和虚应变矢量;

$\{F\}$——外力矢量。

对每一单元且考虑到$\{\varepsilon^*\} = [B]\{\delta^*\}^e$,式(24)经改写、简化可得

$$\{F\}^e = 2\pi \bar{r} \iint [B]^T\{\sigma\}\,\mathrm{d}r\mathrm{d}z \tag{25}$$

2.6 黏土饱和条件

用Darcy定律计算单元孔隙水流速,

$$\{v\} = \begin{bmatrix} v_r \\ v_z \end{bmatrix} = \frac{1}{2A\gamma_w}\begin{bmatrix} k_r b_i & k_r b_j & k_r b_m \\ k_z c_i & k_z c_j & k_z c_m \end{bmatrix}\begin{bmatrix} P_{wi} \\ P_{wj} \\ P_{wm} \end{bmatrix} \tag{26}$$

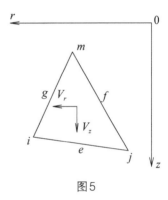

图5

在线性模式中,单元的孔隙水流速分量v_r和v_z是常数。流经单元的流量是单元三个结点的等价结点流量之和。图5中,e、f和g是单元边界中点。结点i的等价结点为流经边界gi和ie的流量之和。对一个单元用矩阵形式表示,可写成

$$[Q] = \begin{bmatrix} Q_i \\ Q_j \\ Q_m \end{bmatrix} = \pi \bar{r} \begin{bmatrix} b_i & c_i \\ b_j & c_j \\ b_m & c_m \end{bmatrix}\begin{bmatrix} v_r \\ v_z \end{bmatrix} = [k_q]\{P_w\}^e \tag{27}$$

式中$[k_q]$——单元渗透流量矩阵。

单位时间内单元体积的改变量是单元三个结点的等价结点压缩量之和。线性模式中,单元应变是常数,故一结点的等价结点压缩量等于全单元的压缩量的1/3。对一个单元用矩阵形式表示为

$$\begin{bmatrix} \frac{\partial V}{\partial t} \end{bmatrix} = \left\{\frac{\partial}{\partial t}\right\}\begin{bmatrix} V_i \\ V_j \\ V_m \end{bmatrix} = \frac{1}{3}\begin{bmatrix} 1 \\ 1 \\ 1 \end{bmatrix}\frac{\Delta V}{\Delta t} \tag{28}$$

式中ΔV——某一时段内单元体积的改变量。

$$\Delta V = \iiint (\Delta \varepsilon r + \Delta \varepsilon \theta + \Delta \varepsilon z)\, r\mathrm{d}r\mathrm{d}\theta\mathrm{d}z = 2\pi \bar{r} A [M]^T[B]\{\Delta \delta\}^e \tag{29}$$

把式(29)代入式(28)得

$$\begin{bmatrix} \frac{\partial V}{\partial t} \end{bmatrix} = \frac{1}{\Delta t}[k_V]\{\Delta \delta\}^e \tag{30}$$

式中 $[k_V]$ ——单元体变矩阵。

根据黏土饱和条件,单位时间内体积改变量等于通过其边界的流量,结合式(27)和式(30)可得

$$\frac{1}{\Delta t} [k_V] \{\Delta \delta\}^e - [k_q] \{P_w\}^e = 0 \tag{31}$$

在 Δt 时段内,孔隙压力平均值 $\overline{P}_{wt}$ 可近似地取为

$$\overline{P}_{wt} = P_{w(t-\Delta t)} + \frac{1}{2} \Delta P_w \tag{32}$$

式中 $P_{w(t-\Delta t)}$ ——t 时刻前一时段的孔隙压力。

把式(32)代入式(31),得

$$[k_V] \{\Delta \delta\}^e - \frac{\Delta t}{2} [k_q] \{P_w\} = \{\Delta R\}^e \tag{33}$$

式中 $\{\Delta R\}^e$ ——t 时刻的前一时段结点孔隙压力所对应的结点力。

$$\{\Delta R\}_i^e = \frac{\pi \bar{r} \Delta t}{2 A \gamma_w} [k_z c_i (c_i + c_j + c_m) + k_r b_i (b_i + b_j + b_m)] P_{wi(t-\Delta t)} \tag{34}$$

对各结点写出式(33),就可得到 Biot 固结理论连续方程的有限元方程组。

$$[k_V] \{\Delta \delta\} - \frac{\Delta t}{2} [K_q] \{\Delta P_w\} = \{\Delta R\} \tag{35}$$

结合式(16)、式(18)、式(19)和式(25),得到 Biot 固结理论平衡方程组的有限元方程。

$$\{F\}^e = 2\pi \bar{r} A [B]^{\mathrm{T}} [D] [B] \{\delta\}^e + 2\pi \bar{r} [B]^{\mathrm{T}} \{M\} \left[\frac{A}{3} \quad \frac{A}{3} \quad \frac{A}{3} \right] \{P_w\}^e = [K_\delta] \{\delta\}^e + [K_p] \{P_w\}^e \tag{36}$$

式中 $[K_\delta]$ ——相应单元结点位移产生的单元刚度矩阵;

$[K_p]$ ——相应单元结点孔隙压力产生的单元刚度矩阵。

对各节点建立平衡方程,并写成增量形式,可得

$$[K_\delta] \{\Delta \delta\} + [K_p] \{\Delta P_w\} = \{\Delta F\} \tag{37}$$

结合式(35)和式(37),得到增量形式的 Biot 固结理论有限单元法方程。

$$\begin{bmatrix} K_\delta & K_p \\ K_V & -\frac{\Delta t}{2} K_q \end{bmatrix} \begin{Bmatrix} \Delta \delta \\ \Delta P_w \end{Bmatrix} = \begin{Bmatrix} \Delta F \\ \Delta R \end{Bmatrix} \tag{38}$$

3 金山101号贮罐地基固结有限单元法分析

3.1 工程概况

上海金山石油化工总厂化工一厂油罐区位于杭州湾滨海围垦滩地上,软土层属于河口滨海相沉积。为了垫高沉降后罐底高程,罐底铺有砂垫层,于充水预压试验前六

个月完成。101#贮罐为试验罐(直径31.4m,容量10000m³),首先进行了充水预压试验,并埋设沉降位移、孔隙压力等多项观测仪器进行现场观测。用了41天时间加水至最高水位,充水一万多吨,连砂垫层在内,基底荷载达16.43t/m³,经过148天后开始卸荷。根据现场量测分析,地基固结度达90%。

101#试验罐试验工作主要由上海工业建筑设计院、上海石油化工总厂、南京水利科学研究所和浙江大学土木系等单位参加。本文引用的部分实测数据和试验资料系录自文献[11]和[12]。

试验罐附近的地质柱状图如图6(a)所示。根据无侧限抗压和十字板剪切试验结果,在地表以下4m左右范围内属于超压密的黏性土,通常称为硬壳层。土层③ₐ为淤泥质亚黏土夹粉砂层,③ᵦ为淤泥质亚黏土粉砂互层,层理清晰,层厚1~2mm,这种"千层糕"式构造的土层(又名纹状土)渗透系数大,有利于固结。土层④和⑤均为淤泥质黏土,但其物理力学性质稍异。土层⑤ₐ和⑥ₐ为淤泥质亚黏土,土层⑥ᵦ为密实粉砂层。土层⑥ₐ可能是土层⑥ᵦ的过渡层。根据埋设在深度为18.7m处孔隙水压力测头量测孔隙水压力消散很快这一现象,⑥ₐ和⑥ᵦ可以视为同一排水层。密实粉砂层压缩量很小,计算深度取为20m。

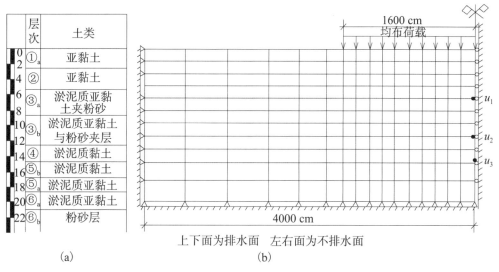

图6　地质柱状图和单元划分图

单元划分和边界条件确定如图6所示。

计算参数列于表2。

表2 各土层计算参数

土层	孔隙比	容重	$\bar{a}$	$\bar{b}$	$k_r/(\mathrm{cm \cdot s^{-1}})$	$k_z/(\mathrm{cm \cdot s^{-1}})$	k_0	G	D	F	λ	R_f
1	0.80	1.92			3.47×10^{-3}	8.68×10^{-4}	0.52					
2	1.15	1.80	0.026	0.71	1.11×10^{-2}	9.26×10^{-4}	0.53	0.347	0.74	0.085	0.13	0.86
3	1.07	1.77	0.027	0.65	1.16×10^{-2}	9.72×10^{-4}	0.50	0.333	0.72	0.084	0.13	0.85
4	1.10	1.82	0.031	0.75	5.09×10^{-4}	2.54×10^{-4}	0.52	0.34	0.71	0.085	0.138	0.84
5	1.40	1.71	0.037	0.92	4.62×10^{-4}	1.85×10^{-4}	0.56	0.36	0.67	0.083	0.142	0.84
6	1.08	1.85	0.023	0.70	4.16×10^{-4}	1.85×10^{-4}	0.47	0.32	0.68	0.092	0.084	0.87

计算土层:1. 深度0.0~4.8m; 2. 深度4.8~8.0m; 3. 深度8.0~11.2m;

4. 深度11.2~13.0m;5. 深度13.0~15.0m;6. 深度15.0~20.0m

土层1(硬壳层)为超压密土,在计算中应力-应变关系处理为线性。其弹性系数杨氏模量由压缩试验测定。计算式为

$$E = \frac{(1 + e_0)(1 + \upsilon)(1 - 2\upsilon)}{a_\upsilon(1 - \upsilon)} \tag{39}$$

式中a_υ——压缩系数。

上式中泊松比可由下式计算:

$$\upsilon = \frac{K_0}{1 + K_0} \tag{40}$$

式中K_0——静止土压力系数;$K_0 = 1 - \sin\varphi'$;φ'——有效应力抗剪角。

由此得到$E = 30.3\mathrm{kg/cm^2}$,$\upsilon = 0.38$。

表中R_f为破坏比,其值为破坏点的主应力差与主应力差的极限值之比。各层应力应变参数$\bar{a}$、$\bar{b}$、G、F、D、R_f和λ由三轴排水剪切试验和等向压缩试验测定。第四和第六两组土样未做排水剪切试验,其参数$\bar{a}$参考其他组土样M_a值与含水量之间的关系,由固结不排水剪切试验测定的$\bar{a}_U$推算确定。这两组的其他参数参考其他组测定值及相应的基本物理性质确定。

3.2 计算荷载和计算时段的确定

图7(a)表示加荷情况。砂垫层施工无详细记录,按充水预压前六个多月完成处理。充水预压自1974年10月28日开始,逐级加荷。在头六天中,分三次(每两次之间间歇1~2天)加水至充水压力为0.604kg/cm²。充水预压历经148天,于1975年3月24日卸荷。在计算过程中,头六天和后来十八天充水加荷阶段处理为匀速加载。从砂垫层施工起到充水预压卸荷为止,计算时段分为11段,如图7中①~⑪所示。

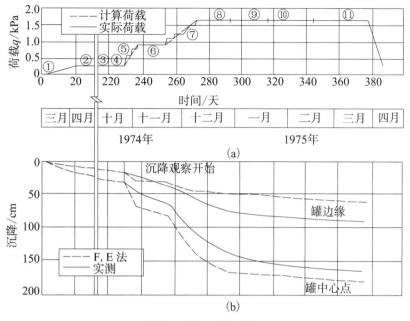

图7 沉降－时间曲线

3.3 计算结果和实测结果的比较

图7(b)为油罐中心点和罐边缘的沉降－时间曲线。实线和虚线分别为实测和计算沉降过程线,罐边缘实测沉降为环基上16个测点的平均值。砂垫层施工阶段无实测记录不能比较。从图中可看到,罐中心点的计算沉降大于实测沉降值,而罐边缘除预压充水开始一小段外,计算沉降值小于实测沉降值。

图8为孔隙压力－时间曲线。测点u_1、u_2和u_3的位置见图6(b)。砂垫层施工阶段无实测记录,故图中只给出油罐充水预压阶段孔隙压力过程线。从图中可以看到,在加荷阶段,计算孔隙压力值比实测值小,在消散阶段,计算孔隙压力过程线与实测过程线比较接近。孔隙压力消散速率和地基沉降速率两者基本上是一致的。需要说明的是若采用实验室小试件压缩试验测定的渗透系数,孔隙压力消散速率和地基沉降速率将大大小于实测值。在计算过程中采用由实测过程线估计的渗透系数。

图9左右两侧分别为两个日期(预压至最高水位,1974年12月9日;预压卸荷日,1975年3月24日)计算的地基中孔隙压力分布情况。

计算结果和实测成果比较表明以下几点。

正确测定和合理选用渗透系数对于估计固结速率具有重要的意义。而由实验室固结试验测定的c_v值推算的渗透系数往往比原位渗透系数小得很多,有时达1～2个数量级。本文中土层③$_a$和③$_b$计算所采用的竖向渗透系数值由压缩试验测定的固结系数推算的渗透系数值大15倍和6倍,其他层分别放大了2～6倍。文献[13]和[14]也报

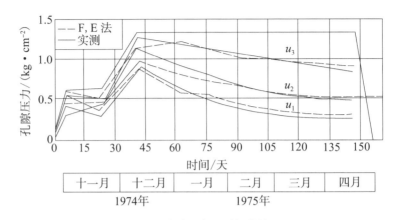

图8　孔隙压力 – 时间曲线

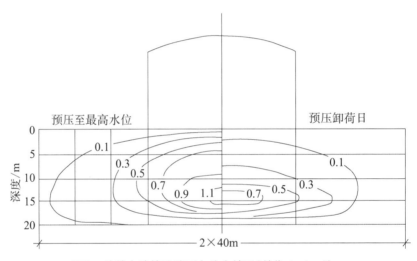

图9　地基中计算孔隙压力分布情况(单位:kg/cm²)

道了类似情况。这与Rowe(1972)[8]提出许多英国典型黏土的原位渗透性(以及c_v值)比室内用小试件试验测定的结果大一个或几个数量级的报告是一致的。Rowe认为这是由于土层中存在裂隙、砂土和粉砂薄层等引起。在金山油罐区地基中确实存在较多的砂夹层。选用渗透系数还要正确估计水平向和竖向渗透系数之间的关系。另外,在计算中没有考虑有效应力对土体渗透系数的效应。实际上,渗透系数对于同一类土也是随深度和固结过程变化的。

　　罐边缘计算沉降值小于实测沉降值,而罐中心点计算沉降值大于实测沉降可能与下述因素有关。在计算中没有考虑油罐和环基及其包围填充砂体的刚度,而把它理想化为完全柔性基础,罐底计算荷载为均匀分布的。由于油罐环基的影响,实际上荷载在罐底并非均匀分布,靠近环基处荷载密度较大。另外,切线模量方程没有考虑应力途径的影响,油罐地基中心点处在加荷过程中应力途径是不一样的,这可能也是影响因素之一[15]。如何缩小预测与实际的差距是国际上土力学界关心的课题之一,也是本文需要进一步探讨的一个课题。

4 结 语

1. 上海金山黏土三轴固结排水和不排水剪切试验应力应变曲线可以用双曲线函数配合。其对平均有效应力的归一化程度是好的。从归一化曲线出发,结合平均有效应力与轴向应变的关系,可以导出一个切线模量方程。该方程考虑了应力应变的非线性、应力水平和中主应力的效应。而 Duncan 和 Chang 模型(1970)[4]是没有考虑中主应力效应的。

2. 三轴固结排水和不排水剪切试验两者对平均有效应力的归一化曲线具有同一渐近线。

3. 本文采用等价结点流量等于等价结点压缩量的概念,推导了 Biot 固结理论连续方程的有限元法方程。推导过程简单,物理概念明确。

4. 计算技术的发展和有限单元法的运用为土工问题的分析提供了有力工具。其中包括合适的模型、有关参数的恰当测定和选择,以及合理分析方法等组成部分。这些都还需不断改进。根据各国学者十多年来应用的经验,现在已认识到参数的测定和选用相对来说是影响计算结果至为关键的因素[16]。本文也印证了这一点。理论计算通过实例的验证是必不可少的一个重要环节。也只有这样,才有可能使分析方法得到改进。

参考文献

[1] Biot, M. A. (1941), General Theory of Three Dimensional Consolidation, J. Appl. Physics, vol. 12, 155.

[2] 曾国熙(1980),正常固结黏土不排水剪切的归一化性状,软土地基学术讨论会论文选集,13.

[3] Kondner, R. L. (1963), Hyperbolic Stress-strain Formulation for Sands, J. Soil Mech. And Found. Div., ASCE Proc. No. SM1,115.

[4] Duncan, J. M. and Chang, C. Y. (1970), Nonlinear Analysis of Stress-strain for Soils, J. Soil Mech. and Found. Div., ASCE Proc. No. SM5,1629.

[5] Kulhawy, F. H and Duncan, J. M. (1972), Stresses and Movements in Oroville Dam, J. Soil Mech. and Found. Div., ASCE Proc. No. SM7,653.

[6] Ladd, C. C. et al (1977), Proc. 9th ICSMFE, Vol. 2,421.

[7] Christian, J. T. and Boehmer, J. W. (1970), Plane Strain Consolidation by Finite Element, J. Soil Mech. and Found. Div., ASCE Proc. No. SM4,1435.

［8］沈珠江(1977),用有限单元法计算软土地基的固结变形,水利水运科技情报,第1期,9。

［9］殷宗泽,徐鸿江,朱泽民(1978),饱和黏土平面固结问题有限单元法,华东水利科学院学报,第1期,72。

［10］Sandhu, R. S. and Wilson, E. L. (1969), Finite Element Analysis of Seepage in Elastic Media, J. Engrg. Mech. Div., ASCE Proc. No. EM3, 641。

［11］上海石油化工总厂化工一厂,上海工业建筑设计院,浙江大学和南京水利科学研究所(1976),贮罐软基预压观测成果(送审稿)。

［12］浙江大学土木系地基与基础教研组(1980),大型贮罐软土地基的稳定性与变形,浙江大学学报。

［13］Shoji, M. and Matsumotu, T. (1976), Consolidation of Embankment Foundation, Soil and Found., No. 1, 59.

［14］沈珠江(1977),油罐地基固结变形的非线性分析,水利水运科技情报,第1期,26.

［15］Horvat, K., Szavits-nossan, A. and Kovacic, D. (1981), Settlements Analysis of Tanks on Soft Clay, Proc. 10th ICSMFE, Vol. 1, 157.

［16］Poulos, H. G. (1981), General Report (Preliminary) on Soil-Structure Interaction, Proc. 10th ICSMFE.

油罐软黏土地基性状[*]

龚晓南　曾国熙

浙江大学,杭州

【摘　要】　首先,通过 K_0 固结三轴试验等室内试验探讨了金山黏土的应力应变关系以及强度和刚度各向异性。采用有限单元法研究了圆形贮罐上部结构、垫层与地基共同作用以及土体各向异性对沉降的效应。

其次,在试验研究的基础上,提出一组考虑初始应力状态和土体固有各向异性的非线性弹性系数实用方程式。通过强度发挥度,可以把土体刚度和强度联系起来。

最后,应用比奥(Biot)固结理论有限单元法分析了两只大型油罐(容量分别为 $10000m^3$ 和 $30000m^3$)地基试水期间的固结过程,分析中考虑了上部结构、环基和垫层的刚度。计算沉降过程线和孔隙压力过程线与现场实测值接近。

1　前　言

以往在土力学中,变形和稳定分析常被认为是两个互不相关的问题。近二十余年来,电子计算机、数值计算方法和土的本构理论等三个方面的发展有力地推进了现代土力学理论的发展。现代土力学要求建立起统一的应力－应变－强度关系,这样就可能把变形和稳定分析有机地结合在一起,使理论计算更符合实际情况。

土的应力应变性状是非常复杂的,影响因素很多。土的应力应变关系是非线性的,它与应力水平、应力路径有关,还受时间、加荷方式等因素的影响。近十几年来,土体各向异性,特别是土体刚度各向异性,愈来愈受到人们的重视。不过,大多数研究还局限于理论探讨或室内试验研究,很少应用于实际工程的分析。在各向异性分析时,过去大都把土体视为线性弹性体,很少考虑土体应力应变关系的非线性。而各向异性

---

* 本文刊于岩土工程学报,1985,7(4):1－11.

和非线性是土体应力应变关系性状的两个重要方面,应该统一给予考虑。

在地基变形计算中,上部结构、基础和地基的共同作用也愈来愈受到人们的重视,考虑共同作用的设计被称为"合理设计"[1]。

本文在第一作者硕士论文[2]的基础上,根据试验研究和有限单元法分析结果,提出一组同时考虑土体各向异性和非线性的弹性系数实用方程式,并应用于金山某厂两只油罐的地基在试水期间的固结分析。在地基固结分析中,考虑了油罐、环基、垫层和地基的共同作用,并与实测结果做了比较分析。

2 饱和黏土应力应变关系

试验土样为上海金山某厂油罐区原状黏土。油罐区位置在杭州湾滨海围垦滩地上,土层属于河口滨海相沉积[3]。

土样在无侧向变形条件下固结,然后进行三轴试验,称为 K_0 固结三轴试验。在 K_0 固结阶段,可以确定静止土压力系数 K_0 值、土体的先期固结压力 σ'_p、压缩指数 C_c 等参数。在三轴试验阶段,可以测定有关土体强度和变形的参数。

图1表示10个土样在 K_0 固结过程中,K_0 值随竖直向有效应力 σ'_v 的变化情况。从图中可看出,当竖直向应力小于土样的先期固结压力值时,土样处于超固结状态,它具有较大的 K_0 值,当竖向应力大于土样的先期固结压力时,土样处于正常固结状态,它的 K_0 值趋于稳定。

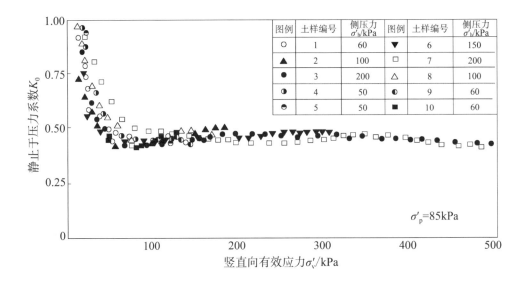

图1 K_0 值的确定

图 2 为 K_0 固结不排水三轴试验(包括轴向压缩试验和轴向拉伸试验)的应力应变关系曲线。K_0 固结不排水和排水三轴试验的应力应变关系曲线可以按平均有效应力 p' 归一。可用参数数值不同的两段双曲线分别配合 K_0 固结三轴试验归一化应力应变曲线的轴向压缩和轴向拉伸部分。图 3 为双曲线函数归一化应力应变关系曲线。

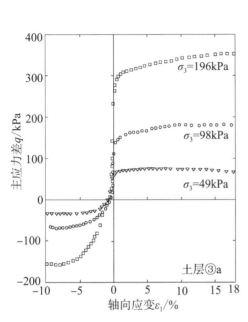

图 2　K_0 固结不排水三轴试验应力应变关系

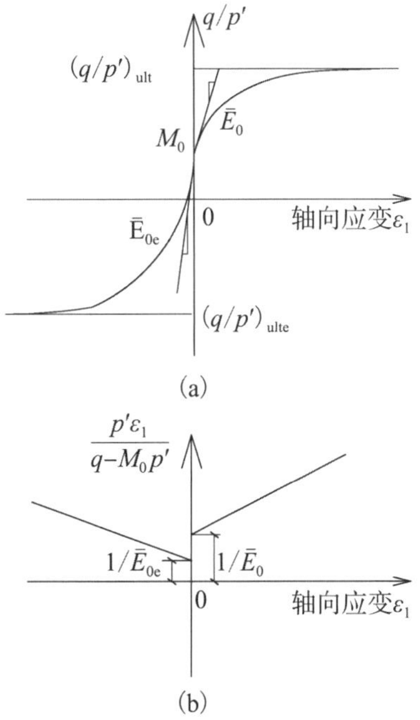

图 3　双曲线函数归一化应力应变关系

轴向压缩剪切情况的双曲线函数表达式为

$$\frac{q}{p'} - M_0 = \frac{\varepsilon_1}{\dfrac{1}{\bar{E}_0} + \dfrac{\varepsilon_1}{\left(\dfrac{q}{p'}\right)_{\mathrm{ult}}} - M_0} \tag{1a}$$

轴向拉伸剪切情况的双曲线函数表达式为

$$\frac{q}{p'} - M_0 = \frac{\varepsilon_1}{\dfrac{1}{\bar{E}_{0e}} + \dfrac{\varepsilon_1}{\left(\dfrac{q}{p'}\right)_{\mathrm{ulte}}} - M_0} \tag{1b}$$

式中 q ——主应力差, $q = \sigma_1 - \sigma_3$;

p' ——平均有效应力;

M_0 —— K_0 状态的 $\dfrac{q}{p'}$ 值, $M_0 = \dfrac{3(1-K_0)}{1+2K_0}$;

ε_1——轴向应变；

$\bar{E}_0$，$\bar{E}_{0e}$——分别为归一化曲线压缩和拉伸部分的初始切线斜率，或称归一化初始切线模量；

$\left(\dfrac{q}{p'}\right)_{\text{ult}}$，$\left(\dfrac{q}{p'}\right)_{\text{ulte}}$——分别为归一化曲线压缩和拉伸部分的渐近线值。

在 K_0 固结排水轴向压缩试验过程中，轴向应变 ε_1 和径向应变 ε_3 的关系曲线如图 4 所示。该曲线有两个特点：固结应力不同的土样，轴向应变和径向应变的关系曲线基本上相同；曲线斜率随着应变的增大而增大，当土体处于破坏状态或流动状态时，曲线斜率近似等于 0.5，即土体体积基本上不变。试验曲线可用双曲线来配合，其表达式为

$$\varepsilon_3 = -\sqrt{0.25(\varepsilon_1 + L_1)^2 + L_2^2} + \sqrt{0.25L_1^2 + L_2^2} \tag{2}$$

式中 L_1，L_2——配合双曲线函数的参数。

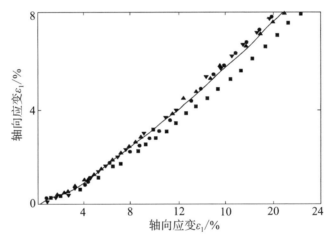

图 4　轴向应变与径向应变的关系曲线

试验研究还表明：在各向等压力固结排水三轴压缩试验中，轴向应变和径向应变关系的基本规律与 K_0 固结排水三轴压缩试验一样。

3　一组非线性弹性系数实用方程式

3.1　应力水平和强度发挥度

正常固结黏土的应力应变关系不仅存在破坏点，还存在极限值。在 p'，q 平面上，不仅有破坏线，而且还有极值线，如图 5 所示。压缩剪切试验破坏线和极值线的斜率分别记为 M 和 M_{ult}；拉伸剪切试验破坏线和极值线的斜率分别记为 M_e 和 M_{ulte}；

K_0 固结线的斜率为 M_0。

当轴向应力大于径向应力时,作用在土体上的某一应力状态所处的应力水平 R 定义为

$$R = \left(\frac{q}{p'}\right)\Big/ M_{\text{ult}} \tag{3}$$

土体破坏时的应力水平值称为破坏比 R_f,地基中初始 K_0 状态所处的应力水平称为初始应力水平 R_0。当轴向应力小于径向应力时,应力水平 R_e 为 $\left(\frac{q}{p'}\right)\Big/ M_{\text{ulte}}$。拉伸剪切破坏时的应力水平值称为拉伸剪切破坏比 R_{fe}。

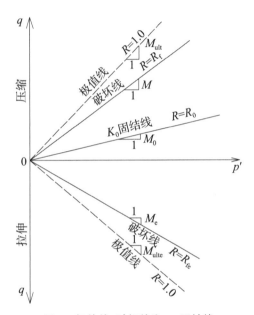

图5 极值线、破坏线和 K_0 固结线

天然地基在荷载作用下,压缩剪切区的土体工作状态一般处于 K_0 线和轴向压缩剪切破坏线之间,而拉伸剪切区的工作状态一般处于 K_0 线和轴向拉伸剪切破坏线之间。压缩剪切区和拉伸剪切区土体的强度发挥度(抗剪能力的发挥程度)r_s 和 r_{se} 分别定义为

$$\left.\begin{aligned} r_s &= \left[\left(\frac{q}{p'}\right) - M_0\right]\Big/(M - M_0) \\ r_{se} &= \left[\left(\frac{q}{p'}\right) - M_0\right]\Big/(M_e - M_0) \end{aligned}\right\} \tag{4}$$

3.2　正常固结黏土排水切线模量方程式

根据 K_0 固结排水三轴试验按平均有效应力的归一化曲线，可以得到一个切线模量方程。

轴向压缩剪切情况

$$E_t = \frac{3\bar{E}_0 p'}{3 - M_0 - (M - M_0)r_s}\left(1 - \frac{R_f - R_0}{1 - R_0}r_s\right)^2 \tag{5a}$$

轴向拉伸剪切情况

$$E_{te} = \frac{3\bar{E}_{0e} p'}{3 - M_0 - (M_e - M_0)r_{se}}\left(1 - \frac{R_{fe} + R_0}{1 + R_0}r_{se}\right)^2 \tag{5b}$$

毕晓普（Bishop）和韦斯利（Wesley）的试验表明，径向压缩剪切试验与轴向拉伸剪切试验的应力应变关系是一样的[4]。由式（5a）和式（5b）可知，正常固结黏土的排水切线模量是平均有效应力和强度发挥度的函数。

3.3　切线体积变形模量方程

根据伦杜利克（Rendulic）提出的有效应力和孔隙比的唯一关系概念[5]，结合固结不排水三轴压缩试验归一化有效应力路径[6]和等向压密线，可以得到切线体积变形模量方程式

$$\left.\begin{array}{ll} K_t = \dfrac{p'(1 + e_0)}{\lambda} & (R < R_i) \\[3mm] K_t = \dfrac{\bar{N}p'R_f(1 + e_0)}{\lambda\{(3 + \bar{N})R_f - M[R_0 + (R_f - R_0)r_s]\}} & (R_i < R < R_f) \end{array}\right\} \tag{6}$$

式中　$\lambda = 0.434C_c$；

$\bar{N} = 0.434\bar{n}$，$\bar{n}$ 为半对数坐标上，固结不排水三轴压缩试验归一化有效应力路径斜率[6]；

e_0——土体初始孔隙比。

由式（6）可知，当应力水平 R 低于土体初始强度对应的应力水平 R_i 时，土体的切线体积变形模量可近似认为是平均有效应力的一次函数，当 $R > R_i$ 时，它不仅是平均有效应力的函数，也是土体强度发挥度的函数。

3.4　切线泊松比方程

首先，结合切线模量方程和切线体积变形模量方程，得到切线泊松比方程如下：

$$v_t = 0.5 - \frac{\bar{E}_0 \lambda R_f}{2(1+e_0)[3R_f - MR_0 - M(R_f - R_0)r_s]} \left(1 - \frac{R_f - R_0}{1 - R_0} r_s\right)^2 \quad (R < R_i)$$

$$v_t = 0.5 - \frac{\bar{E}_0 \lambda [(3+\bar{N})R_f - MR_0 - M(R_f - R_0)]}{2(1+e_0)[3R_f - MR_0 - M(R_f - R_0)]\bar{N}} \left(1 - \frac{R_f - R_0}{1 - R_0} r_s\right)^2 \quad (R_i < R < R_f)$$

(7)

其次,用双曲线函数配合轴向应变和径向应变的试验曲线(式2),可以得到另一个切线泊松比方程:

$$v_t = \frac{\alpha_1 + L_1 \alpha_2}{\left[4(\alpha_1 + L_1 \alpha_2)^2 + 16 L_2^2 \alpha_2^2\right]^{1/2}} \tag{8}$$

式中 $\alpha_1 = (1 - R_0)[MR_0 - MR_f + M(R_f - R_0)r_s]$;

$\alpha_2 = \bar{E}_0 R_f [1 - R_0 - (R_f - R_0)r_s]$。

式(7)和式(8)的表达形式不一样,但它们反映的基本规律是一致的:正常固结黏土在排水压缩剪切试验中,切线泊松比 v_t 是强度发挥度的函数;随着强度发挥度的提高,切线泊松比增大,当土体处于破坏状态,切线泊松比值接近0.5。上两式的表达形式都很繁,需要测定的参数很多。根据分析和试验测定的切线泊松比随土体强度发挥度变化的基本规律,与丹尼尔(Daniel)方程[7]类似,采用下述线性方程计算:

$$v_t = v_0 + (v_f - v_0)r_s \tag{9}$$

4 上部结构和地基共同作用有限单元法分析

一般情况下,圆形贮罐构筑物包括罐体、环基和地基(包括垫层)等部分。在共同作用分析中,为了简化计算,罐壁和环基的作用简化为对罐底板周边的刚接作用,即罐底板周边的径向转角为零。罐底板采用轴对称条件下薄板的有限单元法分析。地基固结过程是根据比奥固结理论有限单元法分析的。通过变形协调条件,把薄板的有限单元法方程与地基固结有限单元法方程结合在一起,就可得到考虑上部结构和地基共同作用的有限单元法方程。

贮罐与地基的相对刚度用下式表示:

$$K = \frac{E(1-v_s^2)}{E_s}\left(\frac{h}{R_1}\right)^3 \tag{10}$$

式中 E ——贮罐底板材料的杨氏模量;

h ——贮罐底板厚度;

R_1 ——贮罐底板半径;

E_s ——地基土体杨氏模量;

v_s ——地基土体泊松比。

图6表示地基相对厚度 H/R 为各种不同数值情况下,贮罐与地基的相对刚度和贮罐中心点与边缘点的相对沉降差的关系曲线。图中相对沉降差为

$$\Delta SR = \frac{\Delta SE_s}{\left(1 - v_s^2\right)qR_1} \tag{11}$$

式中 q——均布荷载密度;

ΔS——罐中心点和罐边缘点沉降差。

从图6可以看到:当 $K < 0.03$ 时,圆形贮罐可以处理为完全柔性;当 $K > 0.03$ 时,可以认为是完全刚性,当 $0.03 < K < 10$ 时,相对刚度的变化对沉降差的影响比较大。于是,在实际工程设计中,首先需要确定的是圆形贮罐与地基的相对刚度值。根据相对刚度值的大小,就能估计出上部结构和地基的共同作用。

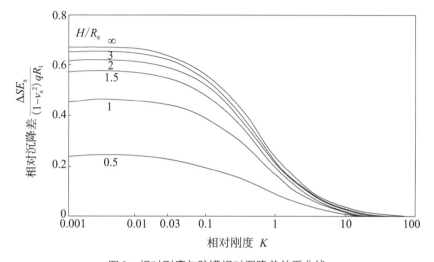

图6　相对刚度与贮罐相对沉降差关系曲线

图7和图8分别表示垫层材料的弹性模量 E_t 和垫层厚度 h_f 对贮罐相对沉降差的影响。由图7可以看出,当垫层与地基的弹性模量比小于8时,采用弹性模量较高的材料做垫层可以有效地降低罐中心点和边缘点的沉降差。当弹性模量比大于8时,用提高垫层材料的弹性模量来降低沉降差的效果相对较差。图8告诉我们,垫层厚度 h_f 与贮罐半径 R_1 之比小于0.5时,增大垫层厚度 h_f 对降低沉降差效果明显。

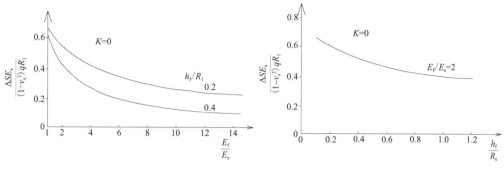

图7　弹性模量比对沉降差的影响　　　　图8　垫层厚度对沉降差的影响

5　土体各向异性探讨

由土体结构和地基中初始各向不等压应力两种原因造成的各向异性,分别称为土体固有各向异性和土体应力各向异性。根据广义虎克定律,可以用36个弹性系数来表达均质连续各向异性体的应力应变关系,其中21个是独立的。通常把土体视为横观各向同性体,对于横观各向同性体,5个弹性系数就可以完全描述其应力应变关系。

以圆形贮罐软黏上地基为例,应用有限单元法各向异性分析可以得到下述结论:上体水平向杨氏模量 E_h 值增大,贮罐沉降减小,贮罐中心点和边缘点的沉降差也减小;水平方向应力引起的正交水平方向应变的泊松比 v_{hh} 增大,贮罐沉降稍有减小,竖直面上的剪切模量 G_v 值增大,贮罐沉降减小,沉降差也减小,影响明显。综观三者变化对沉降的影响,水平向杨氏模量 E_h 与竖直向杨氏模量 E_v 之比和竖直面上的剪切模量 G_v 两者的变化对沉降影响较大,而泊松比 v_{hh} 与水平方向应力引起的竖直向应变的泊松比 v_{vh} 之比值的变化对沉降影响甚小。

本文对不同方向切取的土样进行了无侧限压缩试验、不排水三轴压缩试验和各向等压固结不排水三轴压缩试验,测定了金山黏土应力应变关系的各向异性程度,并对几种试验方法做了比较分析。图9表示由无侧限压缩试验得到的竖直方向、水平方向和45°斜方向的土样应力应变关系。从图中可以看到:竖直方向土样的强度最高,同一应力水平下的切线模量也最大,水平方向次

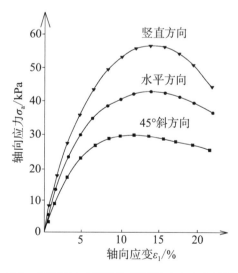

图9　不同方向无侧限压缩试验应力应变关系

之,45°斜方向土样强度和模量最小。

影响土体刚度各向异性的因素很多,要完整地描述和测定土体刚度各向异性及其随应力水平的变化是很困难的。为了使问题简化,做以下假定:

(1)土体水平向切线模量 E_{ht} 与竖直向切线模量 E_{vt} 之比 n、土体垂直面上切线剪切模量 G_{vt} 与竖直向切线模量 E_{vt} 之比 m,两者均不随土体应力水平的变化而变化。

(2)土体在拉伸剪切阶段泊松比变化规律与在压缩剪切阶段一样,而且 v_{vh} 和 v_{hh} 相等。

于是,可以得到一组排水条件下,同时考虑土体各向异性和非线性的弹性系数实用方程式。

压缩剪切阶段

$$
\left.
\begin{aligned}
E_{vt} &= \frac{3\bar{E}_0 p'}{3 - M_0 - (M - M_0)r_s}\left(1 - \frac{R_f - R_0}{1 - R_0}r_s\right)^2 \\
E_{ht} &= nE_{vt} \\
G_{vt} &= mE_{vt} \\
v_{vht} &= v_{hht} = v_t = v_0 + (v_f - v_0)r_s
\end{aligned}
\right\} \tag{12a}
$$

拉伸剪切阶段

$$
\left.
\begin{aligned}
E_{vte} &= \frac{3\bar{E}_{0e} p'}{3 - M_0 - (M_e - M_0)r_{se}}\left(1 - \frac{R_{ef} + R_0}{1 + R_0}r_{se}\right)^2 \\
E_{hte} &= nE_{vte} \\
G_{vte} &= mE_{vte} \\
v_{vhte} &= v_{hhte} = v_{te} = v_0 + (v_{fe} - v_0)r_{se}
\end{aligned}
\right\} \tag{12b}
$$

式中各向异性参数 n 和 m 可以通过不同方向土样的无侧限压缩试验或不排水三轴压缩试验确定。

6 工程实例分析

采用本文提出的一组同时考虑各向异性和非线性弹性系数实用方程,由 K_0 固结三轴试验测定竖直向土样应力应变关系,由无侧限压缩试验测定土体各向异性,应用比奥固结理论有限单元法分析了金山某厂两只大型钢制油罐的地基在试水期间的固结过程。一只油罐容量为 10000m^3(*7201),另一只油罐容量为 30000m^3(*7703)。

图10(a)和图11(a)分别表示*7201罐和*7703罐在试水期间的加荷情况。图10(b)和图11(b)分别为*7201罐和*7703罐沉降-时间曲线。实线为实测过程线,虚线为计算过程线。

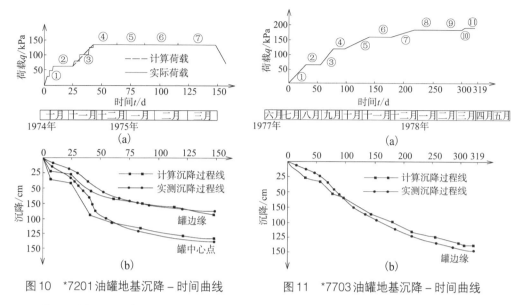

图10　*7201油罐地基沉降－时间曲线

图11　*7703油罐地基沉降－时间曲线

从两图中可以看到,两只油罐的计算沉降过程线与实测沉降过程线基本上一致。只是在试水阶段初期,荷载较小时,两只油罐的计算沉降值大于实测沉降值。

图12为*7201油罐地基中三个测点的孔隙水压力－时间曲线。测点 u_1 , u_2 和 u_3 的位置在油罐中心点下,深度分别为6.39m,11.38m和14.37m。从图中可以看到:在加荷阶段,计算孔隙水压力值比实测值小,在消散阶段,计算孔隙水压力过程线与实测过程线比较接近。*7703油罐没有观测孔隙水压力变化,因而不能做比较。由图10和图12两图可以看到,地基中孔隙水压力消散速率和油罐沉降速率两者基本上是一致的。需要说明的是,若采用试验室小试件固结试验测定的渗透系数,则算得的地基中孔隙水压力消散速率和油罐沉降速率将远小于实测值。在计算过程中,采用由实测过程线估计的渗透系数[2]。其他文献也报道了类似情况[8]。

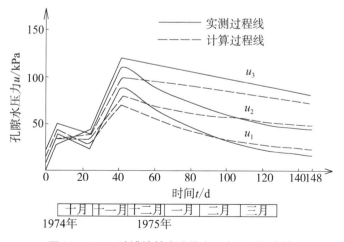

图12　*7201油罐地基中孔隙水压力－时间曲线

图13表示*7201油罐内外原地面在两个日期的沉降情况。从图中看出,计算值与实测值基本上是接近的。

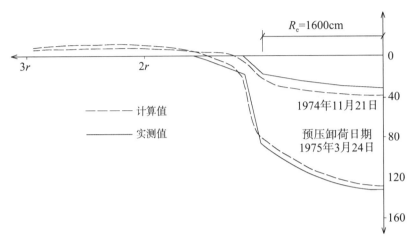

图13 *7201油罐原地面沉降情况

图14表示*7201油罐地基在充水预压至最高水位时,地基中竖向压缩剪切区和竖向拉伸剪切区的分布情况。阴影区为竖向拉伸区,其应力状态在 p', q 平面上相应的应力点落在 K_0 固结线的下方,非阴影区为竖向压缩区,其相应的应力点落在 K_0 固结线的上方(图5)。在油罐底面附近出现两个竖向拉伸区,一个靠近油罐环基,一个靠近油罐中心。由于环基阻止土体侧向移动,造成水平向附加应力大于竖直向附加应力,因而在环基附近出现了竖向拉伸区。靠近罐中心处的竖向拉伸区,则可能是由于周围土体阻止罐中心地基中土体的侧向移动而造成的,因而在罐底中心形成一个"核"。

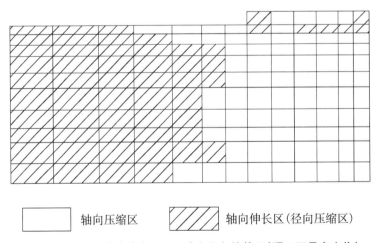

□ 轴向压缩区   ▨ 轴向伸长区(径向压缩区)

图14 *7201油罐地基中竖向压缩和竖向拉伸区(预压至最高水位)

7　结　语

综合室内试验研究、有限单元法分析和工程原体观测等三方面的研究,得到下述几点结论:

1. 天然地基中初始各向不等压应力状态,对土体强度和模量有重要的影响。在荷载作用下,地基中存在竖向压缩区和竖向拉伸区。它们的强度指标和变形参数是不同的。K_0 固结三轴试验可以较好地模拟地基中土体在荷载作用下的性状。

2. 正常固结黏土的归一化性状为测定和表达它的强度和变形特征值提供了十分方便的形式。归一化曲线往往有些离散,这是由于土的非匀质性、取样和试验过程中对土体结构的扰动以及各次试验的误差等方面的原因造成的。

3. K_0 固结三轴试验的归一化应力应变曲线的轴向压缩阶段和轴向拉伸阶段可以分别用参数不同的两段双曲线来配合。双曲线函数的两个参数具有明确的物理意义。$\bar{E}_0$ 和 $\bar{E}_{0e}$ 是反映土体变形的特征值;$(q/p')_{ult}$ 和 $(q/p')_{ulte}$ 是反映土体强度的特征值。

4. 用双曲线函数配合 K_0 固结排水三轴试验,按平均有效应力的归一化应力应变曲线,可以得到一个切线模量方程。该方程表明土体的切线模量可表达为平均有效应力和强度发挥度的函数。它考虑了地基中起始各向不等压应力状态中主应力对土体模量的效应,并区分了地基中竖向压缩区和竖向拉伸区两种不同的情况。比之邓肯 – 张(Duncan-Chang)模型[9]有所改进。

文中发展了扬布(Janbu)[10]提出的土体强度发挥度的概念,考虑了地基中初始应力状态,区分了在荷载作用下地基中竖向压缩区和竖向拉伸区两个不同的应力区,对两个不同应力区中土体的应力水平和强度发挥度做了详细明确的阐述。运用地基土体强度发挥度的概念,把土体的变形同土体强度的发挥程度联系起来。

5. 在理论分析和试验研究的基础上,提出了一个简化切线泊松比方程。该方程表明,正常固结黏土在固结排水三轴压缩试验中,土体切线泊松比仅是强度发挥度的函数。

6. 在试验研究和有限元分析的基础上,做了一些简化假定,提出一组同时考虑土体各向异性和非线性的弹性系数实用方程式。

7. 在地基变形计算中,应该考虑上部结构、基础和地基的共同作用。

有限单元法分析表明:圆形贮罐与地基的相对刚度 K 不同,对贮罐沉降差和基底反力分布影响也不同。

钢制大型油罐的底板刚度很小,为了减小罐中心点与边缘点的沉降差以及减小作用在软土地基上的荷载密度,可通过增加垫层厚度和提高垫层材料的弹性模量来实现。根据分析,增大贮罐环基高度效果并不明显。这也说明了曾国熙建议在软黏土地基上建造大型油罐采用低环基、厚垫层加反压的地基加固方案是合理的[11]。

8. 采用本文提出的考虑土体各向异性和非线性的弹性系数实用方程,应用比奥固结理论有限单元法计算了金山某厂两个油罐(*7201和*7703)地基在试水期间的固结过程。计算得到的地基沉降速率与地基中孔隙水压力消散速率,同实测成果比较基本上是接近的。

电子计算机和数值计算方法的发展为土工问题的分析提供了有力的工具。分析土工问题,通常包括合适的模型、有关参数的测定和选用以及合理的分析方法等组成部分。根据各国学者在这方面十多年的经验,现在已认识到参数的测定和选用相对来说是影响计算结果至关重要的因素。再者,将计算模型应用于实际工程问题,并与实测成果比较分析,是验证计算模型的一个重要方面。也只有这样,才有可能使分析方法不断得到改进。

参考文献

［1］ Hain, S, J, and Lee, I, K., Rational Analysis of Raft Foundation, Proc, ASCE, JGTD, Vol. 100, No. GT7, 1974, p.843.

［2］ 龚晓南,软土地基固结有限单元法分析,浙江大学硕士论文,1981.

［3］ 曾国熙、潘秋元,贮罐软土地基的稳定性与变形,浙江大学学报,1978年第2期,第94页.

［4］ Bishop, A.W. and Wesley, L.D., A Hydraulic Triaxial Apparatus for Controlled-Stress Path Testing, Geotechnique, Vol. 25, No.4, 1975, p.657.

［5］ Rendulic, L., Ein grundgesetz der Tonrnechanik and sein Experirnentaller Beweis, Bauingenieur, Vo1. 18, 1937, p.459.

［6］ 曾国熙,正常固结黏土不排水剪的归一化性状,软土地基学术讨论会论文选集,水利出版社,1980年,第13页.

［7］ Daniel, D.E. and Olson, R. E., Stress-strain Properties of Compacted Clay, Proc. ASCE, JGTD. Vol. 100, No. GT10, 1974, p.1123.

［8］ Shoji, M. and Matsumoto, T., Consolidation of Embankment Foundation, Soil and Foundation, Vo1. 16, No.1, 1976, p.59.

［9］ Duncan, J.M. and Chang, C.Y., Nonlinear Analysis of Stress-strain for Soil, Proc. ASCE, JSMFD, Vol. 96, No. SM5, 1970, p.1629.

［10］ Janbu, N., Shear Strength and Stability of Soils, The NGF-Lecture, 1973, NGI, Oslo.

［11］ 曾国熙、龚晓南,软土地基上一种油罐基础构造及地基固结分析,第四届全国土力学及基础工程学术讨论会论文集(将出版).

对岩土工程数值分析的几点思考*

龚晓南

浙江大学岩土工程研究所,杭州,310058

【摘　要】　首先,介绍了笔者对我国岩土工程数值分析现状的调查结果及分析,然后,分析了采用连续介质力学分析岩土工程问题的关键,并讨论分析了岩土本构理论发展现状,提出对岩土本构理论发展方向的思考,最后对数值分析在岩土工程分析中的地位做了分析。分析表明,岩土工程数值分析结果是岩土工程师在岩土工程分析过程中进行综合判断的重要依据之一;采用连续介质力学模型求解岩土工程问题的关键是如何建立岩土的工程实用本构方程;建立多个工程实用本构方程结合积累大量工程经验才能促使数值方法在岩土工程中由用于定性分析转变到定量分析。

【关键词】　岩土工程;连续介质力学;数值分析;本构理论;本构模型

1　引　言

1982年,中国力学学会、中国土木工程学会、中国水利学会和中国建筑学会在广西南宁联合召开我国第1届岩土力学数值与解析方法学术讨论会,那次盛会距今已有30年,黄文熙,卢肇钧,汪闻韶,曾国熙,钱家欢,郑大同等众多岩土工程界著名老前辈参加,这足以说明我国学术界对发展岩土力学数值分析与解析分析方法的重视。

众所周知,在Terzaghi的土力学中,变形计算中视土体为弹性体,稳定分析中视土体为刚塑性体,变形计算和稳定分析是截然分开的,于是人们试图建立现代土力学,并计划在现代土力学中采用统一的应力－应变－强度关系,进而将变形计算和稳定分析统一起来。这一设想非常令人鼓舞,而实现这一设想离不开岩土力学数值分析理论的发展。然而,土力学近30年的发展表明将变形计算和稳定分析统一起来的道路非常艰难!

* 本文刊于岩土力学,2011,32(2):321－325.

本文首先介绍笔者对我国岩土工程数值分析现状的调查结果，然后就岩土工程分析中的关键问题、如何发展岩土本构理论和数值分析在岩土工程分析中的地位这三个问题谈点粗浅的看法。

2 现状调查结果分析

笔者受第10届岩土力学数值与解析方法讨论会组委会邀请做特邀报告，会前特意对我国岩土工程数值分析的现状做了调查。调查方式以电子邮件表格填答为主，少数当面分发表格填答。截至2010年10月25日，笔者共收回139份调查问卷，来自不少于28个地区，其中：上海16份、北京15份、南京12份、天津3份、香港1份、美国1份、台湾5份、武汉7份、杭州26份、厦门2份、福州4份、绍兴1份、广州4份、深圳7份、太原1份、沈阳2份、西安3份、重庆2份、成都2份、青岛3份、郑州1份、长沙4份、石家庄1份、兰州3份、南宁1份、包头2份、合肥2份、海口5份、未填地址3份。

被调查人的年龄组成为

30岁以下的	29人
30～50岁的	89人
50岁以上的	21人

被调查人的职业分布为

博士研究生	9人
高校教师	67人
科研单位研究人员	21人
工程单位技术人员	42人

被调查人中经常从事数值计算分析的经历

经常从事	79人
偶尔从事	59人
没有从事	1人

下面是对几个问题的调查结果：

①数值分析在岩土工程分析中的地位，认为（限填1项）：

非常重要	53人，占38.1%
重要	73人，占52.5%
一般	13人，占9.4%
不需要	0人

②数值分析中的关键问题（限填1～2项）：

分析方法	26人
本构模型	83人

参数测定	114人
边界条件模拟	28人
计算分析技巧	14人

③哪几种数值分析方法较适用于岩土工程分析(最多填3项)?

解析法	41人
有限单元法	137人
有限差分法	60人
离散单元法	30人
边界元法	18人
无网格法	5人
非连续变形法DDA	15人
数值流形元NMM	2人

④进一步提高岩土数值分析能力需要解决的关键问题(最多填2项):

发展新的分析方法	32人
建立新的本构模型	49人
本构模型参数测定	112人
提高计算机计算速度和容量	11人
商用大型计算软件	22人

⑤你完成的工程设计取值主要来自(无工程设计经历可不填):

经验公式法	50人
数值计算法	32人
解析计算法	5人
综合判断法	78人

⑥你对岩土工程数值分析发展的建议(可不填也可详述):

在这次调查中,有53位同行专家对岩土工程数值分析发展提出了建议,有的只是短短一行,有的长达几页,有的是看法,有的是建议,但是看得出来他们很认真,畅所欲言。笔者对所提建议只是从格式上做了统一编排,除了隐去提出建议的同行专家的姓名外,其他未做任何增减,以力保原汁原味,并将它们形成《调查中53位同行专家对岩土工程数值分析发展的建议》[1]一文,供参考。

3 岩土工程分析中的关键问题

岩土工程分析中人们常常用简化的物理模型去描述复杂的工程问题,再将其转化为数学问题并用数学方法求解。一个很典型的例子是,饱和软黏土地基大面积堆载作用下的沉降问题被简化为Terzaghi一维固结物理模型,再转化为Terzaghi固结方程求解。

采用连续介质力学模型求解工程问题一般包括下述方程:①运动微分方程式(包括动力和静力分析两大类);②几何方程(包括小应变分析和大应变分析两大类);③本构方程(即力学本构方程)。

对一具体工程问题,根据具体的边界条件和初始条件求解上述方程即可得到解答。对复杂的工程问题,一般需采用数值分析法求解。对不同的工程问题采用连续介质力学模型求解,所用的运动微分方程式和几何方程是相同的,不同的是本构方程、边界条件和初始条件。当材料为线性弹性体,本构方程为广义虎克定律。

将岩土材料视为多相体,采用连续介质力学模型分析岩土工程问题一般包括下述方程[2]:①运动微分方程式(包括动力和静力分析两大类);②总应力 = 有效应力 + 孔隙压力(有效应力原理);③连续方程(总体积变化为各相体积变化之和);④几何方程,包括小应变分析和大应变分析两大类;⑤本构方程,即力学和渗流本构方程。

将多相体与单相体比较,基本方程多了2个,即有效应力原理和连续方程,且本构方程中多了渗流本构方程。对不同的岩土工程问题,基本方程中运动微分方程式、有效应力原理、连续方程和几何方程的表达式是相同的,不同的是本构方程。对一具体岩土工程问题,根据具体的边界条件和初始条件求解上述方程即可得到解答,一般需采用数值分析法求解。从上面分析可知,采用连续介质力学模型分析不同的岩土工程问题时,不同的是本构模型、边界条件和初始条件。对一个具体的岩土工程问题,边界条件和初始条件是容易确定的,而岩土的应力 – 应变关系十分复杂,采用的本构模型及参数对计算结果影响极大。

采用连续介质力学模型分析岩土工程问题一般需采用数值分析法求解,有限单元法对各种边界条件和初始条件,采用的各类本构方程都有较大的适应性。土的应力 – 应变关系十分复杂,自Roscoe和他的学生建立剑桥模型至今已近半个世纪,理论上已提出数百个本构方程,但得到工程应用认可的极少,或者说还没有。从这个角度讲,采用连续介质力学模型求解岩土工程问题的关键问题是如何建立岩土材料的工程实用本构方程。

4 如何发展岩土本构理论的思考

Janbu认为,反映作用与效应之间的关系称为本构关系,力学中的虎克定律、电学中的欧姆定律、渗流学中的达西定律等反映的都是最简单的本构关系。岩土是自然、历史的产物,具有下述特性[3]:土体性质区域性强,即使同一场地同一层土,沿深度和水平方向变化也很复杂;岩土体中的初始应力场复杂且难以测定;土是多相体,一般由固相、液相和气相三相组成。土体中的三相有时很难区分,而且处不同状态时,土的三相之间可以相互转化。土中水的状态又十分复杂;土体具有结构性,与土的矿物成分、形成历史、应力历史和环境条件等因素有关,十分复杂;土的强度、变形和渗透特性测定困难。岩土的应力－应变关系与应力路径、加荷速率、应力水平、成分、结构、状态等有关,土还具有剪胀性、各向异性等。因此,岩土体的本构关系十分复杂。至今人们建立的土体的本构模型类别有弹性模型、刚塑性模型、非线性弹性模型、弹塑性模型、黏弹性模型、黏弹塑性模型、边界面模型、内时模型、多重屈服面模型、损伤模型、结构性模型等等[4]。已建立的本构模型多达数百个,但得到工程师认可的极少,或者说还没有。从20世纪60年代初起,对土体本构模型研究逐步走向高峰,然后进入现在的低谷状态,从满怀信心进入迷惑不解的状态。由上一节的分析可知,本构模型是采用连续介质力学模型求解岩土工程问题的关键,回避它是不可能的。岩土材料工程性质复杂,建立通用的本构模型看来也不可能。怎么办? 怎么走出困境? 这是我们必须面对的难题。

笔者认为[3],对土体本构模型研究应分为2大类,科学型模型的研究和工程实用性模型的研究。科学型模型重在揭示、反映某些特殊规律。如土的剪胀性、主应力轴旋转的影响等。该类模型也不能求全面,一个模型能反映一个或几个特殊规律即为好模型。从事科学型模型研究是少数人,是科学家。工程实用性模型更不能求全面、通用。工程实用性模型应简单、实用,参数少且易测定。能反映主要规律,能抓住主要矛盾,参数少且易测定即为好模型。工程实用性模型重在能够应用于具体工程分析,多数人应从事工程实用性模型研究。工程实用性模型研究中应重视工程类别(基坑工程、路堤工程、建筑工程等)、土类(黏性土、砂土和黄土等)和区域性(上海黏土、杭州黏土和湛江黏土等)的特性的影响,如建立适用于基坑工程分析的杭州黏土本构模型,适用于道路工程沉降分析的陕西黄土本构模型,适用建筑工程沉降分析的上海黏土本构模型等。工程实用性模型研究还要重视地区经验的积累。

采用考虑工程类别、土类和区域性特性影响的工程实用本构模型,应用连续介质力学理论,并结合地区经验进行岩土工程数值分析可能是发展方向。

5 数值分析在岩土工程分析中的地位

下面从岩土材料特性、岩土工程与结构工程有限元分析误差来源分析比较和岩土工程分析方法三方面来分析数值分析在岩土工程分析中的地位。

前面已经提到岩土材料是自然、历史的产物,工程特性区域性强,岩土体中的初始应力场复杂且难以测定,土是多相体,土体中的三相有时很难区分,土中水的状态又十分复杂。岩土的应力应变关系与应力路径、加荷速率、应力水平、成分、结构、状态等有关,岩土体的本构关系十分复杂。至今尚未有工程师普遍认可的工程实用的本构模型。而采用连续介质力学模型求解岩土工程问题的关键问题是如何建立工程实用的岩土本构方程。这是应面对的现状,也是考虑数值分析在岩土工程分析中的地位时必须重视的现实情况。

　　结构工程所用材料多为钢筋混凝土、钢材等,材料均匀性好,由此产生的误差小,而岩土工程材料为岩土,均匀性差,由此产生的误差大。在几何模拟方面,对结构工程的梁、板和柱进行单独分析,误差很小;但对复杂结构,节点模拟处理不好可能产生较大误差。对岩土工程,若存在两种材料的界面,界面模拟误差较大;在本构关系方面,结构工程所用材料的本构关系较简单,可用线性关系,可能产生的误差小,而岩土材料的本构关系很复杂,由所用本构模型产生的误差大;在模型参数测定方面,结构工程所用材料的模型参数容易测定,由此产生的误差小,而岩土工程材料的模型参数不容易测定,由此产生的误差大。结构工程中一般初始应力小,某些特殊情况,如钢结构焊接热应力,影响范围小;岩土工程中岩土体中初始应力大且测定难,对数值分析影响大,特别是对非线性分析影响更大。结构工程分析常采用线性本构关系,线性分析误差小;岩土工程分析常采用非线性本构关系,非线性分析常需要迭代,迭代分析可能产生的误差大。结构工程和岩土工程分析中,若边界条件较复杂,均可能产生较大误差。相比较而言,多数结构工程边界条件不是很复杂,而多数岩土工程边界条件复杂。以上比较分析汇总如表1所列。

表1　岩土工程与结构工程有限元分析误差来源分析

	结构工程	岩土工程
材料均匀性	较均匀,误差小	不可见因素多,误差大
几何模拟	节点模拟可能产生较大误差	界面模拟误差较大
本构关系	较简单,可用线性关系 可能产生的误差小	很复杂,所用本构模型 可能产生的误差大
模型参数	容易测定,误差小	不易测定,误差大
初始应力	初始应力小,影响也小	初始应力大且测定难,影响大
分析方法	线性分析误差较小	非线性分析误差可能较大
边界条件	较复杂,可能产生较大误差	较复杂,可能产生较大误差

　　由以上的分析可知,结构工程有限元分析误差来源少,可能产生的误差小,而岩土工程有限元分析误差来源多,可能产生的误差大。笔者认为,对结构工程,处理好边界条件和节点处几何模拟,有限元数值分析可用于定量分析;对岩土工程,有限元数值分析目前只能用于定性分析。

　　对岩土工程的分析,笔者认为,首先要详细掌握工程地质条件、土的工程性质、土力学基本概念、工程经验,在此基础上采用经验公式法、数值分析法和解析分析法进行计算分析。在计算分析中要因地制宜,抓主要矛盾,具体问题具体分析,宜粗不宜细、宜简不宜繁。然后在计算分析基础上,结合工程经验类比,进行综合判断。最后进行岩土工程设计。在岩土工程分析过程中,数值分析结果是工程师进行综合判断的主要依据之一。岩土工程分析过程如图1所示。

根据对岩土材料特性的分析和对岩土工程与结构工程有限元分析误差来源的分析比较,可以认为岩土工程数值分析目前只能用于定性分析。通过对岩土工程分析过程的分析,可以认为岩土工程数值分析结果是岩土工程师在岩土工程分析过程中进行综合判断的重要依据之一。岩土工程数值分析主要用于复杂岩土工程问题的定性分析。

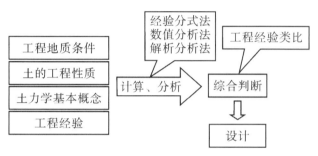

图1　岩土工程分析过程

6　结　论

通过对我国岩土工程数值分析现状的调查研究和上述分析,笔者对岩土工程数值和解析分析的思考意见如下:

(1) 基于对岩土工程分析对象——岩土材料特性的分析,并考虑岩土工程初始条件和边界条件的复杂性,岩土工程分析很少能得到解析解,而目前岩土工程数值分析只能用于定性分析,所以岩土工程设计要重视概念设计,重视岩土工程师的综合判断。岩土工程数值分析结果是岩土工程师在岩土工程分析过程中进行综合判断的重要依据之一。

(2) 自Roscoe和他的学生建立剑桥模型至今已近半个世纪,各国学者已提出数百个本构方程,但得到工程应用认可的极少,或者说还没有。从这个角度讲采用连续介质力学模型求解岩土工程问题的关键问题是如何建立岩土的工程实用本构方程。

(3) 本构模型及参数测定是岩土工程分析中的关键问题,避不开又难解决。笔者认为,建立考虑工程类别、土类和区域性特性影响的工程实用本构模型是岩土工程数值分析发展的方向。工程实用本构模型的参数应少、易测定,且有利于工程经验的积累。多建立几个工程实用本构模型,结合积累大量的工程经验,才能促进岩土工程数值分析在岩土工程分析中的应用,才能由只能用于定性分析逐步发展到可用于定量分析。

（4）岩土工程师在充分掌握分析工程地质资料、了解土的工程性质的基础上，采用合理的物理数学模型，通过多种方法进行计算分析，然后结合工程经验进行综合判断，提出设计依据。在岩土工程计算分析中应坚持因地制宜、抓主要矛盾、宜粗不宜细、宜简不宜繁的原则。

参考文献

［1］龚晓南.调查中53位同行专家对岩土工程数值分析发展的建议［J］.地基处理,2010,21(4):69－76.

［2］龚晓南,叶黔元,徐日庆.工程材料本构方程［M］.北京:中国建筑工业出版社,1995.

［3］龚晓南.土塑性力学(第二版)［M］.杭州:浙江大学出版社,1999.

［4］龚晓南.21世纪岩土工程发展展望［J］.岩土工程学报,2000,22(2):238－242.

漫谈岩土工程发展的若干问题[*]

龚晓南

受《岩土工程界》编辑部之约,为中国岩土2000年特刊写一篇文章,现以一问一答形式漫谈岩土工程发展的若干问题,并顺便介绍自己是如何与岩土工程结缘的。

1 如何与岩土工程结缘?

在研究生面试时,我常问来报考的学生:你为何学岩土工程? 回答常是岩土工程可研究的问题多,岩土工程在土木工程建设中如何重要等等。我问自己,如何答呢? 我在清华大学学的是结构工程,大学四年级时曾参加杨式德教授主持的地下结构抗爆研究工作。当时曾有成为抗爆防爆专家的理想。"文化大革命"改变了每个人的道路。大学毕业后在陕西凤县秦岭山区从事大三线建设。开始几年干的是道路和桥梁、防洪堤及挡土墙的设计与施工,三通一平后搞土建工程,但主要是管理。在三线建设中没有遇到太多的技术难题。感到短缺的知识是土压力和冲刷深度的计算,买几本书学学,也能应付工程建设的需要。感到束手无策的是秦岭山区山坡的滑动和移动,以及泥石流,但没有引起我的研究兴趣。自己喜爱的是结构工程,在秦岭山区自行设计、施工了几座桥,甚感满意。从中学到大学喜欢数学、力学,并学得不错,在清华大学学材料力学、结构力学时,我都是因材施教对象。决定我与岩土工程结缘的是1978年报考研究生填志愿。因为我的夫人和小孩在杭州,因此决定考浙江大学。准备报考专业的顺序是钢筋混凝土结构、钢结构、岩土工程。当时找了岳父的一位在浙大当教授的亲戚咨询,他说:我是钢筋混凝土结构研究生导师,报考我不是很合适,我们系现在(指1978年)只有曾国熙教授是从国外回国的,你报考他可能发展空间较大。于是我就报了岩土工程专业。说实在的,当时我对岩土工程知之甚少。这次选择对我的人生道路有很重要的影响,使我有了一个很好的专业,或者说有了一个很好的舞台,同时有了一位很好的导师。

[*] 本文刊于岩土工程界,2000(1):52 – 57.

2 什么是岩土工程?

这是最近几年在给研究生讲授第一堂课提的第一个问题。连续几年没有一个学生能较正确、全面地回答这一问题。事实上,在没有深入思考这个问题时,自己也是一知半解的。为了回答这个问题,笔者学习了户肇钧院士和王钟琦教授在《中国大百科全书》土木工程篇中的定义,其大意是:20世纪60年代末至70年代初,土力学与基础工程、岩体力学和工程地质学三者逐渐结合为一体并应用于土木工程实际而形成的新学科,岩土工程涉及土木工程建设中岩石和土的利用、整治或改造。Geotechnical Engineering在台湾译为大地工程。

3 如何展望岩土工程的发展?

展望岩土工程的发展需要综合考虑岩土工程学科特点、工程建设对岩土工程发展的要求,以及相关学科发展对岩土工程的影响。总结分析国内外土力学与岩土工程发展历史,不难发现是土木工程建设中遇到的岩土工程问题促进了岩土工程的发展。岩土工程的基本问题是岩土体的稳定、变形和渗流问题。

4 岩土工程学科的特点是什么?

岩土工程的研究对象岩土体是自然、历史的产物,其区域性、个性强,岩体材料的物理力学指标分散、测定困难决定了岩土工程学科的特点。

岩土工程研究的对象是岩体和土体。岩体在其形成和存在的整个地质历史过程中,经受了各种复杂的地质作用,因而有着复杂的结构和地应力场环境。不同地区不同类型的岩体工程性质往往具有很大的差别。岩石出露地表后,经过风化作用而形成土,它们或留存在原地,或经过风、水及冰川的剥蚀和搬运作用在异地沉积形成土层。在各地质时期,各地区的风化环境、搬运和沉积的动力学条件均存在差异,因此,土体不仅工程性质复杂,而且其性质的区域性和个性很强。

岩石和土的强度特性、变形特性和渗透特性都是通过试验测定的。在室内试验中,原状试样的代表性、取样过程中不可避免的扰动以及初始应力的释放,试验边界条件与地基中实际情况不同等客观原因所带来的误差,使室内试验结果与地基中岩土实际性状发生差异。这种差异难以克服,也很难定量评价其带来的误差。在原位试验中,观测点的代表性、埋设测试元件时对岩土体的扰动,以及测试方法的可靠性等所带来的误差也难以估计。

岩土材料及其试验的上述特性决定了岩土工程学科的特殊性。岩土工程是一门应用科学。太沙基晚年坚信土力学与其说是一门科学,不如说是一门艺术,这深刻反映了土力学创始人对学科特点的阐述。在岩土工程分析时不仅需要运用综合理论知识、室内外测试成果,还需要运用工程师的经验,才能获得满意的结果。

5　为什么说岩土工程发展取决于土木工程建设的要求?

从国内外土力学及岩土工程的发展历史可以清楚看到这一点。

土木工程建设中出现的土力学与岩土工程问题促进了土力学与岩土工程学科的发展。例如在土木工程建设中最早遇到的是土体稳定问题。土力学理论上最早的贡献是1773年库仑建立了库仑定律。随后发展了Rankine(1857)理论和Fellenius(1926)圆弧滑动分析理论。为了分析软黏土地基在荷载作用下沉降随时间发展的过程,Terzaghi(1925)发展了一维固结理论。

回顾我国近50年以来土力学与岩土工程的发展,它也是紧紧围绕我国土木工程建设中出现的土力学与岩土工程问题而发展的。在改革开放以前,岩土工程工作者较多的注意力集中在水利、铁道和矿井工程建设中的岩土工程问题。改革开放后,随着高层建筑、城市地下空间利用和高速公路的发展,岩土工程者的注意力较多集中在建筑工程、市政工程和交通工程建设中的岩土工程问题。改革开放前遇到较多的岩土工程问题是稳定和渗流问题,变形问题不是很突出。近年来,控制土体变形在城市建设、高速公路建设中愈来愈重要。土木工程功能化、城市立体化、交通高速化,以及改善综合居住环境成为现代土木工程建设的特点。人口的增长加速了城市发展,城市化的发展促进了大城市在数量和规模上的急剧增加。人们将不断拓展新的生存空间,开发地下空间,向海洋拓宽,修建跨海大桥、海底隧道和人工岛,改造沙漠,修建高速公路和高速铁路等。展望岩土工程的发展,不能离开对我国现代土木工程建设发展趋势的分析。

6　21世纪初岩土工程的哪些研究领域应给予重视?

笔者在"21世纪岩土工程发展展望"(将刊于《岩土工程学报》)中建议下述12个研究领域应给予重视:

(1) 区域性土分布和特性

(2) 本构模型

(3) 不同介质间相互作用及共同分析

(4) 岩土工程测试技术

(5) 岩土工程计算机分析

（6）岩土工程可靠度

（7）环境岩土工程

（8）按沉降控制设计理论

（9）基坑工程

（10）复合地基

（11）周期荷载以及动力荷载作用下地基性状

（12）特殊岩土工程问题，如：库区水位上升引起周围山体边坡稳定问题；越江越海地下隧道中岩土工程问题；超高层建筑的超深基础工程问题；特大桥、跨海大桥超深基础工程问题；大规模地表和地下工程开挖引起岩土体卸荷变形破坏问题。

总之，岩土工程是一门应用学科，是为工程建设服务的，工程建设中提出的问题就是岩土工程应该研究的课题。

7 如何开展本构模型的研究？

经典土力学是以连续介质力学为基础的，并以理想黏性土和非黏性土作为研究对象。在经典土力学中沉降计算将土体视为弹性体，采用布西奈斯克解求附加应力，而稳定分析则将土体视为刚塑性体，用极限平衡法分析。理想弹性模型和塑性模型是最简单的本构模型。应用连续介质力学求解岩土工程问题，解答是否合理取决于所用本构模型是否合理。提高应用连续介质力学求解岩土工程问题的水平，本构模型研究已成为其瓶颈，它严重制约其发展。

采用比较符合实际土体的应力–应变–强度（有时还包括时间）关系的本构模型可以将变形计算和稳定分析结合起来。自 Roscoe 与他的学生（1958—1963）创建剑桥模型至今，各国学者已发展了数百个本构模型，但得到工程界普遍认可的极少，严格地说还没有。看来，企图建立能反映各类岩土的适用于各类岩土工程的理想本构模型是困难的，或者说是不可能的。因为实际工程中土的应力–应变关系是很复杂的，具有非线性、弹性、塑性、黏性、剪胀性、各向异性等，同时，应力路径、强度发挥度以及岩土的状态、组成、结构、温度等均对其有影响。

开展岩土的本构模型研究可以从两个方向努力：一是建立用于解决实际工程问题的实用模型；二是建立能进一步反映某些岩土体应力应变特性的理论模型。理论模型包括各类弹性模型、弹塑性模型、黏弹性模型、黏弹塑性模型、内时模型和损伤模型，以及结构性模型等。它们应能较好反映岩土的某种或几种变形特性，是建立工程实用模型的基础。工程实用模型应是为某地区岩土、某类岩土工程问题建立的本构模型，它应能反映这种情况下岩土体的主要性状。用它进行工程计算分析，可以获得工程建设所需精度的满意的分析结果。例如，建立适用于基坑工程分析的上海黏土实用本构模型、适用于沉降分析的上海黏土实用本构模型等等。笔者认为研究建立多种工程实用模型可能是本构模型研究的方向。

在以往本构模型研究中,不少学者只重视本构方程的建立,而不重视模型参数测定和选用的研究,也不重视本构模型的验证工作。在以后的研究中特别要重视模型参数测定和选用,重视本构模型验证以及推广应用研究。只有这样,才能更好地为工程建设服务。

8　如何评价岩土工程计算机分析在岩土工程中的作用?

岩土工程计算机分析手段愈来愈多,应用范围愈来愈广,应积极发展岩土工程计算机分析,这是我们首先要明确的。不能用岩土工程计算机分析代替岩土工程师的判断,这是我要强调的。以岩土工程数值分析为例,在大多数情况下只能给出定性分析结果,而不能给出定量的解答。定性分析结果对工程师决策是非常有意义的。在方案比较、选用中,岩土工程计算机分析有极其重要的作用。

随着计算机技术的发展,岩土工程问题计算机分析范围和领域愈来愈广。除各种数值计算方法外,还包括土坡稳定分析、极限数值方法和概率数值方法、专家系统、AutoCAD 技术和计算机仿真技术在岩土工程中的应用,以及岩土工程反分析等方面。岩土工程计算机分析还包括动力分析,特别是抗震分析。岩土工程计算机数值分析方法除常用的有限元法和有限差分法外,离散单元法(DEM)、拉格朗日元法(FLAC)、不连续变形分析方法(DDA)、流形元法(MEM)和半解析元法(SAEM)等也在岩土工程分析中得到应用。

根据原位测试和现场监测得到岩土工程施工过程中的各种信息进行反分析,根据反分析结果修改设计、指导施工。这种信息化施工方法被认为是合理的施工方法,是发展方向。

9　什么叫按沉降控制设计理论?

建(构)筑物地基一般要同时满足承载力的要求和小于某一沉降量(包括沉降差)的要求。有时承载力满足要求后,其沉降是否满足要求基本上可以不验算。这里有两种情况:一种是承载力满足后,沉降肯定很小,可以不进行验算,例如端承桩桩基础;另一种是对变形没有严格要求,例如一般路堤地基和砂石料等松散原料堆场地基等。也有沉降量满足要求后,承载力肯定满足要求而可以不进行验算。在这种情况下可按沉降量控制设计。

在深厚软黏土地基上建造建筑物,沉降量和差异沉降量控制是问题的关键。软土地基地区建筑地基工程事故大部分是由沉降量或沉降差过大造成的,特别是不均匀沉降对建筑物的危害最大。深厚软土地基建筑物的沉降量与工程投资密切相关。减小沉降量需要增加投资,在此,合理控制沉降量非常重要。按沉降控制设计既可保证建筑物安全又可节省工程投资。按沉降控制设计不是可以不管地基承载力是否满足要求,在任何情况下都要满足承载力要求。按沉降控制设计理论本身已包含对承载力是否满足要求进行验算。

10 复合地基的定义、地位及研究趋势如何?

随着地基处理技术的发展,复合地基技术得到愈来愈多的应用。复合地基是指天然地基在地基处理过程中部分土体得到增强或被置换,或在天然地基中设置加筋材料,加固区是由基体(天然地基土体)和增强体两部分组成的人工地基。复合地基中增强体和基体是共同承担荷载的。根据增强体的方向,可分为竖向增强体复合地基和水平向增强体复合地基两大类。根据荷载传递机理的不同,竖向增强体复合地基又可分为三种:散体材料桩复合地基、柔性桩复合地基和刚性桩复合地基。

复合地基、浅基础和桩基础是目前常见的三种地基基础形式。浅基础、复合地基和桩基础之间没有非常严格的界限。桩土应力比接近于1.0的土桩复合地基可以认为是浅基础,考虑桩土共同作用的摩擦桩基也可认为是刚性桩复合地基。笔者认为将其视为刚性桩复合地基更利于对其荷载传递体系的认识。浅基础和桩基础的承载力和沉降计算有比较成熟的理论和工程实践的积累,而复合地基承载力和沉降计算理论有待进一步发展。目前复合地基理论远落后于复合地基实践。应加强复合地基理论的研究,如各类复合地基承载力和沉降计算理论,特别是沉降计算理论;复合地基优化设计;复合地基的抗震性状;复合地基可靠度分析等。另外,各种复合土体的性状也有待进一步认识。加强复合地基理论研究的同时,还要加强复合地基新技术的开发和复合地基技术应用研究。

11 如何看待我国岩土工程研究对岩土工程学科发展的影响?

岩土工程学科发展很大程度上取决于土木工程建设对岩土工程的要求,其学科发展与土木工程建设发展态势密切相关。近年来,世界土木工程建设的热点移向东亚、移向中国。中国地域辽阔,工程地质复杂。中国土木工程建设的规模、持续发展的时间、工程建设中遇到的岩土工程技术问题的广度和难度,都是其它国家不能相比的。这给我国岩土工程研究跻身世界一流并逐步处于领先地位创造了很好的条件。展望21世纪岩土工程的发展,挑战与机遇并存,让我们共同努力将中国岩土工程学科推向一个新水平。我国岩土工程研究跻身世界一流大有希望。

12　学习岩土工程有何体会?

　　笔者系统学习岩土工程知识应从1978年到浙江大学攻读硕士学位算起,至今已有20多年,距1988年晋升为教授也已有10年多。20多年来应该说是勤奋学习,勤劳耕耘,节假日也很少休息。读了不少书,看了不少论文,也写了不少书,发表了不少论文,参与了不少工程实践。近年来对岩土工程的基本问题如稳定、变形、渗流,越学觉得问题越多。抗剪强度、土压力、变形模量、渗透性、结构性、本构模型、承载力、工后沉降……深入想一下,真正搞清楚的不多,问题真不少。没有一个问题如材料力学问题那样有明确的解答。越学觉得问题越多,这也许是认识的深化。它需要我们继续努力,深入探索,进入更高的境界。我想这也许是岩土工程学科特点决定的。要能进行理论计算而不能迷信计算结果,因为计算前的假定可能带来的误差很难估计。不是不要计算分析,最好是多采用几种方法算算,然后经过综合分析,给出工程师的判断意见。综合分析、判断能力对岩土工程师是非常重要的。

　　笔者认为,学习岩土工程要处理好博与专的关系,要有一定的广度才可能有一定的高度。古训读万卷书(博览群书),行万里路(多参与实践)对岩土工程师更有意义。另外,还要多拜师,学各家之长。

　　学习岩土工程还要处理好理论与实践的关系,两者不可偏废。对岩土工程博士、硕士来讲,更重要的是多参与实践。只有能比较自如地完成具体岩土工程的咨询、设计,才算真正掌握了岩土工程原理。只有在实践中不断学习,不断解决工程实际问题,才能不断提高理论水平。最后,让我引用获博士学位后登玉皇山有感(1984年9月)来结束本文并自勉:

昨摘博士冠,今登玉皇山,

抬头向前看,明日再登攀。

21世纪岩土工程发展展望*

龚晓南

浙江大学土木工程学系,杭州,310027

【摘　要】　根据岩土工程学科特点、工程建设对岩土工程发展的要求,以及相关学科的发展趋势,分析了12个应予以重视的研究领域,展望了21世纪岩土工程的发展。

【关键词】　岩土工程;发展;展望

1　引　言

展望岩土工程的发展,笔者认为需要综合考虑岩土工程学科特点、工程建设对岩土工程发展的要求,以及相关学科发展对岩土工程的影响。

岩土工程研究的对象是岩体和土体。岩体在其形成和存在的整个地质历史过程中,经受了各种复杂的地质作用,因而有着复杂的结构和地应力场环境。而不同地区的不同类型的岩体,由于经历的地质作用过程不同,其工程性质往往具有很大的差别。岩石出露地表后,经过风化作用而形成土,它们或留存在原地,或经过风、水及冰川的剥蚀和搬运作用在异地沉积形成土层。在各地质时期各地区的风化环境、搬运和沉积的动力学条件均存在差异性,因此土体不仅工程性质复杂,而且其性质的区域性和个性很强。

岩石和土的强度特性、变形特性和渗透特性都是通过试验测定的。在室内试验中,原状试样的代表性、取样过程中不可避免的扰动以及初始应力的释放,试验边界条件与地基中实际情况不同等客观原因所带来的误差,使室内试验结果与地基中岩土实际性状发生差异。在原位试验中,现场测点的代表性、埋设测试元件时对岩土体的扰动,以及测试方法的可靠性等所带来的误差也难以估计。

岩土材料及其试验的上述特性决定了岩土工程学科的特殊性。岩土工程是一门

* 本文刊于岩土工程学报,2000,22(2):238－242.

应用科学,在岩土工程分析时不仅需要运用综合理论知识、室内外测试成果、还需要应用工程师的经验,才能获得满意的结果。在展望岩土工程发展时不能不重视岩土工程学科的特殊性以及岩土工程问题分析方法的特点。

土木工程建设中出现的岩土工程问题促进了岩土工程学科的发展。例如在土木工程建设中最早遇到的是土体稳定问题。土力学理论上的最早贡献是1773年库仑建立了库仑定律。随后发展了Rankine(1857)理论和Fellenius(1926)圆弧滑动分析理论。为了分析软黏土地基在荷载作用下沉降随时间发展的过程,Terzaghi(1925)发展了一维固结理论。回顾我国近50年以来岩土工程的发展,它是紧紧围绕我国土木工程建设中出现的岩土工程问题而发展的。在改革开放以前,岩土工程工作者较多的注意力集中在水利、铁道和矿井工程建设中的岩土工程问题,改革开放后,随着高层建筑、城市地下空间利用和高速公路的发展,岩土工程者的注意力较多的集中在建筑工程、市政工程和交通工程建设中的岩土工程问题。土木工程功能化、城市立体化、交通高速化,以及改善综合居住环境成为现代土木工程建设的特点。人口的增长加速了城市发展,城市化的进程促进了大城市在数量和规模上的急剧发展。人们将不断拓展新的生存空间,开发地下空间,向海洋拓宽,修建跨海大桥、海底隧道和人工岛,改造沙漠,修建高速公路和高速铁路等。展望岩土工程的发展,不能离开对我国现代土木工程建设发展趋势的分析。

一个学科的发展还受科技水平及相关学科发展的影响。二次大战后,特别是20世纪60年代以来,世界科技发展很快。电子技术和计算机技术的发展,计算分析能力和测试能力的提高,使岩土工程计算机分析能力和室内外测试技术得到提高和进步。科学技术进步还促使岩土工程新材料和新技术的产生。如近年来土工合成材料的迅速发展被称为岩土工程的一次革命。现代科学发展的一个特点是学科间相互渗透,产生学科交叉并不断出现新的学科,这种发展态势也影响岩土工程的发展。

岩土工程是20世纪60年代末至70年代初,将土力学及基础工程、工程地质学、岩体力学三者逐渐结合为一体并应用于土木工程实际而形成的新学科。岩土工程的发展将围绕现代土木工程建设中出现的岩土工程问题并将融入其他学科取得的新成果。岩土工程涉及土木工程建设中岩石与土的利用、整治或改造,其基本问题是岩体或土体的稳定、变形和渗流问题。笔者认为下述12个方面是应给予重视的研究领域,从中可展望21世纪岩土工程的发展。

2　区域性土分布和特性的研究

经典土力学是建立在无结构强度理想的黏性土和无黏性土基础上的。但由于形成条件、形成年代、组成成分、应力历史不同,土的工程性质具有明显的区域性。周镜在黄文熙讲座[1]中详细分析了我国长江中下游两岸广泛分布的、矿物成分以云母和其它深色重矿物的风化碎片为主的片状砂的工程特性,比较了与福建石英质砂在变形特性、动静强度特性、抗液化性能方面的差异,指出片状砂有某些特殊工程性质。然而人们以往对砂的工程性质的了解,主要根据对石英质砂的大量室内外试验的结果。周镜院士指出:"众所周知,目前我国评价饱和砂液化势的原位测试方法,即标准贯入法和静力触探法,主要是依据石英质砂地层中的经验,特别是唐山地震中的经验。有的规程中用饱和砂的相对密度来评价它的液化势。显然这些准则都不宜简单地用于长江中下游的片状砂地层。"我国长江中下游两岸广泛分布的片状砂地层具有某些特殊工程性质,与标准石英砂的差异说明土具有明显的区域性,这一现象具有一定的普遍性。国内外岩土工程师们发现许多地区的饱和黏土的工程性质都有其不同的特性,如伦敦黏土、波士顿蓝黏土、曼谷黏土、Oslo黏土、Lela黏土、上海黏土、湛江黏土等。这些黏土虽有共性,但其个性对工程建设影响更为重要。

我国地域辽阔,岩土类别多、分布广。以土为例,软黏土、黄土、膨胀土、盐渍土、红黏土、有机质土等都有较大范围的分布。如我国软黏土广泛分布在天津、连云港、上海、杭州、宁波、温州、福州、湛江、广州、深圳、南京、武汉、昆明等地。人们已经发现上海黏土、湛江黏土和昆明黏土的工程性质存在较大差异。以往人们对岩土材料的共性,或者对某类土的共性比较重视,而对其个性深入系统的研究较少。对各类各地区域性土的工程性质,开展深入系统研究是岩土工程发展的方向。探明各地区域性土的分布也有许多工作要做。岩土工程师们应该明确只有掌握了所在地区土的工程特性才能更好地为经济建设服务。

3 本构模型研究

在经典土力学中沉降计算将土体视为弹性体,采用布西奈斯克公式求解附加应力,而稳定分析则将土体视为刚塑性体,采用极限平衡法分析。采用比较符合实际土体的应力－应变－强度(有时还包括时间)关系的本构模型可以将变形计算和稳定分析结合起来。自Roscoe与他的学生(1958—1963)创建剑桥模型至今,各国学者已发展了数百个本构模型,但得到工程界普遍认可的极少,严格地说尚没有。岩体的应力－应变关系则更为复杂。看来,企图建立能反映各类岩土的、适用于各类岩土工程的理想本构模型是困难的,或者说是不可能的。因为实际工程土的应力－应变关系是很复杂的,具有非线性、弹性、塑性、黏性、剪胀性、各向异性等等,同时,应力路径、强度发挥度以及岩土的状态、组成、结构、温度等均对其有影响。

开展岩土的本构模型研究可以从两个方向努力:一是努力建立用于解决实际工程问题的实用模型;二是建立能进一步反映某些岩土体应力应变特性的理论模型。理论模型包括各类弹性模型、弹塑性模型、黏弹性模型、黏弹塑性模型、内时模型和损伤模型,以及结构性模型等。它们应能较好反映岩土的某种或几种变形特性,是建立工程实用模型的基础。工程实用模型应是为某地区岩土、某类岩土工程问题建立的本构模型,它应能反映这种情况下岩土体的主要性状。用它进行工程计算分析,可以获得工程建设所需精度的满意的分析结果。例如建立适用于基坑工程分析的上海黏土实用本构模型、适用于沉降分析的上海黏土实用本构模型,等等。笔者认为研究建立多种工程实用模型可能是本构模型研究的方向。

在以往本构模型研究中,不少学者只重视本构方程的建立,而不重视模型参数测定和选用研究,也不重视本构模型的验证工作。在以后的研究中特别要重视模型参数测定和选用,重视本构模型验证以及推广应用研究。只有这样,才能更好为工程建设服务。

4   不同介质间相互作用及共同分析

李广信(1998)认为岩土工程不同介质间相互作用及共同作用分析研究可以分为三个层次:①岩土材料微观层次的相互作用;②土与复合土或土与加筋材料之间的相互作用;③地基与建(构)筑物之间的相互作用[2]。

土体由固、液、气三相组成。其中固相是以颗粒形式的散体状态存在。固、液、气三相间相互作用对土的工程性质有很大的影响。土体应力应变关系的复杂性从根本上讲都与土颗粒相互作用有关。从颗粒间的微观作用入手研究土的本构关系是非常有意义的。通过土中固、液、气相相互作用研究还将促进非饱和土力学理论的发展,有助于进一步了解各类非饱和土的工程性质。

与土体相比,岩体的结构有其特殊性。岩体是由不同规模、不同形态、不同成因、不同方向和不同序次的结构面围限而成的结构体共同组成的综合体,岩体在工程性质上具有不连续性。岩体的工程性质还具有各向异性和非均一性。结合岩体断裂力学和其它新理论、新方法的研究进展,开展影响工程岩体稳定性的结构面几何学效应和力学效应研究也是非常有意义的。

当天然地基不能满足建(构)筑物对地基要求时,需要对天然地基进行处理形成人工地基。桩基础、复合地基和均质人工地基是常遇到的三种人工地基形式。研究桩体与土体、复合地基中增强体与土体之间的相互作用,对了解桩基础和复合地基的承载力和变形特性是非常有意义的。

地基与建(构)筑物相互作用与共同分析已引起人们重视并取得一些成果,但将共同作用分析普遍应用于工程设计,其差距还很大。大部分的工程设计中,地基与建筑物还是分开设计计算的。进一步开展地基与建(构)筑物共同作用分析有助于对真实工程性状的深入认识,提高工程设计水平。现代计算技术和计算机的发展为地基与建(构)筑物共同作用分析提供了良好的条件。目前迫切需要解决各类工程材料以及相互作用界面的实用本构模型,特别是界面间相互作用的合理模拟。

5 岩土工程测试技术

岩土工程测试技术不仅在岩土工程建设实践中十分重要,而且在岩土工程理论的形成和发展过程中也起着决定性的作用。理论分析、室内外测试和工程实践是岩土工程分析三个重要的方面。岩土工程中的许多理论是建立在试验基础上的,如Terzaghi的有效应力原理是建立在压缩试验中孔隙水压力的测试基础上的,Darcy定律是建立在渗透试验基础上的,剑桥模型是建立在正常固结黏土和微超固结黏土压缩试验和等向三轴压缩试验基础上的。测试技术也是保证岩土工程设计的合理性和保证施工质量的重要手段。

岩土工程测试技术一般分为室内试验技术、原位试验技术和现场监测技术等几个方面。在原位测试方面,地基中的位移场、应力场测试,地下结构表面的土压力测试,地基土的强度特性及变形特性测试等方面将会成为研究的重点,随着总体测试技术的进步,这些传统的难点将会取得突破性进展。虚拟测试技术将会在岩土工程测试技术中得到较广泛的应用。及时有效地利用其他学科科学技术的成果,将对推动岩土工程领域的测试技术发展起到越来越重要的作用,如电子计算机技术、电子测量技术、光学测试技术、航测技术、电场和磁场测试技术、声波测试技术、遥感测试技术等方面的新的进展都有可能在岩土工程测试方面找到应用的结合点。测试结果的可靠性、可重复性方面将会得到很大的提高。由于整体科技水平的提高,测试模式的改进及测试仪器精度的改善,最终将促使岩土工程测试结果在可信度方面的大大改进。

6 岩土工程问题计算机分析

虽然岩土工程计算机分析在大多数情况下只能给出定性分析结果,但岩土工程计算机分析对工程师决策是非常有意义的。开展岩土工程问题计算机分析研究是一个重要的研究方向。岩土工程问题计算机分析范围和领域很广,随着计算机技术的发展,计算分析领域还在不断扩大。除前面已经谈到的本构模型和不同介质间相互作用和共同分析外,还包括各种数值计算方法,土坡稳定分析,极限数值方法和概率数值方法,专家系统、AutoCAD技术和计算机仿真技术在岩土工程中的应用,以及岩土工程反分析等方面。岩土工程计算机分析还包括动力分析,特别是抗震分析。岩土工程计算机数值分析方法除常用的有限元法和有限差分法外,离散单元法(DEM)、拉格朗日元法(FLAC),不连续变形分析方法(DDA),流形元法(MEM)和半解析元法(SAEM)等也在岩土工程分析中得到应用[3]。

根据原位测试和现场监测得到岩土工程施工过程中的各种信息进行反分析,根据反分析结果修正设计、指导施工。这种信息化施工方法被认为是合理的施工方法,是发展方向。

7 岩土工程可靠度分析

在建筑结构设计中我国已采用以概率理论为基础并通过分项系数表达的极限状态设计方法。地基基础设计与上部结构设计在这一点尚未统一。应用概率理论为基础的极限状态设计方法是方向。由于岩土工程的特殊性,岩土工程应用概率极限状态设计在技术上还有许多待解决的问题。目前要根据岩土工程特点积极开展岩土工程问题可靠度分析理论研究,使上部结构和地基基础设计方法尽早统一起来。

8 环境岩土工程研究

环境岩土工程是岩土工程与环境科学密切结合的一门新学科。它主要应用岩土工程的观点、技术和方法为治理和保护环境服务。人类生产活动和工程活动造成许多环境公害,如采矿造成采空区坍塌,过量抽取地下水引起区域性地面沉降,工业垃圾、城市生活垃圾及其它废弃物,特别是有毒有害废弃物污染环境,施工扰动对周围环境的影响等等。另外,地震、洪水、风沙、泥石流、滑坡、地裂缝、隐伏岩溶引起地面塌陷等灾害对环境造成破坏。上述环境问题的治理和预防给岩土工程师们提出了许多新的研究课题。随着城市化、工业化发展进程加快,环境岩土工程研究将更加重要。应从保持良好的生态环境和保持可持续发展的高度来认识和重视环境岩土工程研究。

9 按沉降控制设计理论

建(构)筑物地基一般要同时满足承载力的要求和小于某一变形沉降量(包括小于某一沉降差)的要求。有时承载力满足要求后,其变形和沉降是否满足要求基本上可以不验算。这里有两种情况:一种是承载力满足后,沉降肯定很小,可以不进行验算,例如端承桩桩基础;另一种是对变形没有严格要求,例如一般路堤地基和砂石料等松散原料堆场地基等。也有沉降量满足要求后,承载力肯定满足要求而可以不进行验算。在这种情况下可只按沉降量控制设计。

在深厚软黏土地基上建造建筑物,沉降量和差异沉降量控制是问题的关键。软土地基地区建筑地基工程事故大部分是由沉降量或沉降差过大造成的,特别是不均匀沉降对建筑物的危害最大。深厚软黏土地基建筑物的沉降量与工程投资密切相关。减小沉降量需要增加投资,因此,合理控制沉降量非常重要。按沉降控制设计既可保证建筑物安全又可节省工程投资。

按沉降控制设计不是可以不管地基承载力是否满足要求,而是在任何情况下都要满足承载力要求。按沉降控制设计理论本身也包含对承载力是否满足要求进行验算。

10 基坑工程围护体系稳定和变形

随着高层建筑的发展和城市地下空间的开发,深基坑工程日益增多。基坑工程围护体系稳定和变形是重要的研究领域。

基坑工程围护体系稳定和变形研究包括下述方面:土压力计算、围护体系的合理型式及适用范围、围护结构的设计及优化、基坑工程的"时空效应"、围护结构的变形,以及基坑开挖对周围环境的影响等等。基坑工程涉及土体稳定、变形和渗流三个基本问题,并要考虑土与结构的共同作用,是一个综合性课题,也是一个系统工程。

基坑工程区域性、个性很强。有的基坑工程土压力引起围护结构的稳定性是主要矛盾,有的土中渗流引起流土破坏是主要矛盾,有的控制基坑周围地面变形量是主要矛盾。目前土压力理论还很不完善,静止土压力按经验确定或按半经验公式计算,主动土压力和被动土压力按库仑(1776)土压力理论或朗肯(1857)土压力理论计算,这些都出现在 Terzaghi 有效应力原理问世之前。在考虑地下水对土压力的影响时,是采用水土压力分算,还是采用水土压力合算较为符合实际情况,在学术界和工程界认识还不一致。

作用在围护结构上的土压力与挡土结构的位移有关。基坑围护结构承受的土压力一般介于主动土压力和静止土压力之间或介于被动土压力和静止土压力之间。另外,土具有蠕变性,作用在围护结构上的土压力还与作用时间有关。

11 复合地基

随着地基处理技术的发展,复合地基技术得到愈来愈多的应用。复合地基是指天然地基在地基处理过程中部分土体得到增强或被置换,或在天然地基中设置加筋材料,加固区是由基体(天然地基土体)和增强体两部分组成的人工地基。复合地基中增强体和基体是共同直接承担荷载的。根据增强体的方向,可分为竖向增强体复合地基和水平向增强体复合地基两大类。根据荷载传递机理的不同,竖向增强体复合地基又可分为三种:散体材料桩复合地基、柔性桩复合地基和刚性桩复合地基。

复合地基、浅基础和桩基础是目前常见的三种地基基础形式。浅基础、复合地基和桩基础之间没有非常严格的界限。桩土应力比接近于1.0的土桩复合地基可以认为是浅基础,考虑桩土共同作用的摩擦桩基也可认为是刚性桩复合地基。笔者认为将其视为刚性桩复合地基更利于对其荷载传递体系的认识。浅基础和桩基础的承载力和沉降计算有比较成熟的理论和工程实践的积累,而复合地基承载力和沉降计算理论有待进一步发展。目前复合地基计算理论远落后于复合地基实践。应加强复合地基理论的研究,如各类复合地基承载力和沉降计算,特别是沉降计算理论;复合地基优化设计;复合地基的抗震性状;复合地基可靠度分析等。另外各种复合土体的性状也有待进一步认识。

加强复合地基理论研究的同时,还要加强复合地基新技术的开发和复合地基技术应用研究。

12　周期荷载以及动力荷载作用下地基性状

在周期荷载或动力荷载作用下,岩土材料的强度和变形特性,与在静荷载作用下相比,有许多特殊的性状。动荷载类型不同,土体的强度和变形性状也不相同。在不同类型动荷载作用下,它们共同的特点是都要考虑加荷速率和加荷次数等的影响。近二三十年来,土的动力荷载作用下的剪切变形特性和土的动力性质(包括变形特性和动强度)的研究已得到广泛开展。随着高速公路、高速铁路以及海洋工程的发展,需要了解周期荷载以及动力荷载作用下地基土体的性状和对周围环境的影响。与一般动力机器基础的动荷载有所不同,高速公路、高速铁路以及海洋工程中其外部动荷载是运动的,同时自身又产生振动,地基土体的受力状况将更复杂,土体的强度、变形特性以及土体的蠕变特性需要进一步深入的研究,以满足工程建设的需要。交通荷载的周期较长,交通荷载自身振动频率也低,荷载产生的振动波的波长较长,波传播较远,影响范围较大。高速公路、高速铁路以及海洋工程中的地基动力响应计算较为复杂,研究交通荷载作用下地基动力响应的计算方法,从而可进一步研究交通荷载引起的荷载自身振动和周围环境的振动,对实际工程具有广泛的应用前景。

13　特殊岩土工程问题研究

展望岩土工程的发展,还要重视特殊岩土工程问题的研究,如:库区水位上升引起周围山体边坡稳定问题;越江越海地下隧道中岩土工程问题;超高层建筑的超深基础工程问题;特大桥、跨海大桥超深基础工程问题;大规模地表和地下工程开挖引起岩土体卸荷变形破坏问题;等等。

岩土工程是一门应用科学,是为工程建设服务的。工程建设中提出的问题就是岩土工程应该研究的课题。岩土工程学科发展方向与土木工程建设发展态势密切相关。世界土木工程建设的热点移向东亚、移向中国。中国地域辽阔,工程地质复杂。中国土木工程建设的规模、持续发展的时间、工程建设中遇到的岩土工程技术问题,都是其它国家不能相比的。这给我国岩土工程研究跻身世界一流并逐步处于领先地位创造了很好的条件。展望21世纪岩土工程的发展,挑战与机遇并存,让我们共同努力将中国岩土工程推向一个新水平。

参考文献

［1］周镜.岩土工程中的几个问题(黄文熙讲座).岩土工程学报,1999,21(1).

［2］卢肇钧.关于土力学发展与展望的综合述评.见:卢肇钧院士科技论文选集.北京:中国建筑工业出版社,1995.

［3］孙钧.世纪之交岩土力学研究的若干进展.见:岩土力学数值分析与解析方法.广州:广东科技出版社,1998.

土力学学科特点及对教学的影响*

龚晓南

浙江大学岩土工程研究所，杭州，310027

【摘　要】　通过对土力学研究对象土体的特性分析以及和几门力学学科的比较，讨论了土力学的学科特点，土力学技术性强，实用性强，是一门工程技术基础学科，是一门必须密切结合工程实践的学科。论文还讨论了土力学的学科特点对土力学教学的影响。

【关键词】　土体特性；力学；土力学；学科特点

1　引　言

太沙基1925年出版《土力学》一书标志土力学学科的诞生，至今已有八十多年。八十多年来土力学理论和实践得到了很大的发展，人们对土力学的学科特点也有了进一步的认识。笔者认为通过对土力学学科特点的讨论和思考，可有助于土力学教学方法的研究和土力学教学水平的提高。下面分析土力学研究对象土体的特性，土力学的学科特点以及土力学学科特点对土力学教学的影响三个问题，谈谈个人肤浅的看法，抛砖引玉，不对之处敬请各位前辈和同行指正。

2　研究对象土体的特性

在讨论土力学的学科特点以前首先分析一下土力学的研究对象——土体其特性。土是自然、历史的产物。土体的形成年代、形成环境和形成条件等不同使土体的矿物成分和土体结构产生很大的差异，而土体的矿物成分和结构等因素对土体性质有很大影响。这就决定了土体性质不仅区域性强，而且个体之间差异性大。即使在同一场地，同一层土，土体的性质沿深度、沿水平方向也存在差异。沉积条件、应力历史和

---

*　本文刊于2006土力学教育与教学——第一届全国土力学教学研讨会论文集. 北京：人民交通出版社，2006.

土体性质等对天然地基中的初始应力场的形成都有较大影响,因此地基中的初始应力场分布也很复杂。地基土体中的初始应力随着深度增加其数值不断变大,而且地基土体中的初始应力也难以测定。

土是多相体,一般由固相、液相和气相三相组成。土体中的三相有时很难区分,土中水的存在形态很复杂。以黏性土中的水为例,土中水有自由水、弱结合水、强结合水、结晶水等不同形态。黏性土中这些不同形态的水很难定量测定和区分,而且随着条件的变化土中不同形态的水相互之间可以产生转化。土中固相一般为无机物,但有的还含有有机质。土中有机质的种类、成分和含量对土的工程性质也有较大影响。土的形态各异,有的呈散粒状,有的呈连续固体状,也有的呈流塑状。有干土、饱和状态的土、非饱和状态的土,而且处于不同状态的土相互之间可以转化。自然、历史形成的土体具有结构性,其强弱与土的矿物成分、形成历史、应力历史和环境条件等因素有较大关系,性状也十分复杂。

土体的强度特性、变形特性和渗透特性需要通过试验测定。在室内试验中,原状土样的代表性、取样和制作试样过程中的对土样的扰动、室内试验边界条件与现场边界条件的不同等客观原因,使通过土工室内试验测定的土性指标与地基中土体实际性状产生差异,而且这种差异难以定量估计。在原位测试中,现场测点的代表性、埋设测试元件过程中对土体的扰动,以及测试方法的可靠性等所带来的误差也难以定量估计。

各类土体的应力应变关系都很复杂,而且相互之间差异也很大。同一土体的应力应变关系与土体中的应力水平、边界排水条件、应力路径等都有关系。大部分土的应力应变关系曲线基本上不存在线性弹性阶段。土体的应力应变关系与线弹性体、弹塑性体,刚塑性体等的都有很大的差距。土体的结构性强弱对土的应力应变关系也有很大影响。

土力学研究对象土体的上述特性对它的学科特性有决定性影响。

3　学科特点分析

首先通过对几门力学学科的比较分析讨论了土力学的学科特点。表1列出土木工程教育中所学的几门力学课程:理论力学、弹性力学、塑性力学、材料力学、结构力学和土力学的研究对象和研究内容等。从表1中可以看出,只有土力学的研究对象是具体的工程材料,而其他课程的研究对象都是理想化的物体,如:刚体、线性弹性体、弹塑性体,或是由理想弹塑性体形成的构件或结构等。表1所示的六门力学中除理论力学外都做了不少假设。如在弹性力学中假定物体是连续的,匀质和各向同性的,线性弹性的,物体的变形是很小的,物体内无初始应力等;又如在材料力学中假定材料是连续的,匀质和各向同性的,应力应变关系符合胡克定律,杆件变形的平截面假设等。但在对研究对象未做假设的理论力学中,研究对象是刚体。刚体是理想化的,实际是不存在的。在弹性力学、塑性力学、材料力学和结构力学中,都在建立理论体系前对研究对象做了假设,而在土力学中对研究对象所做的假设都在构成土力学学科内容的各个部分之前,在土力学中对研究对象没有做统一的假设。在固结理论、沉降计算、稳定分析和渗流分析等各部分中对研究对象土体所做的假设是不一样的。

表1 几门力学学科简表

学科名称	研究对象	研究内容	与其它学科关系	其 它
理论力学	质点、质点系和刚体	刚体的平衡运动及力学问题	其他力学的基础	可分为静力学、运动学和动力学
弹性力学	线性弹性体	弹性体的变形,内力和稳定性以及动力特性	材料力学、结构力学、塑性力学、土力学的基础	又称为弹性理论
塑性力学	弹塑性体	超过弹性极限后弹塑性体变形,内力和稳定性以及动力特性	结构力学、土力学和材料力学的基础	又称为塑性理论
材料力学	弹塑性构件	构件的强度、刚度和稳定性	弹性力学、结构力学、塑性力学和土力学的基础	国外多称为材料强度
结构力学	工程结构	工程结构的内力、变形和稳定性以及动力特性		又称为结构分析
土力学	土体	土的工程性质、地基沉降和承载力、土压力和土坡稳定等		

在上述课程中,弹性力学和理论力学是建立在理论分析基础上的,而材料力学是建立在由实验研究得到的杆件变形的平截面假设和理论分析基础上的。理论力学、弹性力学和材料力学都有比较严密的理论体系。可以说有了理论力学、弹性力学和材料力学就已建立了可用于工程分析的力学分析体系。在结构力学中最重要的是将具体的工程结构抽象简化为具体的力学分析模型。建立模型后,剩下的力学分析基本属于静力学和材料力学的范围。可以说结构力学是将上述力学分析体系用于工程结构的分析。土力学与理论力学、弹性力学和材料力学等课程不同,与结构力学也不同,它是一门比较特殊的力学学科。它与前面几门课程不同之处主要反映在下述几个方面:土力学的研究对象是具体的工程材料——土,而不是抽象的物体;在土力学中,对研究对象土体未做统一的假设;土力学的研究内容也与前面所述的几门学科不同,它具体研究土的工程性质、地基沉降、地基承载力、土压力和土坡稳定等工程问题;在土力学的

不同专题中,对研究对象采用不同的假设,并采用不同的研究方法;还有土力学主要建立在实验研究基础上,而不是主要依靠力学分析;在土力学中没有建立统一的力学体系。

还应看到在土力学各部分采用的假设中有的是相互矛盾的。如:在沉降分析中,在荷载作用下求解地基土体中的附加应力是将土体视为线性弹性体的,而在稳定分析中又将土体视为刚塑性体。又如在沉降分析中,求解地基土体中的附加应力采用线性弹性解,采用的土体模量则是由实验测定的,并设有认为土体是弹性体。又如在土的抗剪强度部分,由不固结不排水剪切试验(UU 试验)测定的饱和黏土不排水抗剪强度和由固结不排水剪切试验(CIU 试验)测定的不排水抗剪强度两者的数值是不一样的。不仅两者测定的土体的不排水抗剪强度数值不同,而且剪切角度也是不同的。对同一土体具有不同的不排水抗剪强度值是难以理解的。在土力学中比较强调实用,土力学的各部分内容也是为了解决实际工程问题而设立的。土力学不要求建立完整的力学体系,它需要建立能解决实际工程问题的实用的技术体系。因此说土力学具有技术性强,实用性强的特点。

为什么土力学有上述特点? 这主要是由它的研究对象土体的特性决定的。前面已谈到土力学的研究对象土体是自然、历史的产物。土的种类繁多,形态各异,区域性强、个性强,而且结构成分十分复杂。地基中的初始应力场也很复杂。土的应力应变关系十分复杂,而且影响因素多。土体的这些特性也确定了土力学不可能只依靠力学分析沉降、稳定和渗流问题,而要依靠试验研究和工程经验的积累。至少从目前来看土力学很难建立完整的力学体系。

这里还要指出,太沙基经典土力学是建立在以海相沉积黏性土和纯净砂的室内试验研究成果基础上的。要解决各类地基中的稳定问题、变形问题和渗流问题,对各类区域性土还有许多规律和许多难题需要解决。要发展土力学主要依靠试验研究,要将试验研究同理论分析和工程案例分析结合起来。

实用性强、技术性强,主要依靠试验研究,是一门工程技术学科,没有统一的力学体系等是否可以说是土力学的学科特点。土力学是一门工程技术基础学科,是一门必须密切结合工程实践的学科。土力学创始人太沙基晚年强调"土力学与其说是科学不如说是艺术"是否也可理解为对其学科特点的阐述。

顺便提一下,理论力学一词来自苏联,欧美一般将其所含内容分别称为静力学、运动学和动力学。材料力学在苏联和欧美一般均称为材料强度,在我国译为材料力学。弹性力学多称为弹性理论。结构力学也可称为结构分析。土力学则从太沙基出版土力学以来国内外均称为土力学。另外有意思的是国内外的理论力学、材料力学、弹性力学、结构力学的教材内容大致相同,而土力学教材版本很多,其内容体系各有特色,差异较大。还有理论力学、材料力学、弹性力学、结构力学的内容已基本成熟,而土力学的内容还在不断发展。

4 学科特点对教学的影响

土力学学科特点对土力学的教学,土力学的研究方法,以及土力学的发展态势产生深刻影响。这里侧重讨论学科特点对土力学教学的影响。

与理论力学、材料力学、弹性力学不同,土力学没有统一的力学体系,也不要求建立完整的力学体系。与结构力学也不同,结构力学是将力学分析体系用于工程结构的分析,而在土力学中主要依靠土工试验、依靠工程经验,力学分析并不是主线。土力学是一门很特殊的力学,实际上更具有技术学科、工程学科的特点。因此,土力学的教学思路和方法与一般力学学科的思路和方法不同。学习土力学,形象思维比逻辑思维更重要。

在土力学教学中要重视实验环节,通过一系列的土工试验,熟悉土的工程特性,掌握土体的强度特性、变形特性和渗透特性的测定方法,以及各种因素对它的影响规律。要重视对土的物理力学指标的理解,以及它们的测定方法。通过土工试验掌握土的工程性质。

在土力学教学中要重概念,重理解,要重视工程经验。不仅要掌握分析方法,更要重视各种分析方法的适用条件。如在稳定分析中,要强调稳定分析方法、分析中采用的土工参数、参数的测定方法、采用的安全系数是配套的。采用的稳定分析方法不同,采用的安全系数值也应不同;在应用同一稳定分析方法时,采用不同的方法测定参数,采用的安全系数也应不同。土力学中的许多分析方法来自工程经验的积累和案例分析,而不是来自精确的理论推导。具体问题具体分析在土力学中更为重要。

要重视土体工程性质的学习。在分析土的工程性质和分析土工问题时都要十分重视土中水的作用。土中水的含量和形态、渗透性和排水条件、土中渗流等对土体的工程性质和土工性状将产生很大的影响。

在应用土力学求解实际工程问题时,分析方法往往不是唯一的。因此在土工分析中往往可以得到多个解答,这也充分说明它是一门技术学科。

在土力学教和学中,要强调试验研究,要强调工程实例分析与理论分析相结合。要重视工程案例分析,学会现场调查,加强土工问题分析和判断能力的训练,学会综合判断。早年太沙基在麻省理工学院和哈佛大学多以工程案例讲授土力学知识。

总之,要根据土力学的学科特点,不断改进土力学的教学方法和研究方法,才能不断提高教学水平,正确把握土力学的学科发展态势。

5 结 论

通过土力学与其它力学学科的比较分析,可以发现土力学与理论力学、材料力学和弹性力学等力学学科不同,它没有统一的力学体系,是一门很特殊的力学,实际上更具有技术学科、工程学科的特点。土力学的学科特性是由研究对象土体的特性决定的。

土力学比较强调实用,为了解决土工问题中的稳定问题、变形问题和渗流问题等实际工程问题而形成土力学的各部分内容。土力学技术性强、实用性强。通过对土力学与其它力学学科的比较分析和研究对象土体特性的分析,更能理解太沙基关于土力学与其说是科学不如说是艺术的论述。

土力学学科特点对土力学的教学和研究方法,以及学科的发展态势产生深刻影响。不能采用一般力学学科的思路和方法进行土力学教与学。

在土力学教学中要重视实验环节,重视工程经验,重视对土的工程特性的学习。在土力学教学中要重概念,重理解。要重视各种分析方法的适用条件。土力学中的许多分析方法来自工程经验的积累和案例分析,而不是来自精确的理论推导。

在土工分析中要重视土中水的作用。土中水的含量和形态、土的渗透性和排水条件、土中渗流等对土体的工程性质和土工性状有很大的影响。

在土力学教与学中,要强调试验研究、工程实例分析与理论分析相结合。在土力学教学中要重视工程案例分析,重视综合判断能力的培养。

在应用土力学求解实际工程问题时,分析方法往往不是唯一的,可以得到多个解答,这充分说明土力学是一门技术学科。

致 谢

在成文过程中曾与清华大学丁金粟教授、同济大学高大钊教授和浙江大学丁皓江教授讨论,对他们的帮助表示衷心的感谢。

参考文献

[1] 吉见吉昭(日),太沙基与土力学,岩土工程学报,1981,3(3):114.
[2] 周镜,岩土工程中的几个问题,黄文熙讲座,岩土工程学报,1999,21(1):2-8.
[3] 龚晓南,读"岩土工程规范的特殊性"和"试论基坑工程的概念设计",地基处理,1999(2):76.
[4] 中国土木建筑百科辞典工程力学篇,中国建筑工业出版社,2001.
[5] 龚晓南,21世纪岩土工程发展展望,岩土工程学报,2000(22):238.
[6] 龚晓南,漫谈岩土工程发展的若干问题,岩土工程界,2000(1):52.

软黏土地基土体抗剪强度若干问题[*]

龚晓南

浙江大学岩土工程研究所,浙江杭州,310058

【摘　要】　针对不少土力学教材和规范规程认为由UU试验得到的是饱和黏性土的抗剪强度指标,将黏性土不排水抗剪强度视为土的抗剪强度指标的错误概念,首先分析了土的抗剪强度和抗剪强度指标之间的区别,然后通过分析三轴固结不排水剪切试验和土的抗剪强度指标的测定,三轴不固结不排水剪切试验和土的不排水抗剪强度的测定,讨论了黏性土不排水抗剪强度和抗剪强度指标之间的区别。通过软黏土地基中土体的抗剪强度及测定方法的讨论,再次说明了黏性土不排水抗剪强度和抗剪强度指标之间的区别。最后提出岩土工程稳定分析四者相匹配原则。通过讨论分析,澄清了一些模糊概念,有利于提高岩土工程分析水平。

【关键词】　抗剪强度;抗剪强度指标;不排水抗剪强度;不固结不排水三轴试验;稳定分析

1　引　言

2008年在《地基处理》一题一议栏目中以"从某勘测报告不固结不排水试验成果引起的思考"为题,着重分析了由不固结不排水剪切试验(UU试验)得到的饱和黏性土不排水抗剪强度与土的抗剪强度指标之间的区别;2009年在成都召开的第三届岩土工程大会上做了题为"由三轴不固结不排水剪切试验(UU试验)成果引起的思考"的主题报告,再次分析了饱和黏性土不排水抗剪强度与土的抗剪强度指标之间的区别。我的学生对国内出版的数十本土力学教材、不少规范规程做了调查分析,认为由UU试验得到的是饱和黏性土的抗剪强度指标,将黏性土不排水抗剪强度视为土的抗剪强度指标的占绝大多数。近年笔者多次向同行请教、讨论,阐述自己的观点并均得到支持。不少

---

　*　本文刊于岩土工程学报,2011,33(10):1596 – 1600.

专家建议笔者在《岩土工程学报》上展开讨论,澄清概念,纠正模糊认识。下面就土的抗剪强度和抗剪强度指标,三轴固结不排水剪切试验和三轴不固结不排水剪切试验,软黏土地基中土体的抗剪强度及测定方法,以及岩土工程稳定分析4者相匹配原则4个方面谈点个人意见。抛砖引玉,不妥之处请指正。

2　土的抗剪强度和抗剪强度指标

2.1　莫尔－库仑强度理论

与钢筋混凝土等工程材料不同,土是摩擦型材料,可采用Mohr-Coulomb强度理论。根据Mohr-Coulomb强度理论,土的抗剪强度表达式为

$$\tau_f = c + \sigma \tan \varphi \tag{1}$$

式中,c为土体黏聚力;φ为土体内摩擦角;σ为剪切面上的法向应力。

由式(1)可知,土的抗剪强度可分为两部分:一部分与颗粒间的法向应力有关,其本质是摩擦力;另一部分与法向应力无关,称为黏聚力。式中c和φ称为抗剪强度指标。土的抗剪强度可由土中应力和它的抗剪强度指标计算得到。

在π平面上,Mohr-Coulomb强度理论的屈服面如图1所示。在图1上还给出了双剪应力强度理论的屈服面。已经从理论上证明稳定材料在π平面上所有的屈服面均处于Mohr-Coulomb屈服面和双剪应力屈服面之间,Mohr-Coulomb屈服面是所有可能存在的屈服面的内包络面,而双剪应力屈服面是外包络面,如图1所示[1-2]。

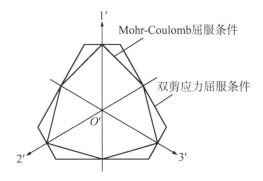

图1　稳定材料在π平面的屈服面

由图1可以看出,用Mohr-Coulomb强度理论来描述材料的破坏性状是偏安全的。虽然很多强度理论在理论上比Mohr-Coulomb强度理论进步,有些土体的真实性状更接近其他的强度理论,但是由于Mohr-Coulomb强度理论的屈服面是所有可能存在的屈服面的内包络面,因此应用Mohr-Coulomb强度理论是安全可靠的,而且Mohr-Coulomb强度理论表达形式简单,物理概念容易理解,实用性好,所以目前在实际工程中得到广泛应用的仍然是Mohr-Coulomb强度理论。

2.2　抗剪强度和抗剪强度指标

土是摩擦型材料,土的抗剪强度是指土抵抗土体颗粒间产生相互滑动的极限能

力。根据Mohr-Coulomb强度理论和有效应力原理,土的抗剪强度 τ_f 可以用有效应力表示,也可以用总应力表示,其表达式分别为

$$\tau_f = c' + \sigma' \tan\varphi' = c' + (\sigma - u)\tan\varphi' , \tag{2}$$

或

$$\tau_f = c + \sigma \tan\varphi \tag{3}$$

式中, σ , σ' 分别为剪切面上的总法向应力和法向有效应力; u 为孔隙水压力; c' , φ' 分别为土体有效黏聚力和有效内摩擦角; c , φ 分别为土体黏聚力和内摩擦角。

采用有效应力表达式式(2)表示土的抗剪强度 τ_f 时,式中土体有效黏聚力 c' 和有效内摩擦角 φ' 称为有效应力抗剪强度指标;采用总应力表达式式(3)表示土的抗剪强度 τ_f 时,式中土体黏聚力 c 和内摩擦角 φ 称为总应力抗剪强度指标。土体抗剪强度 τ_f 既可采用有效应力表达式表示,也可采用总应力表达式表示,也就是说既可采用有效应力抗剪强度指标和土中有效应力计算土的抗剪强度 τ_f ,也可采用总应力抗剪强度指标和土中总应力计算土的抗剪强度 τ_f 。土的有效应力抗剪强度指标和总应力抗剪强度指标统称为土的抗剪强度指标。土的抗剪强度是指它在破坏面能够发挥出来的最大阻力,而抗剪强度指标则代表土体的抗剪强度随着土中应力大小变化规律中的特定参数。土的抗剪强度和抗剪强度指标是两个完全不同的概念。

土是摩擦型材料,其抗剪强度与土中应力大小有关。一般情况下,人们用抗剪强度指标值来描述土体抗剪强度随着土中应力大小变化的规律,而不能直接给出土体抗剪强度。对饱和黏性土则是例外,人们不仅用抗剪强度指标值来描述,也常采用不排水抗剪强度值 C_u 来描述。同时应指出饱和黏性土不排水抗剪强度 C_u 是特定条件下的特殊概念,常用于 $\varphi = 0$ 法分析。 C_u 是抗剪强度,不是前述的抗剪强度指标。

3 三轴固结不排水剪切试验和三轴不固结不排水剪切试验

3.1 三轴固结不排水剪切试验和土的抗剪强度指标

在等向固结不排水剪切试验中,土样在一定的围压 σ_c ($\sigma_c = \sigma_1 = \sigma_2 = \sigma_3$)作用下排水固结。固结完成后,在不排水条件下增加轴向压力(增大 σ_1)进行剪切,直至土体剪切破坏。等向固结不排水剪切试验也称为CIU试验。在应力空间 $p(p')$, q 平面上,其中 $p = \frac{1}{3}(\sigma_1 + \sigma_2 + \sigma_3)$, $p' = \frac{1}{3}(\sigma'_1 + \sigma'_2 + \sigma'_3)$, $q = (\sigma_1 - \sigma_3)$,CIU试验的总应力路径(TSP)和有效应力路径(ESP)如图2所示。

图3表示CIU试验总应力和有效应力莫尔圆和强度包线示意图,由图可知通过CIU试验可以测得土样的有效应力抗剪强度指标 c' 和 φ' 值,总应力抗剪强度指标 c 和 φ 值。

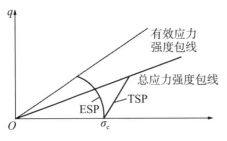

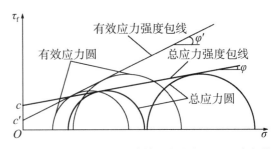

图2　CIU试验总应力路径和有效应力路径　　图3　CIU试验总应力和有效应力莫尔圆和强度包线

3.2　三轴不固结不排水剪切试验和土的不排水抗剪强度

在三轴不固结不排水剪切试验中,在剪切前对饱和黏性土样施围压,土样处不排水状态,在围压作用下土样不产生排水固结。此时"不固结",表示土样保持土样中原有的有效应力不变。取自地基中的土样,在前期固结应力作用下均产生过排水固结。这里所谓的"不固结",只不过在试验过程中在围压作用下不产生新的固结。完全没有经过排水固结的土样是泥浆,其抗剪强度为零。

在不固结不排水剪切试验中,对土样施加围压($\sigma_1 = \sigma_2 = \sigma_3$)时,土体处于不排水状态。施加围压后,再增加轴向压力进行剪切直至土体剪切破坏。在剪切过程中土体也处于不排水状态。不固结不排水剪切试验也称为UU试验。图4为UU试验应力莫尔圆和强度包线。由图中可以看到,3个试样的有效应力圆是同一个圆,3个试样的总应力圆的公切线是一条水平线,即$\varphi = 0$,公切线在竖轴上的截距等于$\frac{1}{2}(\sigma_1 - \sigma_3)$,记为$C_u$,称为饱和黏性土的不排水抗剪强度。因此,不固结不排水剪切试验测定的是饱和黏土的不排水抗剪强度C_u值,而不是土的抗剪强度指标。土样的不排水抗剪强度C_u值表示土样在不排水条件下能够发挥出来的最大抗剪阻力,不能表示土体的抗剪强度随着土中应力大小变化的规律。令人迷惑的是具体试验结果φ值往往不等于零,究其原因有二:一是土样饱和度不够;二是试验误差。人们发现多数饱和黏性土UU试验得到的φ值常小于3°左右。事实上在CIU试验数据整理过程中,几个莫尔圆也是很难有同一公切线的。做过试验的技术人员都知道获得同一公切线是经过技术处理的。UU试验是用来测定饱和黏性土不排水抗剪强度C_u值的,在UU试验数据整理过程中,几个莫尔圆公切线的取舍前提应是水平线。为什么整理试验资料几个莫尔圆公切线的前提应是水平线呢?因为根据有效应力原理,在不排水条件下,饱和土样在等向应力作用下,土中有效应力保持不变,土中超孔隙水压力增加。对饱和土样施加不同围压值后,进行不排水条件下剪切,土样的抗剪强度是相等的。图4中3个试样的有效应力圆是同一个圆,也是这个道理。UU试验中得到的φ值不等于零是没有意义的,也是没有用的。它是由试验成果的离散性,或土样饱和度不够造成的。顺便指出,用未饱和土样进行不排水不固结试验,试验过程中无法形成不排水不固结状态。

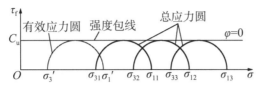

图4 UU试验应力莫尔圆和强度包线

3.3 饱和黏性土的不排水抗剪强度和抗剪强度指标

通过以上分析可知,通过固结不排水剪切试验可以获得土的有效应力抗剪强度指标 c' , φ' 值和总应力抗剪强度指标 c , φ 值,通过不固结不排水剪切试验可以获得饱和黏性土不排水抗剪强度 C_u 值。有效应力抗剪强度指标常用于岩土工程有效应力分析法,总应力抗剪强度指标常用于岩土工程总应力分析法,而饱和黏性土不排水抗剪强度常用于软黏土地基 $\varphi = 0$ 法分析。现在不少单位提供的岩土工程勘察报告,某些规程规范,不少教科书不重视土的抗剪强度指标和抗剪强度两个概念上的区别,特别是未说清饱和黏性土不排水抗剪强度和土的抗剪强度指标两个概念上的不同,以及饱和黏性土不排水抗剪强度的特殊性,甚至认为由UU试验得到的是土的抗剪强度指标值,并将其用于工程分析。上述情况应引起重视,通过讨论,统一认识,纠正模糊概念。

4 软黏土地基中土体的抗剪强度及测定方法

图5表示某一地基土层分布,地基中土层2为正常固结黏性土层,单元A、B和C分别代表土层2中不同深度处的土样。获得软黏土地基中土体抗剪强度的方法通常可采用三轴固结不排水剪切试验(CIU试验)、不固结不排水剪切试验(UU试验)、现场十字板试验、无侧限压缩试验和直剪试验等。这里只讨论前3个试验。由现场十字板试验可得到土体不排水抗剪强度沿深度的变化曲线,单元A处土体十字板强度为 τ_{+A} ,单元B处土体十字板强度为 τ_{+B} ,单元C处土体十字板强度为 τ_{+C} ,如图5所示。由图5可知,土层2中土体十字板强度沿深度是不断增大的。土体十字板强度即为土的不排水抗剪强度。若在单元A、B、C深度处取土样分别进行UU试验,单元A处取的土样得到的不排水抗剪强度值记为 c_{uA} ,单元B和C处取的土样得到的不排水抗剪强度值分别记为 c_{uB} 和 c_{uC} ,则有 $c_{uC} > c_{uB} > c_{uA}$,如图6中所示。由UU试验得到的不排水抗剪强度沿深度也是不断增大的。

若在土层2中单元A、B和C深度处分别取土样进行CIU试验,不难发现由CIU试验可以得到3组有效应力强度指标 c' , φ' 值和3组总应力强度指标 c , φ 值。采用单元

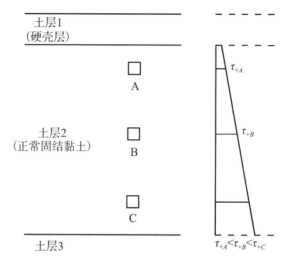

图5 某地基土层分布和十字板试验曲线

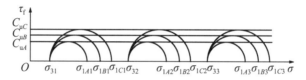

图6 单元A、B、C深度处取的土样的不排水抗剪强度

A深度的土样进行CIU试验,和采用单元B、单元C深度的土样进行CIU试验得到的有效应力强度指标 c', φ' 值和总应力强度指标 c, φ 值是一样的。也就是说,同一土层土的抗剪强度指标值是相同的,如有差异也是试验误差和离散性造成的。地基中不同深度土体的抗剪强度可以根据土中应力和抗剪强度指标值计算确定。地基中同一土层土体的抗剪强度指标是不变的,随着深度增大,土中应力增大,由CIU试验得到的同一土层土的抗剪强度也是随深度增大的。采用三轴固结不排水剪切试验(CIU试验)、不固结不排水剪切试验(UU试验)、现场十字板试验得到的软黏土地基中土体的抗剪强度基本上是一致的。

根据以上分析,在岩土工程勘察报告中,饱和黏性土层由UU试验可以测定取样深度处土体的不排水抗剪强度,而且在同一土层中土体的不排水抗剪强度沿深度是增大的。因此在勘察报告中不应给出 c 和 φ,应给出 C_u 值,还应标明试验土样取土深度,最好与十字板试验成果一样给出沿深度变化的规律曲线。

5 岩土工程稳定分析4者相匹配原则

至今国内外学者已提出了许多很好的岩土工程稳定分析方法,可供工程师选用。

笔者近年参与一些方案评审,深感在岩土工程稳定分析中要重视采用的稳定分析方法、分析中应用的计算参数、计算参数的测定方法和分析取的安全系数四者相匹配的原则。以饱和黏性土为例,抗剪强度指标有有效应力指标和总应力指标两类,也可直接测定土的不排水抗剪强度。采用不同试验方法测得的抗剪强度指标值,或不排水抗剪强度值是有差异的。甚至取土样用的取土器不同也可造成较大差异。对灵敏度较大的软黏土,采用薄壁取土器取的土样比一般取土器取的土样试验得到的抗剪强度指标值可差30%左右。在岩土工程稳定分析中取的安全系数值一般是特定条件下的经验总结。目前在不少规程规范中,特别是商用岩土工程稳定分析软件中不重视上述4者相匹配原则。在岩土工程稳定分析中,如不能处理好上述4者相匹配原则,采用再好的岩土工程稳定分析方法也难以取得好的分析结果;不能处理好上述4者相匹配原则,则失去进行稳定分析的意义,有时会酿成工程事故,应予以充分重视。

6 结论与建议

(1)土是摩擦型材料,土的抗剪强度可分为两部分:一部分与颗粒间的法向应力有关,其本质是摩擦力;另一部分与法向应力无关,称为黏聚力。可采用Mohr-Coulomb强度理论。土的抗剪强度可由土中应力和它的抗剪强度指标计算得到。

(2)土的抗剪强度是指它在破坏面能够发挥出来的最大阻力;而抗剪强度指标则代表土体的抗剪强度随着土中应力大小变化的规律。土的抗剪强度和抗剪强度指标是两个不同的概念。

(3)通过固结不排水剪切试验可以获得土的有效应力抗剪强度指标 c',φ' 值和总应力抗剪强度指标 c,φ 值,通过不固结不排水剪切试验可以获得饱和黏性土不排水抗剪强度 C_u 值。现在不少单位提供的岩土工程勘察报告,某些规程规范,不少教科书不重视土的抗剪强度指标和抗剪强度两个概念上的区别,特别是未说清饱和黏性土不排水抗剪强度和土的抗剪强度指标两个概念上的不同,以及饱和黏性土不排水抗剪强度的特殊性,甚至认为由UU试验得到的是土的抗剪强度指标值,并将其用于工程分析。上述情况应引起重视,通过讨论,统一认识,纠正模糊概念。

(4)软黏土地基中同一土层土体的抗剪强度沿深度增大,而同一土层土体的抗剪强度指标是不变的。同一饱和黏性土层中,由UU试验测定的不排水抗剪强度沿深度增大。在勘察报告中应标明试验土样取土深度,最好与十字板试验成果一样给出沿深度变化的曲线。

(5)在岩土工程稳定分析中,采用的稳定分析方法、分析中应用的计算参数、计算参数的测定方法、取的安全系数四者应该相匹配。否则分析结果无实用价值。

参考文献

［1］鲁祖统,龚晓南.关于稳定材料屈服条件在 π 平面内的屈服曲线存在内外包络线的证明[J].岩土工程学报,1997,19(5):3－7.

［2］童小东,龚晓南,姚恩瑜.稳定材料在应力 π 平面上屈服曲线的特性[J].浙江大学学报,1998,32(5):643.

［3］魏汝龙.软黏土的强度和变形[M].北京:人民交通出版社,1987.

［4］朱梅生.软土地基[M].北京:中国铁道出版社,1989.

［5］王钟琦,等.岩土工程测试技术[M].北京:中国建筑工业出版社,1986.

［6］龚晓南.土力学[M].北京:中国建筑工业出版社,2002.

广义复合地基理论及工程应用*

龚晓南

浙江大学岩土工程研究所,浙江杭州,310027

【摘　要】 首先通过对复合地基技术的发展过程的回顾,阐述了从狭义复合地基概念到广义复合地基概念的发展过程。通过分析浅基础、桩基础和复合地基三者在荷载作用下的荷载传递路线,指出复合地基的本质是桩和桩间土共同直接承担荷载,并讨论了三者之间的关系。接着分析了复合地基的形成条件以及满足形成条件的重要性。分析了复合地基与地基处理、复合地基与双层地基、复合地基与复合桩基之间的关系。讨论了基础刚度和垫层对桩体复合地基性状的影响、复合地基位移场的特点、复合地基优化设计思路和复合地基按沉降控制设计思路。介绍了工程中常用的复合地基型式、复合地基承载力和沉降计算实用方法。通过一个工程实例介绍了广义复合地基理论在高速公路工程中的应用。最后还对进一步应重视的研究方向提出建议。

【关键词】 广义复合地基理论;复合地基的本质;位移场;基础刚度;垫层;优化设计

1　前　言

20世纪60年代国外将采用碎石桩加固的人工地基称为复合地基。改革开放以后,我国引进碎石桩等多种地基处理新技术,同时也引进了复合地基概念。随着复合地基技术在我国土木工程建设中的推广应用,复合地基概念和理论得到了很大的发展。随着深层搅拌桩加固技术在工程中的应用,水泥土桩复合地基的概念得到发展。碎石桩是散体材料桩,水泥搅拌桩是黏结材料桩。在荷载作用下,由碎石桩和水泥搅拌桩形成的两类复合地基的性状有较大的区别。水泥土桩复合地基的应用促进了复合地基理论的发展,由散体材料桩复合地基扩展到柔性桩复合地基。随着低强度桩复合地基和长短桩复合地基等新技术的应用,复合地基概念得到了进一步的发展,形成

* 本文刊于岩土工程学报,2007,29(1):1－13.

了刚性桩复合地基概念。如果将由碎石桩等散体材料桩形成的复合地基称为狭义复合地基,则可将包括散体材料桩、各种刚度的黏结材料桩形成的复合地基,以及各种形式的长短桩复合地基称为广义复合地基[1]。

我国地域辽阔,工程地质复杂,改革开放后工程建设规模大;我国是发展中国家,建设资金短缺,这给复合地基理论和实践的发展提供了很好的机遇。1990年在河北承德,中国建筑学会地基基础专业委员会在黄熙龄院士主持下召开了我国第一次以"复合地基"为专题的学术讨论会。会上交流、总结了复合地基技术在我国的应用情况,有力地促进了复合地基技术在我国的发展。笔者[2-6]曾较系统总结了国内外复合地基理论和实践方面的研究成果,提出了基于广义复合地基概念的复合地基定义和复合地基理论框架,总结了复合地基承载力和沉降计算思路和方法。1996年中国土木工程学会土力学及基础工程学会地基处理学术委员会在浙江大学召开了全国复合地基理论的发展和实践学术讨论会,总结成绩、交流经验,共同探讨了发展中的问题,促进了复合地基理论和实践水平的提高[7]。近年来复合地基理论研究和工程实践日益得到重视,复合地基技术在我国房屋建筑、高等级公路、铁路、堆场、机场和堤坝等土木工程中得到广泛应用,复合地基在我国已成为一种常用的地基基础型式,已取得良好的社会效益和经济效益[8-14]。

复合地基是指天然地基在地基处理过程中,部分土体得到增强,或被置换,或在天然地基中设置加筋材料,加固区是由基体(天然地基土体)和增强体两部分组成的人工地基。

2 复合地基的本质

通过分析浅基础、桩基础和复合地基在荷载作用下的荷载传递路线和传递规律,可以较好地认识复合地基的本质[15-16],并获得浅基础、桩基础和复合地基三者之间的关系。

对浅基础,荷载通过基础直接传递给地基土体,如图1所示。桩基础可分为摩擦桩基础和端承桩基础两大类,如图2所示。对摩擦桩基础,荷载通过基础传递给桩体,桩体主要通过桩侧摩阻力将荷载传递给地基土体;对端承桩基础,荷载通过基础传递给桩体,桩体主要通过桩端端承力将荷载传递给地基土体。因此可以说对桩基础,荷载通过基础先传递给桩体,再通过桩体传递给地基土体。对桩体复合地基,一部分荷载通过基础直接传递给地基土体,另一部分通过桩体传递给地基土体,如图3所示。由上面分析可以看出,浅基础、桩基础和复合地基三者的荷载传递路线是不同的。从荷载传递路线的比较分析可看出,复合地基的本质是桩和桩间土共同直接承担荷载。这也是复合地基与浅基础和桩基础之间的主要区别。

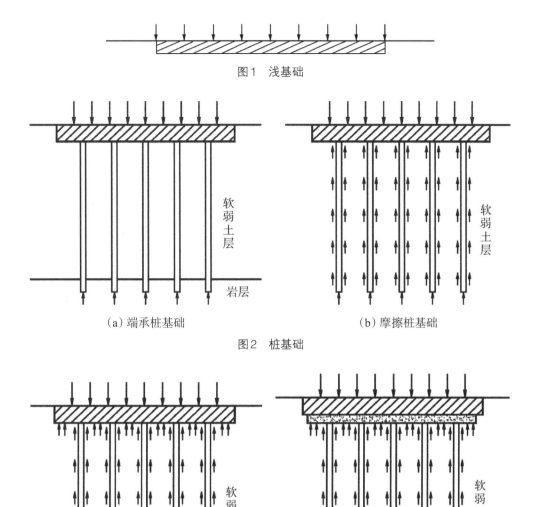

图1　浅基础

（a）端承桩基础　　　　　　　　（b）摩擦桩基础

图2　桩基础

（a）不设垫层　　　　　　　　　　（b）设垫层

图3　桩体复合地基

可以用图4来表示浅基础、复合地基和桩基础三者之间的关系。

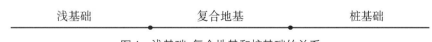

图4　浅基础、复合地基和桩基础的关系

3 复合地基的形成条件

在荷载作用下,桩体和地基土体是否能够共同直接承担上部结构传来的荷载是有条件的,也就是说在地基中设置桩体能否与地基土体共同形成复合地基是有条件的。这在复合地基的应用中特别重要[17]。

如何保证在荷载作用下,增强体与天然地基土体能够共同直接承担荷载的作用?在图5中,$E_p > E_{s1}$,$E_p > E_{s2}$,其中E_p为桩体模量,E_{s1}为桩间土模量,图5(a)和(d)中E_{s2}为加固区下卧层土体模量,图5(b)中E_{s2}为加固区垫层土体模量。散体材料桩在荷载作用下产生侧向鼓胀变形,能够保证增强体和地基土体共同直接承担上部结构传来的荷载。因此当增强体为散体材料桩时,图5中各种情况均可满足增强体和土体共同承担上部荷载。然而,当增强体为黏结材料桩时情况就不同了。在图5(a)中,在荷载作用下,刚性基础下的桩和桩间土沉降量相同,这可保证桩和土共同直接承担荷载。在图5(b)中,桩落在不可压缩层上,在刚性基础下设置一定厚度的柔性垫层。一般在荷载作用下,通过刚性基础下柔性垫层的协调,也可保证桩和桩间土两者共同承担荷载。但需要注意分析柔性垫层对桩和桩间土的差异变形的协调能力和桩和桩间土之间可能产生的最大差异变形两者的关系。如果桩和桩间土之间可能产生的最大差异变形超过柔性垫层对桩和桩间土的差异变形的协调能力,则虽在刚性基础下设置了一定厚度的柔性垫层,在荷载作用下,也不能保证桩和桩间土始终能够共同直接承担荷载。

在图5(c)中,桩落在不可压缩层上,而且未设置垫层。在刚性基础传递的荷载作用下,开始时增强体和桩间土体中的竖向应力大小大致上按两者的模量比分配,但是随着土体产生蠕变,土中应力不断减小,而增强体中应力逐渐增大,荷载逐渐向增强体转移。若$E_p > E_{s1}$,则桩间土承担的荷载比例极小。特别是若遇地下水位下降等因素,桩间土体进一步压缩,桩间土可能不再承担荷载。在这种情况下增强体与桩间土体两者难以始终共同直接承担荷载的作用,也就是说桩和桩间土不能形成复合地基以共同承担上部荷载。在图5(d)中,复合地基中增强体穿透最薄弱土层,落在相对好的土层上,$E_{s2} \gg E_{s1}$。在这种情况下,应重视E_p、E_{s1}和E_{s2}三者之间的关系,保证在荷载作用下通过协调桩体和桩间土体变形来保证桩和桩间土共同承担荷载。因此对采用黏结材料桩,特别是对采用刚性桩形成的复合地基,需要重视对复合地基的形成条件的分析。

在实际工程中,设置的增强体和桩间土体不能满足形成复合地基的条件,而以复合地基理念进行设计是不安全的。把不能直接承担荷载的桩间土承载力计算在内,高估了承载能力,降低了安全度,可能造成工程事故,应引起设计人员的充分重视。

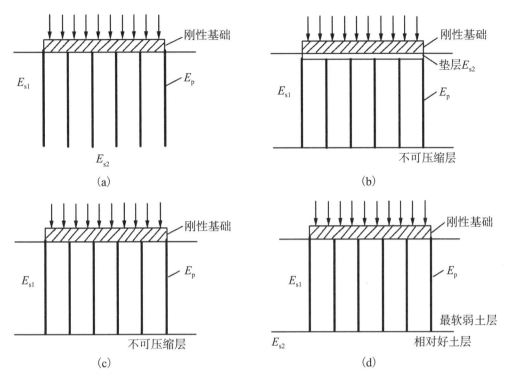

图5 复合地基形成条件示意图

4 复合地基与地基处理

当天然地基不能满足建(构)筑物对地基的要求时,将可采用物理的方法、化学的方法、生物的方法,或综合应用上述方法对天然地基进行处理以形成可满足要求的人工地基称为地基处理。按照加固地基的机理,笔者常将地基处理技术分为六类:置换,排水固结,灌入固化物,振密、挤密,加筋和冷、热处理。

经各类地基处理方法处理形成的人工地基可以粗略分为两大类[18]:①在地基处理过程中地基土体的物理力学性质得到普遍的改良,通过改善地基土体的物理力学指标达到地基处理的目的;②在地基处理过程中部分土体得到增强,或被置换,或在天然地基中设置加筋材料,形成复合地基达到地基处理的目的。后一类在地基处理形成的人工地基中占有很大的比例,而且呈发展趋势。因此,复合地基技术在地基处理技术中有着非常重要的地位,复合地基理论和实践的发展将进一步促进地基处理水平的提高。

5 复合地基与双层地基

在荷载作用下,复合地基与双层地基的性状有较大区别,在复合地基计算中,有时直接应用双层地基计算方法是偏不安全的,应予以重视[19]。

图6(a)和(b)分别为复合地基和双层地基的示意图。为便于分析,讨论平面应变问题。设复合地基加固区和双层地基上层土体复合模量均为 E_1,复合地基其它区域土体模量和双层地基下层土体均为 E_2,$E_1 > E_2$。双层地基上层土体的厚度与复合地基加固区深度相同,记为 H。荷载作用面宽度均为 B,而且荷载密度相同。现分析在荷载作用中心线下复合地基加固区下卧层中 A_1 点(图6(a))和双层地基中对应的 A_2 点(图6(b))处的竖向应力情况。不难判断复合地基中 A_1 点的竖向应力 σ_{A1} 比双层地基中 A_2 点的竖向应力 σ_{A2} 要大。如果增大 E_1/E_2 值,则 A_1 点 σ_{A1} 值增大,而 A_2 点 σ_{A2} 值减小。理论上当 E_1/E_2 趋向无穷大时,双层地基中 A_2 点的竖向应力 σ_{A2} 趋向零,而复合地基中 A_1 点的竖向应力 σ_{A1} 是不断增大的。由上述分析可以看出,复合地基与双层地基在荷载作用下地基性状的差别是很大的。

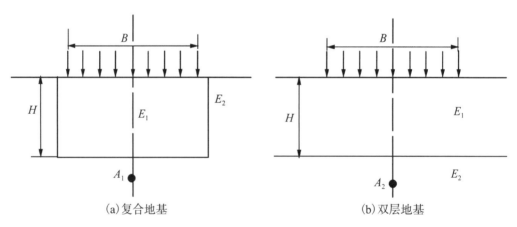

(a)复合地基   (b)双层地基

图6 复合地基与双层地基

荷载作用下均质地基中的附加应力可用布西涅斯克解求解,双层地基中的附加应力可用当层法计算。由上面分析可知,将复合地基视为双层地基采用当层法计算地基中的附加应力可能带来很大的误差,而且是偏不安全的。

6 复合地基与复合桩基

在深厚软黏土地基上采用摩擦桩基础时,为了节省投资,管自立[20]采用稀疏布置的桩基础(桩距一般在5～6倍桩径以上),并将其称为疏桩基础。疏桩基础要比按传统桩基理论设计的桩基础沉降量要大,但考虑了桩间土对承载力的直接贡献,可以节省工程费用。事实上桩基础的主要功能有两个:提高承载力和减小沉降。以前人们往往重视前一功能而忽视后一功能。将用于以减小沉降量为目的的桩基础称为减少沉降量桩基。在减小沉降量桩基设计中考虑了桩土共同作用。在桩土共同作用分析中主要也是考虑桩间土直接承担荷载。疏桩基础、减小沉降量桩基和考虑桩土共同作用都是主动考虑摩擦桩基础中一般存在的桩间土直接承担荷载的性状。考虑桩土共同直接承担荷载的桩基称为复合桩基。是否可以说复合桩基的本质也是考虑桩和桩间土共同直接承担荷载,而在经典桩基理论中,不考虑桩间土直接承担荷载。复合桩基也可以认为是一种广义的桩基础。

由上面分析可知,复合桩基的本质与复合地基的本质是一样的,它们都是考虑桩间土和桩体共同直接承担荷载。因此是否可以认为复合桩基是复合地基的一种,是刚性基础下不带垫层的刚性桩复合地基[21]。

目前在学术界和工程界对复合桩基是属于复合地基还是属于桩基础是有争议的,笔者认为既可将复合桩基视作桩基础,也可将其视为复合地基的一种形式。复合桩基属于桩基还是属于复合地基并不十分重要,重要的是弄清复合桩基的本质、复合桩基的形成条件、复合桩基的承载力和变形特性、复合桩基理论与传统桩基理论的区别。

7 基础刚度和垫层对桩体复合地基性状影响

复合地基早期多用于刚度较大的条形基础或筏板基础下地基加固。在荷载作用下,复合地基中的桩体和桩间土体的沉降量是相等的。早期一些关于复合地基的设计计算方法和相应的计算参数都是基于对刚性基础下复合地基性状的研究得出的。

随着复合地基技术在高等级公路建设中的应用,人们发现将刚性基础下复合地基承载力和沉降计算方法应用到填土路堤下的复合地基承载力和沉降计算时,得到的计算值与实测值相差较大,而且是偏不安全的。

为了探讨基础刚度对复合地基性状的影响,吴慧明[22]采用现场试验研究和数值分析方法对基础刚度对复合地基性状影响做了分析。图7为现场模型试验的示意图。试验内容包括:①原状土地基承载力试验;②单桩竖向承载力试验;③刚性基础下复合地基承载力试验(置换率 $m = 15\%$);④柔性基础下复合地基承载力试验(置换率 $m = 15\%$)。试验研究表明基础刚度对复合地基性状影响明显,主要结论如下:

(1) 在荷载作用下,柔性基础下和刚性基础下桩体复合地基的破坏模式不同。当荷载不断增大时,柔性基础下桩体复合地基中土体先产生破坏,而刚性基础下桩体复合地基中桩体先产生破坏。

(2) 在相同的条件下,柔性基础下复合地基的沉降量比刚性基础下复合地基沉降

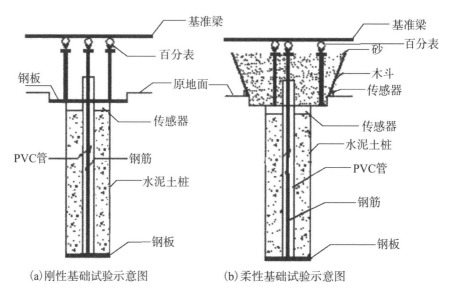

(a)刚性基础试验示意图　　　　(b)柔性基础试验示意图

图7　现场模型试验的示意图

量要大,而承载力要小。

（3）当复合地基各种参数都相同的情况下,在荷载作用下,复合地基的桩土荷载分担比,柔性基础下的要比刚性基础下的小,也就是说刚性基础下复合地基中桩体承担的荷载比例要比柔性基础下复合地基桩体承担的荷载比例大。

（4）为了提高柔性基础下复合地基桩土荷载分担比,提高复合地基承载力,减小复合地基沉降,可在复合地基和柔性基础之间设置刚度较大的垫层,如灰土垫层、土工格栅碎石垫层等。不设较大刚度的垫层的柔性基础下桩体复合地基应慎用。

下面先分析刚性基础下设置柔性垫层对刚性基础下复合地基性状的影响[23],然后分析柔性基础下设置刚度较大的垫层对柔性基础下复合地基性状的影响。

图8(a)和(b)分别表示刚性基础下复合地基设置垫层和不设置垫层两种情况的示意图。刚性基础下复合地基中柔性垫层一般为砂石垫层。由于砂石垫层的存在,图8(a)中桩间土单元A1中的附加应力比图8(b)中相应的桩间土单元A2中的要大,而图8(a)中桩体单元B1中的竖向应力比图8(b)中相应的桩体单元B2中的要小。也就是说设置柔性垫层可减小桩土荷载分担比。另外,由于砂垫层的存在,图8(a)中桩间土单元A1中的水平向应力比图8(b)中相应的桩间土单元A2中的要大,图8(a)中桩体单元B1中的水平向应力比图8(b)中相应的桩体单元B2也要大。由此可得出,由于砂垫层的存在,图8(a)中桩体单元B1中的最大剪应力比图8(b)中相应的桩体单元B2中的要小得多。换句话说,柔性垫层的存在使桩体上端部分中竖向应力减小,水平向应力增大,造成该部分桩体中剪应力减小,这样就有效改善了桩体的受力状态。

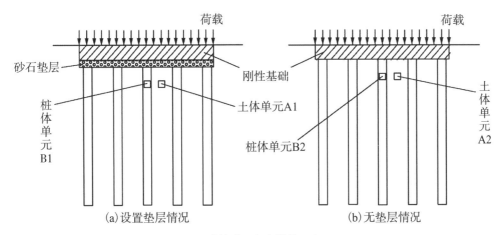

图8 刚性基础下复合地基示意图

从上面分析可以看到,在刚性基础下复合地基中设置柔性垫层,一方面可以增加桩间土承担荷载的比例,较充分利用桩间土的承载潜能;另一方面可以改善桩体上端的受力状态,这对低强度桩复合地基是很有意义的。

刚性基础下设置柔性垫层对刚性基础下复合地基性状的影响程度与柔性垫层厚度有关。以桩土荷载分担比为例,垫层厚度愈厚,桩土荷载分担比愈小。但当垫层厚度达到一定数值后,继续增加垫层厚度,桩土荷载分担比并不会继续减小。在实际工程中,还需考虑工程费用。综合考虑,通常采用300~500mm厚度的砂石垫层。

图9(a)和图9(b)分别表示路堤下复合地基中设置垫层和不设置垫层两种情况的示意图。在路堤下复合地基中常设置刚度较大的垫层,如灰土垫层、土工格栅加筋垫层。比较图9(a)和图9(b)在荷载作用下的性状,不难理解与刚性基础下设置砂石柔性垫层作用相反,在路堤下复合地基中设置刚度较大的垫层,可有效增加桩体承担荷载的比例,发挥桩的承载能力,提高复合地基承载力,有效减小复合地基的沉降。

8 复合地基型式

目前在我国工程建设中应用的复合地基型式很多,可以从下述4个方面来分类:①增强体设置方向;②增强体材料;③基础刚度以及是否设置垫层;④增强体长度。

复合地基中增强体除竖向设置和水平向设置外,还可斜向设置,如树根桩复合地基。在形成桩体复合地基中,竖向增强体可以采用同一长度,也可以采用不同长度,如长短桩复合地基[24]。长短桩复合地基中的长桩和短桩可以采用同一材料制桩,也可以采用不同材料制桩。通常短桩采用柔性桩或散体材料桩,长桩采用钢筋混凝土桩或低强度混凝土桩等。长短桩复合地基中长桩和短桩布置可以采用三种型式:长短桩相间布置、外长中短布置和外短中长布置。

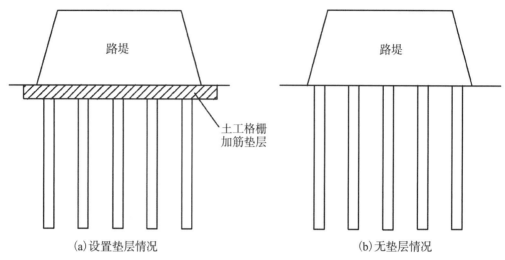

图9　路堤下复合地基示意图

对增强体材料,水平向增强体多采用土工合成材料,如土工格栅、土工布等;竖向增强体常采用砂石桩、水泥土桩、低强度混凝土桩、薄壁筒桩、土桩与灰土桩、渣土桩、钢筋混凝土桩等。

为了减小柔性基础复合地基的沉降,应在桩体复合地基加固区上面设置一层刚度较大的"垫层",防止桩体刺入上层土体,并充分发挥桩体的承载作用。对刚性基础下的桩体复合地基,有时需设置一层柔性垫层以改善复合地基受力状态。

由以上分析可知,在工程中得到应用的复合地基具有多种类型,应用时一定要因地制宜,结合具体工程实际情况进行精心设计。

9　复合地基位移场特点

曾小强[25]比较分析了宁波一工程采用浅基础和采用搅拌桩复合地基两种情况下地基沉降情况。场地位于宁波甬江南岸,属全新世晚期海相冲积平原,地势平坦,大多为耕地,土层自上而下分布如下:I_2层为黏土,层厚为1.00～1.20m;I_3层为淤泥质粉质黏土,层厚为1.4～2.0m;II_{1-2}层为淤泥,层厚为12.6～15.2m;II_2层为淤泥质黏土,层厚为12.1～25.0m;采用水泥搅拌桩复合地基加固,设计参数为:水泥掺入量15%,搅拌桩直径500mm,桩长15.0m,复合地基置换率为18.0%,桩体模量为120MPa。

图10表示采用有限元分析得到的水泥土桩复合地基的沉降情况和相应的天然地基的沉降情况。

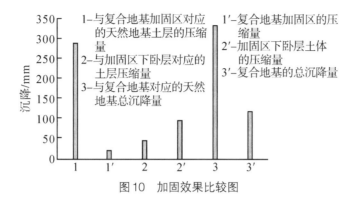

图10 加固效果比较图

由图10可以看出,经水泥土加固后加固区土层压缩量大幅度减小(1′<1),而复合地基加固区下卧层的土层由于加固区存在,其压缩量比天然地基中相应的土层压缩量要大不少(2′>2)。这与复合地基加固区的存在使地基中附加应力影响范围向下移是一致的。复合地基沉降量(3′=1′+2′)比浅基础沉降量(3=1+2)明显减小,这说明采用复合地基加固对减小沉降是非常有效的。可以说,图10反映了均质地基中采用复合地基加固的位移场特性。

上面分析表明,依靠提高复合地基置换率或提高桩体模量,增大复合地基加固区的复合土体模量,进一步减小复合地基加固区压缩量1′的潜力是很小的,因为该部分数值不大。增大复合地基加固区的复合土体模量,还会使加固区下卧层土体中附加应力增大,增加加固区下卧层土体的压缩量。由此可以得到,进一步减小复合地基的沉降量的关键是减小复合地基加固区下卧层的压缩量。减小复合地基加固区下卧层部分的压缩量最有效的办法是增加加固区的厚度,减小加固区下卧层中软弱土层的厚度。这一结论为复合地基优化设计指明了方向。

10 复合地基承载力

桩体复合地基承载力的计算思路通常是先分别确定桩体的承载力和桩间土的承载力,然后根据一定的原则叠加这两部分承载力得到复合地基的承载力。复合地基的极限承载力 p_{cf} 可表示为[6]

$$p_{cf} = k_1 \lambda_1 m p_{pf} + k_2 \lambda_2 (1-m) p_{sf} \tag{1}$$

式中,p_{pf} 为单桩极限承载力(kPa);p_{sf} 为天然地基极限承载力(kPa);k_1 为反映复合地基中桩体实际极限承载力与单桩极限承载力不同的修正系数;k_2 为反映复合地基中桩间土实际极限承载力与天然地基极限承载力不同的修正系数;λ_1 为复合地基破坏时,桩体发挥其极限强度的比例,称为桩体极限强度发挥度;λ_2 为复合地基破坏时,桩间土发挥其极限强度的比例,称为桩间土极限强度发挥度;m 为复合地基置换率,

$m = A_p / A$，其中 A_p 为桩体面积，A 为对应的加固面积。

复合地基的容许承载力 p_{cc} 计算式为

$$p_{cc} = \frac{p_{cf}}{K} \tag{2}$$

式中，K 为安全系数。

当复合地基加固区下卧层为软弱土层时，按复合地基加固区容许承载力计算基础的底面尺寸后，尚需对下卧层承载力进行验算。

式(1)中，桩体极限承载力可通过现场试验确定。如无试验资料，对刚性桩和柔性桩的桩体极限承载力可采用类似摩擦桩的极限承载力计算式估算。散体材料桩桩体的极限承载力主要取决于桩侧土体所能提供的最大侧限力。

散体材料桩在荷载作用下，桩体发生鼓胀，桩周土进入塑性状态，可通过计算桩间土侧向极限应力计算单桩极限承载力。其一般表达式可表示为

$$P_{pf} = \sigma_{ru} K_p \tag{3}$$

式中，σ_{ru} 为桩侧土体所能提供的最大侧限力(kPa)，K_p 为桩体材料的被动土压力系数。

计算桩侧土体所能提供的最大侧向力常用方法有 Brauns 计算式，圆筒形孔扩张理论计算式等[6]。

式(1)中，天然地基的极限承载力可以通过载荷试验确定，也可以采用 Skempton 极限承载力公式进行计算。

水平向增强体复合地基主要包括在地基中铺设各种加筋材料，如土工织物、土工格栅等形成的复合地基。加筋土地基是最常用的形式。加筋土地基工作性状与加筋体长度、强度，加筋层数，以及加筋体与土体间的黏聚力和摩擦系数等因素有关。水平向增强体复合地基破坏可具有多种形式，影响因素也很多。到目前为止，水平向增强体复合地基的计算理论尚不成熟，其承载力可通过载荷试验确定。

在复合地基设计时有时还需要进行稳定分析。如路堤下复合地基不仅要验算承载力，还需要验算稳定性。稳定性分析方法很多，一般可采用圆弧分析法计算。

11　复合地基沉降计算

在各类实用计算方法中，通常把复合地基沉降量分为两部分，复合地基加固区压缩量和下卧层压缩量，如图11所示。图中 h 为复合地基加固区厚度，Z 为荷载作用下地基压缩层厚度。复合地基加固区的压缩量记为 S_1，地基压缩层厚度内加固区下卧层厚度为 $(Z-h)$，其压缩量记为 S_2。于是，在荷载作用下复合地基的总沉降量 S 可表示为这两部分之和，即：

$$S = S_1 + S_2 \tag{4}$$

若复合地基设置有垫层,通常认为垫层压缩量较小,而且在施工过程中已基本完成,故可以忽略不计。

复合地基加固区土层的压缩量 S_1 的计算方法主要有下述三种:复合模量法(E_{cs} 法)、应力修正法(E_s 法)和桩身压缩量法(E_p 法)。三种方法中复合模量法应用较多。在复合模量法中[26],将加固区中增强体和基体两部分视为一复合土体,采用复合压缩模量 E_{cs} 来评价复合土体的压缩性,并采用分层总和法计算加固区土层的压缩量。

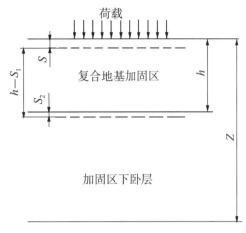

图 11 复合地基沉降

加固区下卧层土层压缩量 S_2 的计算常采用分层总和法计算。在工程应用上,作用在下卧层上的荷载常采用下述三种方法计算:压力扩散法、等效实体法和改进 Geddes 法。在采用压力扩散法计算时,要注意复合地基中压力扩散角与双层地基中压力扩散角数值是不相同的[27]。在采用等效实体法计算时,要重视对侧摩阻力 f 值的合理选用[28]。特别当桩土相对刚度比较小时, f 值变化范围很大,选用比较困难。

复合地基的沉降计算也可采用有限单元法。在几何模型处理上大致可以分为两类:①把单元分为增强体单元和土体单元两类,增强体单元如桩体单元、土工织物单元等,并根据需要在增强体单元和土体单元之间设置或不设置界面单元;②把单元分为加固区复合土体单元和非加固区土体单元两类,复合土体单元采用复合体材料参数。

12 复合地基优化设计思路

复合地基优化设计分两个层面,一是复合地基型式的合理选用,二是复合地基型式确定后,复合地基设计参数的优化。

复合地基型式的合理选用主要依据工程地质条件、荷载水平、上部结构及基础型式、加固地基机理,通过综合分析确定。

加固地基的主要目的可以分三种情况:①提高地基承载力;②减小沉降量;③两者兼而有之。对上述不同情况,优化设计的思路是不同的。

由桩体复合地基承载力公式可知,提高复合地基中桩的承载力和提高置换率均可有效提高复合地基承载力。

对在复合地基中应用的不同类型的桩,提高桩的承载力的机理是不同的。

对散体材料桩,桩的极限承载力主要取决于桩周土对它的极限侧限力。饱和黏性土地基中的散体材料桩桩体承载力基本上由地基土的不排水抗剪强度确定。对某一饱和黏性土地基,设置在地基中的散体材料桩的桩体承载力基本是定值。提高散体材料桩复合地基的承载力只有依靠增加置换率。在砂性土等可挤密性地基中设置散体材料桩,在设置桩的过程中桩间土得到振密挤密,桩间土抗剪强度得到提高,桩间土的承载力和散体材料桩的承载力均得到提高。

对黏结材料桩,桩的承载力主要取决于桩侧摩阻力和端阻力之和,以及桩体的材料强度。刚性桩的承载力主要取决于桩侧摩阻力和端阻力之和,因此增加桩长可有效提高桩的承载力。柔性桩的承载力往往制约于桩身强度,有时还与有效桩长有关,因此有时增加桩长不一定能有效提高桩的承载力。对上述黏结材料桩,如能使由摩阻力和端阻力之和确定的承载力和由桩身强度确定的承载力两者比较接近则可取得较好的经济效益。基于这一思路,近年来各种类型的低强度桩复合地基得到推广应用。

在复合地基设计时,首先要充分利用天然地基的承载力,然后通过协调提高桩体承载力和增大置换率两者既达到满足承载力的要求,又达到比较经济的目的。

当加固地基的主要目的是减小沉降量时,复合地基优化设计显得更为重要。从复合地基位移场特性可知,复合地基加固区的存在使地基中附加应力高应力区应力水平降低,范围变大,向下伸展,影响深度变深。从对复合地基加固区和下卧层压缩量的分析可知,当下卧层为软弱土层而且较厚时,下卧层土体的压缩量占复合地基总沉降量的比例较大。因此,为了有效减小深厚软黏土地基上复合地基的沉降量最有效的方法是减小软弱下卧层的压缩量。减小软弱下卧层压缩量的最有效的方法是通过加大加固区深度,减小软弱下卧土层的厚度。当存在较厚软弱下卧层时,采用增加复合地基置换率和增加桩体刚度对减小沉降量效果不好,有时甚至导致总沉降量变大。

考虑到荷载作用下复合地基中附加应力分布情况,复合地基加固区沿深度最好采用变刚度分布。这样不仅可有效减小压缩量,而且可减小工程投资,取得较好的经济效益。为了实现加固区刚度沿深度的变刚度分布,可以采用下述两个措施:①桩体采用变刚度设计,浅部采用较大刚度,深部采用较小刚度,例如采用深层搅拌法设置水泥土桩时,浅部采用较高的水泥掺合量,深部采用较低的水泥掺合量,或水泥土桩浅部采用较大的直径,深部采用较小的直径;②沿深度采用不同的置换率,例如采用由一部分长桩和一部分短桩相结合组成的长短桩复合地基。

当加固地基的目的既为了提高地基承载力又为了减小地基沉降量时,则首先要满足地基承载力的要求,然后再考虑满足减小地基沉降量的要求,其优化设计思路应综合前面讨论的两种情况。

13　复合地基按沉降控制设计思路

首先讨论什么是按沉降控制设计理论? 它的工程背景如何? 然后再讨论复合地

基按沉降控制设计。

无论按承载力控制设计还是按沉降控制设计都要满足承载力的要求和小于某一沉降量的要求。按沉降控制设计和按承载力控制设计究竟有什么不同呢？下面从工程对象和设计思路两个方面来分析。

例如：在浅基础设计中，通常先按满足承载力要求进行设计，然后再验算沉降量是否满足要求。如果地基承载力不能满足要求，或验算沉降量不能满足要求，通常要对天然地基进行处理，如：采用桩基础，或采用复合地基，或对天然地基进行土质改良。又如：在端承桩桩基础设计中，通常按满足承载力要求进行设计。对一般工程，因为端承桩桩基础沉降较小，通常认为沉降可以满足要求，很少进行沉降量验算。上述设计思路是先按满足承载力要求进行设计，再验算沉降量是否满足要求。上述设计思路实际上是目前多数设计人员的常规设计思路。为了与按沉降控制设计对应，将其称为按承载力控制设计。

下面通过一实例分析说明按沉降控制设计的思路。例如：某工程采用浅基础时地基是稳定的，但沉降量达500mm，不能满足要求。现采用250mm×250mm方桩，桩长15m。布桩200根时，沉降量为50mm，布桩150根时，沉降量为70mm，布桩100根时，沉降量为120mm，布桩50根时，沉降量为250mm，地基沉降量 s 与桩数 n 关系曲线如图12所示。若设计要求的沉降量小于150mm，则由图12可知布桩大于90根即可满足要求。从该例可看出按沉降控制设计的实质及设计思路。

图12表示采用的桩数与相应的沉降量之间的关系，实际上图示规律也反映工程费用与相应的沉降量之间的关系。减小沉降量意味着增加工程费用。于是按沉降控制设计可以合理控制工程费用。

按沉降控制设计思路特别适用于深厚软弱地基上复合地基设计。

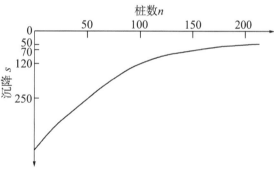

图12　桩数 n - 沉降量 s 关系曲线示意图

按沉降控制设计对设计人员提出了更高的要求，要求更好地掌握沉降计算理论，总结工程经验，提高沉降计算精度，要求进行优化设计。按沉降控制设计理念使工程设计更为合理。

14 工程实例:杭宁高速公路一通道低强度混凝土桩复合地基[14]

（1）工程概况

杭宁高速公路浙江段跨越杭嘉湖平原,大部分地区为河相、湖相沉积,软土分布范围广,软土层厚度变化大。杭嘉湖平原河流分布广泛,人口密集。在高速公路建设中既要处理好地基稳定性问题、有效控制工后沉降和沉降差,还要尽量减小在施工期对当地群众交通的影响。该路段一般线路多采用砂井堆载预压法处理。若一般涵洞和通道地基也采用砂井堆载预压法处理,不仅预压完成后再进行开挖费时间,而且堆载预压和再开挖工期长影响当地群众交通,给村民生产和生活造成困难。若一般涵洞和通道地基均采用桩基础,虽然缩短了施工周期,减小了在施工期对当地群众交通的影响,但工程费用较大,而且涵洞和通道与填土路堤联接处容易产生沉降差,形成"跳车"现象。为了较好处理上述一般涵洞和通道地基的地基处理问题,根据我们建议,杭宁高速公路K101＋960处的通道地基由原砂井堆载预压法处理改用低强度混凝土桩复合地基处理。该通道处淤泥质黏土层厚19.3m,通道箱涵尺寸为6.0m×3.5m,填土高度2.5m。根据工程地质报告,通道场地地基土物理力学性质指标见表1。下面对采用低强度混凝土桩复合地基处理通道地基设计和测试情况做简要介绍。

表1　地基土物理力学性质指标

编号	土层名称	层厚/m	含水率 w/%	重度/(kN·m⁻³)	孔隙比	压缩模量/MPa	渗透系数/(cm·s⁻¹)		压缩指数
							K_h	K_v	
I₁	（亚）黏土	3.4	32.7	18.8	0.948	4.98	0.69E－7	1.10E－7	0.161
II	淤泥质（亚）黏土	6.6	47.3	17.5	1.315	2.17	1.68E－7	1.29E－7	0.42
III₃	淤泥质亚黏土	12.7	42.4	17.8	1.192	2.77	2.29E－7	1.40E－7	0.41
IV₁	亚黏土	13.1	28.3	19.4	0.794	8.42	1.02E－7	3.32E－8	0.18
V₂	亚黏土	12.4	25.6	19.8	0.734	8.65			
V₄	含砂亚黏土	3.3							

（2）设计

设计分两部分:一部分是涵洞和通道地基下的低强度混凝土桩复合地基设计;另一部分是涵洞和通道与相邻采用其它处理方法(如砂井堆载预压法处理)路段之间为减缓由于采用不同地基处理方法而形成的沉降差异而设置的过渡段部分的低强度混凝土桩复合地基设计。复合地基设计除需要满足承载力及工后沉降的要求外,在过渡段部分工后沉降尚需满足纵坡率的要求。具体设计步骤如下：

1）全面了解和掌握设计要求、场地水文和工程地质条件、周围环境、构筑物的设计、邻近路段的地基处理设计、施工条件以及材料、设备的供应情况等。

2）确定低强度混凝土桩桩身材料强度等级和桩径，确定采用的施工设备和施工工艺。

3）根据场地土层条件，承载力和控制工后沉降要求确定桩长和桩间距，完成构筑物下复合地基设计。

4）根据构筑物与相邻路段地基的工后沉降量，道路纵坡率的要求，确定过渡段长度。

5）采用变桩长和变置换率，进行过渡段复合地基设计，实现过渡段工后沉降由小到大的改变，做到平稳过渡。

6）选用垫层材料，确定垫层厚度。设计要求通道下复合地基容许承载力需达到100kPa以上。经计算分析，低强度混凝土桩身材料采用C10混凝土，桩径取 $\varnothing$377mm，桩长取18.0m，置换率取0.028，单桩容许承载力为217.8kN，复合地基容许承载力为108.9kPa，地基总沉降量为14.5cm，其中加固区沉降量为3.0cm，下卧层沉降量为11.5cm。垫层采用土工格栅加筋垫层，厚度取50cm。

由于低强度混凝土桩复合地基沉降量较小，而相邻路段采用排水固结法处理沉降较大。为减缓交接处沉降差异，设置过渡段协调两者的沉降。过渡段仍采用低强度混凝土桩复合地基，通过改变桩长和置换率等参数来调整不同区域的工后沉降。过渡段中不同桩长条件下地基的总沉降量和工后沉降量如表2所示。

根据设计要求，该通道两侧路线方向工后总沉降差不大于60mm，且要求纵坡率不大于0.4%，由此确定过渡段长度为15.0m。通过改变桩长和置换率等参数来调整过渡段不同区域的工后沉降完成平稳过渡。具体设计参数为：低强度混凝土桩桩身材料采用C10低标号混凝土，桩径 $\varnothing$377mm，桩长15.5～18.0m（通道桩长18.0m，过渡段桩长15.5～17.5m），桩间距2.0～2.5m（通道桩间距2.0m，过渡段桩间距2.0m,2.5m），土工格栅加筋垫层为50cm厚碎石垫层，碎石粒径4.0～6.0cm。该通道及过渡段的桩长布置及工后沉降分布详见图13。

表2 不同桩长条件下地基的总沉降量和工后沉降量

桩长/m	15	16	17	18	19	20
总沉降/cm	19.5	17.7	15.9	14.1	12.3	10.5
工后沉降/cm	13.2	11.8	10.3	8.9	7.4	6.0

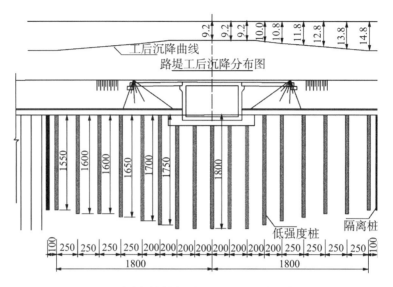

图13 过渡段的桩长、布置及工后沉降分布图

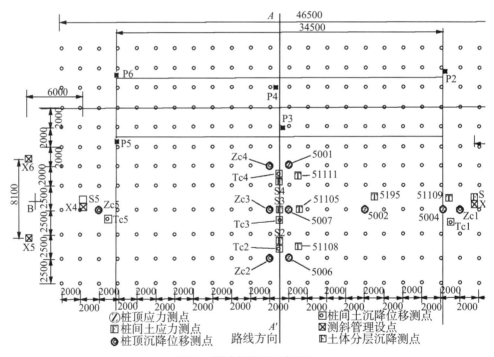

图14 测试仪器平面布置图

（3）测试

现场测试项目包括:①桩身和桩间土应力测试;②桩顶沉降、地基表面沉降与分层沉降测试;③地基土侧向变形观测;④桩身完整性和复合地基承载力检测。现场测试

测点布置如图14所示。

低强度混凝土桩施工于2000年11月20日开始,2000年12月30日结束,历时共41d。2001年2月20日完成桩身完整性检测,2001年2月27日完成单桩静力载荷试验。2001年4月17日—4月27日进行路堤填筑前的施工准备工作。4月29日完成隔水土工膜敷设,5月2日开始碎石垫层的铺设,7月8日进行土工格栅的敷设。第一层宕渣填筑从2001年7月11日开始,7月27日试验段填筑工作完毕,从5月2日碎石垫层铺设算起,路堤填筑施工工期共为87d。测试元件的埋设从2001年5月22日开始,6月2日全部埋设完毕。6月7日—7月16日观测两次以上,读取初始值。实际观测频率为路堤填筑期间每3~4d观测一次,填筑期结束后每10~20d观测一次。

图15表示桩土应力比和荷载分担比随加荷过程的变化情况。由图可见,加荷初期两者均较小,并随荷载增加有下降趋势;在加荷后期两者都快速增长,在恒载期间两者也有一定波动变化。几个测点所得的桩土应力比 n 值为9.87~15.47,荷载分担比 N 值为0.22~0.35。由此可知,绝大部分的荷载是由桩间土承担的,采用低强度桩复合地基可以充分发挥桩间土的承载能力。另外,现场测试结果还表明:桩土应力比和荷载分担比随桩长的增加而有所增大。图16为路中线处桩顶和桩间土沉降随时间的变化曲线。

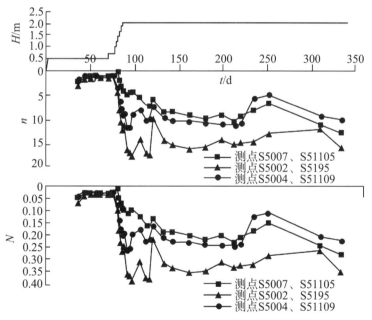

图15　桩土应力比 n 及荷载分担比 N 变化曲线图

由图16可见,离通道越近的测点,桩顶沉降量和桩间土表面沉降量越小。因为离通道越近,复合地基中的桩较长,置换率较高,所以桩顶和桩间土沉降较小。同时还发

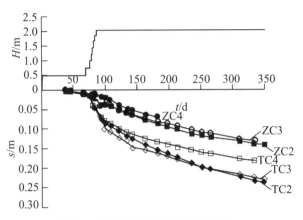

图16　桩顶沉降与桩间土表面沉降

现:桩顶的最大沉降量为6.3~14.1cm,桩间土表面的最大沉降量为10.5~23.8cm,相同监测部位的桩间土表面沉降比桩顶沉降要大,说明桩顶产生了向上刺入,桩顶某一深度范围内存在一个负摩擦区。桩间土对桩壁产生的负摩擦力将使桩体承担的荷载增加,桩间土承担的荷载相应减少,这对减少复合地基加固区土体的压缩量起到有利的作用,但同时也会增加桩底端的贯入变形量。

根据道路中线3个测点TC2、TC3和TC4的实测值,采用双曲线法推算该三点的总沉降量分别为39.5cm,31.7cm和23.9cm,该三点相应的工后沉降量分别为15.7cm,8.6cm和3.8cm。推算相关系数在0.987以上。3个测点的工后沉降推算值均小于20cm,符合高速公路的工后沉降控制标准,而且离通道越近,工后沉降值越小,这也与原设计意图一致。

根据相邻采用塑料排水板堆载预压处理路段的观测结果,桩号K102+085测点的沉降实测值为1.730m。同样采用双曲线法推算,所得该测点的最终沉降为1.897m,工后沉降为16.7cm。显然,邻近的排水固结处理路段的沉降量远大于通道过渡段的沉降量,但过渡段测点TC2推算的工后沉降量与桩号K102+085测点推算的工后沉降量比较接近,这说明在两种不同处理路段拼接处产生的工后沉降差异较小,过渡段对沉降变形起到了较好的平稳过渡作用,缓解了这两种不同处理路段的沉降差异。

(4) 结语

测试成果和运营情况说明杭宁高速公路一通道地基采用低强度混凝土桩复合地基加固是成功的,取得了较好的效果。该方法施工速度快,工期短,比原设计的塑料排水板超载预压处理方案的工期缩短1年左右,而且不需进行二次开挖,解决了施工期村民的交通问题,处理后路基工后沉降和不均匀沉降较小。与采用水泥搅拌桩加固比较,采用低强度混凝土桩加固具有桩身施工质量较易控制,处理深度较深(可达20 m以上),处理费用较低等优点。

15 结 论

（1）随着复合地基技术在我国工程建设中的推广应用，复合地基理论得到了很大的发展。相对于最初由碎石桩复合地基形成的狭义复合地基概念，已发展成包括散体材料桩、各种刚度的黏结材料桩复合地基以及各种形式的长短桩复合地基的广义复合地基概念。复合地基在我国已成为一种常用的地基基础型式。

（2）复合地基是指天然地基在地基处理过程中部分土体得到增强，或被置换，或在天然地基中设置加筋材料，加固区是由基体（天然地基土体）和增强体两部分组成的人工地基。复合地基的本质是桩和桩间土共同直接承担荷载。这也是复合地基与浅基础和桩基础之间的主要区别。

在荷载作用下，桩体和地基土体能否共同直接承担上部结构传来的荷载是有条件的，也就是说桩体能否与地基土体共同形成复合地基是有条件的。不能满足形成复合地基的条件，而以复合地基理念进行设计是不安全的。它高估了地基的承载能力，降低了安全度，可能造成工程事故，应该引起充分重视。

（3）可将各类地基处理方法粗略分为两大类：①通过土质改良达到地基处理的目的；②通过形成复合地基达到地基处理的目的。后一类占有很大的比例，而且呈发展趋势。因此复合地基在地基处理技术中有着非常重要的地位。

在荷载作用下，复合地基与双层地基的性状有较大区别，在复合地基计算中直接应用双层地基的计算方法是偏不安全的。

复合桩基与复合地基的本质都是考虑桩间土和桩体共同直接承担荷载。复合桩基的本质，复合桩基的形成条件，复合桩基的承载力和变形特性等均与复合地基有类似之处，也可将复合桩基视为复合地基的一种型式，是刚性基础下不带垫层的刚性桩复合地基。

（4）目前在我国工程建设中应用的复合地基型式很多，可以从增强体设置方向、增强体所用材料、基础刚度以及是否设置垫层、设置增强体的长度等4个方面来分类。在复合地基设计时一定要因地制宜，根据具体工程的具体情况进行设计。

（5）基础刚度和垫层对复合地基的性状有重要的影响。在荷载作用下，柔性基础下复合地基的桩土荷载分担比要比刚性基础下的小。当荷载不断增大时，柔性基础下桩体复合地基中土体先产生破坏，而刚性基础下桩体复合地基中桩体先产生破坏。基础刚度不同，桩体复合地基的破坏模式不同。在相同的条件下，柔性基础下复合地基的沉降比刚性基础下复合地基沉降要大，承载力要小。

为了提高柔性基础下复合地基的桩土荷载分担比，提高承载力，减小复合地基沉降，可在复合地基和柔性基础之间设置刚度较大的垫层，如采用灰土垫层、土工格栅碎石垫层等。不设刚度较大的垫层的柔性基础下桩体复合地基应慎用。

在刚性基础下复合地基中设置柔性垫层,一方面可增加桩间土承担荷载的比例,较充分利用桩间土的承载潜能;另一方面也可改善桩体上端的受力状态,这对低强度桩复合地基是很有意义的。

(6)对复合地基位移场的分析表明,由于复合地基加固区的存在使地基中附加应力影响范围向下移。以均质地基为例,依靠提高复合地基置换率,或提高桩体模量,增大复合地基加固区的复合土体模量,对进一步减小复合地基沉降效果不好。进一步减小复合地基的沉降量的关键是减小加固区下卧层土体的压缩量。而减小加固区下卧层土体压缩量最有效的办法是增加加固区的厚度,减小加固区下卧层中软弱土层的厚度。这一结论为复合地基优化设计指明了方向。

(7)桩体复合地基承载力的计算思路是先分别确定桩体和桩间土的承载力,然后根据一定的原则叠加这两部分承载力得到复合地基的承载力。

在各类实用的沉降计算方法中,通常把复合地基沉降量分为两部分:加固区压缩量和下卧层压缩量。加固区土层压缩量的计算方法主要有:复合模量法(E_c法)、应力修正法(E_s法)和桩身压缩量法(E_p法)。上述三种方法中复合模量法应用较多。

加固区下卧层土层压缩量的计算常采用分层总和法计算。在工程应用上,作用在下卧层上的荷载常采用下述几种方法计算:压力扩散法、等效实体法和改进Geddes法。

在进行复合地基承载力和沉降计算时,应根据具体工程情况,特别是采用的复合地基型式,合理选用相应的计算方法。

(8)复合地基优化设计分两个层面,一是复合地基型式的合理选用,二是复合地基型式确定后,复合地基设计参数的优化。在选用复合地基型式时一定要因地制宜,结合具体工程实际情况进行合理选用。在复合地基设计时可以采用按沉降控制设计的思路。按沉降控制设计理念使工程设计更为合理。

16 进一步开展研究的建议

复合地基在土木工程中得到广泛应用,已与浅基础和桩基础成为地基基础工程中三种常用的形式。与浅基础和桩基础相比较,复合地基更需加强研究以满足工程应用的要求,笔者认为下述几个方面的问题应予以重视。

要继续重视复合地基荷载传递机理的研究,如成层地基中复合地基的荷载传递机理,各种类型长短桩复合地基荷载传递机理,垫层和基础刚度对复合地基荷载传递的影响,以及地基土体固结[29]和蠕变对复合地基的荷载传递的影响等。

在荷载传递机理的研究的基础上,重视复合地基形成条件的研究,确保在荷载作用下,桩体和桩间土能够同时直接承担荷载。要加强成层地基中复合地基形成条件的研究,地基土体固结和蠕变以及地下水位下降等因素对复合地基形成条件的影响等。

在基础工程设计中,沉降计算是工程师们最为棘手的问题,对复合地基沉降计算

　　设计只有感到更为困难。要加强各类复合地基沉降计算理论的研究,特别要重视加固区下卧层土体压缩量的计算精度。要重视工程经验的积累,提高设计水平以满足要求。

　　进一步开展复合地基优化设计和按沉降控制设计的研究。

　　与竖向增强体复合地基相比较,水平向增强体复合地基的工程实践积累和理论研究相对较少。随着土工合成材料的发展,水平向增强体复合地基工程应用肯定会得到越来越大的发展,要积极开展水平向增强体复合地基的承载力和沉降计算理论的研究。

　　还要重视开展复合地基在动力荷载和周期荷载作用下的性状研究。

致　谢

　　本讲座反映了我的学生们与我多年来的研究工作,也吸收了国内外在该领域的研究成果,在此笔者表示衷心感谢! 同时感谢国家自然科学基金和浙江省自然科学基金的资助。

参考文献

[1] 龚晓南. 复合地基理论及工程应用[M]. 北京:中国建筑工业出版社,2002.

[2] 龚晓南. 复合地基引论(一)[J]. 地基处理,1991,2(3):36 – 42.

[3] 龚晓南. 复合地基引论(二)[J]. 地基处理,1991,2(4):1 – 11.

[4] 龚晓南. 复合地基引论(三)[J]. 地基处理,1992,3(1):32 – 40.

[5] 龚晓南. 复合地基引论(四)[J]. 地基处理,1992,3(2):24 – 38.

[6] 龚晓南. 复合地基[M]. 杭州:浙江大学出版社,1992.

[7] 龚晓南. 复合地基理论与实践[M]. 杭州:浙江大学出版社,1996.

[8] GONG Xiao-nan. Development of composite foundation in China [M] // Soil Mechanics and Geotechnical Engineering. A A Balkema, 1999, 1: 201.

[9] GONG Xiao-nan. Development and application to high-rise building of composite foundation[C]//中韩地盘工学讲演会论文集. 2001.

[10] GONG Xiao-nan, ZENG Kai-hua. On composite foundation[C]//Proc. of International conference on Innovation and Sustainable Development of Civil Engineering in the 21st Century, Beijing, 2002.

[11] 尚亨林. 二灰混凝土桩复合地基性状试验研究[D]. 杭州:浙江大学,1995.

[12] 葛忻声. 高层建筑刚性桩复合地基性状[D]. 杭州:浙江大学,2003.

[13] 陈志军. 路堤荷载下沉管灌注筒桩复合地基性状分析[D]. 杭州:浙江大学,2005.

[14] 龚晓南. 复合地基设计和施工指南[M]. 北京:人民交通出版社,2003.

[15] 王启铜. 柔性桩的沉降(位移)特性及荷载传递规律[D]. 杭州:浙江大学,1991.

[16] 段继伟. 柔性桩复合地基的数值分析[D]. 杭州:浙江大学,1993.

[17] 龚晓南. 形成竖向增强体复合地基的条件[J]. 地基处理,1995,6(3):48.

［18］龚晓南.地基处理技术与复合地基理论［J］.浙江建筑,1996(1):35.

［19］龚晓南,陈明中.关于复合地基沉降计算的一点看法［J］.地基处理,1998,9(2):10.

［20］管自立.软土地基上"疏桩基础"应用实例［C］//城市改造中的岩土工程问题学术讨论会论文集.杭州:浙江大学出版社,1990.

［21］龚晓南.复合桩基与复合地基理论［J］.地基处理,1999,10(1):1.

［22］吴慧明.不同刚度基础下复合地基性状［D］.杭州:浙江大学,2001.

［23］毛前,龚晓南.桩体复合地基柔性垫层的效用研究［J］岩土力学,1998,19(2):67.

［24］邓超.长短桩复合地基承载力与沉降计算［D］.杭州:浙江大学,2002.

［25］曾小强.水泥土力学特性和复合地基变形计算研究［D］.杭州:浙江大学,1993.

［26］张土乔.水泥土的应力应变关系及搅拌桩破坏特性研究［D］.杭州:浙江大学,1993.

［27］杨慧.双层地基和复合地基压力扩散角比较分析［D］.杭州:浙江大学,2000.

［28］张京京.复合地基沉降计算等效实体法分析［D］.杭州:浙江大学,2002.

［29］邢皓枫.复合地基固结分析［D］.杭州:浙江大学,2006.

基坑工程发展中应重视的几个问题*

龚晓南

浙江大学岩土工程研究所,浙江杭州,310027

【摘　要】　分析了基坑工程发展中存在的主要问题,为了促进基坑工程技术水平的进一步提高,分析了基坑工程发展中笔者认为应重视的几个问题:基坑工程设计管理、按稳定控制设计和按变形控制设计、围护型式的合理选用、优化设计、基坑工程施工管理、基坑工程规范、基坑工程围护设计软件的合理评价等。

【关键词】　基坑围护设计;按稳定控制设计;按变形控制设计;优化设计;设计软件;基坑工程规范

1　引　言

改革开放以来,随着城市化和地下空间开发利用的发展,我国基坑工程发展很快。二十多年来我国基坑工程设计和施工水平有了很大的提高,在发展过程中也有许多问题值得我们思考。一方面,基坑工程领域的工程事故率还是比较高的。不少地区在发展初期大约有三分之一的基坑工程发生不同程度的事故,即使在比较成熟阶段一个地区也常有基坑工程事故发生。另一方面,由于围护设计不合理,造成工程费用偏大也是常有的。笔者曾报道一基坑工程设计投标实例,三个围护方案的工程费用分别为1200万、800万和350万元左右。专家评审一致认为第三个方案不仅成本低而且安全可靠。实施后观测的最大水平位移仅有3cm左右。岩土工程设计具有概念设计的特性,基坑围护设计的概念设计特性更为明显。太沙基说的"岩土工程与其说是一门科学,不如说是一门艺术(Geotechnology is an art rather than a science)"的论述对基坑工程特别适用。岩土工程分析在很大程度上取决于工程师的判断,具有很强的艺术性。根据笔者的切身体会,就基坑工程发展中应重视的几个问题谈几点思考,以抛砖

---

* 本文刊于岩土工程学报,2006,28(S1):1321-1324.

引玉。不妥之处,望能得到指正。

2 基坑工程特点

在讨论基坑工程发展中应重视的几个问题以前先谈谈基坑工程的特点。笔者曾在《深基坑工程设计施工手册》[1]一书中指出基坑工程具有以下8方面的特点:①基坑围护体系是临时结构,安全储备较小,具有较大的风险性;②基坑工程具有很强的区域性;③基坑工程具有很强的个性,不仅与工程地质条件和水文地质条件有关,还与周围环境条件有关;④基坑工程综合性强,既需要岩土工程知识,也需要结构工程知识,基坑工程涉及土力学中稳定、变形和渗流三个基本课题,需要综合处理;⑤土压力的复杂性;⑥基坑工程具有较强的时空效应;⑦基坑工程是系统工程,应进行动态管理,实行信息化施工;⑧基坑工程的环境效应。人们不难发现在基坑工程发展中出现的一些问题通常都与对上述基坑工程特点缺乏深刻认识,未能采取有效措施有关。

3 基坑工程设计管理

对基坑工程事故的分析表明:源自设计的原因占大部分,剩下的源自施工组织管理方面的原因占多数,也有极少数源自基坑工程复杂性造成的偶然性原因。基坑围护体系是临时结构,对围护设计的重要性重视不够;由于对基坑工程区域性强、个性强、综合性强及土压力的复杂性等特点缺乏足够认识,对围护设计的技术要求重视不够。不少从事基坑围护设计技术人员缺乏必要的基础知识或专业训练。有的缺乏结构工程的基础知识,有的缺乏岩土工程基础知识。甚至有人认为买个设计软件就可以进行基坑围护设计了。加强基坑工程设计管理既有利于提高从事基坑围护设计人员的技术水平,也有利于提高对基坑工程重要性的认识。不少地区的经验均表明:加强基坑工程设计管理是减少基坑工程事故非常有效的措施。

基坑工程设计管理主要有两项:建立和完善审查制度和招投标制度。审查制度包括设计资格审查和设计图审查。设计图审查专家组应由从事设计、施工和教学科研,以及管理工作的专家组成。实行基坑工程设计招投标制度可引进竞争,促进技术进步,优化设计方案,从而使社会和经济效益最大化。

4 按稳定控制设计与按变形控制设计

基坑工程对环境影响反映在下述两方面:挖土卸载和地下水位降低造成周围地基土体的变形。基坑周围地基土体的变形可能对周围的市政道路、地下管线或建(构)筑物产生不良作用,严重的则会影响其正常使用。评价基坑工程对环境的影响程度,还与基坑周围环境条件有关。有的基坑周围空旷,市政道路、地下管线、周围建(构)筑物在基坑工程影响范围以外,可以允许基坑周围地基土体产生较大的变形;而有的基坑由于紧邻市政道路、管线、周围建(构)筑物,而不允许基坑周围地基土体产生较大的变形。前者可以按稳定控制设计,后者则必须按变形控制设计。按变形控制设计中变形控制量应根据基坑周围环境条件因地制宜确定,不是要求基坑围护变形愈小愈好,也不宜简单地规定一个变形允许值,应以基坑变形对周围市政道路、地下管线、建(构)筑物不会产生不良影响,不会影响其正常使用为标准。

笔者在这里强调两点,一是基坑工程中按稳定控制设计和按变形控制设计的概念比基础工程设计中按承载力控制设计和按沉降控制设计的概念有新的内容。后者在按承载力控制设计和按沉降控制设计中,荷载和设计计算方法是不变的;而前者在按稳定控制设计和按变形控制设计中,由于土压力与位移有关,作为荷载的土压力大小变化很大。二是应加强基坑围护变形计算理论和计算方法的研究,加强基坑围护按变形控制设计的研究。

一个优秀的基坑围护设计一定要根据周边环境因地制宜而决定采用按稳定控制设计还是按变形控制设计。根据基坑周边环境条件进行基坑工程设计对设计人员提出了更高的要求。

5 围护型式的合理选用和优化设计

基坑工程区域性和个性很强,综合性强,具有较强的时空效应,应根据工程地质和水文地质条件,基坑开挖深度和周边环境条件,选用合理的围护型式。

基坑围护型式很多,每一种基坑围护型式都有其优点和缺点,都有一定的适用范围。一定要因地制宜,具体工程具体分析,选用合理的围护型式。

如何合理选用,笔者认为应抓住该基坑围护中的主要矛盾。认真分析基坑围护的主要矛盾是稳定问题,还是控制变形问题。基坑工程产生稳定和变形问题的主要原因是土压力问题,还是处理地下水的问题。

一般来说,饱和软黏土地基中的基坑需采用排桩加内支撑的围护型式以解决土压力引起的稳定和变形问题。若基坑较浅(一般小于5m),且周边可允许基坑有较大的变形,亦可采用土钉或复合土钉型式支护,或水泥土重力式挡墙支护。采用土钉或复合土钉支护,基坑深度一定要小于其临界支护高度。土钉支护临界支护高度主要取决于地基土体的抗剪强度。

而对粉砂和粉土地基的基坑围护主要是地下水处理的问题。地下水处理有两种思路:止水和降水。止水帷幕施工成本较高,有时施工还比较困难,特别当坑内外水位差较大时,止水帷幕的止水效果往往难以保证。有条件降水时应首先考虑采用降水的方法。在降水设计时要合理评估地下水位下降对周围环境的影响。为了减小基坑降水对周围的影响,如需要也可通过回灌提高地下水位。在粉砂、粉土地基地区,有条件采用土钉支护时应首先考虑采用土钉支护。如基坑较深,可采用浅层土钉支护,深部采用排桩墙加锚或加撑支护。如需要采用止水帷幕和排桩加内支撑或锚杆围护也要采取措施尽量降低基坑内外水位差,并且当止水帷幕漏水时,应有应付漏水的对策。

不少基坑工程事故源自地下水的问题未处理好。笔者认为在处理水的问题时,能降水就尽量不用止水,一定要用止水时也要尽量降低基坑内外的水头差。止水帷幕设计容易,而保质保量施工好则比较困难。

基坑围护方案合理选用是第一层面的优化设计,第二层面的优化设计是指选定基坑围护方案后,对具体设计方案的优化。因此除应重视基坑围护方案的合理选用外,还应重视具体设计方案的优化。在具体设计方案的优化设计方面还有较大的发展空间。

6   基坑工程施工

前面已经谈到,除设计方面的原因外,不少基坑工程事故的原因源自施工方面。基坑挖土施工不当引发的基坑工程事故比例很高。要解决施工不当引发的基坑工程事故问题,提高施工单位素质,加强施工管理是关键。基坑工程是系统工程,基坑围护设计应考虑挖土程序对基坑稳定和变形的影响。基坑围护设计应对基坑挖土施工提出合理要求。基坑挖土施工单位要根据设计要求制定挖土施工组织实施方案,要严格按照设计要求进行挖土施工,并根据基坑监测调整施工进度和采取必要的措施。

影响基坑工程性状的因素很多,不确定因素也多,基坑工程施工一定要实行信息化施工。要重视基坑监测工作,要认真进行基坑工程监测设计,因地制宜确定预警值。在施工过程中,要认真做好监测工作。设计、施工、监测三方要密切配合,进行动态管理,实现信息化施工,可有效减少基坑工程事故的发生。

7   基坑工程规范

张在明院士[2]在《对我国现行岩土工程规范的几点看法》一文中谈到:"一本岩土工程规范,大体由三方面的元素构成,即基本原理(fundamental principles)、应用规则(application rules)和工程数据(engineering parameters)。"先进国家或者经济联合体的规范,基本上都是强调对基本原理的把握,应用规则是对基本原则的实施性说明,很少向规范使用者提供具体的工程参数的取值。他认为,第一,现行规范过于具体细致的规定不能反映岩土工程的客观规则。第二,规范作为技术法规,应该是工程活动的原则指导,而不是供工程师查表使用的工具书。过于具体细致的规定,不仅不一定符合工程实际,也不利于工程师的进取和技术进步。笔者认为张院士分析得非常深入,事实上在规范中过于具体细致的规定,不仅难以合理,而且也不利于技术人员进一步探讨问题,不利于发挥科技人员的聪明才智,不利于技术进步。

笔者十几年前应邀在北京参加冶金部基坑工程规范审定会时,有两点印象至今还是很深刻。第一点印象深的是一位专家介绍国外有关基坑工程规范的情况。国外基坑工程规范规定都很简单,很原则,只规定基坑工程围护设计应该满足哪些要求,应该进行哪些计算。至于如何进行计算,如何满足要求,很少有具体的规定。第二点印象深的是有好几位著名资深专家在会上谈到基坑工程影响因素多,很复杂,制定一本全国性规范是很困难的。那次审定会过去几年后,许多国标、部标、省标、市标的基坑工程规范、规程相继发布和实施。纵观这些基坑工程规范或规程,都没能避免制定过于具体细致的规定。这些过于具体、过于细致的规定很难反映基坑工程的客观规则,作为技术法规也很难严格执行。

在前面文中笔者强调对基坑围护设计的审查工作,在这里还要强调的是在基坑围护设计的审查工作中要避免"本本主义",对于基坑工程规范、规程中过于具体、细致的规定不应过分认真,设计是否符合基本原理、是否偏不安全则是需要认真把关的,同时在基坑围护设计的审查工作中亦要重视地区性经验。

8 基坑围护设计软件

如何评价设计软件在基坑围护设计中的作用是很困难的,但这个问题又很重要。是否可以这样评价目前的状况:基坑工程围护设计离开设计软件不行,但只依靠设计软件进行设计也不行。前半句笔者的意思是计算机在土木工程中的应用发展到今天,应该采用电算取代繁琐的手工计算。这里的设计软件还包括自编的设计软件,以及已积累丰富的分析经验的设计软件。在这里笔者要强调的是后半句,只依靠设计软件进行设计也不行。

目前基坑围护设计商业软件很多,设计时常常发现当采用不同的软件进行计算时,计算结果往往不同。这本身说明不能只依靠设计软件进行设计。基坑工程区域性、个性很强,基坑工程时空效应强,编制基坑围护设计软件都要做些简化和假设,不可能反映各种情况。影响基坑工程的稳定性和变形的因素很多,很复杂,设计软件也难以全面反映。而目前大部分设计软件是按稳定控制设计编制的,当需要采用按变形控制设计时,采用按稳定控制设计编制的设计软件进行设计可能出现许多不确定因素。

在岩土工程中要重视工程经验,要重视各种分析方法的适用条件。如在稳定分析中,要强调所采用的稳定分析方法、分析中所采用的土工参数、土工参数的测定方法、分析中采用的安全系数是相互配套的。若采用的稳定分析方法不同,则采用的安全系数值也应不同;在应用同一稳定分析方法时,采用不同的方法测定土工参数,采用的安全系数亦应不同。岩土工程的许多分析方法都是来自工程经验的积累和案例分析,而不是来自精确的理论推导。因此,具体问题具体分析在基坑工程中更为重要。

综上所述,只依靠设计软件进行设计是不妥的。因此,在应用计算机软件进行设计计算分析时,应结合工程师的综合判断。只有这样才能搞好一个基坑围护设计。

9 结 语

基坑工程事故率比较高和由于围护设计不合理造成工程费用偏大是目前基坑工程发展中存在的主要问题[3-4]。为了促进基坑工程技术水平的进一步提高,笔者建议应重视下述几方面的工作:

(1) 加强基坑工程设计管理,建立设计图的审查制度和招投标制度。这样利于促进技术进步,优化设计方案,从而达到减少基坑工程事故和获得较好的社会和经济效益的目的。

(2) 一个优秀的基坑围护设计一定要根据周边环境因地制宜决定采用按稳定控制设计或按变形控制设计,因此要加强基坑围护变形计算理论和方法以及基坑围护按变形控制设计理论的研究。

(3) 在设计中应抓住围护中的主要矛盾,合理选用围护型式。不少基坑工程事故源自地下水未处理好。在处理地下水的问题时,能降水就尽量不用止水,实在需要止水时也要尽可能降低基坑内外的水头差。

(4) 基坑围护方案合理选用是第一层面的优化设计,第二层面的优化设计是指基坑围护方案确定后,对具体设计方案的优化。目前在具体设计方案的优化设计方面还有较大的发展空间。

(5) 影响基坑工程性状的因素很多,而某些因素尚具有很强的不确定性,因此要重视基坑监测工作,因地制宜确定预警值。在施工过程中,一定要实行动态管理,实现信息化施工。

(6) 基坑工程规范或规程中过于具体细致的规定很难反映基坑工程的客观规则。基坑围护设计一定要十分重视地区性经验。

(7) 合理评价基坑工程围护设计软件的作用,在应用设计软件进行设计计算分析时,应结合工程师的综合判断。只有这样才能搞好一个基坑围护设计。

(8) 基坑工程发展中出现的一些问题都与对基坑工程特点缺乏深刻认识,未能采取有效措施有关。因此深刻认识基坑工程特点对于提高基坑工程设计和施工水平具有非常重要的意义。

参考文献

［1］龚晓南.深基坑工程设计施工手册[M].北京:中国建筑工业出版社,1998.

［2］张在明.对我国岩土工程规范现状的几点看法:土建结构工程的安全性与耐久性[M].北京:中国建筑出版社,2003.

［3］龚晓南.土钉和复合土钉支护若干问题[J].土木工程学报,2003,36(10):80－83.

［4］龚晓南.关于基坑工程的几点思考[J].土木工程学报,2005,38(9):99－102.

水泥搅拌桩的荷载传递规律*

段继伟[a]　龚晓南[b]　曾国熙[c]

[a]浙江工业大学土木系,杭州,310014
[b]浙江大学岩土工程研究所,杭州,310027

【摘　要】　本文通过现场足尺试验,研究了水泥搅拌桩的荷载传递规律。结果表明,传到桩端的荷载占桩顶荷载的比例甚小。桩体的变形、轴力和侧摩阻力主要集中在$0 \sim l_c$(临界桩长)深度内。当外荷增大时,会使$0 \sim l_c$深度内桩体的变形增大,但当深度大于l_c时,桩体变形、桩身轴力和侧摩阻力随外荷的增大变化均较小。水泥搅拌桩的破坏发生在浅层,破坏形式为环向拉裂或桩体压碎。在弹性范围内。桩身应力有限元计算值与实测值较一致。

【关键词】　水泥搅拌桩;荷载传递特性;有限元

1　试验方法

陆饴杰和周国钧[1]用在水泥土样侧壁贴应变片的方法,得到了砂箱中水泥土样的桩身应力沿深度的传递曲线。其结果表明,桩身应力沿深度的分布较均匀。这与本文现场足尺试验的结果(图3,4)有较大差别。产生差别的原因可能是水泥土样较短。林彤[2]用钢筋应力计测定现场水泥旋喷桩的桩身应力。由于钢筋应力计的弹性模量远比水泥土大,测量时会使应力向钢筋集中,使结果偏离实际。如果用弹性模量较小的塑料管代替钢筋。在塑料管侧壁贴上应变片,做成类似钢筋应力计的"传感器"来测定水泥搅拌桩桩身应力,那么可以预计,比用钢筋应力计得到的结果要好得多。笔者是根据这一思路开展试验研究的。试验步骤如下:

a)选择一种塑料管,在长度为1.0～1.5m的塑料管管壁中央贴上应变片,做成"传感器"。

---

* 本文刊于岩土工程学报,1994,16(4):1-8.

本试验选择的塑料管为聚丙烯PP管,其弹性模量为2.18×10^3MPa,泊松比为0.34。由于塑料管导热性差及线膨胀系数大,所以其受温度的影响比金属大。这可采用全桥测量电路,用温度补偿的办法解决。在室温时,塑料管有蠕变,这会使应变读数在测试时漂移。为避免零漂,可在塑料管的条件稳定时间后读数。所谓条件稳定时间是指塑料管的弹性模量大于该时间之后就不随时间变化了。它可由塑料管的弹性模量试验求得。塑料管式"传感器"构造示意图见图1。

b)在现场。把这些管子接起来,从桩心下管至桩端止。

试验以宁波善高化学有限公司水泥搅拌桩试桩工程为背景进行。试验场地土层的物理力学指标见表1。测试的桩有3根,桩的情况见表2。

表1　土的物理力学性质指标

层　号		I_2	I_3	II_1
土层名称		黏土	淤泥质粉质黏土	淤泥
层底埋深/m		1.63	3.79	16.05
天然含水量 ω/%		33.02	41.70	54.15
天然重度 γ/(kN·m^{-3})		19.06	18.09	16.93
孔隙比 e		0.91	1.14	1.52
液限 w_L/%		46.96	35.31	43.20
塑性指数 I_p/%		23.22	13.28	20.69
液性指数 I_L		0.45	1.31	1.54
压缩模量 $E_{s100-200}$/MPa		4.44	2.50	1.47
固结直剪	内摩擦角 ϕ/°	10.73	13.33	9.42
	黏聚力 c/kPa	18.91	4.92	6.11
十字板强度 C_u/kPa		36.42	22.72	17.07
静力触探	锥尖阻力 Q_c/kPa	566.3	270.4	315.1
	侧壁摩阻力 f_a/kPa	33.9	7.6	4.0
标准贯入击数 N/击		3	1	0

表2　试验桩情况

桩号	桩长/m	桩径/mm	水泥掺合量 a_ω/%	测点数
1#(单桩)	15.0	500	15	10
2#(单桩)	12.5	500	15	8
3#(单桩带台)	12.5	500	15	9

下管在成桩一个月后进行。下管前用钻机从桩心钻孔至桩端,成孔后用塑料焊机把管子焊接起来下管,下管完毕灌水泥浆。

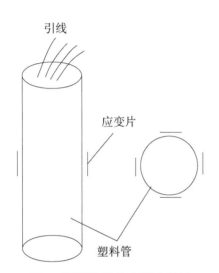

图1　塑料管式"传感器"示意图

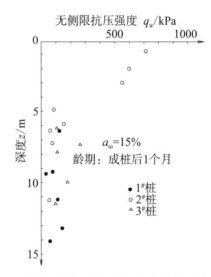

图2　搅拌桩桩体无侧限抗压强度沿深度的分布

从桩心取出来的水泥土,进行室内无侧限抗压强度试验。试验结果如图2所示。由图中可以看出, q_u 值偏小,这主要是龄期短造成的。上层水泥土(在0~3m深度内)的 q_u 值明显比下层土(深度大于3m)的大,这说明土质不同,土与水泥的反应程度也不同。因此,不同土质的层状分布,会导致水泥土强度的层状分布,这使水泥搅拌桩桩身弹性模量也呈层状分布。

c)现场测试。

2 试验成果分析

2.1 水泥搅拌桩的荷载传递规律

（1）单桩的荷载传递特性

图3,4分别表示1#,2#单桩和3#单桩带台桩体实测应变沿深度的变化曲线。图5,6分别给出了相应的 $P-S$ 曲线。如图5(a)所示,当 $P<96kN$ 时, $P-S$ 曲线有近似的线性关系。所以96kN可以近似看成是1#桩的荷载比例极限 P_0。同理由图5(b)和图6可确定2#单桩和3#单桩带台的 P_0 值分别为120kN和180kN。

如图3所示,当外荷 $P<P_0$ 时,桩体的最大应变发生在桩顶。桩身变形主要发生在0~7m深度范围内,在这一深度范围内的应变随外荷的增大而增大。当深度大于7m时,桩身应变随外荷的增大变化较小。此外,1#单桩和2#单桩尽管桩长不一样,但传递曲线的形状相似。

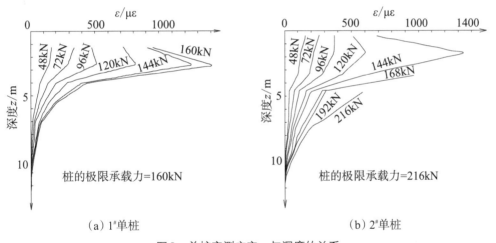

|（a）1#单桩 | （b）2#单桩 |

图3　单桩实测应变 ε 与深度的关系

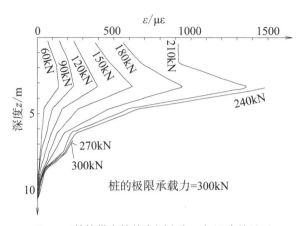

图4　3#单桩带台桩体实测应变 ε 与深度的关系

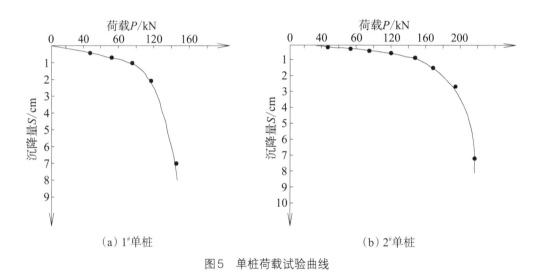

（a）1#单桩　　　　　　　　　　　（b）2#单桩

图5　单桩荷载试验曲线

　　图7和图8分别为2#单桩和3#单桩带台桩身应力沿深度的变化曲线。图中 P 须小于 P_0 才能保证桩身应力近似由桩体弹性模量与桩体应变相乘得到。桩体弹性模量近似确定如下：

　　a）对2#单桩，用最靠近桩顶第1测点的应变近似代替桩顶应变。由桩顶外荷，可得 $E'_p = 1.3\text{GPa}$ 。 E'_p 的实际含义是塑料管与水泥浆形成的桩心模量，它沿桩身近似认为均匀分布，其数值要比桩心周围水泥土的模量大；但桩心与周围水泥土形成的复合模量，即桩体模量，要比 E'_p 值小。由于实测应变近似为塑料管与水泥浆形成的桩心应变，所以应该用 E'_p 与实测应变相乘来表示桩心应力，这近似为2#单桩桩身应力（图7）。

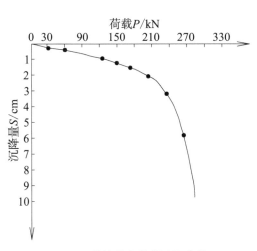

图6 3#单桩带台荷载试验曲线

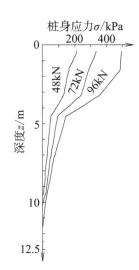

图7 2#单桩桩身应力沿深度的变化曲线

b）对3#单桩带台,由于3#桩与2#桩的桩长和水泥掺合量一样,所以可用2#桩的 E'_p 值近似代替3#桩的 E'_p 值,得图8。

如图7所示,单桩桩身应力呈桩顶最大,沿深度逐渐变小的分布。桩底端荷载占总荷载的比例小于3%。随着外荷的增大,在0～7m深度范围内的桩身应力增大,而在深度大于7m时的桩身应力,随外荷的增大变化较小,这表明桩身应力的传递是有限的。

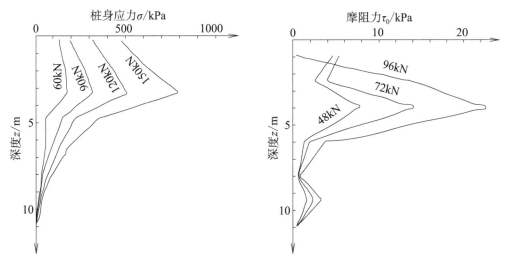

图8 3#单桩带台桩体应力沿深度的变化曲线   图9 2#单桩侧摩阻力沿深度的变化曲线

根据桩身应力沿深度的变化曲线,可近似算得桩侧摩阻力沿深度的传递曲线(图9

和图 10)。如图 9 所示,单桩的摩阻力沿深度的变化曲线较复杂,大致规律如下:摩阻力的发挥主要在 0～7m 深度内,在这深度之外,摩阻力发挥较小。

根据对柔性单桩带台的有限元数值分析和理论分析[3],柔性单桩存在着临界桩长 l_c。当深度等于 l_c 时,桩身轴力占总荷载的比例约为 10%。由此根据桩身轴力占总荷载的比例约为 10%,可近似确定单桩的临界桩长 l_c。根据图 3 可确定 1# 单桩的临界桩长约为 7.18m,约为 14d($d = 0.5$m);2# 单桩的临界桩长约为 8.54m,约为 17d。

综上所述,单桩桩身变形、轴力和侧摩阻力主要集中在 0～l_c 深度内,当深度大于 l_c 时,桩体的变形、轴力和侧摩阻力变化较小。外荷的变化主要使桩体的变形、轴力和侧摩阻力在 0～l_c 深度内变化,而深度大于 l_c 的那部分桩体的变形、轴力和侧摩阻力随外荷的变化较小。

（2）单桩带台的荷载传递特性

图 4 为 3# 单桩带台实测应变沿深度的变化曲线。由图中可以看到,当 $P < P_0$ 时,单桩带台的实测应变传递曲线与单桩的有所不同。其最大应变不发生在桩顶,而是发生在 3.2m 深度处。其原因是绝对刚性承台带动桩、土同时下沉,使靠近桩顶附近侧摩阻力来不及发挥。

根据对柔性单桩带台的有限元分析[3],柔性单桩带台也存在着临界桩长 l_c。当桩身轴力占桩顶荷载的比例约为 10% 时,此时桩身长度近似为临界桩长。由图 4 可确定单桩带台的临界桩长近似为 8.81m,约为 17.7d。于是,由图 4、图 8 和图 10 可以看到,单桩带台的变形、轴力和侧摩阻力,也集中在 0～l_c 深度内。在这一深度范围内,它们随外荷变化;在深度大于 l_c 时,它们随外荷变化较小。此外,由图 8 可以看到,最大桩身应力也不发生在桩顶,而是在 3.2m 深度处;桩端荷载占桩顶荷载的比例小于 6%。由图 10 可以看到,在靠近桩顶附近有负摩阻产生,最大摩阻力在深度约为 4m 处取得,这一现象正如前述,是承台、桩和土共同作用的结果。

2.2　水泥搅拌桩的破坏特点

通过对单桩的分析可知,当 $P > P_0$ 时,荷载传递规律是桩顶应力(轴力)最大,然后沿深度逐渐变小。当 $P > P_0$ 时,由图 3 可以看到,测点 2 的应变随 P 的增大迅速增大,破坏会在这里发生。根据土层地质情况(表 1)和图 2,水泥土强度的分布是上层土大,下层土小,因此在两层土的交界处,强度低的水泥土有可能首先破坏。由表 1 知,这个交界处深度在 1.6～3.8m 之间,这也许是图中看到的在 2.6m(1# 桩)和 1.6m(2# 桩)深度处应变最大的原因。

对单桩带台,当 $P < P_0$ 时前面已讨论过;当 $P > P_0$ 时,3 测点应变随外荷的增大迅速增大,这点可能首先破坏。

由图 2,图 3 可以看到,当荷载接近极限荷载时,在破坏区下面,还未破坏的地方,

$\varepsilon - z$ 曲线非常靠近。例如,在图3(a)中, $P = 144\text{kN}$ 和 $P = 160\text{kN}$ 的 $\varepsilon - z$ 曲线靠近。在图3(b)中, $P = 192\text{kN}$ 和 $P = 216\text{kN}$ 的 $\varepsilon - z$ 曲线在 $z > 7.3\text{m}$ 时较靠近。在图4中, $P = 240\text{kN}$, $P = 270\text{kN}$ 和 $P = 300\text{kN}$ 的 $\varepsilon - z$ 曲线在 $z > 4.6\text{m}$ 时较为靠近。这表明,当桩体在某处破坏时,其它地方的强度还未充分发挥。

综上所述,桩的低模量使桩存在着所谓临界桩长,当施加在桩顶上的荷载增加时,并不能使桩的轴力和变形向更深的深度传递,而是使在 $0\sim l_c$ 深度内的桩身变形增大,以抵抗外荷的增加,因此可以预计桩的破坏将在 $0\sim l_c$ 深度内发生。由于桩的最大轴力主要发生在桩顶(单桩),或者在距桩顶下面较浅的地方(单桩带台),因此桩的破坏主要发生在浅层,即所谓浅层破坏。

由于水泥搅拌桩属低强度桩,桩体的抗拉强度小,桩体的轴向压缩会使其环向产生拉伸,因此其破坏形式是使桩沿径向开裂。图11给出了 $1^\#$ 单桩桩头的破坏形式。照片是挖去桩头10cm后拍成的。裂纹深度约68cm,宽0.5~2cm,径向裂纹深10~19cm。 $2^\#$ 单桩桩头的破坏形式与 $1^\#$ 桩相似。 $3^\#$ 单桩带台的桩头处出现如照片所示的裂纹。试桩完毕,笔者挖桩观察发现,桩顶出现较细的裂纹,在1.5m深度处发现有桩体压碎现象,这说明破坏发生在桩顶下。

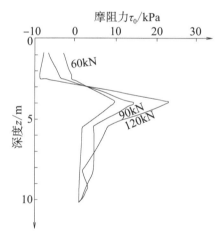

图10 $3^\#$ 单桩带台侧摩阻力沿深度的变化曲线   图11 $1^\#$ 单桩桩头破坏形式

2.3 桩身应力实测值与有限元计算值的比较

由前面分析可知,当 $P < P_0$ 时, $P-S$ 曲线近似为线性关系,可用弹性理论分析。本文取第一级荷载 $P = 48\text{kN}$ 计算。用有限元法,桩取14个单元,桩端下上体竖向取8个单元,水平向取7个单元,共154个单元。

因为桩身强度沿深度呈层状分布,所以可用变弹性模量来描述桩体。桩身可分成两种模量 E_1 和 E_2 。 $E_1 \approx E_P' = 1.3\text{GPa}$, E_2 为可调参数, h 定为3.7m。

图12为2#单桩桩身应力有限元计算值与实测值的比较,此时$E_2 = 350$MPa。由图中可见,计算值与实测值吻合较好。

图13为3#单桩带台桩身应力有限元计算值与实测值的比较。对单桩带台,E_1和E_2值虽不能直接求得,但由于2#桩和3#桩桩长和水泥掺合量一样,所以3#桩的E_1和E_2值可用2#桩的来近似代替。由图13可以看到,计算值与实测值基本吻合,但在0～4m深度内,两者相差较大,这可能是由于计算采用线弹性模型,实际土体为非线性,以及实测时土层和桩身模量分布复杂及实测误差等因素引起的。

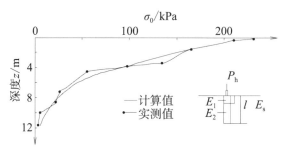

图12 2#单桩桩身应力有限元计算值与实测值的比较

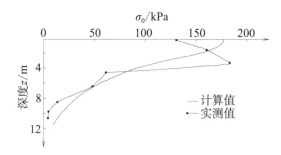

图13 3#单桩带台桩身应力有限元计算值与实测值的比较

3 结 论

(1)当荷载小于荷载比例极限时,单桩的最大轴力发生在桩顶;单桩带台的最大轴力发生在桩顶下3.2m处,侧摩阻力最大值也发生在该深度附近,在靠近桩顶附近摩阻力发挥较小。

(2)传到桩端的荷载占桩顶荷载的比例较小。

(3)桩体的变形、轴力和侧摩阻力主要集中在0～l_c深度内的这部分桩体上,对大于l_c的那部分桩体,桩体的变形、轴力和侧摩阻力发挥较小。

(4)外荷增大,会使0～l_c深度内桩体的变形增大,但在深度大于l_c时,桩体变形甚小。桩身轴力和侧摩阻力的情况也如此。

（5）对水泥掺合量为15%的水泥搅拌桩，单桩的临界桩长实测值为17d（2#单桩）；单桩带台的临界桩长实测值为17.7d。

（6）水泥搅拌桩的破坏发生在浅层，破坏形式为环向拉裂和桩体压碎。

（7）在弹性范围内，桩身应力有限元计算值与实测值较一致。

参考文献

［1］陆贻杰，周国钧.搅拌桩复台地基模型试验及三维有限元分析.岩土工程学报，1989，11（5）：86.

［2］林彤.粉体喷射搅拌法加固软土地基的应力及应变研究［硕士论文］.同济大学，1990.

［3］段继伟.柔性桩复台地基的数值分析［博士论文］.浙江大学，1993.

刚性基础与柔性基础下复合地基
模型试验对比研究*

吴慧明　龚晓南

浙江大学

【摘　要】　通过设计和完成刚性基础与柔性基础下水泥搅拌桩复合地基模型对比试验,得出两者在桩体荷载集中系数、桩土荷载比、桩土应力比等方面的显著差异,并对两者的破坏机理等进行了研究。

【关键词】　复合地基;柔性基础;刚性基础;模型试验;破坏性状

1　前　言

钢筋混凝土承台基础(刚性基础)下水泥搅拌桩复合地基,其单桩承载力、沉降变形、桩土应力比等性状已进行过大量试验研究,有许多成果;柔性基础(如公路路基)下复合地基的性状,试验难度大,研究成果甚少,目前一般将刚性基础下的研究成果应用到柔性基础的设计中,已暴露出许多问题。如现有沉降变形理论应用到公路路基下时,计算值与观测值的差异常有数倍之多。笔者通过模型试验对两者差异进行了研究,得出许多有价值的结论。

2　试验概况

试桩施工:在挖除硬壳层的土层中,用$\varnothing$120钢管静压入土2m,取土成孔;$\varnothing$10钢筋下焊$\varnothing$120厚10mm铁板,外套$\varnothing$20PVC管置入孔中;烘干的黏土中掺入18%水泥,等分倒入孔中,分层夯实。桩长范围内及以下为淤质黏土,$E_{s1-2}=3.56$MPa。

主要测试设备:1)特制$\varnothing$120、中孔$\varnothing$20、高100mm、量程50kN荷重传感器一只,

* 本文刊于土木工程学报,2001,34(5):81–84.

精度0.001kN,外接JC-H2荷重显示仪。荷重传感器直接置于桩头测读桩所受的荷载,安装方便、精度高,远优于土压力计。2)量程500kN荷重传感器及HC-J1荷重显示仪两套,用于柔性基础试验。3)量程50mm百分表4只,15kg、30kg、60kg钢锭若干。

主要测试内容:1)原状土承载力试验,采用275mm×275mm刚性载荷板。2)单桩竖向抗压承载力试验。3)刚性基础下复合地基承载力试验,置换率$m=15\%$,桩径∅120,刚性载荷板采用275mm×275mm铁板,见图1。柔性基础下复合地基承载力试验,特制底宽275mm、高1500mm、顶宽900mm正台形木斗,试验安装方法见图2。木斗中放砂,两者总重(磅秤先称量)减去木斗周侧摩阻力(由木斗下的荷重传感器测读),即为柔性基础所受荷载。以上试验均进行了两组。

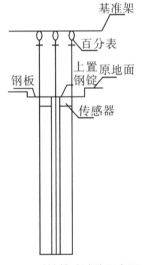

图1 刚性基础试验示意图

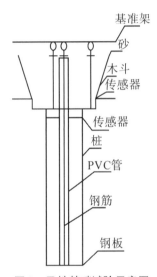

图2 柔性基础试验示意图

3 试验结果

各试验的两组结果均较为接近,为描述清楚,以结果平均值制成表1～4,根据表1～4绘成图3～6。由于模型试验荷载小,试验时用kg计量,以下分析中荷载仍采用kg为单位。

表1 原状土静载荷试验结果

荷载/kg	80	160	240	280	300	320
沉降变形/mm	1.82	5.68	10.35	17.74	24.61	>40.00

表2 单桩静载荷试验结果

荷载/kg	50	100	125	150	175	200
沉降变形/mm	0.17	0.37	0.59	0.85	1.27	> 40.0

表3 刚性基础下复合地基静载荷试验结果

总荷载/kg	160	320	480	640	660
桩承受的荷载/kg	107.8	231.7	351.8	395.2	341.9
土承受的荷载/kg	52.2	88.3	128.2	244.8	318.1
桩顶及基底土沉降/mm	0.72	1.25	1.95	5.89	> 10.00
桩底沉降/mm	0.02	0.04	0.15	0.28	> 5.00

表4 柔性基础下复合地基静载荷试验结果

总荷载/kg	160	230	300	365	425	480
桩承受的荷载/kg	36.0	47.1	57.4	62.1	68.7	77.9
土承受的荷载/kg	124.0	182.9	242.6	302.9	356.3	402.1
桩顶沉降/mm	0.48	0.79	1.26	1.66	2.34	3.56
基底土沉降/mm	1.38	2.00	2.94	3.92	5.82	> 10.00
桩底沉降/mm	0.30	0.47	0.61	0.74	1.06	1.72

3.1 桩体荷载集中系数 μ_p

复合地基中的桩体荷载集中系数(μ_p)是指桩体所分担的荷载与作用在复合地基上的总荷载之比。图3、4显示, μ_p 随着荷载增加,刚性基础下由0.674逐渐上升到0.733后逐渐下降至复合地基破坏时的0.518,柔性基础下由0.225持续下降到0.162回升。可见, μ_p 在刚性基础与柔性基础下,两者发展趋势完全不同,量值大小也差异较大。根据以上分析,桩对复合地基承载力的贡献,刚性基础下的大于柔性基础下的。

μ_p 可表示为:

$$\mu_p = P_p/P_t = nm/\left[1 + m(n-1)\right]$$

式中 P_p——桩承受的荷载;

P_t——复合地基总荷载;

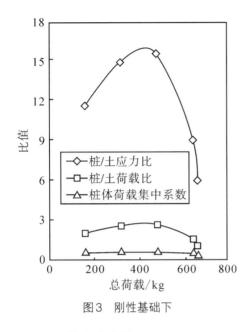

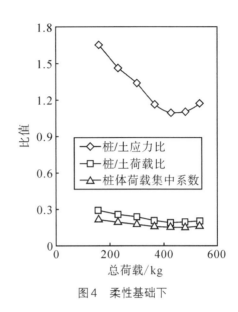

图3　刚性基础下　　　　　图4　柔性基础下

n——桩土应力比；

m——置换率。

根据上述公式,可对桩土荷载比及桩土应力比进行进一步讨论。

3.2　桩土荷载比 μ_{ps}

桩土荷载比(μ_{ps})是指复合地基在荷载作用下,桩承受的荷载与土承受的荷载之比。图3、4所示, μ_{ps} 随荷载增加,刚性基础下由2.065上升至2.750后下降至复合地基破坏时的1.075,柔性基础下由0.290下降至0.193后回升。同样可以看出,刚性基础与柔性基础下,桩土荷载比的发展趋势及大小差异较大。桩对复合地基承载力的贡献,刚性基础下时大于土的贡献,柔性基础下时小于土的贡献。

3.3　桩土应力比 n

桩土应力比 n 是指复合地基中桩顶上的平均应力和桩间土的平均应力之比。如图3、4所示,随着荷载的增加,刚性基础下 n 由11.708上升至15.592后又降至复合地基破坏时的6.095,柔性基础下 n 由1.644下降至1.094后回升。事实上 n 是 μ_{p} 、 μ_{ps} 的放大表示,它更清楚地反映出桩应力的集中程度,刚性基础远高于柔性基础。

3.4　复合地基破坏形式

从表3可以看出,刚性基础下,随着总荷载增加,桩首先进入极限状态,从而导致土荷载急剧增加随即也进入极限破坏状态,进而导致复合地基的破坏;图4显示柔性基础下,土首先进入极限状态,导致桩体荷载集中系数增加,外荷载的增加值从此主要由桩承受。

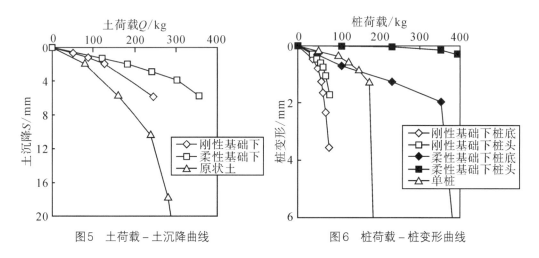

图5　土荷载－土沉降曲线　　　　　图6　桩荷载－桩变形曲线

3.5　桩间土性状分析

如图5,刚性、柔性基础下基底土的极限承载力比原状土的极限承载力均提高较多,主要原因是桩体对土体的挤密、侧限等作用。该试验还显示,柔性基础下的较刚性基础下的提高得多。

3.6　单桩荷载－变形性状分析

如图6,刚性基础下由于土侧限提高,桩的荷载－变形关系优于单桩;柔性基础下尽管桩承载力贡献较小,且桩也未进入破坏状态,但由于桩侧土的沉降大于桩的沉降,相当于土对桩产生负摩阻力,所以其荷载－变形关系比单桩差。

4　结　语

刚性基础与柔性基础下复合地基模型对比实验成果总结为:

(1)桩荷载集中系数、桩土荷载比、桩土应力比等无论发展规律还是量值,两者之间存在较大差异。

(2)复合地基破坏机理不同,刚性基础下桩土变形一致,在相同变形时,桩首先承受较大荷载,并首先进入极限状态,故随总荷载增加桩土应力比呈现山峰状发展趋势;柔性基础下桩土变形可相对自由发展,土首先承担较大荷载,并随荷载增加土率先进入极限状态,故桩土应力比呈现先递减后上升的趋势。

（3）无论刚性基础下的土还是柔性基础下的土，承载力均高于原状土。

（4）由于桩侧土的作用，刚性基础下的桩荷载－变形关系优于单桩的荷载－变形关系，而柔性基础下的较单桩的差。

尽管这是小模型试验中得出的结论，但与已有的工程实例对比有很大的相似，所以试验结果对不同刚度基础下复合地基的设计应有所借鉴。

参考文献

［1］龚晓南. 复合地基. 杭州:浙江大学出版社,1992.

［2］马时冬等. 泉厦高速公路桥头软基综合处理研究,见:高速公路软弱地基处理理论与实践. 上海:上海大学出版社,1998.

［3］秦建庆. 水泥土桩复合地基桩土分担荷载的实验研究. 工程勘察,2000(1):35－37.

［4］中华人民共和国原城乡建设环境保护部. GBJ7—89 建筑地基基础设计规范.

［5］中国建筑科学研究院. JGJ79—91 建筑地基处理技术规范.

［6］中国建筑科学研究院. JGJ94—94 建筑桩基技术规范.

［7］吴慧明. 不同刚度基础下复合地基性状研究:［学位论文］. 杭州:浙江大学,2001.

土钉和复合土钉支护若干问题*

龚晓南

浙江大学

【摘　要】　调查表明学术界和工程界对土钉和复合土钉支护定义、支护机理认识差别很大。本文就土钉支护定义、计算模型、地下水处理、土钉支护适用范围、环境效应、设计中应注意的几个问题，以及复合土钉支护等问题介绍了笔者的看法，希望通过讨论，逐步统一认识，提高土钉和复合土钉支护的工程应用水平。

【关键词】　土钉支护；复合土钉支护；土钉墙；锚杆

1　引　言

近年来，土钉和复合土钉支护在我国基坑围护中应用日益增多，土钉和复合土钉支护理论研究发展也很快[1-2]。中国建筑学会基坑工程专业委员会于2001年11月21日在南京召开了复合土钉支护学术讨论会，会议期间笔者采用问卷形式向会议代表请教土钉、锚杆和复合土钉的名词解释，收回19份意见，均为教授、教授级高工、总工程师、博士的意见。所述意见差别较大。事实上会议论文报告和讨论会上的发言均反映了这一状态。笔者近年在土钉和复合土钉支护领域也有一些探讨，结合在会议期间的学习心得，就土钉支护的定义、计算模型、地下水处理、适用范围、环境效应，设计中应注意的几个问题，以及复合土钉支护等问题谈谈看法。

2　土钉支护

19份意见中，对锚杆的定义基本类似，认为锚杆通常由锚固段、非锚固段和锚头三部分组成，锚固段处于稳定土层，一般对锚杆施加预应力。通过提供较大的锚固力，维

＊　本文刊于土木工程学报，2003，36(10)：80 - 83.

持边坡稳定。与锚杆比较,对土钉的定义19份意见中类似极少。主要意见如下:长的叫锚杆,短的叫土钉;布置疏的叫锚杆,布置密的叫土钉;有的认为土钉是没有非锚固段的锚杆;锚杆是受力杆件,土钉是加固土体;有的认为进入稳定土层称锚杆,不进入稳定土层称土钉;锚杆锚头锚在挡墙上,土钉支护没有挡墙;加预应力的称锚杆,不加预应力的称土钉;也有人认为注浆叫锚杆,不注浆才叫土钉。人们对土钉看法分歧很大,笔者认为有必要通过讨论逐步统一认识。上述一些看法并不能说明土钉与锚杆的差别,笔者认为将土钉和锚杆截然分开是困难的,也没必要。笔者认为可将土钉视为一种特殊形式的锚杆,通常采用钻孔、插筋、注浆法在土层中设置,或直接将杆件插入土层中。土钉一般布置较密,类似加筋,通过提高复合土体抗剪强度,以维持和提高土坡的稳定性。典型的锚杆和土钉支护示意图如图1(a)和(b)所示。

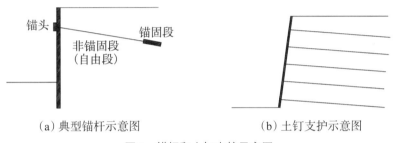

（a）典型锚杆示意图　　　　　　　（b）土钉支护示意图

图1　锚杆和土钉支护示意图

3　土钉支护计算模型

土钉支护计算模型大致可以分为两类:土钉墙计算模型和边坡锚固稳定计算模型。下面结合土钉支护机理分析,谈谈两类计算模型的本质以及两者的差别。

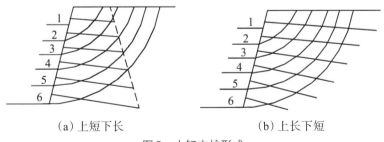

（a）上短下长　　　　　　　　　　（b）上长下短

图2　土钉支护形式

为了说明土钉支护机理,现举一基坑开挖工程为例并做下述假设:基坑分六层开挖,每挖一层土基坑边坡接近极限平衡状态,设潜在剪切滑移面为圆形,且通过坡趾,如图2所示。为了维持土坡稳定,每挖一层土,在边坡土层中设置一层土钉,土钉长度能保证开挖下一层土时土坡稳定。土钉设置如图2(a)中所示。同时在土坡表面挂钢筋网,喷混凝土面层。

在图2(a)中,可将土钉设置区视为一加筋土重力式挡墙。由面层和加筋土体形成的重力式挡墙的稳定维持了边坡稳定。这样就形成了土钉墙计算模型。土钉墙模型要求,土钉设置应满足加筋土重力式挡墙墙体部分自身不会产生破坏,这就是内部稳定性分析要求。土钉设置还应满足在挡墙外侧土压力作用下重力式挡墙的整体稳定,这就是外部稳定性分析要求。该计算模型中重力式挡墙的界定有一定虚拟成分,图中用虚线划分,实际工程应用中很难严格界定。

另一类计算模型——边坡锚固稳定计算模型中,则将土钉视作通过加强滑移土体和稳定土体间的联系,以维持土坡稳定。土钉设置从满足土坡稳定分析要求出发。土钉设置满足土坡稳定分析要求是土钉支护设计的要求。从这一思路出发,也有人将土钉支护称为喷锚网支护。

在图2(a)中,土钉设置若能满足土钉墙计算模型的分析要求,则也能满足边坡锚固稳定计算模型的分析要求。反过来,土钉设置能满足边坡锚固稳定计算模型的分析要求,一般情况下也能满足土钉墙计算模型的分析要求,但在某些情况下可能不能满足要求。如基坑坑底处在非常软弱的土层上,其承载力不能满足要求,但通过加长加密土钉在理论上土坡稳定分析是可以满足的。另外,边坡锚固稳定计算模型不要求验算土钉加固体与未加固区界面上的抗滑移是否满足要求。对这种情况,采用土钉墙模型分析可得到不安全的结论,而采用土坡锚固稳定模型分析结论是安全的。在这种情况下,采用土坡锚固稳定计算模型分析可能得到不安全的结论。关于这一点将在土钉支护适用范围部分进一步讨论。按照土坡锚固稳定计算模型,土钉设置可以上短下长,也可以上长下短,如图2(b)所示。采用土坡锚固稳定分析模型的,有时常将土钉支护称为喷锚支护。

单纯从维持土坡稳定考虑,比较图2(a)和(b)可知,上短下长设置土钉用量比上长下短设置所用土钉总量少。若从土坡变形角度考虑,则上长下短设置比上短下长设置土坡坡顶水平位移小。

4 地下水处理

土钉支护不能止水,因此要求不能有渗流通过边坡土体。下述情况可采用土钉支护:

地下水位低于基坑底部;

通过降水措施(如井点降水、管井降水等)将地下水位降至基坑底部以下;

地下水位虽然较高,但土体渗透系数很小,开挖过程中土坡表面基本没有渗水现象,也可采用土钉支护,但要控制开挖深度和开挖历时;

在地下水位较高时,设置止水帷幕,也可采用土钉支护。当土层渗透系数较大,地下水较丰富时,通过止水帷幕设置土钉常常遇到困难,应予以重视。

不能有效解决地下水渗流问题,往往造成土钉支护失效,应引起充分重视。

5 土钉支护适用范围

在上一节分析了地下水处理的各种情况,实际上从地下水处理角度已讨论了土钉支护的适用范围,这里不再重复。

下面讨论土钉支护的适用土层。多数规程和参考书均注明土钉支护不适用于软黏土地基中基坑支护[1,3-5]。而在福州、温州等地软黏土地基中成功应用工程实例已经不少[6-7]。笔者认为土钉支护是否适用不在于土体类别,而在于对各类土的支护极限高度的限制。图3为一土钉支护示意图。通过加密加长土钉设置,可以防止基坑边坡产生滑弧破坏。但是当B区土体不能承受A区土体的重量而产生破坏时,再加密加长土钉也是无济于事的。因此,土钉支护的极限高度是由基坑底部土层的承载力决定的。按照这一思路可以得到各类土层土钉支护的极限高度。这样亦回答了软黏土地基中能否采用土钉支护的争论。

土钉支护极限高度可以采用土钉墙计算模型分析得到。但土坡锚固稳定计算模型难以得到土钉支护的极限高度。

在分析土钉支护适用范围时还不能忽略土钉支护的位移对周围环境的影响。至今尚没有较好的理论能较好地预估土钉支护的位移,特别是在软土地基中的土钉支护。因此在周围环境对位移要求较严时,应重视对土钉支护位移的分析和评价。

6 土钉支护设计中应注意的几个问题

土钉支护设计中应注意下述几个问题:

土钉支护设计中要重视地下水的处理,前面已做较多分析,这里不再重复。

土钉设置是上长下短,还是上短下长,应视土层情况和对位移要求而定。上短下长,土钉总用量较小,而上长下短利于减小土钉支护坡顶水平位移。

土钉设置宜细而密。在土钉用量相同情况下,一层较长,一层较短,错落设置,有利于土坡稳定。

土钉设置的倾斜度应逐层增加向下倾角较好,如图4所示。其理由是土钉与潜在滑弧面相交角度较大较有利于土钉强度的发挥,有益于提高土坡的稳定性。

在土钉支护设计中要重视土钉支护的极限支护深度。超过极限支护深度在软土地基中往往引起基坑隆起,导致深层整体失稳破坏。在软土地基中土钉支护破坏大多数属于这种情况,只考虑土钉锚固力进行设计是不合理的。

采用土坡锚固稳定计算模型进行土钉支护设计,应验算基坑底部土层的承载力是否满足要求。

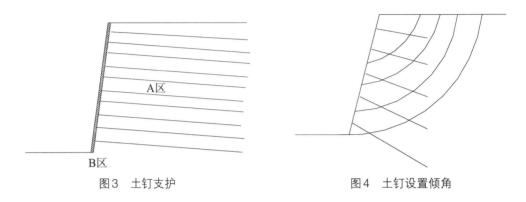

图3　土钉支护　　　　　　　　　　　　图4　土钉设置倾角

7　复合土钉支护

为了提高土钉支护的极限深度,或为了解决止水问题,或为了提高土钉墙的整体稳定性,常采用复合土钉支护。什么是复合土钉支护,19份意见的看法也是很分散的。笔者认为复合土钉支护是一个比较笼统的概念,其定义也应比较笼统,如:复合土钉支护是以土钉支护为主,辅以其他补强措施以保持和提高土坡稳定性的复合支护形式。常用复合土钉支护形式如图5中所示。

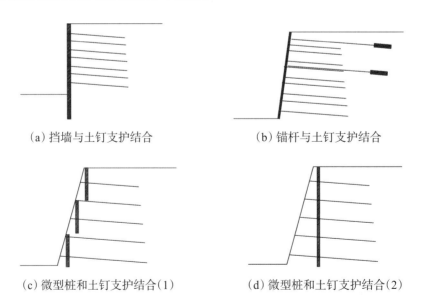

（a）挡墙与土钉支护结合　　　　　　　（b）锚杆与土钉支护结合

（c）微型桩和土钉支护结合(1)　　　　　（d）微型桩和土钉支护结合(2)

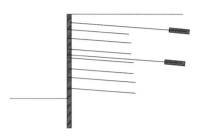

（e）挡墙、锚杆和土钉支护结合

图5 常用复合土钉支护形式

图5(a)表示一水泥土挡墙与土钉支护相结合。水泥土挡墙可采用深层搅拌法施工，也可采用高压喷射注浆法施工。图5(a)中水泥土挡墙也可换成木桩组成的排桩墙，或槽钢组成的排桩墙，或微型桩组成的排桩墙。水泥土桩具有较好的止水性能，而上述排桩墙一般不能止水。为了增加水泥土墙的抗弯强度，还可在水泥土中插筋。图5(b)表示土钉墙和预应力锚杆相结合。图5(c)和图5(d)表示微型桩与土钉支护相结合，前者分层设置微型桩，后者一次性设置微型桩；图5(e)表示水泥土挡墙、预应力锚杆与土钉支护相结合。复合土钉支护形式很多，很难一一加以归纳总结。

复合土钉支护形式很多，笔者认为要制订复合土钉支护规程有较大的难度。顺便指出：基坑工程区域性、个性很强，很难用规程规范去统一。基坑工程围护设计是一门艺术，规程规定、软件计算只能给设计者一些思路和指导性意见，具体设计一定要根据具体工程的工程地质和水文地质条件、周围环境条件，结合工程经验，采用概念设计方法，给出合理设计。

8 结论和建议

（1）笔者认为无需将土钉与锚杆截然分开，可视土钉为一种特殊形式的锚杆。土钉通常采用钻孔、插筋、注浆在土层中设置，或直接将杆件插入土层中。土钉一般设置较密，类似于加筋，通过提高复合土体抗剪强度，以维持和提高土坡的稳定性。

（2）复合土钉支护是以土钉支护为主，辅以其它补强措施以维持和提高土坡稳定性的复合支护形式。

（3）采用土钉墙计算模型和边坡锚固稳定计算模型分析土钉支护，在一般情况下分析结果是一致的。若存在软弱土层，土钉支护存在极限深度时，采用土钉墙计算模型可得到极限深度，而采用边坡锚固稳定计算模型难以得到极限深度，在应用时应予注意。采用边坡锚固稳定计算模型进行土钉支护设计，应验算基坑底部土层的承载力是否满足要求，以及土钉加固土层和非加固土层界面上的抗滑移是否满足要求。

（4）土钉支护设计中一定要重视地下水处理。土钉支护失败的工程实例很多是未能有效处理地下水造成。

（5）土钉支护适用范围应从规定各种土层极限支护深度考虑,而不宜规定土类。在满足小于极限支护深度条件下,软黏土地基可采用土钉支护。

（6）土钉支护设计应采用概念设计方法。根据具体工程的工程地质和水文地质条件、周边环境情况、工程经验,因地制宜,进行合理设计。文中提出一些设计中应注意的问题,供读者参考。

（7）复合土钉支护型式很多,可根据具体工程的情况选用和发展,它既发挥了土钉支护的长处,又可回避土钉支护的一些短处。复合土钉支护是值得发展的一类支护形式。

建议加强土钉支护和复合土钉支护机理研究,加强土钉支护和复合土钉支护位移计算和预估的研究。

参考文献

[1] 陈肇元,崔京浩. 土钉支护在基坑工程中的应用(第二版)[M]. 北京:中国建筑工业出版社,2000.

[2] 李象范,徐水根. 复合型土钉挡墙的研究[J]. 上海地质,1999,(3):1－11.

[3] CECS96:97,基坑土钉支护技术规程[S].

[4] JGJ120—99,建筑基坑支护技术规程[S].

[5] YB9258—97,建筑基坑工程技术规范[S].

[6] 吴铭炳. 软土基坑土钉支护的理论与实践[J]. 工程勘察,2000,(3):40－43.

[7] 张旭辉,龚晓南. 锚管桩复合土钉支护的应用研究[J]. 建筑施工,2001,23(6):436－437.

地基处理技术及其发展*

龚晓南

浙江大学

【摘　要】　本文首先扼要介绍在我国应用的各种地基处理方法分类、基本原理和适用范围,然后结合具体工程介绍几种地基处理方法的应用情况,最后扼要介绍地基处理技术的最新发展情况。

【关键词】　地基处理;地基处理方法;分类

1　引　言

自改革开放以来,我国土木工程发展很快,工程建设规模日益扩大,在工程建设中遇到愈来愈多的软弱地基或不良地基问题。软弱地基需要经过地基处理形成人工地基才能满足建(构)筑物对地基的要求。地基处理是否恰当,不仅影响建筑物的安全和使用,而且对建设速度、工程造价有不小的影响,不少时候甚至成为工程建设中的关键问题。

现在土木工程对地基提出了愈来愈高的要求,地基处理已经成为土木工程中最活跃的领域之一。总结国内外地基处理方面的经验教训,推广和发展各种地基处理技术,提高地基处理水平,对加快基本建设速度、节约基本建设投资具有特别重大的意义。

本文首先扼要介绍近年来我国引进、发展的地基处理方法的分类、基本原理和适应范围,然后结合具体工程介绍应用情况,最后介绍地基处理技术发展情况。

2　地基处理方法分类、简要原理和适用范围

工业的发展、技术的进步促进了各种地基处理技术的发展。近年来为满足工程建

---

*　本文刊于土木工程学报,1997,30(6):3 – 11。

设的需要,我国引进、发展了许多地基处理新技术。桩基础是应用的最多的人工地基之一。但桩基础有较系统的理论,地基处理技术介绍一般不包括各类桩基础技术。考虑到低强度桩复合地基和钢筋混凝土桩复合地基技术发展较快,其计算理论也可归属复合地基理论,故本文在地基处理方法分类时也将其纳入。按照加固原理进行分类可分为八大类:置换、排水固结、灌入固化物、振密或挤密、加筋、冷热处理、托换和纠倾。每一类又含有多种处理方法。各种处理方法的简要原理和适用范围如表1所示。

事实上,对地基处理方法进行严格的分类是很困难的。不少地基处理方法具有多种效用,例如土桩和灰土桩法既有挤密作用又有置换作用;又如砂石桩法既有置换作用,在荷载作用下也有排水固结作用。另外,还有一些地基处理方法的加固机理和计算方法目前还不是十分明确,尚需进一步探讨。地基处理方法不断发展,功能不断地扩大,也使分类变得更加困难。因此表1中分类仅供读者参考。

表1　地基处理方法分类及其适用范围

类　别	方　法	简要原理	适用范围
置换	换土垫层法	将软弱土或不良土开挖至一定深度,回填抗剪强度较大、压缩性较小的土,如砂、砾、石渣等,并分层夯实,形成双层地基。砂石垫层能有效扩散基底压力,提高地基承载力、减少沉降	各种软弱土地基
	挤淤置换法	通过抛石和夯实回填碎石置换淤泥达到加固地基目的	厚度较小的淤泥地基
	褥垫法	当建(构)筑物的地基一部分压缩性很小,而另一部分压缩性较大时,为了避免不均匀沉降,在压缩性很小的区域,通过换填法铺设一定厚度可压缩性的土料形成褥垫,以减少沉降差	建(构)筑物部分坐落在基岩上,部分坐落在土上,以及类似的情况
	振冲置换法	利用振冲器在高压水流作用下边振边冲在地基中成孔,在孔内填入碎石、卵石等粗粒料且振密成碎石桩。碎石桩与桩间土形成复合地基,以提高承载力,减小沉降	不排水抗剪强度不小于20kPa的黏性土,粉土、饱和黄土和人工填土等地基
	强夯置换法	采用边填碎石边强夯的强夯置换法在地基中形成碎石墩体,由碎石墩、墩间土以及碎石垫层形成复合地基,以提高承载力,减小沉降	人工填土、砂土、黏性土和黄土、淤泥和淤泥质土地基

类　别	方　法	简要原理	适用范围
置换	砂石桩(置换)法	在软土地基中采用沉管法或其他方法设置密实的砂砖或砂石桩,以置换同体积的黏性土形成复合地基,以提高地基承载力。同时砂石桩还可以同砂井一样起排水作用,以加速地基土固结	软黏土地基
	石灰桩法	通过机械或人工成孔,在软弱地基中填入生石灰块或生石灰块加入其他掺合料,通过石灰的吸水膨胀、放热以及离子交换作用改善桩周土的物理力学性质,并形成石灰桩复合地基,可提高地基承载力,减少沉降	杂填土、软黏土地基
	EPS超轻质量料填土法	发泡聚苯乙烯(EPS)重度只有土的1/50~1/100,并具有较好的强度和压缩性能,用作填料,可有效减少作用在地基上的荷载,需要时也可以置换部分地基土,以达到更好效果	软弱地基上的填方工程
排水固结	堆载预压法	天然地基在预压荷载作用下压密、固结,地基产生变形,地基土强度提高,卸去预压荷载后再建造建(构)筑物,工后沉降小,地基承载力也得到提高,堆载预压有时也利用建筑物自重进行。当天然地基土体渗透性较小时,为了缩短土体排水固结的排水距离,加速土体固结,在地基中设置竖向排水通道,如砂井、袋装砂井或塑料排水等	软黏土、粉土、杂填土、冲填土、泥浆土地基等
	超载预压法	预压荷载大于工作荷载,其他同堆载预压法。超载预压不仅可减少工后固结沉降,还可消除部分次固结沉降	同上
	真空预压法	在饱和软黏土地基中设置竖向排水通道和砂垫层,在其上覆盖不透气密封膜,通过埋设于砂垫层的抽气管进行长时间不断抽气和水,在砂垫层和砂井中造成负气压,而使软黏土层排水固结。负气压形成的当量预压荷载可达85kPa	饱和软黏土地基
	真空预压与堆载联合法	当真空预压达不到要求的预压荷载时,可与堆载预压联合使用,其堆载预压荷载和真空预压当量荷载可迭代计算	同上

续　表

类　别	方　法	简要原理	适用范围
排水固结	降低地下水位法	通过降低地下水位,改变地基土受力状态,其效果同堆载预压,使地基土固结。在基坑开挖支护设计中可减小围护结构上作用力	砂性土或透水性较好的软黏土层
	电渗法	在地基中设置阴极、阳极,通以直流电,形成电场。土中水流向阴极。采用抽水设备将水抽走,达到地基土体排水固结效果	软黏土地基
灌入固化物	深层搅拌法	利用深层搅拌机将水泥或石灰和地基土原位搅拌形成圆柱状,格栅状或连续水泥土增强体,形成复合地基以提高地基承载力,减小沉降,也用它形成防渗帷幕。深层搅拌法又可以分为喷浆深层搅拌法和喷粉深层搅拌法两种	淤泥、淤泥质和含水量较高地基承载力标准值小于 120kPa 的黏性土、粉土等软土地基。当用于处理泥炭土或地下水具有侵蚀性时宜通过试验确定其适用性
	高压喷射注浆法	利用钻机将带有喷嘴的注浆管钻进预定位置,然后用20MPa左右的浆液或水的高压流旋转冲切土体,形成水泥土增强体。加压喷射浆液的同时通过旋转、提升可形成定喷,摆喷和旋喷。高压喷射注浆法可形成复合地基以提高承载力,减少沉降。也常用它形成防渗帷幕	淤泥、淤泥质土、黏性土、粉土、黄土、砂土、人工填土和碎石土等地基。当土中含有较多的大块石,或有机质含量较高时应通过试验确定其适用性
	渗入性灌入法	在灌浆压力作用下,将浆液灌入土中填充天然孔隙,改善土体的物理力学性质	中砂、粗砂、砾石地基
	劈裂灌浆法	在灌浆压力作用下,浆液克服地基土中初始应力和抗拉强度,使地基中原有的孔隙或裂隙扩张,改善土体的物理力学性质。与渗入性灌浆相比,其所需灌浆压力较高	岩基,或砂、砂砾石黏性土地基
	挤密灌浆法	通过钻孔向土层中压入灌浆液,随着土体压密将在压降点周围形成浆泡,通过压密和置换改善地基性能。在灌浆过程中浆液的挤压作用可引起底面的局部隆起。可用以纠正建筑物不均匀沉降	常用于中砂地基,排水条件较好的黏性土地基

类　别	方　法	简要原理	适用范围
灌入固化物	电动化学灌浆	当在黏性土中插入金属电极并通以交流电后,在土中引起电渗、电泳和离子交换等作用,使通电区含水量降低,从而在土中形成浆液"通道"。若在通电同时向土中灌注化学浆液,就能大大改善土体物理力学性质的目的	黏性土地基
振密、挤密	表层原位压实法	采用人工或机械夯实、碾压或振动,使土密实,密实范围较浅	杂填土、疏松无黏性土、非饱和黏性土、湿陷性黄土等地基的浅层处理
	强夯法	采用重量为10～40kg的夯锤从高处自由落下,地基土在强夯的冲击力和振动力作用下密实,可提高承载力,减少沉降	碎石土、砂土、低饱和土与黏性土,湿陷性黄土、杂填土和素填土等地基
	振冲密实法	一方面依靠振冲器的强力振动使饱和砂层发生液化,砂颗粒重新排列孔隙减小,另一方面依靠振冲器的水平振动力,加回填料使砂层挤密,从而达到提高地基承载力,减小沉降,并提高地基土体抗液化能力	黏粒含量小于10%的疏松砂性土地基
	挤密砂石桩法	采用沉管法或其他方法在地基中设置砂桩、碎石桩,在成桩过程中对桩间土进行挤密,挤密桩间土和砂石桩形成复合地基,提高地基承载力和减少沉降。近年不少单位在制桩过程中采用较大能量重锤夯扩桩体,使挤密效果更好。桩体材料也有采用矿渣。渣土形成矿渣桩、渣土桩等	疏松砂性土、杂填土、非饱和黏性土地基,黄土地基
	爆破挤密法	在地基中爆破产生挤压力和振动力使地基土密实以提高土体的抗剪强度,提高承载力和减小沉降	疏松砂性土、杂填土、非饱和黏性土地基,黄土地基
	土桩、灰土桩法	采用沉管法、爆扩法和冲击法在地基中设置土桩或灰土桩,在成桩过程中挤密桩间土,由挤密的桩间土和密实的土桩或灰土桩形成复合地基	地下水位以上的湿陷性黄土、杂填土、素填土等地基

续　表

类　别	方　法	简要原理	适用范围
加筋	加筋土法	在土体中埋置土工合成材料(土工织物、土工格栅等)、金属板条等形成加筋土垫层,增大压力扩散角,提高地基承载力,减小沉降,或形成加筋土挡墙	堤坝软土地基,挡土墙
	锚固法	锚杆一端锚固于地基土中(或岩石,或其他构筑物),另一端与构筑物连接,以减少或承受构筑物受到的水平向作用力	有可以锚固的土层,岩层或构筑物的地基
	树根桩	在地基设置中如树根状的微型桩(直径70~250mm),提高地基或土坡的稳定性	各类地基
	低强度混凝土桩复合地基法	在地基中设置低强度混凝土桩,与桩间土形成复合地基,如水泥粉煤灰碎石桩复合地基、二灰混凝土桩复合地基	各类深厚软弱地基
	钢筋混凝土桩复合地基法	在地基中设置钢筋混凝土桩(摩擦桩),与桩间土形成复合地基	各类深厚软弱地基
冷热处理	冻结法	冻结土体,改善地基土截水性能,提高土体抗剪强度	饱和砂土和软黏土,用作施工临时措施
	烧结法	钻孔加热或焙烧,减少土体含水量,减少压缩性,提高土体强度	软黏土、湿陷性黄土。适用于有富余热源的地基
托换	基础加宽法	通过加宽原建筑物基础减小地基接触压力,使原地基满足要求,达到加固目的	原地基承载力较高
	墩式托换法	通过置换,在原基础下设置混凝土墩,使荷载传至较好土层,达到加固目的	地基不深处有较好持力层
	桩式托换法	在原建筑物基础下设置钢筋混凝土桩以提高承载力,减小沉降达到加固目的,按设置桩的方法分静压桩法、树根桩法和其他桩式托换法。静压桩法又可分为锚杆静压桩法和其他静压桩法	原地基承载力较低
	地基加固法	通过土质改良对原有建筑物地基进行处理,达到提高地基承载力的目的	同上
	综合托换法	将两种或两种以上托换方法综合应用达到加固目的	同上

类　别	方　法	简要原理	适用范围
纠倾	加载迫降法	通过堆载或其他加载形式使沉降较小的一侧产生沉降,使不均匀沉降减小,达到纠偏的目的	较适用于深厚软土地基
	掏土诱导法	在建筑物沉降较少的部位以下的地基中或在基础的两侧中掏取部分土体,迫使沉降较少的部位进一步产生沉降以达到纠倾的目的	各类不良地基
	顶升纠倾法	通过在墙体中设置顶升梁,通过千斤顶顶升整幢建筑物,不仅可以调整不均匀沉降,并可以整体顶升至要求标高	各类不良地基
	综合纠倾法	将加固地基与纠倾结合,或将几种方法综合应用。如综合应用静压锚杆法和顶升法、静压锚杆法和掏土法	同上

3　地基处理方法应用简介

为了满足现在土木工程建设对地基的要求,各类地基处理技术得到广泛应用。这里通过几个工程实例介绍几种地基处理方法的应用。

[工程实例1]深圳国际机场软土地基处理

深圳国际机场坐落在软土地基上,淤泥层含水量为41.3%~99.4%,孔隙比为1.11~2.67,最大厚度约为10m,一般为6~7m。深圳机场一期工程中在站坪和停机坪采用了塑料排水带超载预压排水固结法,在飞行区的跑道和滑行道采用换填置换法,在联络道采用深层搅拌法,在扩建停机坪采用强夯置换法,现做简略介绍[1]。

机场站坪和停机坪地基处理面积为21.3万 m^2,站坪采用打入式袋装砂井、停机坪采用压入式塑料排水带,正三角形布置,间距1.0~1.1m,插穿淤泥到下卧硬土层。堆载(包括工作垫层、排水砂层和堆载)120万 m^3,施工历时578天,满载预压135天。

站坪在预压期间最大沉降量为116.3cm,最小为68.5cm,平均为83.2cm。淤泥层平均含水量由75%下降到55.5%。孔隙比由2.05下降至1.48,压缩系数 a_{1-2} 从1.64 MPa^{-1} 下降到1.10 MPa^{-1}。无侧限抗压强度由8.6kPa增大到36.0kPa。站坪、停机坪软基处理费用为141.1元/ m^2。

飞行区跑道和滑行道等地基处理面积为61.57万 m^2,采用换填置换法处理。采用抛石挤淤和强夯置换挤淤相结合修筑16.3km长拦淤堤,然后挖除淤泥,回填块石、风化砾石等,挖填土石方量约1061万m³,历时591天。运行一年主跑道最大沉降45.2mm,平均沉降19.5mm,滑行道为21.4mm。换填地基处理费用为213.7元/m²。

滑行道的换填地基和站坪、停机坪的排水固结法处理地基之间的联络道采用深层搅拌法处理。平面布置为格栅状,置换率为33.6%,深层搅拌深度平均为5.5m,复合地基承载力大于140kPa。加固总面积1.57万m²,工期279天,竣工后两年半内沉降量为10.2~24.0mm。深层搅拌法处理费用为410元/m²。

扩建停机坪采用强夯置换法处理,处理面积28.53万m²。强夯锤重150kN,高度为17~18m,夯击能为3440kN·m/m²。夯点布置为正方形,点距为3m×3m~3.3m×3.2m,形成的碎石墩深6~7m。上铺级配块石和风化石渣层约30万m³,并在软弱地带铺土工布。载荷试验得复合地基承载力大于140kPa,工后沉降30.31~77.10mm。工期为270工作天,处理费用为203元/m²。

[工程实例2]宁波北仑港区码头堆场地基强夯置换法处理

工程地质情况:自上而下第1层有两个亚层,分别为灰黄色粉质黏土和灰色淤泥质粉质黏土,含水量分别为33.2%和42.6%,厚度分别为0~0.2m和1.3~5.1m;第2层为灰色淤泥质粉质黏土,含水量为45.0%~47.5%,厚度为2.4~7.4m;第3层为灰绿、棕黄色粉质黏土,含水量为22.3%~28.7%,厚度9.1~22.7m;第4层为棕黄色粉质黏土,含水量为22.3%~27.1%,未钻穿。

强夯置换法施工要素:先铺石渣垫层1.5m,并满夯一遍,夯锤重220kN,落距11m,形成石渣垫层。然后进行石渣桩施工。夯点布置分三角形和正方形布置两种,夯点距3~4m。制桩夯击落距18.2m,平均每点夯击20击,填石渣料(粒径小于500mm)。每点击数控制最后两击的平均贯入度小于200mm。制桩满足要求后再进行下一点制桩。

强夯置换法加固效果检测:主要测试项目有跨孔地震成像测试、桩形钻探测试、钢丝绳贯入度估桩长、瑞利波测试、强夯振动测试和复合地基载荷试验。

根据跨孔地震成像测试,桩体最大直径3m,最小直径1.2m,桩底在-9.04m处,呈倒锥形,桩体波速V_a大多数在300m/s左右,有的高达500m/s。载荷试验表明符合地基承载力为180~200kPa。

[工程实例3]秦皇岛港务局综合办公楼地基振冲碎石桩加固[4]

该工程为地面下6m,场地地基土自上而下分为六层:第1层为杂填土,以黏性土为主,厚0.60~1.20m。第2层为粉细砂,稍密~中密,厚度一般为5m,承载力标准值f_k=150kPa。第3层分为两个亚层,分别为淤泥及淤泥质亚黏土和粉质黏土,一般厚度为3m左右,f_k=160kPa。第4层为粗砂,底部普遍有一层约30cm厚的亚黏土夹层,厚度一般为4m。第5层为粗砂,厚度一般为8m,f_k=350kPa。第6层为风化花岗岩,中等风化~强风化,f_k=500kPa,地下水位在地表以下0.4~0.8m之间。

综合楼地基设计承载力为350kPa。设计桩距主桩2.1m,正方向布桩,桩长分别为15.5m、15.0m、14.5m三种,桩底处在第5层中,进入第4层。基础外缘布两排护桩,第一排护桩桩长14m,第二排桩长11m。主桩和副桩因开挖深度达6.5m,5m以上状态不加密,护桩加密到地表作为以后基桩开挖的护坡桩。

设计共布碎石桩517根,其中护桩152根。采用75kW大功率振冲器施工。实际施工517根桩,总进尺6230m,总填料量8365.5m²,平均每延米用料量1.34m²,平均桩径大于1.10m,满足设计要求。

大楼于1994年5月封顶,施工中实测沉降量2cm左右,最终沉降量为4cm。

[工程实例4]宁波一竖井地基加固

宁波过江隧道竖井作为隧道集水井与通风口,位于隧道沉管和北岸引道连接处。竖井上口尺寸为15m×18m,下口尺寸为16.2m×18m,深度为28.5m。

竖井采用沉井法施工。竖井刃脚设计标高为−23.25m,坐落在含淤泥粉细砂层或中细砂层上。竖井封底采用M−250的钢筋混凝土底板。但在抽出沉井内积水时,由于沉井封底没有成功,致使由抽水造成沉井内外水头差使刃脚处砂层液化,在底板混凝土部位出现冒水涌砂现象,并使沉井产生不均匀沉降、倾斜与位移。停止抽水后,井内外水位趋于相同,沉井保持平衡与稳定,但后期工程难于继续。超沉后的竖井刃脚标高东南、西南、西北和东北角分别为−23.61m、−23.84m、−23.70m和−23.46m。比设计标高超沉0.21～0.59m,对角线最大不均匀沉降为0.38m,相对沉降为1.57%。井内水位为+2.5m,井内水下封底混凝土厚度各处不一,按实际刃脚标高计算,混凝土厚度为3.26～4.87m,超过设计厚度0.96～2.57m,混凝土顶面标高相差达1.95m。

加固方案的基本思路是通过高压喷射注浆在竖井外围设置围封墙,然后在竖井封底混凝土底部通过静压注浆封底。注浆封底完成后抽水,然后凿去多余封底混凝土,并进行混凝土找平。最后再现浇混凝土底板。竖井四周地基中围封墙有两个作用:一是作为防渗墙,隔断河水与地下水渗入沉井底部;二是可以限制静压注浆的范围,保证注浆封底取得较好效果。为了使围封墙具有防渗墙的作用,要求围封墙插入相对不透水层中。完成钢筋混凝土底板后,再通过在深井底板底进行静压注浆进行竖井纠倾。

按照上述加固方案施工,基本上达到预期目的。在围封体施工过程中,竖井稍有超沉。在静压注浆封底过程中,竖井稍有抬升。沉井抽除积水一次成功,在抽水过程中竖井进一步抬升。找平原封底混凝土后,现浇钢筋混凝土底板。待底板达到一定强度,在竖井底部注浆纠倾,满足了后续过程的要求。甬江过江隧道已通车,使用情况良好。

4 地基处理技术最新发展情况

地基处理最新发展反映在地基处理机械、材料、地基处理设计计算理论、施工工艺、现场监测技术,以及地基处理新方法的不断发展和多种地基处理方法综合应用等各个方面。

为了满足日益发展的地基处理工程的需要,近几年来地基处理机械发展很快。例如,我国强夯机械向系列化、标准化发展。深层搅拌机型号增加,除前几年生产的单轴深层搅拌和固定双轴深层搅拌机,浆液喷射和粉体喷射深层搅拌机外,搅拌深度和成桩直径也在扩大,海上深层搅拌机也已投入使用。我国深层搅拌机拥有量近年来大幅度增加,高压喷射注浆机械发展也很快,出现不少新的高压喷射设备,如井口传动由液压代替机械,改进了气、水、浆液的输送装置,提高了喷射压力,增加了对底层的冲切掺搅能力,水平旋喷机械的成功,使高压喷射注浆法进一步扩大了应用范围。近年国外还发展了将深层搅拌和喷射搅拌融于一机,如桩内圈为机械搅拌,外圈为喷射搅拌。注浆机械也在发展。应用于排水固结法的塑料排水带插带机的出现大大提高了工作效率。排水带施工长度自动记录仪的配置使插带机质量得到控制。振冲器的生产也已走向系列化、标准化。为了克服振冲过程中排放泥浆污染现场,干法振动成孔器研制成功,使干法振动碎石桩技术得到应用。地基处理机械的发展使地基处理能力得到较大的提高。

地基处理材料的发展促进了地基处理水平的提高。新材料的应用,使地基处理效能提高,并产生了一些新的地基处理方法。土工合成材料在地基处理领域得到愈来愈多的应用。土工合成加筋材料的发展促进了加筋土法的发展。轻质土工合成材料EPS作为填土材料形成EPS超质量填土法。三维植被网的生产使土坡加固和绿化有机结合起来,取得良好的经济和社会效益。塑料排水带的应用提高了排水固结法施工质量和工效,且便于施工管理。灌浆材料的发展有效地扩大了灌浆法的应用范围,满足了工程需要。在地基处理材料应用方面还值得一提的是近年来重视将地基处理同工业废渣的利用结合起来。粉煤灰垫层、粉煤灰石灰二灰桩复合地基、钢渣桩复合地基、渣土桩复合地基等应用取得了较好的社会经济效益。

地基处理的工程实践促进了地基处理计算理论的发展。随着地基处理技术的发展和各种地基方法的推广使用,复合地基在土木工程中得到愈来愈多的应用,复合地基得到发展,逐步形成复合地基承载力和沉降计算理论。对强夯法加固地基的机理、强夯法加固深度、砂井法非理想井计算理论、真空预压法计算理论方面都有不少新的研究成果。地基处理理论的发展反过来推动地基处理技术新的进步。

各项地基处理技术的施工工艺近年来也得到不断改进和提高,不仅有效地保证和提高了施工质量,提高了功效,而且扩大了应用范围。真空预压法施工工艺的改进使这项技术应用得到推广,高压喷射注浆法施工工艺的改进使之可用于第四系覆盖层的防渗。石灰桩施工工艺的改进使石灰桩法走向成熟。边填碎石边强夯形成强夯碎石桩的工艺扩大了强夯法的应用范围。孔内夯扩形成碎石桩、渣土桩、灰土桩的施工工艺近年在夯击能量、成桩深度等方面都有较大提高。可以说,每一项地基处理方法的施工工艺都在不断提高。

地基处理的监测日益得到人们的重视。在地基处理施工过程中和施工后进行测试,用以指导施工、检查处理效果、检验设计参数。检测手段愈来愈多,检测精度日益提高。地基处理逐步实行信息化施工,有效地保证了施工质量,取得了较好的经济效益。

近年来,各地因地制宜发展了许多新的地基处理方法。例如:将强夯法用以处理较软弱土层,边填边夯,形成强夯碎石桩复合地基以提高地基承载力、减少沉降。对适合强夯法处理的地基,当施工机械能力达不到要求或环保要求受到限制时,可先用碎石桩法处理深层地基,建立排水通道提高基层承载力(碎石桩可以只填料到距地面4～5m处),浅层用低能级强夯处理,根据工程实例其效果可由120kPa提高到200kPa以上,这是一种深浅结合,扬长避短,值得推广的地基处理方法。近年低强度混凝土桩复合地基应用得到发展,低强度桩包括水泥粉煤灰碎石桩、二灰混凝土柱、低标号混凝土桩等。低强度混凝土桩复合地基不仅能充分发挥桩体和桩间土的承载力潜能,而且使桩侧摩阻力决定桩的承载力和桩身强度决定承载力两者接近,从而可达到较好的经济效益。疏桩基础,或称刚性桩复合地基也可以认为是地基处理方法的发展。这种方法利用复合地基的思路,充分发挥钢筋混凝土摩擦桩和桩间土的效用,减少用桩数量,可取得较好的经济效益。新的地基处理方法的不断发展提高了地基处理的整体水平和能力。

地基处理技术的发展还表现在多种地基方法综合应用水平的提高。例如:真空预压法和堆载预压法的综合应用可克服真空预压法预压荷载小于80kPa的缺点,扩大了它的应用范围。真空预压法与高压喷射注浆法结合可使真空预压法应用于水平渗透性较大的土层。高压喷射注浆法与灌浆法相结合可提高灌浆法的纠倾加固效果。土工织物垫层与砂井法结合可有效提高地基的稳定性,锚杆静压法与掏土法结合、锚杆静压法与顶升法结合使纠倾加固技术提高到一个新的水平。重视多种地基处理方法的综合应用可取得较好的社会经济效益。

地基处理领域是土木工程中非常活跃的领域,非常有挑战性的领域。复杂的地基,现代土木工程对地基日益严格的要求,给我们土木工程师,特别是岩土工程师提出了一个又一个难题,让我们面对挑战,促进地基处理技术更大的发展。

参考文献

[1] 沈孝宇,黄岫峰.深圳机场软基处理回顾,1994年.
[2] 龚晓南.地基处理新技术,陕西科学技术出版社,1997年.
[3] 昝月稳.国外深层喷射搅拌法的发展.地基处理,1997年(8卷)2期.
[4] 尤立新等.秦皇岛港务局综合办公楼地基振冲碎石桩加固,第四届地基处理学术讨论会论文集,浙江大学出版社,1995年.

桩体复合地基柔性垫层的效用研究[*]

毛前[a]　龚晓南[b]

[a]浙江水电专科学校,杭州,310016
[b]浙江大学土木系,杭州,310027

【摘　要】　从阐述复合地基与桩基之间的区别入手,通过对桩体刺入垫层的研究,寻找在桩头呈理想球形孔条件下,垫层、桩体、桩间土三者模量与刺入量之间的关系,进而讨论了在刺入模式下的加固区复合模量计算问题。还讨论了复合地基桩土材料最优发挥状态问题,力图寻找最佳的桩土荷载分担比。

【关键词】　复合地基;柔性垫层;刺入变形;复合模量

1　引　言

近年来,随着我国地基处理技术的不断提高和发展,复合地基的应用越来越广,引进并创造了一些新的地基处理技术和施工方法。各地在材料选用、施工工艺和方法上以及在土质的针对性方面也积累了一些经验[1-4]。但在复合地基理论研究领域的发展却相对落后,甚至对什么是复合地基在学术界和工程界尚无统一认识[5],如刚性桩怎样才能形成复合地基、复合地基桩土之间的荷载分担比例等问题仍在讨论中。

复合地基就其受力来看应至少有两种以上不同的材料共同承担荷载,而这里所谓材料的不同主要是指力学性质的不同,如密度、变形模量、强度、泊松比等。现今常见的复合地基宏观上均是两相,即看成由两种材料复合而成,将土体约略看作一种均质各向同性材料,而忽略其本身的成层、非均质等因素。同样对于嵌于土中的各种材料,也不考虑它们本身是否是多种材料复合,而简单看成一均质各向同性材料,由于加固土体的力学性质总是明显优于土体本身,故而称这些材料为增强体。根据增强体的位置形态又可以分为竖向增强体和水平向增强体,习惯上将竖向增强体统称为桩[6],故竖向增强体复合地基通常称为桩体复合地基。本文讨论范围限于竖向增强体复合地

---

* 本文刊于岩土力学,1998,19(2):67-73.

基。竖向增强体复合地基中的散体材料桩形式也因其传力机理不同而没有在文中加以讨论。

2 复合地基及其刺入模式

根据龚晓南在文献[6]中的定义,复合地基须至少满足两个条件:(1)加固区由基体和增强体两部分组成,是非均质的,各向异性的;(2)在荷载作用下,基体和增强体共同承担荷载的作用。所以,复合地基与桩基的主要区别在于桩基是由桩来承担和传递上部荷载,而复合地基则是由桩和桩间土共同承担,也就是说复合地基通过柔性垫层直接将部分荷载传到土中。所以桩基设计中一般应有刚性承台,而承台可以与基土脱离,即使不脱离也因土的作用很小而不考虑通过它直接传递荷载。反之,复合地基必须使垫层与桩间土接触,从而保证荷载的传递。垫层的作用,一方面要防止桩的荷载分担过大,桩间土的承载能力得不到充分发挥,或形成单由桩承载的桩基。另一方面又要能够使应力向桩集中,以充分发挥桩的承载能力。一般复合地基基础板刚度有限,使各桩顶受力趋向均匀,但若考虑上部结构刚度的共同作用,则应力又向刚性大的桩集中,复合地基的设计目的是要求充分发挥桩土的承载力,因此可以认为形成复合地基的必要条件是桩在柔性垫层或下卧层有一定的刺入变形。

文献[5]中已有复合地基具体形式的详细描述。可以将刚性、柔性桩复合地基分为两类:一类是有刚性承台的摩擦群桩,如疏桩地基等,一般有较软弱的下卧层,下部发生刺入变形,能保证承台与桩间土的接触;另一类是有柔性垫层的群桩,由于设了柔性垫层,桩体向上发生刺入变形,即使为端承桩,也可以使垫层与桩间土保持接触。

3 关于复合模量 E_c

将复合地基加固区中增强体和地基土两部分视为一个统一的复合整体,则可以用复合模量 E_c 来综合评价复合体的压缩性。复合模量的计算通常按图1所示的桩土变位相等模型推导的面积加权公式,该公式可以按材料力学方法,由桩土变形协调条件 $\varepsilon_c = \varepsilon_p = \varepsilon_s$ 推演为:

$$E_c = mE_p + (1-m)E_s \qquad (1)$$

张土乔采用弹性理论在同样桩土变位相等模型下将这一公式进一步演化,得到的结果[7]比面积加权公式更接近同样基于桩土变位相等假设的室内试验结果,如图2所示。

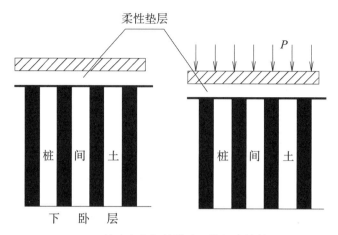

图1 桩土变位相等模式下的复合地基

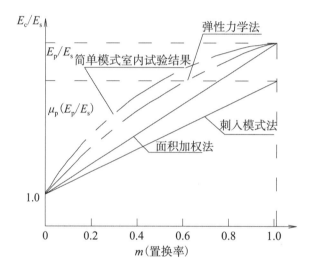

图2 几种复合模量确定方法比较

但对于桩土模量相差较大的刚性桩,则计算模型应有所不同。刚性桩复合地基因总是有上下刺入量才能保持与土体的接触,而刺入变形量使得桩体的承载能力没有发挥到图1所反映的水平,如图3所示。

所以,考虑这一因素后复合模量计算公式的推导应为:

$$E_c \varepsilon_c = m E_p \varepsilon_p + (1-m) E_s \varepsilon_s$$

因为:

$$\varepsilon_c = \varepsilon_s = S_s / L$$

$$\varepsilon_p = \left[S_s - \left(S_1 + S_2 \right) \right] / L$$

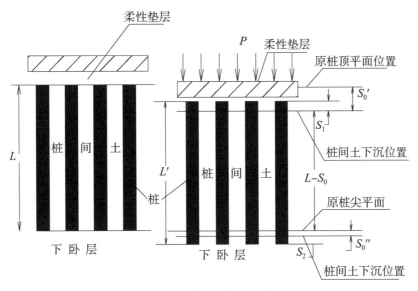

图3　刺入模式下的复合地基

所以：

$$E_c = m\left[1 - (S_1 + S_2)/S_s\right]E_P + (1 - m)E_s$$

其中L为桩长,同时也是加固区范围土的压缩层厚度;ε_s,ε_p为土、桩的竖向应变;S_1,S_2为桩的上下刺入量;S_s为桩长范围内土层的压缩量。这里姑且将$1 - (S_1 + S_2)/S_s$定义为μ_p,称为模量发挥系数或模量发挥度,于是有：

$$E_c = \mu_p m E_p + (1 - m)E_s \tag{2}$$

由此计算的复合模量比按面积加权公式计算的值还要小,与图2中的室内试验结果相差更远。造成这种情况的原因,可以认为是室内模拟试验是按无刺入考虑的,所以加载时没有模拟垫层的存在。因此,有必要开展加垫层的室内模型试验研究。

对于碎石桩、砂桩、石灰桩等具有排水或挤密等多种效用的复合地基,其复合体中土体的模量还会提高。设多种效用下土的模量提高系数为μ_s,则复合模量计算式变为：

$$E_c = \mu_p m E_p + \mu_s(1 - m)E_s \tag{3}$$

4　刺入变形量的计算

刺入变形的大小显然与桩、土、垫层或下卧层三者的模量比有关,也与桩径以及置换率等有关。以往的研究不多,实测的资料也少。刘绪普等1995年利用VESIC小孔扩张理论对桩端刺入量进行了分析[8-9]。在此借用同样的分析方法对桩体刺入垫层量进行计算。首先做如下假设：

（1）桩间土和垫层都是理想弹塑性体，材料服从 Mohr-Coulomb 准则或 Tresca 准则；

（2）垫层厚度足够厚，可以忽略垫层以上材料对垫层模量的影响；

（3）刺入变形只发生在垫层，而下卧层为不可压缩，即 $S_2 = 0$；

（4）桩头为半球形，初始状态以一均匀分布的内压力 p 向周围垫层材料扩张。

随着桩承担荷载 P_p 的增加，扩张压力 p 也增大，并使球形孔周围区域由弹性状态逐步进入塑性状态，如图4所示。

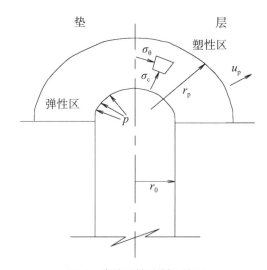

图4　半球形桩头刺入垫层

则在 $P_p \leqslant P_s$ 时，刺入呈弹性状态，有：

$$S_1 = r_0(1 + \upsilon)P_p/E_d \tag{4}$$

在 $P_p > P_s$ 时，刺入呈塑性状态，有：

$$S_1 = \frac{r_0}{E_d}\left[3(1 - \upsilon)\left(r_p/r_0\right)^3 P_s - 2(1 - 2\upsilon)P_p\right] \tag{5}$$

其中 P_s 为极限扩张力，大小为：

$$P_s = \frac{4\left(C\cos\varphi + \sigma_0\sin\varphi\right)}{3 - \sin\varphi}$$

$$r_p = \left(\frac{p + \sigma_0 + C\cot\varphi}{p_s + \sigma_0 + C\cot\varphi}\right)^{\frac{4\sin\varphi}{1 - \sin\varphi}} r_i \tag{6}$$

r_p 为塑性区半径；r_i 是球形孔初始半径；σ_0 为垫层的初始应力；E_d 为垫层的变形模量；υ 是垫层材料的泊松比。

假设桩体为弹性体,且不考虑桩侧的摩擦阻力,则有如图5所示的受力简图,并由于

$$P_p = E_p \varepsilon_p = E_p(\varepsilon_s - S_1/L) \tag{7}$$

代入式(4),可得:

$$S_1 = \frac{(1+v)r_0(E_p/E_d)L\varepsilon_s}{L + (1+v)r_0(E_p/E_d)} \tag{8}$$

若代入式(5),则有:

$$S_1 = \frac{3r_0(1-v)(r_p/r_0)^3(L/E_d)P_s - 2r_0L(1-2v)(r_p/r_0)^3(E_p/E_d)\varepsilon_s}{L + 2r_0(1-2v)(E_p/E_d)} \tag{9}$$

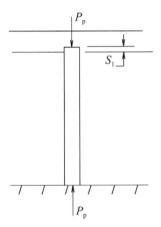

图5　不考虑侧摩阻力时桩的受力简图

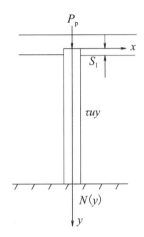

图6　考虑侧摩阻力时桩的受力简图

若考虑桩侧摩阻力,则问题会变得更加复杂,在假设无负摩阻力而且侧摩阻力沿桩长均布的情况下[10],受力简图如图6。设 ΔL 为桩受压后的变形量,圆桩周长 u 等于 $2\pi r_0$,则由平衡方程:

$$\sum y = 0, N(y) - P_p + \tau u y = 0 \text{ 可得:}$$

$$\Delta L = \int_0^L \frac{N(y)}{E_p A_p} \, \mathrm{d}y = \int_0^L \frac{P_p - \tau 2\pi r_0 y}{E_p A_p} \, \mathrm{d}y = \frac{P_p L - \tau \pi r_0 L^2}{E_p A_p}$$

因此有:

$$P_p = E_p \varepsilon_p + \frac{\tau L}{r_0} = E_p(\varepsilon_s - S_1/L) + \frac{\tau L}{r_0}$$

代入(4)式可得:

$$S_1 = \frac{r_0 L(1+v)(E_p/E_d)L\varepsilon_s + (1+v)(\tau/E_d)L^2}{L + r_0(1+v)(E_p/E_d)} \tag{10}$$

代入式（5），得：

$$S_1 = \frac{3r_0(L/E_\mathrm{d})(1-v)(r_\mathrm{p}/r_0)^3 P_\mathrm{s} - 2r_0 L(1-2v)(E_\mathrm{p}/E_\mathrm{d})\varepsilon_\mathrm{s} - 2(\tau/E_\mathrm{d})(1-2v)L^2}{L - 2r_0(1-2v)(E_\mathrm{p}/E_\mathrm{d})} \quad (11)$$

5 按刺入变形控制的复合地基设计初探

复合地基桩与桩间土之间所承受荷载的比例问题实际上是一个涉及多种介质及其界面的多种变形间的反复协调过程。

5.1 复合地基桩土之间的协调过程

当建筑物荷载加于复合地基之初,荷载通过垫层较多部分传向刚度大的桩,较少部分传向桩间土,随着荷载的增加和桩间土的固结,传到桩上的荷载分量逐渐增大,而传到土中的分量减少。如垫层和下卧层很硬,则接触底面有与土脱离的趋势,荷载趋向于更多地由桩承担,接近于形成桩基;如垫层和下卧层不很硬,或桩的使用荷载较大,则当桩间土固结下沉时,随着桩承担的荷载分量的增大,势必在桩顶或桩尖产生刺入变形,这时桩间土所受的压力又会有所增大,迫使桩间土进一步压缩固结。桩的刺入变形与桩间土的压缩变形就这样经历着一个反复循环、协调的过程,这一过程同时还伴随着土体压密(饱和土则有孔隙水压力的消散)和强度增长的过程。显然这种协调过程最终会达到平衡。对于桩土之间模量差距不大的情况,可以认为刺入量很小而忽略不计,而直接采用不考虑刺入变形的模式。

5.2 桩土的荷载分担比例及影响因素

由以上分析可以看出,桩体分担荷载的能力并不是简单地与桩体材料本身的模量相关,也不是仅仅考虑置换率即可,而是与桩的上下刺入量有关。而桩的上刺入量又与垫层的模量(或承台的刚度)大小有直接的关系,同样下刺入量的大小也与下卧层的模量大小有关。此外,刺入量还与桩土间的摩擦力大小有关。最优的受力情况是桩在受到它分担的荷载后所产生的压缩量与桩间土的压缩量相等,并且此时两者的强度能得到充分的发挥。但工程实际情况往往不会这样理想。例如群桩的情况,各桩的刚度因施工等因素总不可能完全一致,这就造成荷载先向刚度大的桩转移,也就不可能出现群桩中各桩都是同样压缩量的情况,更难以达到桩土间的变位相等。所以在复合地基设计中要真正调动和发挥土的承载能力,必须使其具备上刺或下刺的条件,否则将难以形成真正的复合地基[11]。

若要充分发挥材料的强度,最优的形式是刺入量在满足使桩间土的承载力充分发挥的前提下尽量小。对于桩土模量相差不大的复合地基,变形处在弹性阶段内,于是有：

$$P_{\mathrm{p}} = E_{\mathrm{p}}\left(\varepsilon_{\mathrm{s}} - \frac{S_1}{L}\right) A_{\mathrm{p}} = \frac{m E_{\mathrm{p}} P_{\mathrm{s}}}{(1-m) E_{\mathrm{s}}} - \frac{E_{\mathrm{p}} A_{\mathrm{p}} S_1}{L} \tag{12}$$

将式（8）代入式（12）得：

$$\lambda = \frac{P_{\mathrm{p}}}{P_{\mathrm{s}}} = \frac{m E_{\mathrm{p}}}{(1-m) E_{\mathrm{s}}}\left[1 - \frac{r_0(1+\upsilon)(E_{\mathrm{p}}/E_{\mathrm{d}})}{L + r_0(1+\upsilon)(E_{\mathrm{p}}/E_{\mathrm{d}})}\right] \tag{13}$$

λ 称为桩土荷载比。对于桩土模量相差较大的复合地基，桩端必定有较大的刺入量，若桩端应力超过极限扩张压力，则应以式（9）代入式（12），此时有：

$$\lambda = \frac{m E_{\mathrm{p}}}{(1-m) E_{\mathrm{s}}}\left[1 + \frac{2r_0(1-2\upsilon)(E_{\mathrm{p}}/E_{\mathrm{d}}) - 3r_0(1-\upsilon)(r_{\mathrm{p}}/r_0)^3(P_{\mathrm{p}}/P_{\mathrm{s}})(1/E_{\mathrm{d}})}{L + 2r_0(1-2\upsilon)(E_{\mathrm{p}}/E_{\mathrm{d}})}\right] \tag{14}$$

式（8）或式（13）中表达的关系与一些试验及理论分析结果是相一致的。

5.3 优化方案的确定步骤

优化方案的确定可以按如下步骤进行：

（1）首先根据桩间土的性质得到土的地基承载力设计值 f；

（2）初拟一个布桩方案，得到 m 和 A；

（3）以 f 为依据计算桩间土容许承载力 $[P_{\mathrm{s}}] = f(1-m)A$；

（4）再计算相应时刻的承载力 $[P_{\mathrm{p}}] = P - [P_{\mathrm{s}}]$，并可计算相应的桩土荷载比 $[\lambda]$，

$[\lambda] = \dfrac{P_{\mathrm{p}}}{P_{\mathrm{s}}} = \dfrac{P - (1-m)fA}{(1-m)fA}$ ；

（5）采用垫层或下卧层的 C，φ 及 σ_0 计算极限扩张力 P_{e}，并有 $P_{\mathrm{e}} = \pi r_0^2 P_{\mathrm{s}}$；

（6）若 $P_{\mathrm{p}} \leqslant P_{\mathrm{e}}$，则根据 m，E_{p}，E_{d} 等参数，以式（13）计算 λ，若 $P_{\mathrm{p}} > P_{\mathrm{e}}$，则以式（14）计算，其中 P_{s} 以承载力设计值 f 代入；

（7）最后做如下判定：

若 $\lambda > [\lambda]$，则方案可行。不过 λ 和 $[\lambda]$ 不宜相差太大，相差很大则说明方案不经济，材料的强度没有充分发挥，宜调整方案，并回到第一步；

若 $\lambda \leqslant [\lambda]$，则方案需重新调整，并回到第一步。

考虑桩侧摩擦力的情况，分别以式（10）或式（11）代入式（12）计算。

以上优化算法是在许多假设条件下进行的，例如假设地基下部为不可压缩层，刺入只发生在柔性垫层；再如假设刺入垫层的桩端形状为半球形。因此，本算法离真正的工程应用尚有一定距离，还应根据室内模型试验获取一些不同桩头的修正系数。垫层的初始应力、模量等的取值也需进一步研究。

6 结论与建议

通过对复合地基荷载传递机理及有关问题的分析研究可以得到以下结论:

(1) 复合地基为保证桩间土的受力,需保证桩顶或桩底有一定刺入变形。

(2) 刺入量的大小与桩、桩间土以及垫层(或下卧层)三者的模量有关。

(3) 通过小孔扩张理论可以计算半球形桩头的刺入量。

(4) 考虑刺入变形时,复合地基加固区的复合模量比按桩土变位相同考虑的要低。

(5) 刺入量对桩土的荷载分担比例具有协调作用。

复合地基刺入量与垫层模量或下卧层间的关系在实际工程中并不像假设的那样理想。桩头的形状及桩内部的结构(如圆柱形桩头、钢筋混凝土桩的配筋情况、水泥搅拌桩上部是否复搅)等因素对刺入量的影响,是个值得进一步研究的问题。

许多情况下,为保证形成复合地基,需设柔性垫层。对于垫层的做法、垫层的厚度、垫层材料的性质、垫层与桩头的结合部做法等对整个复合地基的影响都值得进一步研究。

参考文献

[1] 叶观宝. 水泥土桩复合地基在上海地区的应用与发展. 见:复合地基理论与实践. 龚晓南主编. 杭州:浙江大学出版社,1996:16-28.

[2] 白日升. 粉体喷射搅拌法的应用. 见:深层搅拌法设计与施工. 北京:中国铁道出版社,1993:10-18.

[3] 韩杰. 碎石桩加固技术. 见:第三届全国地基处理学术讨论会论文集. 杭州:浙江大学出版社,1992:13-18.

[4] 郭志业,詹佩耀. 深层搅拌桩复合地基沉降计算. 见:深层搅拌法设计与施工. 龚晓南主编. 北京:中国铁道出版社,1993:65-70.

[5] 龚晓南. 复合地基理论框架及复合地基技术在我国的发展. 浙江省第七届土力学及基础工程学术讨论会论文集. 北京:原子能出版社,1996:1-15.

[6] 龚晓南. 复合地基. 杭州:浙江大学出版社,1992:2-3.

[7] 张土乔. 水泥土的应力应变关系及搅拌桩破坏特性研究. 浙江大学博士学位论文,1992.

[8] 刘绪普,龚晓南,黎执长. 用弹性理论法和传递函数法联合求解单桩的沉降. 第四届地基处理学术讨论会论文集. 杭州:浙江大学出版社,1995:484-488.

[9] 龚晓南编著. 土塑性力学. 杭州:浙江大学出版社,1990:203-212.

[10] 孙训方,方孝淑,关来泰编. 材料力学(第二版). 北京:高等教育出版社,1987:59-60.

[11] 宰金珉,宰金璋. 高层建筑基础分析与设计. 北京:中国建筑工业出版社,1993:378-379.

[12] 刘金砺,袁振隆. 群桩承台土反力性状和有关设计问题. 第五届土力学及基础工程学术会议论文集. 北京:中国建筑工业出版社,1990:85-89.

真空预压加固软土地基机理探讨*

龚晓南　岑仰润

浙江大学岩土工程研究所,浙江杭州,310027

【摘　要】　在现有真空预压的研究和多孔介质渗流理论的基础上,提出了真空渗流场理论来解释真空预压加固软土地基的机理。比较了真空预压和堆载预压的不同之处,探讨了几个真空预压工程上比较关心的问题,如真空预压加固软土地基的处理深度、达西定律在真空预压中的适用性、真空预压抽真空边界的处理、地下水的存在对真空预压的影响等。

【关键词】　真空预压;堆载预压;真空渗流场理论;地下水;相对超静孔隙水压力;真空流体

1　前　言[1-2]

如图1所示,真空预压是在需要加固的软黏土地基中设置砂井或竖向排水带,然后在地面铺设砂垫层。其上覆盖不透水的密封膜与大气隔绝,通过埋设于砂垫层中带有滤水管的分布管道,用射流泵进行抽气抽水,从而达到加固地基的目的。

真空预压最早是瑞典皇家地质学院 Kjellmen 于 1952 年提出的,1958 年天津大学就开始进行真空排水固结的室内试验研究。在早期,由于工艺上存在问题,因而真空预压未能在工程中应用。直到20世纪80年代,交通部一航局、天津大学和南京水利科学院等单位对这项技术进行室内和现场的试验研究,取得了成功的经验,膜下真空度可以达到85kPa～92kPa,并成功地将这项技术应用于天津新港软基加固工程中。此后,真空预压法在工程中得到了推广应用[2-5]。

相对于真空预压的工程应用,真空预压的理论和试验研究开展得还比较少。理论研究方面,一种观点是将膜内外压差作为等效荷载作用在地基土上;另一种观点是陈环等人提出的负压下固结理论[6-7],即认为真空预压地基的固结是在负压条件下进行

---

* 本文刊于哈尔滨建筑大学学报,2002,35(2):7-10.

的,它和在正压条件下的固结问题基本相同,只是边界条件有差别,因而仍然可用现有的固结微分方程求解。一些文献在探讨和计算真空预压问题时都沿用了以上这两个思路[8-9]。室内模型试验研究方面,有学者做了一些工作[10-11],但还比较少,而且在模拟现场实际情况上存在不足,可能影响结论的有效性。总的来说,现有对真空预压加固软土地基机理的研究在不同程度上带有堆载预压的思维方式,现有研究成果难以解释目前工程实践中遇到的一些问题,如真空预压加固软土地基的有效深度,抽真空作用强度对真空预压加固效果的影响,场地条件对真空预压加固效果的影响等。真空预压不同于堆载预压,因此对真空预压机理的解释也不能沿用堆载预压的思路,本文将在多孔介质渗流理论基础上详细阐述真空预压加固软土地基机理,比较真空预压和堆载预压的区别,并在此基础上探讨真空预压加固软土地基的几个问题。

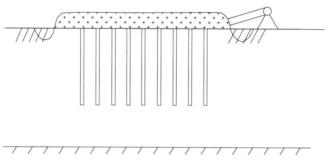

图1 真空预压法简介

2 真空渗流场理论的描述

土是一种多孔介质,土中的孔隙组成大小不一的孔道,孔道中充满了水和气。在天然状态下,如图2所示,大气、地基中地下水位线1-1位置以上土体中的水和气以及地下水位以下土体中的水,处于平衡状态,不存在流动现象。

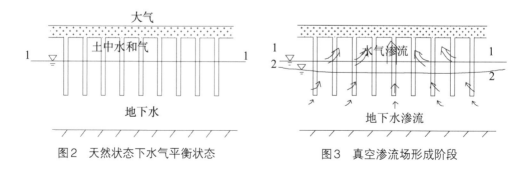

图2 天然状态下水气平衡状态　　图3 真空渗流场形成阶段

如图3所示,当开始抽真空时,砂垫层中的气体首先被抽走,形成真空,接着接近砂垫层的地基土中较大的连通孔道中的水和气由于压差的作用被吸出,并逐渐在土体中较大的连通孔道(塑料排水带可视为人工在土体中形成的较大孔道)中形成连通的真空渗流场,真空渗流场的流动介质以气体为主,夹杂着一定量的水。为了便于理解,可将真空渗流场中的流动介质看作类似于水和气的流体介质——"真空流体"。真空渗流场的形成类似于不混溶流体在多孔介质中的驱替现象,即"真空流体"作为驱动相,在被驱动流体——水中通过"指进"作用打开一条路,"指进"以后逐渐分枝,最后形成连通的网络。必须指出的是,"真空流体"只在较大的土中的孔道中流动,并形成连通的网络,此时,虽然排出了水,但这些水主要是分布于土体中较大孔道中的重力水,土中重力水的排出,并不产生通常意义上的固结现象。举例来说,在降水预压过程中,为了降水而抽走的水是重力水,其本身并不引起固结,而是在地下水位下降后,改变了土层中竖向自重应力。由于上覆土重的增加,使得土中更为细小孔道中的水承受了超静孔隙水压力,并逐渐排出,产生固结现象。真空渗流在地基土中较大的孔道中扩散并形成连通的真空渗流场的同时,持续的抽气抽水作用会导致原有地下水位线由1-1降到2-2,并继续下降。

如图4所示,在真空预压稳定预压阶段,抽真空作用最终在地基土中较大的孔道中形成一定范围一定真空度分布的网络连通体系——真空渗流场,并使地下水位降到3-3位置。在真空渗流场各处,由于土中较大孔道中流动的"真空流体"与土中较小孔道中的水存在压差,使得较小孔道中的水在这种压差下被吸出,直到在该处较大孔道中的压力和较小孔道中的压力重新达到平衡为止,这就产生了固结现象。与堆载预压情况下土中孔隙水被压出的固结过程相比,真空预压情况下土中孔隙水是被吸出的。由于降低后的地下水位线以下的土体中充满了水,所以真空渗流场不可能扩散到降低后的地下水位线3-3以下的土体,也就是说,真空渗流场直接产生土体固结作用的范围仅限于降低后的地下水位线以上。伴随着真空渗流场的形成,地基中的地下水位线由1-1下降到3-3,地下水位的下降将导致地基土体的固结。

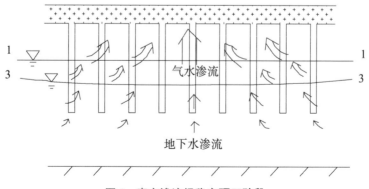

图4 真空渗流场稳定预压阶段

上述真空渗流场理论表明,真空预压加固地基机理包括两点:真空渗流场直接使土体固结和地下水位下降导致土体固结。需要补充说明的是,由于地基土中的孔道大小实际上无法明确界定,所以认为"真空流体"首先在地基土中较大孔道中形成连通的网络,而后再将更为细小的孔道中的孔隙水吸出而产生固结,这是在固结理论基础上为便于说明真空渗流场及其作用机理而提出的一种描述。实际上也可以将真空预压情况下的固结过程看作"真空流体"在更为细小的孔道中扩散,或者说"真空流体"对土中更为细小孔道中的孔隙水的驱替,而这种扩散和驱替与时间有关,其结果导致土颗粒之间的重组和土体的压密。此外,当接近于抽真空表面的真空渗流场开始形成时,真空渗流场范围内的固结现象也同时产生了,这可以认为真空渗流场的形成和固结是一个耦合的过程,也可以认为真空渗流场在较大孔道中的扩散和在较小孔道中的扩散是同步的。

3　真空预压与堆载预压的比较

在堆载预压时,由于堆载的作用,在土体中形成一个附加应力场,这个附加应力场开始时由孔隙水承担,即形成了一个超静孔隙水压力场,随着孔隙水的排出,超静孔隙水压力场消散,超静孔隙水压力转化为有效应力,导致土体变形和强度增加。堆载预压的效果由超静孔隙水压力场的大小和分布决定,与堆载的大小、分布以及土体力学性质有关。堆载预压下固结的快慢由超静孔隙水压力场的消散决定,与排水条件、土体渗透系数有关。

虽然真空预压法和堆载预压法都是通过减小孔隙水压力而使土的有效应力增加,但两者的加固机理并不相同,由此而引起的地基变形、强度增长的特性和影响因素也不尽相同,表1从几个方面对两者之间的异同进行了比较。

表1　真空预压和堆载预压的比较

项　　目	堆载预压	真空预压
土中应力	总应力增加,随着超静孔隙水压力的消散而使有效应力增加	总应力不变,随着相对超静孔隙水压力的消散而使有效应力增加
剪切破坏	加载过程中剪应力增加,可能引起土体剪切破坏	抽真空过程中,剪应力不增加,不会引起土体剪切破坏,不必控制加载速度
加载速率	控制加载速率	不必控制加载速度
侧向变形	加载时预压区土体产生向外的侧向变形	预压区土体产生指向预压区中心的侧向变形
强度增长	土体固结,有效应力提高,土体强度增长	土体固结,有效应力提高,土体强度增长

项　目	堆载预压	真空预压
固结速度	与土的渗透系数,竖向排水体以及边界排水条件有关	与土的渗透系数,竖向排水体以及边界排水条件有关
处理深度	主要与堆载面积和荷载大小有关	与抽真空作用强度、竖向排水体、土的孔隙分布情况以及相关边界条件有关
地下水位	地下水位不变化	降低地下水位,地下水位的降低将使相关土层产生排水固结

4　对真空预压加固软土地基几个问题的探讨

4.1　真空预压的处理深度

采用真空预压方法加固软土地基,普遍认为浅层处理效果较显著,而对加固的有效深度大小意见不一。不同的工程实践和试验研究得出不同的结论,有的认为真空预压效果只限于浅层的,有的认为可以达到20m左右深度的,也有的认为可以达到塑料排水带底部附近的,对此理论和工程至今没有形成一致的看法。文献[12]的条文说明中总结指出:真空预压的有效影响深度目前还缺少资料,国内对此有不同的看法,有待进一步研究。

要确定真空预压加固软土地基的处理深度,实质是要明确真空预压加固软土地基的两个不同方面的作用。一方面,在地基表面抽真空后,降低后的地下水位线以上地基土中较大连通孔道中,形成了一个真空渗流场,地基中较小孔道中的孔隙水由于压差被吸走,发生固结。由于真空渗流场的作用而产生的固结现象只发生在降低后地下水位线以上土体,对降低后地下水位以下地基土没有作用。另一方面,由于抽真空造成地下水位下降,由于地下水位下降导致相关土层产生固结现象。因此,可以说,真空预压对下降后地下水位以上土体的加固强度较大,而对下降后地下水位以下土体直至地基深处也都有加固效果。采用真空预压加固软土地基,深层土体的加固效果与地下水位下降程度和持续时间密切相关。

4.2　真空渗流规律的研究

在有关土中的渗流问题中,最常用到的就是达西定律。在堆载预压加固软土地基情况下,达西定律基本上是适用的。但是在真空预压情况下,真空渗流场范围内流动的是"真空流体","真空流体"包含气水两相,具一定真空度,加之土体微观结构的复杂性,其渗流性状将是复杂的。此时,必须对达西定律的适用性重新做出评价。在工程上已观测到,在膜下真空度达到一定程度以后,继续增加射流泵数量,可使出水量增加,提高真空预压效果,但膜下真空度却无明显变化,这就无法用达西定律的有关概念来解释。

4.3　抽真空边界条件的处理

抽真空表面,可以作为流量边界条件,也可以作为恒定负压边界条件,由于水气流量较难测定和估计,而膜下真空度值在真空稳定预压时比较稳定,所以一般将抽真空边界作为恒定负压边界条件。但将抽真空边界处理成恒定负压边界,难以处理实际工程中膜下真空度基本不变情况下,增加抽真空作用强度还能继续提高真空预压加固效果这一现象,同时也无法事先估计地下水位的下降情况。

4.4　地下水对真空预压的影响

真空预压过程中持续的抽气抽水作用将使地基中的地下水位下降,直到预压地基周围的补充水和排出的水达到一个动态的平衡为止。地下水位的下降将使相应土层的上覆土重增加,并产生排水固结现象。同时,地下水位的存在将产生"水封"作用,使得地基土上部的真空渗流场无法向地基深处扩散,使得真空渗流场局限于降低后地下水位线以上。因此,地下水位的下降程度对真空预压加固软土地基的效果有很大的影响。地下水位下降与抽真空作用强度、地基土的渗透性质、周围水源补充情况等因素有关,如果地基中存在贯穿连通的薄沙层,或者预压区域附近有恒定的水源补充如河流、湖泊的话,应该慎用真空预压处理,或者采用一定措施加以处理,消除或减少不利的地质条件影响。

5　结　语

（1）真空渗流场理论认为,抽真空在土体较大孔道中形成真空渗流,土体中较小孔道中的孔隙水与较大孔道中流动的"真空流体"由于压差作用而排出,产生固结现象。实际上也可以将真空预压情况下的固结过程看作"真空流体"在更为细小的孔道中扩散,或者说"真空流体"对土中更为细小孔道中的孔隙水的驱替,而这种扩散和驱替与时间有关,其结果导致土颗粒的重组和土体的压密。

（2）真空预压加固软土地基由两个方面的作用组成,一是真空渗流场引起的真空预压作用;二是地下水位下降引起的排水固结作用。其中,前者的作用范围仅限于降低后的地下水位线以上部分地基土。

（3）达西定律在堆载预压加固软土地基情况下是适用的,但在采用真空预压加固软土地基的情况下,由于真空渗流规律和土的复杂性,需要对达西定律的适用性重新做出评价。

（4）抽真空的表面边界是复杂的,将抽真空表面作为恒定负压边界条件无法处理工程中有关问题,需要进一步研究如何在数值计算中处理抽真空边界。

（5）由真空渗流场理论可知,地下水存在情况和周围地下水补充情况对真空预压的成败影响甚大,必须在真空预压设计和施工中引起重视。

参考文献

[1] 地基处理手册编写委员会.地基处理手册.2版.[M].北京:中国建筑工业出版社,2000.

[2] 叶柏荣.综述真空预压法在我国的发展[J].地基处理,2000(3):49-57.

[3] 叶柏荣.真空预压加固法的发展及工程实录[J]地基处理,1995(3):1-10.

[4] 从瑞江.真空预压加固超大面积软土地基[J].地基处理.1996(2):30-37.

[5] SHANG J Q. TANG M.MIAO Z. Vacuum preloading consolidation of reclaimed land: a case study [J]. Can. Geotech. J. 1998, 35: 740-749.

[6] 陈环,鲍秀清.负压条件下土的固结有效应力[J].岩土工程学报,1984(5):39-47.

[7] 阎澍旺,陈环.用真空加固软土地基的机制与计算方法[J].岩土工程学报.1986(2):35-44.

[8] 沈珠江,陆舜英.软土地基真空排水预压的固结变形分析[J].岩土工程学报.1986(3):7-15.

[9] 林丰,陈环.真空和堆载作用下砂井地基固结的边界元分析[J].岩土工程学报,1987(4):13-22.

[10] 张诚厚,王伯衍,曹永琅.真空作用面位置及排水管间距对预压效果的影响[J]岩土工程学报,1990(1):45-52.

[11] 高志义,张美燕,刘立钰等.真空预压加固的离心模型试验研究[J].港口工程.1988(1):18-24.

[12] JGJ 79—91,建筑地基处理技术规范[S].

加强对岩土工程性质的认识，
提高岩土工程研究和设计水平*

龚晓南

浙江大学岩土工程研究所,杭州,310027

问:岩土工程科学研究的发展是为了满足工程建设的要求。一方面理论与技术来源于工程实际,土木工程建设中出现的大量岩土工程问题促进了岩土工程科学研究的发展;另一方面,新的理论与技术成果又指导岩土工程建设,推动工程建设向更高质量、更高层次跨越。二者相互促进和发展。你认为我国目前岩土工程科学研究特点是什么? 未来需要关注的领域和问题是哪些方面?

答:目前岩土工程科学研究的特点和未来需要关注的领域和问题确实是土木工程技术人员十分关心的问题,也是一个十分重要的问题。对岩土工程未来需要关注的领域和问题,2000年我在"21世纪岩土工程发展展望"(岩土工程学报,第2期)一文中做过粗浅的探讨。首先,我认为岩土工程的发展需要综合考虑岩土工程研究对象的特性、工程建设对岩土工程发展的要求和相关学科发展对岩土工程的影响。然后,在此基础上考虑应关注的领域和相关的研究问题。这篇文章经修改、补充后,又刊在由同济大学教授高大钊主编的《岩土工程的回顾与前瞻》(人民交通出版社,2001)一书中。文中提出应关注的领域和相关的研究问题这里不重复了。我认为目前岩土工程科学研究的特点也应综合考虑岩土工程研究对象的特性、工程建设对岩土工程发展的要求和相关学科发展对岩土工程的影响。

我认为对岩土工程的发展和岩土工程的研究特点的认识取决于对上述三个方面的综合考虑特别重要。但是人们往往重视上述后两个方面,而对取决于岩土工程研究对象的特性这一点重视不够,理解不深。而对岩土工程研究特点影响最大的恰恰是岩土工程研究对象的特性。不重视岩土工程研究对象的特性,岩土工程研究就会事倍功半,可能得不到合理的研究成果,甚至会使研究工作迷失方向。

土力学学科创始人太沙基晚年似乎更加确信,"土力学与其说是科学,不如说是艺

---

* 本文刊于岩土工程界,2003,6(12):18-21.

术(art)。"我理解这里"艺术(art)"不同于一般绘画、书法等艺术。岩土工程分析在很大程度上取决于工程师判断，具有很高的艺术性，岩土工程分析中应将艺术和技术美妙地结合起来。曾国熙教授在给我们讲课时，将解决"土工问题"比喻为中医诊断，并强调在岩土工程分析中要将理论计算、室内外测试成果和工程经验相结合，不能偏废；在讲解岩土工程稳定问题时，再三强调一定要将采用的分析方法，该方法中应用的参数，包括测定方法，以及相应的安全系数统一起来考虑，否则得不到正确结论。周镜院士在《黄文熙讲座》(岩土工程学报，1999，第1期)中谈到经典土力学是基于海相沉积的软黏土和标准砂的室内试验研究成果上形成的。他建议要重视区域性土特性的研究，并通过一工程实例来说明其重要性。这些意见和结论都来自对岩土工程研究对象的特性的深刻认识。

岩土工程研究的主要对象是岩体和土体。它们是自然、历史的产物，不仅区域性和个性强，而且即是在同一场地，同一层土，沿深度、沿水平方向均存在差异。岩石和土体的强度特性、变形特性和渗透特性是通过试验测定的。在室内试验中，原状试样的代表性、取样和制作试样过程中的对土样的扰动、试验边界条件与现场边界条件的不同等客观原因均使室内试验结果与地基中岩土实际性状产生差异，而且这种差异难以定量计算。在室外原位测试中，现场测点的代表性、埋设测试元件对岩土体的扰动，以及测试方法的可靠性等所带来的误差也难以估计。这些决定了岩土工程学科的特性。

岩土工程分析中采用精细的分析方法，包括应用黏弹塑性力学理论，采用精细、复杂的本构模型，应用精确的数值分析方法，仍有可能得到不合理的结论。因为岩土工程研究的对象——岩体和土体不仅工程性质复杂，区域性和个性强，而且在地层中分布不均匀，如不能抓住主要矛盾，就可能得不到合理的结论。我认为目前岩土工程分析和岩土工程研究中主要问题是对岩土工程特性重视不够，对岩土工程研究对象——岩体和土体的工程性质了解和重视不够。现在不少研究工作，采用分析方法很精细，但参数选用随意性大，失去了工程实用价值。

另外，还有一个重要问题，在岩土工程中不少概念很模糊，很容易搞错。下面我想通过几个具体问题谈点看法。

在工程勘察报告和一些教科书上常常见到"土的承载力"。仔细想一想"土的承载力"这个概念不是很合适，称"土的承载力"不妥当。地基的承载力不仅与土层分布、各土层土体的抗剪强度有关，而且还与建筑物基础形状、大小和埋深有关。同一场地上条形基础、筏板基础和路堤荷载作用下的地基承载力是不相同的。桩基承载力，浅基础承载力，复合地基承载力等等概念似乎要明确一些，不容易搞错。

在工程勘察报告中是否需要提供承载力，如何提供承载力值是值得商榷的问题。既然地基承载力不仅与地基土体的抗剪强度有关，在勘察报告的各层土的物理力学性质指标表中简单地列出各层土的地基承载力值是不妥当的，容易对设计人员产生误导。如果需要工程勘察报告提供地基承载力值，应像有的勘察设计院那样根据工程地质条件,结合具体工程的情况(包括基础形状、大小和埋深等)提供针对每个建(构)筑物的地基承载力值,供设计人员参考。我认为如果工程勘察报告中只提供各层土的工程性质指标,由设计人员根据具体工程自己分析、确定相应的承载力,既有利于提高技术人员岩土工程设计水平,又有利于减少错误。

要完成一项岩土工程设计,一定要对该工程的工程地质条件,特别是各层土的工程性质有一个较好的了解。土的工程性质主要指土的强度特性,变形特性(应力 - 应变特性)和渗透性。而在这方面我们做得很不够。很难想象只利用直剪试验的成果就能够较好的确定深厚软黏土地基中土的抗剪强度,能够较好分析软黏土地基稳定性。也很难想象根据压缩试验得到的 a_{1-2} 和 E_{1-2} 能较好地估算深厚软黏土地基的沉降。要提高岩土工程的分析和设计水平,一定要加强对土的工程性质的研究和认识。要了解土的工程性质,工程勘察工作很重要。一定要加强工程勘察工作,加大对土工室内外试验的投入,提高对土的工程性质的认识。提高岩土工程分析和设计水平,要加强工程师对岩土工程问题分析判断能力的训练。

问:你是我国岩土工程界自己培养的第一位博士,你在当时为什么选择了此专业作为自己人生事业目标的起点? 您工作中的最大乐趣是什么?

答:在中学时,我比较喜欢数学和物理,而且成绩也很好。报考大学时志愿表分一表和二表,共20个志愿。我报的志愿大部分是数学系,力学系,物理系,只有第一表第一志愿填了清华大学土建系。结果被清华大学录取了,学工业与民用建筑专业。在大学学习成绩也很好,特别力学课学得很不错。材料力学是张福范教授讲授的,结构力学是杨式德教授讲授的。他们都是名教授。材料力学和结构力学我都是"因材施教"对象。毕业后在秦岭山区从事"大三线"建设,主要是修公路,搞"三通一平"。自行设计、施工了几座桥,挺满意。对土坡稳定、挡土墙设计等问题兴趣不大。1978年考研究生,我岳父带我拜访他在浙江大学土木系的一位亲戚蒋祖荫教授。蒋教授说:"我是研究钢筋砼结构的,我们是亲戚,报我不合适。曾国熙教授是(当时)土木系唯一从国外留校回国的,在软土地基方面研究也很有影响,你报岩土工程较好。"于是我报了岩土工程。我学土木工程、学岩土工程都带有偶然性。到浙大学习岩土工程使我有了一个很好的舞台,有了一位很好的导师,对我的人生道路影响是很大的。我觉得工作中最大的乐趣是发现问题,思考问题,并想法去解决它。解决一个工程问题、发表一篇论文、出版一本书、培养一名学生,应该说都是很高兴的事情。岩土工程中有许多问题值得我们去思考,给我们带来了很多乐趣。发现问题不能解决,通过不断思考、探索,最终解决了,乐趣无穷。岩土工程中有许多问题没有解决,值得我们去思考。如:深厚软黏土地基在荷载作用下,什么是地基的最终沉降? 什么是最大沉降? 什么是工后沉降? 与地基的瞬时沉降,固结沉降,次固结沉降关系如何? 上述各种沉降如何计算? 它们相互间的关系如何? 你关心的是什么沉降? 你计算得到的又是什么沉降? 又如:在路堤荷载作用下,在筏板荷载作用下,在基坑开挖过程中,地基中土体的抗剪强度是否相同？等于多少？如何确定？又如：杜湖水库已建成30年，为什么至今每年还有1cm左右沉降？等等。

问：你是一位高产的知名学者，出版和发表了大量专著和论文，在土力学、地基处理及复合地基理论、深基坑工程技术研究方面取得了大量研究成果。请您介绍一下在这方面国内研究现状以及你们最新研究成果。

答：从1978年到浙江大学学习岩土工程，已有20多年，回顾一下自己走的路，研究领域主要围绕下述三个方面：土塑性力学及土工计算机分析、地基处理及复合地基理论、基坑工程及对周围环境影响。我想就上述三个领域谈谈体会，而不是研究现状，也不是最新的研究成果。要谈研究现状要做较多的调查研究，而我们的最新研究工作可参阅我们近期发表的论文，特别是近期我的学生的学位论文。

我认为岩土工程技术人员掌握土塑性力学的基本理论和土工计算机分析的基本方法是很有必要的。掌握土塑性力学的基本理论，有助于对土的抗剪强度特性、变形特性等土的工程性质的深刻认识，有助于对地基极限承载力、岩土工程稳定性等岩土工程基本问题的深刻认识。如通过对各种屈服准则的学习，有助于加深对莫尔－库仑准则的认识。对稳定材料，在π平面上莫尔－库仑准则是各种屈服准则的内包络线。莫尔－库仑准则在岩土工程中得到广泛应用，因为它不仅简单、实用，而且具有合理性。岩土工程研究对象——土体和岩体无论在材性上，还是在几何分布上都十分复杂，工程分析都要偏安全，因此应用处于内包络线位置的屈服准则是最合理的。我认为莫尔－库仑准则将在岩土工程分析中得到长期应用。这是岩土工程特性决定的。通过学习土工计算机分析，我们可以掌握许多分析方法。但同时应认识到数值分析结果的可靠度离不开土的工程性质指标的合理选用，边界条件的合理模拟，土层分布以及岩土体不均匀性的合理评价。以有限元分析为例，用有限元法分析结构工程中的梁和板的受力分析，分析结果具有很高的可靠度。用有限元法分析岩土工程中的地基在荷载作用下的性状，分析结果的可靠度受边界条件、排水条件、地基中初始应力场、土层分布及不均匀性、各层土的计算参数等方面模拟和选用的合理性等多方面的影响。影响因素很多，各种影响因素的影响程度又难以定量估计，因此对岩土工程有限元分析结果的可靠度评价较为困难。将有限元分析应用于岩土工程定性的趋势分析，了解某些变化规律对岩土工程分析还是很有帮助的。在岩土工程分析中要将理论分析、室内外试验研究和工程经验判断相结合，不要企图只通过计算机分析求解岩土工程问题。这也是岩土工程特性决定的。

地基处理方法我认为可以把它粗略地分为两类：一类是通过土质改良，一类是形成复合地基，来达到提高地基承载力、减小沉降的目的。近20年来，地基处理技术在我国得到很大发展。我认为目前应重视地基处理技术的综合应用以及地基处理的优化设计。现在大部分设计人员，遇到地基处理工程时，不是会不会进行地基处理设计，而是完成的设计是不是属于较合理的设计？是否已进行多方案的比较分析？是否已进行优化?

关于什么是复合地基,至今工程界和学术界还有不少不同的看法。我在《复合地基理论及工程应用》(中国建筑工业出版社,2002)一书中介绍了我和我的学生们十多年来的研究成果。我认为复合地基存在一个从狭义复合地基概念到广义复合地基概念发展的过程。复合地基的本质是增强体和土体在荷载作用下共同直接承担荷载。这也是形成复合地基的必要条件。书中首先介绍了广义复合地基的基本理论,然后分析了复合地基与桩基础、浅基础的关系,复合地基与双层地基,复合地基与复合桩基,以及基础刚度对复合地基性状的影响等问题,还分析了复合地基按沉降控制设计和复合地基优化设计计算的思路。复合地基理论和实践中尚有不少问题值得我们去思考、去解决。

说起基坑工程及对周围环境影响,让我想起从事第一个基坑工程围护设计的情况。十多年前厦门一公司委托我做一个围护设计。当时杭州基坑工程极少。我组织了一个由多位教授组成的班子,讨论了几次,完成了设计,但我心中还是很不放心。这好像也是浙江大学岩土工程研究所做的第一个基坑工程围护设计。只有十多年,现在从事基坑围护设计的人已经很多了。十多年来,我主持设计的项目应有一百多项。主要体会是什么呢? 我认为基坑工程围护设计是典型的概念设计,决不能只靠设计软件完成基坑围护设计,最重要的是要具体工程具体分析,要搞清工程地质条件和周围环境条件,要抓住一个个基坑围护工程的主要矛盾,搞好设计。现在完成一个基坑工程设计并不是很难,但要做到优化设计就不容易,特别是合理控制位移,处理好基坑工程对周围环境的影响。

问:清华大学以"厚德载物,自强不息"作为校训,您作为清华学子一直铭记在心,在事业上不断探索,勤奋耕耘,请您以您的人生阅历诠释这一校训的思想内涵。

答:1961年进清华大学学习对我的人生道路影响最大。进清华园最引人注意的两条标语是"清华园——工程师的摇篮"和"争取健康为祖国工作50年"。清华园不仅给了我土木工程的知识,而且告诉我如何去为祖国、为人民工作。清华园七年,我的体重也从80多斤长到120多斤。大学毕业快40年了,老同学见面时,有时也谈起什么是清华精神呢? 清华精神对我们有什么影响? 我觉得大学生活对青年影响很大,青年人接受大学教育很重要,我非常主张多办一些大学,应该让想读大学的人都有机会上大学。我国高等教育应加强普及。目前,提高是次要的,最主要的是加强普及。

谈起清华精神离不开"厚德载物,自强不息"的校训。我们这一代人,人生阅历是比较丰富的,经历过"大炼钢铁、大跃进"时代,困难时期也挨过饿,经历过"史无前例的文革风云",最后赶上了"改革、开放"的好时代。对我个人,则更丰富。1961年进清华大学前是农家的穷孩子,进了清华园成了大学生。毕业后面向基层到秦岭山区搞"大三线"建设。1978年有幸读研究生,1981年获硕士学位,留校任教,1984年获得博士学位。1986年有幸获得德国洪堡奖学金赴 Karlsruhe 大学从事科研工作。1988年春回国,同年升为教授。丰富的人生阅历是宝贵的财富。回想起来,什么是最重要的,值得提倡的。我觉得一是要勤奋;二是要干一行,爱一行;三是要有开拓精神,做一件事,就要努力把它做好。

无论是在学生时代学习,还是在工作岗位工作;无论是在秦岭山区修桥铺路,还是取得博士学位后在高校从事岩土工程教学、科研和技术服务工作;无论是在普通教师的岗位上,还是在系主任的岗位上;无论是一位普通技术人员,还是一位教授。我觉得自己都能自觉、不自觉地做好上述三点。特别是要勤奋,要有开拓精神,要努力把事情做好。

去年在报刊文摘上见到一篇介绍外国人写的讨论知识、能力和品质重要性的小文章。文中说:"知识不如能力重要,能力不如品质重要。品质中最重要的是自信、勇气和热情。"我常与学生们谈起这篇小文章,并做了适当补充。我认为有知识不等于有能力,而且有能力比有知识更重要。在大学时,不仅要努力学习、掌握知识,也要重视能力训练。研究生更应重视能力的训练。但要认识到:知识是基础,一个人没有丰富和宽广的知识做基础,不可能有很强的能力。因此,应不断学习,与时俱进,而且要拓宽自己的知识面。知识面要广,而且要有较好的知识结构。一个人具有良好的品质很重要,这位外国人认为品质中最重要的是自信、勇气和热情。我认为除此之外还要学会宽容,学会理解。还要敢于坚持真理,勇于改正错误。具有良好的品质有助于你学习、掌握知识,有利于你能力的训练、提高。可以说没有好的品质,很难有较强的能力,而且没有好的品质,能力强也不能得到很好发挥。品质确实最为重要。要从小加强品质的修养。要培养自信心,在认识论上要坚持唯物主义。任何时候、任何情况下都不要迷信,不要随波逐流。要有勇气去面对困难,面对挫折,面对失败。要满腔热情地对待工作,满腔热情地对待人生,满腔热情对待生活。

一题一议

墙后卸载与土压力计算*#

龚晓南

浙江大学土木工程学系,杭州,310027

笔者参加过几次事故补救讨论会和方案论证会,发现有些工程事故是由于墙后卸载情况下土压力计算有误造成的。典型实例如图1和图2所示。

图1(a)中基坑挖深10m,设计者将其分解为2个5m,分别以悬臂5m的计算模式(图1(b))计算作用在挡土结构上的土压力,并以此设计挡土结构,其结果发生整体滑动破坏。很明显,对图1(a)中支挡结构Ⅱ,实际作用的主动土压力远大于设计主动土压力,支护结构Ⅱ是不安全的,而且在开挖初期就可能发生较大变位。对支护结构Ⅰ,由于支护结构Ⅱ的变位,在挖深大于5m后,实际能提供的被动土压力远小于设计值,因此支护结构Ⅰ也是不安全的。该案例实际情况也是这样,当未挖至10m时,支护结构Ⅰ和Ⅱ均发生整体破坏。

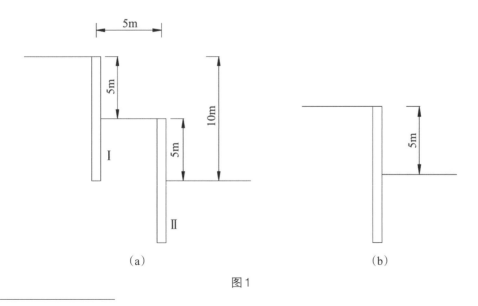

(a)   (b)

图1

* 本文录自地基处理,1995,6(2):42－43.

"一题一议"部分由博士研究生朱成伟协助校稿。

图2是工程中常遇到的情况。设计者常在基坑四周挖土卸载,卸载深度视周围构筑物情况及地下水位情况确定, h 一般为 $1.0\sim2.5m$,宽度 l 一般为 $2\sim4m$。在计算作用在支护结构上的主动土压力时,悬臂高度取 H ,还是取 $H-h$,如何考虑墙后卸载的影响?不少设计者将悬臂高度取为 $H-h$ 。笔者认为是偏不安全的。作用在悬臂支挡结构上,土压力分布是深度的一次函数,支挡结构剪力是深度的二次函数,弯矩是深度的三次函数。深度是很重要的参数。深度8m和深度7m的弯矩比值约为1.5。墙后卸载后,计算深度仍取 H 值是偏安全的。在卸载范围较小时,仍取 H 值是合理的。若卸载范围较大,笔者认为可视为负堆载,以计算由于卸载引起主动土压力的减小值。当卸载范围 l 与深度 H 相比较小时,其减小值远小于计算深度取 $H-h$ 时引起的减小值。

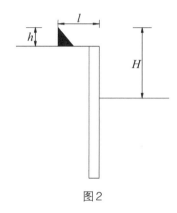

图2

正确评价墙后卸载对挡土结构物上土压力值的影响是十分重要的。

排水固结法与土工布垫层联合作用问题*

龚晓南

浙江大学土木工程学系,杭州,310027

　　某高速公路路堤坐落在深厚软黏土地基上。原设计方案为:路堤采用粉煤灰堆筑,地基采用塑料排水带排水固结法处理,路堤堆筑速率按排水固结法理论计算确定。后因粉煤灰来源发生困难,改用石渣填筑路堤。因路堤荷载加大,原地基处理设计不能满足地基稳定性要求,为了提高地基稳定性,在路堤下加铺两层土工布垫层,并将堆筑过程控制水平向位移每天不能超过5mm的标准改为不能超过3mm。

　　该路堤在初期填筑过程中,变形很小,满足每天水平位移不超过3mm的要求,随着填筑高度的提高,某天突然发生整体滑动破坏。土工布垫层拉裂,路堤地基发生整体滑动。

　　众所周知,采用排水固结法处理可以有效地提高土的抗剪强度,提高地基稳定性,铺设土工布垫层也可提高地基的整体稳定性。两项措施联合采用效果如何? 如果土工布垫层在荷载作用下,属理想弹塑性模型,荷载较小时,变形较小,荷载达到极限荷载时,容许变形不断发展,土工布垫层与排水固结法改良土体能联合作用提高整体稳定性。如果土工布垫层在荷载作用下,荷载较小时,变形很小,而达到极限荷载时,呈脆性破坏,则土工布垫层与排水固结法改良土体两者能否联合作用提高整体稳定性就值得怀疑。在这种情况下,当路堤填筑高度较小时,土工布垫层变形很小,压力扩散效果较好。当土工布垫层破坏时,软黏土地基难以承担路堤荷载,地基发生整体滑动。由于存在土工布垫层,起初压力扩散效果较好,与无土工布垫层情况相比,地基中附加应力较小。土体固结引起抗剪强度提高也较小。因此,在土工布垫层产生脆性破坏情况下,土工布垫层和排水固结法改良土体两者不仅不能联合作用提高地基稳定性,而且土工布垫层的存在可能减小地基土体由于排水固结抗剪强度提高的幅度。

　　两项提高地基稳定性的措施能否联合作用往往是有条件的。在某些条件下,不仅不能联合作用提高地基稳定性,而且会出现减小地基稳定性的情况。该案例是否能说明上述结论的重要性,令人深思。

---

* 本文录自地基处理,1995,6(2):42.

沉降浅议*

龚晓南

浙江大学土木工程学系，杭州，310027

    工程师们常说沉降难以正确估计。确实，正确预估沉降很难。地基土层土性离散、所提供参数的可靠性、计算理论欠完善等均影响正确预估沉降，客观原因很多。这里不准备讨论这些客观原因带来的影响。在主观上没有把握所要预估的沉降量和实际计算得到的沉降量是否是同一含义，也是造成沉降难以正确估计的原因。

    教科书上介绍，在荷载作用下，地基沉降可以分为三部分，瞬时沉降、固结沉降和次固结沉降。这对于沉降机理分析是很清楚的，对各种沉降计算也是可行的，三项叠加后可得到总沉降。工程师们在设计中往往要回答工后沉降是多少，而且是在一定时间内的工后沉降。于是，构筑物的沉降又可分为施工期沉降、工后沉降两部分。工后沉降又往往分为竣工后一定时间内的沉降和竣工后一定时间后的沉降。前者业主较关心，后者很少有人注意。施工期沉降和工后沉降之和是否等于瞬时沉降、固结沉降和次固结沉降三者之和呢？看来也不一定，需要满足一定的条件。

    对深厚软黏土地基上构筑物的沉降预估更为困难。在时间上区分瞬时沉降、固结沉降和次固结沉降是很困难的。瞬时沉降和固结沉降、固结沉降和次固结沉降往往重叠在一起。施工期沉降和工后沉降各占多少，不仅与施工期长短有关，而且与地基土层的渗透性有关。对这些问题缺乏具体工程具体分析，正确预估工后沉降是困难的。

    如何正确预估深层搅拌桩复合地基工后沉降，人们都很关心。不少报道(不是全部)均指出实际沉降小于计算沉降。这里的实际沉降多数是指竣工后一定时间内的工后沉降，计算沉降往往是指固结沉降、或由固结沉降量修正后的包括瞬时沉降、固结沉降和次固结沉降的总沉降量。两者含义不同，两者数值相差较多也是正常的。天然地基设置了水泥土桩，形成复合地基。在荷载作用下，复合地基和天然地基中的应力场分布相差颇大。由于加固区存在，浅层地基中的高应力区应力水平降低、扩大、下移。由于水泥土渗透性比天然地基土更小，高应力区下移，深层搅拌桩复合地基不仅固结沉降量减小，而且固结历时延长。对于渗透性很差的地基(无水平砂层的软黏土地

---

　　* 本文录自地基处理，1996,7(1):41.

基),水泥土桩复合地基固结完成时间很长,其深部土层中超孔隙水压力也许长期不会消散。通常人们设计时,加固区压缩量约取 $S_1 = 30\text{mm}$, $S_2 = 90\sim150\text{mm}$。在计算 S_2 时,所用参数是压缩试验(排水固结条件)提供的参数,是固结完成的压缩量。我想上述分析可以解释为何发生计算沉降大于实际沉降的情况。若下卧层土层中有水平砂层,或土体渗透系数大,计算沉降和实际沉降会接近一些。

      沉降难以正确估计的影响因素很多,正确理解各种沉降的含义是很重要的,可以说是前提条件。

读"岩土工程规范的特殊性"与
"试论基坑工程的概念设计"*

龚晓南

浙江大学土木工程学系,杭州,310027

"岩土工程规范的特殊性"(陈愈炯,1997)和"试论基坑工程的概念设计"(顾宝和,1998)二文写得很好,文中提出的问题值得我们岩土工程者深思、重视,也指出提高岩土工程技术水平的途径。

陈文认为"岩土工程发展至今仍是一门带有一定艺术性的科学。它研究的材料品种繁多,组合多样,性质复杂,各种土的好坏还与它所处的部位或承担的任务有关。因此,要想为如此复杂的土体制订一详细而且恰当的勘探或设计规范是很难办到的"。土是自然历史的产物,土层分布、土的性质十分复杂,而且区域性、个性很强。同是软黏土,各地的差别也很大。对如此复杂的对象,制订一部详细而且恰当的岩土工程规范确实是难以办到的。从政府各级工程建设管理部门到岩土工程教学、科研、设计、勘察、施工等各部门的技术人员都要认识这一点。制定详细而且恰当的岩土工程规范难以办到,怎么办? 是否岩土工程不需要规范? 笔者同意陈文的观点,"并不意味着不需要规范,它仍是很重要的参考书"。应该根据岩土工程特点来制订规范,来对待规范。

岩土工程规范宜粗不宜细,各项条款应该原则一些。在执行规范时,让岩土工程技术人员具有较大的探索和创新的空间,同时也让岩土工程技术人员承担更大的责任。

岩土工程应多制订地区性规范。笔者曾在一次报告会上谈到,这里所说的地区性规范,不是指浙江规范、江苏规范,而是杭州规范、苏州规范等。当然地区性规范也应宜粗不宜细,各项条款应该原则一些。

如何对待岩土工程规范,笔者十分赞成陈文的意见,"随着国家体制改革的进展,宜逐步淡化勘察和设计规范的严格执行,相应也必须强调承建者的风险责任"。淡化岩土工程规范的严格执行,将它视为指南,是指导书,是参考书。淡化岩土工程规范的

---

* 本文录自地基处理,1999,10(2):76-77.

严格执行,也是适应市场经济的需要。根据岩土工程自身特点,正确对待岩土工程规范十分重要。

另外,笔者十分同意陈文的呼吁,"最需要和最便于严格执行的是全国统一的岩土工程名词、术语、符号和单位"。然而,在这方面差距很大。各部门、各行业的规范、规程、教科书中名词、术语、符号不统一。这方面希望大家共同努力,早日统一我国岩土工程名词、术语、符号和单位。

顾文以基坑工程为例,论述了概念设计是一种设计思想,认为"设计者应当具有探索精神和创造精神,不能满足于现成的公式;要充分掌握情况,深刻理解原理,不要犯概念上的错误;不能机械地照搬经验,要在相关理论的指导下,借鉴已有经验进行分析和判断;事先定量计算只是一种估计,只有原型工程的实测数据最可信。这些就是我对概念设计的一些基本认识。基坑工程的设计如此,其他岩土工程设计也大体如此"。顾文阐述的概念设计思想对岩土工程技术人员是非常重要的。Terzaghi晚年坚信土力学与其说是一门科学,不如说是一门艺术。岩土工程是一门实用性很强的学科,岩土工程需要采用理论、室内外测试和工程实践三者密切结合的方法培养技术人才,开展科研和解决工程技术问题。岩土工程师不仅需要掌握岩土工程基本原理,更需要积累别人或自己的经验知识,积极探索、不断创新,提高综合分析、解决实际问题的能力。

参考文献

[1] 陈愈炯. 岩土工程规范的特殊性. 岩土工程学报,1997,19(6):112.
[2] 顾宝和. 试论基坑工程的概念设计. 基坑支护技术进展(建筑技术增刊),1998:87.

1 + 1 = ?*

龚晓南

浙江大学土木工程学系,杭州,310027

岩土工程中采用两项复合处理措施能否达到"1 + 1 = 2"的效果,或者说"1 + 1"等于多少是岩土工程设计中应重视的一个问题。这里"1 + 1 = 2"是指两种处理措施效果的简单叠加。

笔者曾根据一高速公路采用砂井排水固结和土工布加筋复合处理路基路段而产生滑坡的原因分析,在《地基处理》上撰文指出两项复合处理措施,1 + 1很少等于2,多数情况下大于1小于2,但有时甚至可能小于1。在复合土钉围护中也存在这一现象。如采用水泥土挡墙和土钉相结合的复合土钉支护时,在某种不利条件下也可能产生1 + 1小于1的情况。

复合土钉围护设计中,如果不分条件按"1 + 1 = 2"设计,或不重视避免小于1的情况,就可能导致工程事故。最近在分析浙江某地一基坑工程事故时,笔者认为其属于这种情况。

根据岩土工程勘察报告,该场地土层分布如下所述:

1 - 1层:素填土,黄色,松散,由新近堆填的塘渣组成。该层全场分布,层顶标高5.24~5.62m,层厚0.50~0.60m。

1 - 2层:粉质黏土,黄灰~灰黄色,饱和,可塑,中等压缩性。该层全场分布,层顶标高4.74~5.05m,层厚1.00~1.80m。

2 - 1层:粉质黏土,灰黄~浅黄色,饱和,可塑,局部粉粒含量较高,中等压缩性。该层局部分布,层顶标高3.15~3.86m,层厚0~1.50m。

2 - 2层:淤泥质粉质黏土,深灰色,饱和,流塑,含较多泥炭及腐殖质,高压缩性。该层局部分布,层顶标高1.85~4.04m,层厚0~0.70m。

2 - 3层:黏质粉土,浅灰色,饱和,稍密,中等压缩性。该层全场分布,层顶标高1.40~3.54m,层厚0.60~4.40m。

3层:淤泥质黏土,灰色,饱和,流塑,上部含较多腐殖质及少量泥炭斑点,下部含斑

---

* 本文录自地基处理,2004,15(4):57 - 58.

点状粉砂,高压缩性。该层全场分布,层顶标高－1.15～1.05m,层厚12.90～16.60m。

4层:粉质黏土,灰黄色,局部青灰色,饱和,可塑,中等压缩性。该层局部缺失,层顶标高－16.95～－12.91m,层厚0～6.00m。

5层:粉质黏土,灰色,饱和,软塑,含少量腐殖质,中偏高压缩性。该层局部缺失,层顶标高－19.36～－13.95m,层厚0～6.60m。(下略)

各土层物理力学指标如表1所示。

表1　各土层物理力学指标

层　号	1－1	1－2	2－1	2－2	2－3	3	4	5
土层名称	素填土	粉质黏土	粉质黏土	淤泥质粉质黏土	黏质粉土	淤泥质黏土	粉质黏土	粉质黏土
天然含水量/%		30.30	29.00	53.40	31.20	48.70	29.90	35.40
天然重度/(kN·m^{-3})		19.0	19.1	17.8	18.6	17.4	19.4	18.7
孔隙比		0.870	0.842	1.362	0.915	1.349	0.829	0.975
塑性指数I_p		13.7	13.8	16.3	9.4	19.3	14.6	14.8
液限/%		35.5	36.0	43.4	33.0	43.7	36.3	37.4
塑限/%		21.8	22.2	27.1	23.1	24.4	21.7	22.6
压缩系数a_{1-2}/MPa^{-1}		0.39	0.36	0.80	0.32	1.08	0.35	0.49
固快　内聚力/kPa		24.0	16.0	8.0	14.0	11.0	2.50	17.0
固快　内摩擦角/°		17.5	22.7	9.1	25.2	10.6	19.0	15.0
直快　内聚力/kPa		18.0	14.0	9.0	9.0	9.0		
直快　内摩擦角/°		16.2	19.3	9.1	22.1	10.0		
渗透系数/(cm·s^{-1})		4.99×10^{-7}	1.19×10^{-6}	1.00×10^{-7}	4.13×10^{-6}	5.15×10^{-8}		

基坑坑底面处第3层,第3层层厚12.90～16.6 m,含水量50.8%。2－1层和2－3层土的渗透系数较高。基坑采用∅600一排搅拌桩与土钉形成的复合土钉支护。基坑开挖正处雨期,当开挖至5m左右时,土钉已施工4道。由于连日下雨,导致基坑边坡失稳破坏。笔者认为该复合土钉围护中的单排搅拌桩排桩墙对提高复合土钉围护

整体稳定性贡献不是很大。因搅拌桩排桩墙隔水性好,所以当地基土体渗透系数较高,且下有不透水层时,作用在围护结构上的水压力就必然会大大增加,这对围护结构整体稳定是不利的。在连续雨天条件下,单排搅拌桩排桩对提高基坑的整体稳定性可能会弊多利少。根据咨询组的复算,如只采用土钉支护,开挖至5m左右时应不会产生稳定破坏。因此,采用复合土钉支护要特别重视两项处理措施的复合条件,两者相互间的影响,以及对复合效果的评估。复合土钉支护形式很多,很难逐一评价复合效果。设计人员应根据具体工程条件重视复合效果的评估,合理评价1+1等于多少。岩土工程中采用两项复合处理措施可能达到的效果:1+1很少等于2,多数情况下大于1小于2,但有时甚至可能小于1。对可能产生1+1小于1的情况需要特别重视。

当前复合地基工程应用中应注意的两个问题*

龚晓南

浙江大学岩土工程研究所,杭州,310027

近年来,在建筑工程、交通工程和市政工程中复合地基得到愈来愈多的应用,对复合地基性状的研究也日益增多,这是十分可喜的现象。在当前复合地基工程应用发展过程中,笔者认为有两个需要引起重视的问题:一是要重视复合地基的形成条件;二是要重视基础刚度对复合地基性状的影响。

笔者曾多次强调:在荷载作用下桩体和桩间土体共同承担上部结构传来的荷载是复合地基的本质。如何保证桩体和桩间土体能够共同承担上部结构传来的荷载是有条件的,这也是能否形成复合地基的条件。换句话说,在荷载作用下,桩体和桩间土体通过变形协调共同承担荷载作用是形成复合地基的基本条件。

因为散体材料桩在荷载作用下能够产生侧向鼓胀变形,因此当增强体为散体材料桩时,均可通过变形协调达到桩体和桩间土体共同承担荷载。因此,采用散体材料桩作为增强体均能形成复合地基,都能满足增强体和土体共同承担上部荷载的要求。

复合地基的概念由散体材料桩复合地基发展为包括黏结材料桩复合地基时,情况就不同了。在荷载作用下,桩和桩间土沉降量相同,才可保证桩和桩间土共同承担荷载。采用黏结材料桩,特别是采用刚性桩形成复合地基时,需要重视复合地基的形成条件。黏结材料桩的变形包括桩体的压缩和桩体向桩下土体和桩上土体(如有垫层)的刺入。如何保证在荷载作用下通过桩体和桩间土变形协调来保证桩和桩间土荷载是设计工程师应该重视的问题。在实际工程中如不能满足形成复合地基的条件,而以复合地基的理念进行设计是不安全的。这种情况高估了桩间土的承载能力,降低了安全度,并有可能造成工程事故,应引起设计人员的充分重视。

理论分析和实验研究表明,在基础和复合地基加固区之间设置垫层可以改善复合地基中浅层的受力状态,如减小桩土荷载分担比,提高桩间土的抗剪强度、提高增强体承受竖向荷载的能力等。应该认识到设置垫层是在某些情况下形成复合地基的一种措施,但将是否设置垫层作为形成复合地基的必要条件或充分条件都是不妥当的。

---

* 本文录自地基处理,2005,16(2):57-58.

　　基础刚度对复合地基性状有很大的影响。现场试验研究表明,柔性基础下桩体复合地基破坏模式和刚性基础下桩体复合地基破坏模式不同。当荷载不断增大时,柔性基础下桩体复合地基破坏是由土体先破坏造成的,而刚性基础下桩体复合地基破坏是由桩体先破坏造成的。桩体复合地基极限承载力大小与基础刚度有关。其他条件相同情况下,刚性基础下复合地基比柔性基础下复合地基的极限承载力大,刚性基础下复合地基的沉降比柔性基础下复合地基的沉降要小。

　　在建筑工程中,无论是条形基础,还是筏板基础,基础刚度都很大,可称为刚性基础。在交通工程中,填土路堤的刚度比建筑基础的刚度要小。人们已经发现路堤下的桩体复合地基性状与建筑工程中刚性基础下的复合地基性状有较大差别。将建筑工程中复合地基设计计算方法一成不变地应用到路堤下的复合地基的设计计算是不合适的,也是不安全的。这种情况高估了路堤下复合地基的承载能力,降低了路堤工程的安全度,并有可能造成工程事故,应引起设计人员的充分重视。

　　为了提高柔性基础下复合地基桩土荷载分担比,减小复合地基沉降,可在复合地基和柔性基础之间设置刚度较大的垫层,如灰土垫层,土工格栅碎石垫层等。不设较大刚度的垫层的柔性基础下桩体复合地基应慎用。

应重视上硬下软多层地基中挤土桩挤土效应的影响*

龚晓南

浙江大学土木工程学系,杭州,310027

首先分析一具体工程挤土桩挤土效应对桩基工程质量的影响。该工程地基土层分布如下:

1. 杂填土:主要由碎石、瓦砾和生活垃圾等回填而成,硬物含量大于50%,其余为黏性土;下部普遍含有0.20～0.40m的灰色耕植土。全场分布。层厚0.30～2.60m。

2. 粉质黏土:含少量铁锰质结核,切面光滑,韧性和干强度较高,无摇震反应。全场分布。土体含水量30.8%,天然孔隙比0.899,E_s = 4.0MPa。层厚0.70～5.50m。

3. 淤泥质黏土:饱和,流塑。局部夹粉土薄层,韧性较低,干强度中等。土体含水量41.7%,天然孔隙比1.178,E_s = 2.6MPa。全场分布。层厚1.00～6.60m。

4 − 1. 黏土:饱和,可塑。含黄褐色斑块,见铁锰质结构,切面较光滑,局部粉粒含量较高,韧性和干强度均较高,无摇震反应。土体含水量26.6%,天然孔隙比0.762,E_s = 6.0MPa。全场分布。层厚1.50～6.10m。

4 − 2. 粉质黏土:饱和,可塑—软塑,局部流塑。夹薄层粉砂,局部相变为黏质黏土,切面较粗糙,韧性较低,干强度中等,局部具轻微摇震反应。土体含水量30.7%,天然孔隙比0.782,E_s = 4.5MPa。全场分布。层厚3.30～11.00m。

5. 粉质黏土:饱和,硬塑。含有铁锰质结构或斑点。切面光滑,韧性较高,干强度较高,无摇震反应。土体含水量23.1%,天然孔隙比0.664,E_s = 12.0MPa。全场分布。层厚2.00～8.30m。

下略。

对多层住宅楼设计选用夯扩桩基础,并以4 − 1黏土层和4 − 2粉质黏土层为夯扩桩的持力层。夯扩桩采用∅377mm夯扩桩无桩尖施工,桩端进入持力层4 − 1层不少于2.5m。各幢楼总桩长视工程地质条件稍有不同。设计有效桩长在7.7m和8.3m之

* 本文录自地基处理,2005,16(3):63 − 64.

间。配筋一般在3.50m左右(含凿桩段0.5m)。

根据桩基静载试验测试报告,单桩竖向极限承载力在818kN～960kN之间,单桩承载力满足设计要求。

该工程采用高应变和低应变测试共测桩275根,其中Ⅰ类桩174根,Ⅱ类桩101根。Ⅱ类桩问题判断为存在局部缩颈或离析。局部缩颈或离析深度最浅为2.0m,最深4.0m,大部分在3.0m左右。据施工单位介绍,在挖开加固过程中目测多为裂缝。

笔者认为:该场地在表面硬壳层和持力层(4-1黏土层)之间存在一软弱淤泥质黏土层。该淤泥质黏土层平均含水量为41.7%,饱和、流塑,抗剪强度低。夯扩桩为挤土桩,在施工过程中将产生挤土效应。在该工程地质条件下,由于硬壳层较厚,挤土桩在施工过程中产生的挤土效应主要反映在软弱淤泥质黏土层中产生侧向挤压作用。后续施工的桩将对周围已设置的桩产生较大的水平侧向压力。由于该水平侧向压力的作用,已施工的桩对周围已设置的桩在硬壳层和淤泥质黏土层界面处将产生较大的剪切力。该工程桩钢筋笼一般只有3.5m左右(含凿桩段0.5m),因此该工程桩在硬壳层土体和淤泥质黏土层土体界面处抵抗水平抗剪切能力很弱。在该桩段很易产生裂缝,产生缩颈。特别是桩体混凝土,尚未到养护时间,桩体破坏情况更为严重。

上述分析解释了该工程中不少工程桩在2.0～4.0m范围,大部分在3.0m左右处产生裂缝、缩颈的原因。

近两年笔者已多次被邀为类似工程质量事故分析原因。在上硬下软多层地基中设置夯扩桩、沉管灌注桩都要十分重视挤土效应对已设置桩的影响。某一工程,硬壳层土层和软弱土层性质差别比上述工程还要大,采用沉管灌注桩,布桩密度比上述工程也要大一些。在桩基施工过程中未能及时发现挤土效应的不良影响。直到桩基静载试验和动测试验才发现2/3以上的桩未能达到设计要求。少部分桩在软硬土层界面处砼完全断开,二十多米的桩变成了长5米(硬土层厚度)左右的桩。大部分桩在软硬土层界面处产生严重的剪切破坏。

硬壳层很薄或基本上没有硬壳层的软土地基中挤土桩的挤土效应很容易被觉察,容易得到设计、施工人员的重视。上硬下软多层地基中挤土桩的不良挤土效应往往容易被忽视,或者估计不足。上硬下软多层地基中挤土桩挤土效应的影响范围常常超出人们的估计,应重视上硬下软多层地基中挤土桩挤土效应的影响。

某工程案例引起的思考

——应重视工后沉降分析*

龚晓南

浙江大学岩土工程研究所,杭州,310027

　　某城市在一新区建一中心广场。场地工程地质情况为:最上是1.3m左右填土,下面是0.8m左右粉质黏土和10.0m左右淤泥质黏土,再下面是粉质黏土,最后是砾砂等。中心广场环周一边是建筑物,另一边是高低错落的看台,中心是圆形喷泉区。喷泉区与中心广场,整个广场为同一地坪面。地坪面向中心微倾,当喷泉喷水时可自动流回处于喷泉区的集水井。在不喷水时,人们可在广场地坪上组织活动。其建筑构思甚好。

　　设计时,设计人员考虑到看台区荷载较大采用桩基础;圆形喷泉区比较重要,采用水泥搅拌桩加固埋在地下的钢筋混凝土水池下的软弱土层;其他采用天然地基。整个地坪统一采用高挡面板。

　　建成数月后,发现采用桩基础的看台区沉降最小,采用水泥搅拌桩加固的圆形喷泉区沉降也很小,其它区域沉降则较大,由此产生的看台区与广场地坪区之间的不均匀沉降约有半个台阶之大。随着工后沉降的发展,两者之间的不均匀沉降量可接近一个台阶的高度,此时可沿看台区增设一台阶,因此处理成本并不高,对广场美观的影响也小。但不均匀沉降使广场地坪区低于圆形喷泉区,喷泉喷水时落在四周广场地坪的水不能流回处于喷泉区的集水井,因此不均匀沉降对使用功能影响较大。另外,不均匀沉降使中心广场整个地坪产生裂缝。

　　该设计有三点很值得深思。一是人们很不重视软土地基上填土引起的工后沉降,总沉降量估计不足,沉降持续时间也估计不够。二是对埋在地下的钢筋混凝土水池造成的荷载估计偏大。钢筋混凝土水池使用时造成的荷载由钢筋混凝土结构重量和水的重量组成,对喷泉池还有设备重量。钢筋混凝土的重度和喷水设备材料的重度比土的重度大,但占体积较大的水的重度要比土的重度小,况且水还不能盛满,因此不少情

---

* 本文录自地基处理,2009,20(4):61.

况下,埋在地下的钢筋混凝土水池在使用时的重量比同体积土体的重量小。该工程从协调两区沉降来看,广场地坪区采用天然地基,圆形喷泉区也应采用天然地基。另外,埋在地下的钢筋混凝土水池在使用时也可能发生沉降,这与挖土卸载土体回弹变形和充水加载土体再压缩产生沉降有关,这里不再展开,但其量较小。三是人们对工后不均匀沉降和可能造成的危害不重视,有时口头重视,一遇实际问题就忘了。据了解,该工程由建筑师和结构工程师完成,没有岩土工程师参与,这一点也值得我们深思。总之,在软黏土地基上进行工程建设应重视工后沉降分析,避免不均匀沉降造成危害。

案例分析*

龚晓南

浙江大学岩土工程研究所,杭州,310027

最近参与一工程咨询,因建筑物沉降尚未稳定而难以通过验收。现将案例简化,供讨论分析。

某小区自地面起土层分布如下:1.粉质黏土,平均2.5m厚,地基土承载力特征值90kPa;2.淤泥质粉质黏土,平均20.0m厚,地基土承载力特征值55kPa;3.粉砂,约4.0m厚,地基土承载力特征值180kPa;4.淤泥质粉质黏土,平均10.0m厚,地基土承载力特征值65kPa;5.粉砂,约1.0~6.0m厚,地基土承载力特征值220kPa;6.砾砂,约8.0m厚,地基土承载力特征值350kPa;再以下依次是强风化基岩、中风化基岩等。

该小区建筑多为7层异形柱框架结构,无地下室。小区在建设过程中大面积填土两次。在基础施工前填土约0.8m厚,在上部结构施工期间填土约1.0m厚,两次共填1.8m厚。基础设计采用下述两种型式:

(1) 采用桩筏基础,以土层3作为桩基持力层。

(2) 采用桩筏基础,以土层5作为桩基持力层。

上部结构竣工半年多后,以土层5作为桩基持力层的建筑物沉降很小,观测资料表明:建筑物沉降约20mm左右,而且沉降基本稳定;以土层3作为桩基持力层的建筑沉降较大,观测资料表明:建筑物平均沉降约120mm,而且沉降还在不断发展,尚未稳定。另外还发现,以土层5作为桩基持力层的建筑本身沉降很小,但室外地坪沉降较大,房屋散水处已出现裂缝;而以土层3作为桩基持力层的建筑本身沉降较大,室外地坪沉降也较大,未见建筑物与室外地坪之间产生沉降差的迹象。据分析,由于大面积填土荷载的作用,土层2和土层4的固结压缩变形还将持续几年,整个小区地面将持续发生沉降。专家估计,近几年内还将持续发生沉降120mm左右。以土层3作为桩基持力层的建筑,主要由于土层4的固结压缩变形,也将持续发生沉降。而以土层5作为桩基持力层的建筑沉降基本稳定。

如果委托你设计,你是采用基础型式(1),还是采用基础型式(2),还是采用其它基

---

* 本文录自地基处理,2008,19(1):57.

础型式呢?

如果采用基础型式(1),房屋散水处的裂缝会影响你设计的建筑物形象,还可能由于沉降差过大发生室内外管线拉断,酿成事故。这类事故在软土地基地区可不少啊!如果采用基础型式(2),你设计的建筑物持续数年不断沉降,你能否承受来自多方的压力。也许验收都通不过!

顺便指出,基础型式(1),可称为复合桩基,也可称为刚性桩复合地基;基础型式(2)是桩基础。

从某勘测报告不固结不排水试验成果引起的思考[*]

龚晓南

浙江大学土木工程学系,杭州,310027

最近参加一地基处理方案评审,在某甲级勘测单位提供的报告中,由不固结不排水剪切试验(UU试验)得到土的抗剪强度指标 c 和 φ ,而且 φ 均不等于零。UU试验是用来测定土的不排水抗剪强度 c_u 值的。不排水抗剪强度不同于抗剪强度指标,前者是试样的不排水抗剪强度值,后者是用于计算试样所取土层的土体的抗剪强度值的指标。

图1(a)表示某一地基,土层2为正常固结黏土层,单元A、B和C分别代表土层不同深度处的土样。测定土体抗剪强度的方法通常有三轴固结不排水剪切试验(CIU试验)、不固结不排水剪切试验(UU试验)和现场十字板试验,另外还有无侧限压缩试验和直剪试验等。这里对土层2只讨论前三个试验。由十字板试验得到的土体不排水抗剪强度沿深度是不断增大的,如图1(b)所示。不固结不排水剪切试验(UU试验)的结果如图2所示。若在单元A、B、C深度处取的土样进行UU试验得到的不排水抗剪强度值分别记为 c_{uA} 、 c_{uB} 和 c_{uC} ,则有 $c_{uC} > c_{uB} > c_{uA}$ 。

三轴固结不排水剪切试验(CIU试验)结果如图3所示。由CIU试验可以得到有效应力强度指标 c' 、 φ' 值和总应力强度指标 c 、 φ 值。对正常固结黏土, $c = c' = 0$ 。采用单元A深度的土样进行CIU试验,和采用单元B、单元C深度的土样进行CIU试验,得到的有效应力强度指标 c' 、 φ' 值和总应力强度指标 c 、 φ 值是一样的。

土体的抗剪强度可以采用Mohr-Coulomb公式计算,抗剪强度有效应力指标表达式和总应力指标表达式分别如式(1)和式(2)所示:

$$\tau_f = c' + \sigma' \tan \varphi' \tag{1}$$

$$\tau_f = c + \sigma \tan \varphi \tag{2}$$

式中 τ_f 为土的抗剪强度值; σ 和 σ' 分别为土体中的法向总应力和法向有效应力

---

* 本文录自地基处理,2008,19(2):44 – 45.

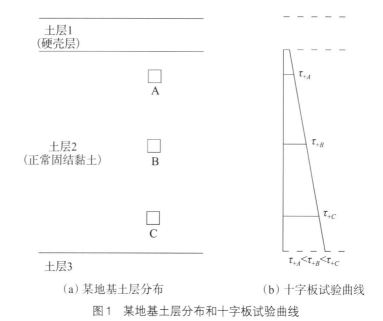

（a）某地基土层分布　　　　（b）十字板试验曲线

图1　某地基土层分布和十字板试验曲线

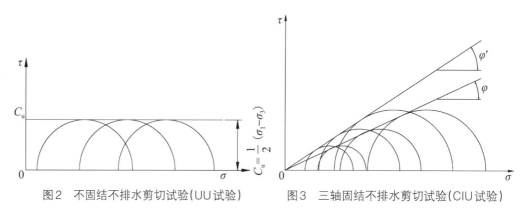

图2　不固结不排水剪切试验（UU试验）　　　图3　三轴固结不排水剪切试验（CIU试验）

值。土层2中不同深处土体的有效应力强度指标 c'、φ' 值和总应力强度指标 c、φ 值是一样的,但沿深度土体中总应力和有效应力值是增加的。因此,同一土层中土的抗剪强度值是增加的。由上面分析可知:(1)可以由三轴固结不排水剪切试验（CIU试验）、不固结不排水剪切试验（UU试验）和现场十字板试验得到土体的不排水抗剪强度;(2)土体的不排水抗剪强度和土的抗剪强度指标是不同的概念;(3)不固结不排水剪切试验（UU试验）和现场十字板试验测到的是土体的不排水抗剪强度值,而三轴固结不排水剪切试验（CIU试验）测到的是土的抗剪强度指标。(4)由某一深度土样通过三轴固结不排水剪切试验（CIU试验）测得的抗剪强度指标和土中应力代入Mohr-Coulomb公式可以计算土体的抗剪强度,但由某一深度土样通过不固结不排水剪切试验（UU试验）测得的不排水抗剪强度值是不能得到土的抗剪强度指标值的。

综上可知,由不固结不排水剪切试验(UU 试验)得到土的抗剪强度指标 c 值和 φ 值是错误的。而这一错误概念不仅出现在勘测报告中,而且出现在某些规范规程中,出现在某些教科书中,出现在一些计算软件中,故写此文以期引起讨论、重视。关于饱和黏性土的不排水抗剪强度和土的抗剪强度指标应用另文再议。

关于筒桩竖向承载力受力分析图*

龚晓南

浙江大学土木工程学系,杭州,310027

近日参加一大直径现浇混凝土薄壁筒桩工程应用方案评审会,发现关于大直径现浇混凝土薄壁筒桩竖向承载力的模型图如图1所示。该图所示受力分析是错误的。取筒桩作为分离体,筒桩上作用的竖向力如图2所示。大直径现浇混凝土薄壁筒桩一般由薄壁桩身和盖板组成。大直径现浇混凝土薄壁筒桩不同于一般预制管桩,大多数情况下,筒桩内土芯是充满内孔的。当大直径现浇混凝土薄壁筒桩充满土芯时,在桩顶荷载作用下,桩身外侧和内侧摩阻力、桩身端阻力和土芯对盖板的阻力四部分形成桩的竖向承载能力。取大直径现浇混凝土薄壁筒桩和筒桩内土芯作为分离体时,分离体上作用的竖向力如图3所示。在桩顶荷载作用下,桩身外侧摩阻力、桩身端阻力和土芯端阻力三部分形成桩的竖向承载能力。此时桩身内侧摩阻力是分离体的内力,不应计算在内。再来分析土芯受力状况。土芯分离体竖向受力如图4所示。由图可知,土芯端阻力等于土芯侧摩阻力和盖板传递给土芯的荷载两者之和。图4中土芯侧摩阻力和图2中桩内侧摩阻力是作用力与反作用力,两者大小是相等的。

由以上分析可知,图1所示受力分析是错误的。图1中桩内侧摩阻力和土芯端阻力两项并不独立,夸大了桩的竖向承载能力。大直径现浇混凝土薄壁筒桩竖向受力模型既可用图2表示,也可用图3表示。浙江省工程建设标准《大直径现浇混凝土薄壁筒桩技术规程》(DB33/1044—2007)中大直径现浇混凝土薄壁筒桩竖向受力模型采用图3表示的模型,由桩身外侧摩阻力、桩身端阻力和土芯端阻力三部分形成桩的竖向承载能力。在规程中,单桩竖向极限承载力标准值建议按下式计算:

$$Q_{uk} = \xi_1 Q_{sk} + \xi_2 Q_{pk} + \xi_3 Q_{psk} = \xi_1 U_p \sum q_{sik} l_i + \xi_2 q_{pk} A_p + \xi_3 q_{pk} A_{ps} \tag{1}$$

式中 Q_{uk} ——筒桩单桩竖向极限承载力标准值,kN;

Q_{sk}, Q_{pk} ——单桩总极限侧阻力、总极限端阻力标准值,kN;

Q_{psk} ——单桩总极限桩芯端阻力标准值,kN;

---

* 本文录自地基处理,2008,19(3):89 – 90.

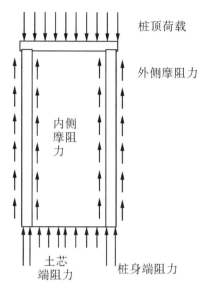

图1　筒桩竖向受力模型

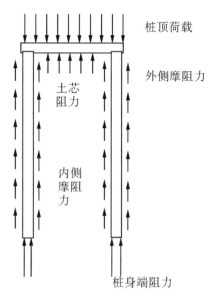

图2　筒桩分离体竖向受力模型

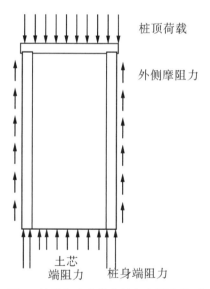

图3　筒桩加土芯分离体竖向受力模型

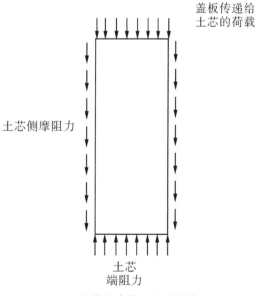

图4　土芯分离体竖向受力模型

ξ_1、ξ_2——桩侧阻力和桩端阻力修正系数；

ξ_3——桩芯土柱承载力发挥度；

U_p——桩身外截面周长；

q_{sik}——第i层土的极限侧阻力标kPa；

l_i——桩身穿越第 i 层土的厚度,m;

q_{pk}——单桩的极限端阻力标准值,kPa;

A_p——桩端环形截面面积,$A_p = \dfrac{\pi}{4}\left(D^2 - d^2\right)$,$D$、$d$ 分别为筒桩外、内直径;

A_{ps}——桩以内径计算的横截面面积,$A_{ps} = \dfrac{\pi}{4}d^2$。

薄壁取土器推广使用中遇到的问题*

龚晓南

浙江大学岩土工程研究所，杭州，310027

采用薄壁取土器取土样可以减少取土过程中对试验土样的扰动，使由室内试验得到的土的物理力学参数更符合地基中原状土的实际情况。采用薄壁取土器取土和一般取土器取土的对比三轴试验研究表明：对比较灵敏的饱和软黏土，由常规固结不排水剪切试验得到的抗剪强度指标，采用薄壁取土器取的土样比采用一般取土器取的土样一般要高，有的差别30%左右。也就是说采用一般取土器取土，由于在取土过程中对饱和软黏土试验土样的扰动，致使由常规固结不排水剪切试验得到的抗剪强度比原状土实际的抗剪强度小，有时小30%左右。研究还表明，对不同灵敏度的地基土体，采用的取土器的壁厚在取土过程中对试验土样的扰动程度是不同的。总之，采用薄壁取土器可以减少取土过程中对试验土样的扰动，可以使室内试验得到的土的物理力学指标更符合地基中实际土体的实际情况，在工程勘察中应该推广采用薄壁取土器取土样。近年制定或修订的有关规范均建议采用薄壁取土器取土样，如根据《岩土工程勘察规范》(GB 50021—2001)中6.3.4条，软土取样应采用薄壁取土器。

然而在实际工程应用中，据笔者向一些勘察单位同行了解，目前在饱和软黏土取土样过程中薄壁取土器和一般取土器两种取土器都在用。在岩土工程勘察报告中有的注明是采用薄壁取土器取土样的，还是采用一般薄壁取土器取土样的，多数并不注明，注明的也不明显。有的勘察工程师注意到采用两种取土器取的土样的区别，在勘察报告中对采用薄壁取土器取的土样由试验得到的抗剪强度指标根据经验进行适当折减。这样处理后避免了由于采用不同的取土器取土，在勘察报告中对抗剪强度指标评价的差异。但多数勘察工程师并未注意到这一点，由于采用不同的取土器取土，在岩土工程勘察报告中对抗剪强度指标评价产生了明显的差异。

上述现况存在下述问题：

1. 在岩土工程勘察报告中对采用薄壁取土器取的土样由试验得到的抗剪强度指标根据经验进行适当折减是否合理？这里的经验显然是以前采用一般取土器取土样

---

* 本文录自地基处理，2009，20(2)：61–62.

形成的。用抗剪强度指标评价以前采用一般取土器取土样形成的经验是否合理？是否符合规范精神？

2. 由于采用不同的取土器取土，在岩土工程勘察报告中对抗剪强度指标评价产生了明显的差异。设计人员如何根据勘察报告选用抗剪强度指标？特别是在勘察报告中没有注明是采用薄壁取土器取土样，还是采用一般薄壁取土器取土样。

3. 勘察单位没有严格根据《岩土工程勘察规范》(GB 50021—2001)中软土取样应采用薄壁取土器的规定。但对饱和软黏土采用薄壁取土器取的土样比采用一般取土器取的土样抗剪强度指标一般要高，在设计中如何选用并没有指导意见。众所周知，在岩土工程稳定分析中，选用的分析方法、分析中选用的抗剪强度指标、抗剪强度指标的测定方法(包括所用取土器)、采用的安全系数应该配套。在推广使用薄壁取土器以前，对在岩土工程稳定分析中，如何使选用的分析方法、分析中选用的抗剪强度指标、抗剪强度指标的测定方法、采用的安全系数配套，人们积累了很多经验。推广使用薄壁取土器以后，如何利用这些经验，如何使稳定分析中选用的分析方法、分析中选用的抗剪强度指标、抗剪强度指标的测定方法(包括所用取土器)、采用的安全系数配套是一个非常重要的问题。

对饱和软黏土，推广使用薄壁取土器取土是方向。在勘察工作中，应执行《岩土工程勘察规范》(GB 50021—2001)中有关规定，软土取样应采用薄壁取土器。在推广软土取样应采用薄壁取土器的同时，应重视采用薄壁取土器取的土样比采用一般取土器取的土样抗剪强度指标一般要高对稳定分析的影响。如不重视其影响则可能减小工程的安全储备，对工程安全产生不良影响。

基坑放坡开挖过程中如何控制地下水[*]

龚晓南

浙江大学岩土工程研究所,杭州,310030

近日参加基坑围护设计审查,两个不同单位设计的两个围护工程中,在放坡开挖或土钉支护坡面上设置水泥搅拌桩止水帷幕,笔者认为设计思路不妥,现提出讨论。

某基坑坐落的土层情况如下:杂填土,粉质黏土,粉质黏土,淤泥质粉质黏土,如图1所示。地下水埋深在0.6m至1.9m之间。基坑挖深5m左右,周边条件尚好。基坑围护采用放坡开挖,如图2所示。设计人员认为:粉质黏土透水性较好,为防止出现坍塌事故,设置水泥土止水帷幕,以隔断坑内外渗水。基坑内侧设置简易集水井进行疏干。

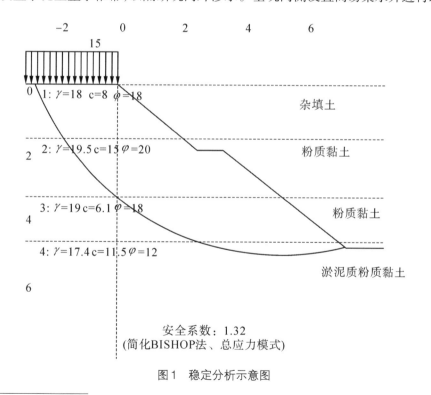

安全系数:1.32
(简化BISHOP法、总应力模式)

图1 稳定分析示意图

---

* 本文录自地基处理,2009,20(3):61.

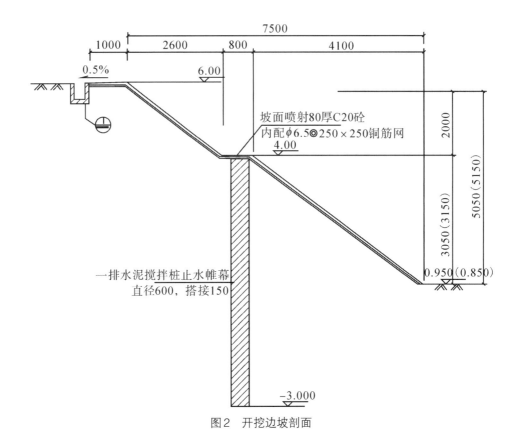

图2 开挖边坡剖面

设置的水泥土止水帷幕对基坑边坡稳定性主要影响有两点:水泥土抗剪强度高,提高了边坡稳定性;水泥土止水帷幕止水,将形成较大的水压力,降低了边坡稳定性。前者影响程度小,后者影响程度大。综合两种影响,设置水泥土止水帷幕降低了基坑边坡的稳定性。图2为稳定分析示意图。从图中可看出:在稳定分析中上述设置水泥土止水帷幕的两种影响均未考虑。图中安全系数1.32不能反映实际情况。

另外,采用深层搅拌法形成长为数百米的水泥土止水帷幕,做到完全不漏水,特别是暴雨条件下帷幕两侧水头差较大情况下,做到完全不漏水是很困难的。伴随帷幕漏水将产生坍塌。设置水泥土止水帷幕的效用刚好与设计者的意图相反。

笔者认为较好的处理方法是在坑外侧也进行降水处理,不需要设置止水帷幕。另外在边坡稳定分析中应考虑渗流的影响。

以上想法不知妥否,请读者批评指正。

从应力说起[*]

龚晓南

浙江大学土木工程学系,杭州,310030

对土木工程师而言,应力是一个常用的词。应力分析是土木工程师的基本功。应力是学习材料力学(国外称材料强度)时应掌握的一个非常有用的基本概念。近年来笔者在阅读、学习一些关于有效应力原理,莫尔－库仑理论,以及其它方面的"新发展","新理论"时,觉得有必要重新温习一下材料力学中这个非常有用的基本概念应力。

谈到应力不少人会想到:当物体受作用力时,应力 σ 是作用在物体某截面内单位面积上的力。其实对应力 σ 更确切的理解应是:

$$\sigma = \lim_{\Delta A \to 0} \frac{\Delta F}{\Delta A}$$

当物体受作用力时,应力是作用在物体某截面内面积趋于零的微单元上的力与微单元面积之比的极限值。当微单元面积趋于零时,微单元面积上的力作用在一点上。点是没有大小的,因此在物体截面上每点都有应力。在材料力学中,当一圆柱体轴向均布受力时,其横截面上每点应力相等。材料力学的研究对象是抽象的连续均匀分布的弹塑性体,而工程应用中的研究对象是具体的钢材、混凝土、钢筋混凝土、岩土体等工程材料。将"一圆柱体轴向均布受力时,其横截面上每点应力相等"的结论应用到钢材、混凝土、钢筋混凝土、岩土体分析中,人们发现横截面上每点应力相等似乎值得怀疑。对钢材、混凝土、钢筋混凝土、岩土体,人们没有仔细思考,没有产生怀疑,但对三相土体,圆柱体横截面上每点应力怎么会相等呢? 应力是内力,难道此时三相土中固相、液相和气相上的内力会相等吗? 实际上仔细想一想,钢材、混凝土、钢筋混凝土等物体也有具体的结构,与三相土一样在横截面上物质也不是连续均匀分布的。任何具体材料截面上真实的内力都与物体的具体结构有关。事实上,应力是内力,但不是真实的物体内部各组成部分间的相互之间真实的作用力。应力是人们在工程分析中建立的一个概念,概念是人们为了相互交流而建立的,它有别于客观存在。横截面上应力分布从微观上与横截面上真实的内力分布差异很大,但从宏观上用于工程分析的可

---

* 本文录自地基处理,2010,21(1):61－62.

靠性极好。应力这个概念建立的非常好。上述提到的"横截面上每点应力相等"也只是一个概念,并不指横截面上每点作用的内力相等。事实上力学分析中的横截面是平面,而现实中的横截面都是凸凹不平的面。力学分析中的平截面是理想的,客观上并不存在。

  土力学中有效应力原理提到的总应力、有效应力和孔隙水压力都是应力,在工程分析中都是作用在截面上每一点的。或者说在工程分析中截面上每一点都传递应力,既传递总应力,也传递有效应力和孔隙水压力。在结构上三相土体在截面上有三相之分,但在应力分析中每点都是三相体,是连续均匀分布的三相体。材料力学中的钢筋拉伸试验和土力学中的一维压缩试验都是脱离具体结构测定物体中的应力,是用于力学分析中的应力。莫尔-库仑理论中抗剪强度表达式中的应力也是如此。若将三相土体按相进行分析,材料力学中建立的应力这个概念就难以应用了。按相分析,不用应力这个概念,也就谈不上有效应力原理了。不少土力学教科书中对总应力、有效应力和孔隙水压力的传递机理的解释可能未说清楚,容易引起误解。

  理论力学的研究对象是质点和刚体,没有质点和刚体这两个概念就建立不了理论力学这一基础体系。我们从理论力学中学习了力的平衡分析,结合材料力学中建立的应力、应变、平截面假设等概念,应用力的平衡分析使我们学会了应力分析。这些是土木工程师的基本功,近年来我常对我的学生说,如果理论力学和材料力学未学好,一定要补课,否则难以做一个合格的土木工程师,更不要说做一个优秀的土木工程师。

  成文过程中曾与同事、学生反复讨论,意见也不是完全一致,现提出请同行指正。

承载力问题与稳定问题[*]

龚晓南

浙江大学岩土工程研究所,杭州,310058

稳定、变形和渗流是岩土工程的三个基本问题,承载力和沉降是建筑工程基础设计中的基本问题。沉降与竖向变形有关,两者关系简单。稳定与承载力关系如何?笔者近些年曾多次向同行请教,与学生讨论地基承载力概念与地基稳定性概念两者间的关系,至今未有自己满意的看法,现提出讨论。

工程设计中当地基承载力验算满足要求后是否还要进行稳定性验算?这是设计人员普遍关心的问题。在房屋建筑工程中,除了岸边和坡边的建筑物,设计中当地基承载力验算满足要求后是不需要进行稳定性验算的。也就是说,地基承载力验算满足要求后,地基稳定性肯定会满足要求。在填土路堤和柔性面层堆场等工程设计中,当地基承载力验算满足要求后还需要进行稳定性验算。近年来,多个道路工程事故原因分析发现,常规的地基承载力验算是满足要求的,而地基稳定性验算未能满足要求。从以上分析是否可以得到下述意见,当地基承载力验算满足要求后,地基稳定性验算不一定满足要求。

再来看看当地基稳定性验算满足要求后,地基承载力验算是否肯定满足要求?结论应该是否定的。地基稳定性验算要求保证地基不产生稳定性破坏,而地基承载力验算要求不仅要保证地基不产生破坏,而且还要保证将地基变形量控制在某一数值以内。后者比前者要求高。

上述两段分析得到的意见是相互矛盾的。为什么会出现上述情况呢?

当地基承载力采用极限承载力概念时,地基承受极限荷载的状态也是地基处于一种由荷载作用引起的稳定极限状态。判断由荷载作用引起的地基稳定性验算要求与地基极限承载力验算要求两者是一致的。地基极限承载力与地基变形无关,它反映地基在荷载作用下产生破坏前的极限承载能力。

问题是,常用的地基承载力概念,也是主要用在房屋建筑工程中的地基承载力概念,它不仅与地基稳定性有关,也与变形有关,而且主要与沉降有关。测定地基承载力

---

* 本文录自地基处理,2011,22(2):53.

的试验往往由沉降量控制。一般情况下,地基承载力验算满足要求常被认为沉降也会满足某种要求。设计中控制地基承载力主要是为了控制沉降,但也不全是。上述地基承载力概念与岩土工程的三个基本问题之一的稳定的概念差别是很大的。特别是将地基承载力演变成土的承载力,使承载力概念更难被正确掌握。除概念明确的极限承载力和容许承载力外,不同时期的规范又提出地基承载力特征值、设计值、标准值、基本值等承载力概念,使承载力概念更加复杂且难以被正确掌握。将主要用在房屋建筑工程中的这些地基承载力概念简单搬至非房屋建筑工程中应用,如用于填土路堤和柔性面层堆场等工程,有时过于保守,造成浪费,有时过于冒进,易造成工程事故。

在发展按变形控制设计理论时也遇到这个问题。例如,在基坑工程设计中分按变形控制设计和按稳定控制控制设计两大类,概念清楚。在房屋建筑工程设计中按沉降控制设计与按承载力控制设计两者是纠结在一块的,按沉降控制设计不同于按承载力控制设计,但按承载力控制设计也已将沉降量控制在一定范围内。

稳定、变形和渗流是岩土工程的三个基本问题,稳定分析、变形分析和渗流分析是岩土工程设计的三个主要方面,是为稳定控制、变形控制和渗流控制服务的。

对在建筑工程中用得最多的地基承载力概念,要全面理解它。地基承载力既与地基稳定有关,也与沉降控制量有关。地基承载力既与地基土的工程性质有关,也与基础形式、刚度、大小、埋深等因素有关。

岩土工程分析的误差主要来自哪个环节[*]

龚晓南

浙江大学岩土工程研究所,杭州,310058

在进行一个岩土工程问题分析时误差主要来自哪个环节是每个工程师必须重视的问题,这也是提高分析精度的关键之一。

对一个具体的工程问题,首先要将其简化成一个物理模型,然后将其转化为数学问题,再求解,得到分析结果。如图1所示。最典型的例子是软土地基大面积堆载预压固结问题。

图1 工程问题分析过程示意图

太沙基一维固结理论中先将其简化为如图2的物理模型,再推出固结方程如式(1)所示,

$$\frac{\partial u}{\partial t} = C_v \frac{\partial^2 u}{\partial z^2} \qquad (1)$$

式中 u——超孔隙水压力;

C_v——固结系数;

t——时间。

然后求解得:

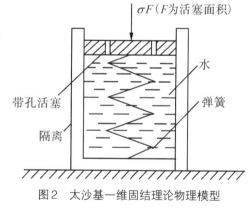

图2 太沙基一维固结理论物理模型

$$u = P_0 \sum \frac{4}{(2m-1)} \sin\left[\frac{(2m-1)Z}{2H}\right] e^{\frac{n(2m-1)^2 C_v T}{4H^2}} \qquad (2)$$

在图1中每一步转化都可能带来误差。对软土地基固结问题,除太沙基一维固结理论外,还有Biot固结理论,还有可考虑大应变的固结理论等,也就是说现在已建立的

———————————

* 本文录自地基处理,2011,22(3):51 – 52.

固结物理模型已很多,而且还在不断地被提出。有了物理模型就可转化为数学问题,最后是解数学方程。近年计算机分析和数值分析方法的发展,使复杂模型的求解成为可能,但对复杂模型的求解过程中可能产生的误差有多大往往不是很清楚。采用太沙基一维固结理论分析软土地基大面积堆载预压固结问题,大量工程实践表明其分析误差主要来自固结系数 C_v 的合理选用。采用太沙基一维固结理论本身带来的误差,数学求解带来的误差,远没有试验测定固结系数 C_v 值带来的误差大。提高分析精度,关键在固结系数 C_v 的合理选用。

再来看工程建设流程,对一个具体工程,先要进行场地工程勘察,然后进行设计,再是施工,工程建设流程如图3所示。

图3　工程建设流程

下面分析在深厚可压缩性土层上的建筑物的沉降分析误差主要来自图3中的哪个环节。工程勘察提供土层分布及各层土的物理力学参数,沉降计算方法很多,有精细的,有简易的,有理论的,有经验的,设计者可采用不同的计算方法进行沉降计算。分析误差主要来自采用的计算方法呢,还是计算参数的选用呢?前者是设计者的事,后者与设计和勘察都有关,因为各层土的物理力学参数是勘察提供的,但如何选用是与设计有关的。对这个问题多数人会认为分析误差主要来自计算参数带来的误差,实际上在整个建设流程中勘察带来的误差权重最大。但岩土体是自然和历史的产物,改善工程勘察带来的误差的空间也许不大,如何减小岩土工程分析的误差是我们应该重视的问题。

近几年笔者经常宣传在稳定分析中一定要坚持采用的分析方法、计算参数、参数测定和选用、安全参数取值四者相匹配的原则。笔者认为,目前减少岩土工程稳定分析误差的主要潜力在于上述四者相匹配规律的研究和经验的积累。

岩土工程分析误差主要来自哪个环节?这个问题很重要,也很复杂。要具体问题具体分析。一个岩土工程师要学会合理选用分析方法,合理选用计算参数。岩土工程分析在很大程度上取决于工程师的判断,具有很高的艺术性。岩土工程分析应将艺术和技术美妙地结合起来。

其他

我与岩土工程*#

龚晓南

浙江大学滨海和城市岩土工程研究中心,杭州,310058

结缘岩土工程

我于1961年考入清华大学土建系工业与民用建筑专业学习,毕业后到位于秦岭山区(陕西凤县)的国防科委8601工程处从事大三线建设,先是建简易铁路车站、修公路、架桥梁,"三通一平"后从事国防科委1405研究所的基本建设管理。1978年我国恢复研究生培养制度,我考入浙江大学土木工程学系,师从曾国熙教授,开始从事岩土工程行业。为什么会学岩土工程呢?说起来也挺有意思。我出生在浙江金华农村,祖辈务农。1974年结婚,妻子是浙江农业大学一位教师的女儿,在杭州工作。打算报考研究生时,我们的第一个孩子已在杭州出生。因此我决定报考浙江大学,期望毕业后能在杭州工作。报考前我的岳父卢世昌带着我去他的亲戚浙江大学土木工程学系蒋祖荫先生处请教我的报考专业。蒋先生对我们说,他的专业是钢筋混凝土结构,我们两家是亲戚,我选他当导师不合适。他还说,曾国熙教授是当时系里唯一从国外留学回国的,在软土地基领域的研究也比较有名,蒋先生建议我选曾国熙教授为导师,报考岩土工程。于是我报了岩土工程专业,师从曾国熙教授。当时一个专业方向一般只有一个研究生导师。我在一篇《我与岩土工程结缘》的小文中写道:"从此我有了一个很好的舞台,一位很好的导师。"1978年秋入学,1981年获硕士学位,硕士论文是《软黏土地基固结有限元分析》。研究生毕业后留

与导师曾国熙教授

* 本文刊于《中国66年岩土工程的人和事》(黄强主编),北京:中国建筑工业出版社,2015.

"其他"部分由陆水琴老师协助校稿。

浙江大学土木工程学系土工教研室工作。1982年春报考浙江大学博士研究生,导师是曾国熙教授。1984年9月12日通过博士论文答辩,成为浙江省自己培养的第一位博士,也是我国岩土工程界自己培养的第一位博士。博士论文是《油罐软黏土地基性状》。

我的岩土工程之路

我从1978年入门岩土工程至今已近40年,一直在浙江大学土木工程系从事岩土工程研究生教学、科研和技术服务工作。1986年申请到德国洪堡奖学金,年底到德国Karlsruhe大学从事研究工作,合作导师是G. Gudehus教授,1988年春回国。近40年来主要涉及领域脉络如下。

研究生阶段主要学习数学、力学等基础理论和土力学基本知识,从事土工计算机分析和土的本构理论研究。曾先生反复强调,岩土工程研究要坚持理论、土工试验和工程经验相结合。他让我结合上海金山化工厂地基处理工程案例开展研究,通过大量的三轴试验研究,建立模型,在省科技厅的计算机上完成计算分析(当时全省可能只有一台计算机(国产TQ－16型),采用BCY计算机语言),完成了学位论文。研究生阶段读了大量的文献资料,对岩土工程理论有了较全面、深入的了解,期间特别认真学习了临界土力学理论。研究生毕业后,在读书笔记的基础上编写了《土塑性力学》讲义,开始讲授土塑性力学。期间曾得到同济大学郑大同教授的鼓励和指导,他建议正式出版。1986年邀请沈珠江研究员和朱百里教授共同组织编写《计算土力学》,以满足岩土工程研究生的教学需要。1986年年底去联邦德国留学,从事软土地基固结反分析研究,1988年春回国。几年后编著《高等土力学》,主编《工程材料本构方程》和《土工计算机分析》等著作,促进了岩土工程研究生教学和土工计算机分析的发展。

1984年中国土木工程学会土力学及基础工程学会成立地基处理学术委员会,挂靠浙江大学,主任委员是我的导师曾国熙先生。曾先生提议我担任委员会秘书,由此我步入地基处理领域。在曾国熙、卢肇钧、叶政青和蒋国澄等学会领导的指导下,我具体负责《地基处理手册》编写的组织工作,并有幸认识了许多我国地基处理领域的著名老前辈,系统、深入地学习了地基处理技术。在叶政青先生的带领下,我与彭大用、叶书麟一起负责1986年在上海宝钢召开的第一届全国地基处理学术讨论会的具体组织工作,与曾昭礼一起负责1989年在烟台召开的第二届全国地基处理学术讨论会的具体组织工作。我还负责组织了多次地基处理技术学习班,开始几期讲课的老师有曾国熙、钱家欢、窦宜、盛崇文、叶书麟等地基处理专家。1991年学会换届,由于原学会领导年事已高,我被推荐担任学术委员会主任委员,负责学会工作。至今,地基处理学术委员会已举办14次全国地基处理学术讨论会和5次专题学术讨论会,相应出版了17本论文集,组织出版了《地基处理》杂志,《地基处理手册》已出版第三版,发行量超过12

万册。我还在多地组织数十次地基处理新技术研讨班。30多年来我长期从事地基处理理论和技术研究,参加主持多项建筑工程、交通工程、机场、堆场和填海工程等重大工程的软土地基处理,解决了许多技术难题。我常觉得自己非常幸运,30多年来有幸结识了地基处理领域的四代专家(1949年前后毕业的为第一代,"文革"前和"文革"期间毕业的为第二代,"文革"后毕业的又可分为两代)。他们是我的良师益友,从他们身上我学到了很多很多,并与他们共同努力,使我国地基处理技术水平得到不断的提高。我在学习、研究、普及、发展地基处理技术的过程中,有幸创建了广义复合地基理论,促进了复合地基工程应用体系的形成,为我国在复合地基理论和工程应用方面处于国际领先地位做出了贡献。

城市化推动了基坑工程的发展。二十世纪九十年代初,我开始学习基坑工程围护设计,并负责组织完成了浙江大学承担的第一个基坑围护设计项目。参加项目的有潘秋元、卞守中、乐子炎、谢康和、朱向荣、严平等老师。杭州庆春路改造给我们提供了机会,很多基坑都是由我们设计的,我指导完成了多篇相关的博士学位论文。在从事基坑围护设计过程中,我与学生们共同发展了多项基坑围护新技术,如深埋重力—门架式结构围护技术、"一桩三用"围护技术、水泥搅拌土植入T(工)形钢筋砼桩围护技术、注浆扩孔土钉围护技术等等;提出基坑工程按变形控制设计和按稳定控制设计理念、由土钉支护临界高度确定其适用范围的理念,提出基坑工程地下水控制原则,较系统地研究了基坑工程环境效应及防治对策。1995年年底,应福建省建筑科学研究院龚一鸣研究员等专家的邀请,担任《深基坑工程设计施工手册》的主编,负责编写的组织工作。期间我自己的知识也得到不断升华。2004年,由钱七虎院士和陈肇元院士创建的中国建筑学会施工分会基坑工程专业委员会(挂靠清华大学)换届,钱七虎院士和陈肇元院士两位学会领导推荐我担任主任委员。我深感责任重大,与其他学会领导共同努力,尽心尽力,共同促进我国基坑工程技术水平的不断提高。

龚晓南教授著作

另外,我也在既有建筑物基础加固和纠倾、岩土工程施工环境效应及对策、桩基工程、围海造地工程、岩土工程事故处理等领域做了一些工作。近年，还积极促进城市岩土工程、城市地下空间开发和海洋土木工程的发展，以及推动桩基工程植桩工法、软土快速固化技术、基坑工程钢支撑技术的研究和发展。

对岩土工程的思考

入门岩土工程至今已近40年，近年常思考一些问题，愈思考愈感到自己认识的肤浅、能力的不足。现谈几点，请读者批评指正。

二十世纪末，受卢肇钧院士和孙钧院士邀请，我撰文展望新世纪岩土工程的发展。文章分别刊于《岩土工程学报》和《岩土工程问题与前瞻》，以及卢肇钧院士的文章《关于土力学发展与展望的综合述评》中。我的主要观点是，岩土工程发展主要取决于工程建设需要和研究对象岩土材料的特性，也受相关学科如计算机技术、测试技术发展的影响。从那时起，愈来愈认识到岩土材料特性对岩土工程学科定位、学科发展、研究方法、岩土工程教育都具有非常重要的影响，有时甚至是决定性影响；愈来愈认识到Terzaghi晚年坚信岩土工程是一门应用科学，更是一门艺术（Geotechnology is an art rather than a science）的正确性和重要性。2005年我在《加强对岩土工程性质的认识，提高岩土工程研究和设计水平》一文中谈到："我理解这里艺术（art）不同于一般绘画、书法等艺术。岩土工程分析在很大程度上取决于工程师的判断，具有很高的艺术性。岩土工程分析应将艺术和技术美妙地结合起来。"

岩土是自然、历史的产物，个体间差异很大，应力应变关系十分复杂。从1963年建立剑桥模型，至今已过去50多年，国内外许多学者从事土的本构理论和本构模型研究，本构理论发展很快，建立的模型很多，但得到工程界普遍认可的几乎没有。究其原因，是岩土材料应力应变关系的复杂性、个体间差异性很大。本构模型是岩土工程数值分析中避不开的关键问题，是瓶颈。加之原状岩土体中初始应力很复杂，且难测准，初始应力场不清楚，非线性分析、弹塑性分析都没有基础。这样就使数值分析在岩土工程分析中具有很大的局限性。顾宝和提出的岩土工程分析"不求计算精确，只求判断正确"的理念得到业界普遍的认可。顾宝和还曾多次提出岩土工程设计应是概念设计的理念。岩土工程分析需要定性分析和定量分析相结合，需要综合判断。最近我多次强调，在岩土工程稳定分析中，采用的设计分析方法、分析方法中应用的计算参数、参数的测定和选用方法、安全系数的选用这四者一定要相互匹配，否则分析结果毫无意义。这些都是"岩土是自然、历史的产物"以及岩土材料的特殊性所决定的。

在理论力学中讨论刚体和质点，在材料力学中（国外一般称材料强度）中讨论刚塑性体，且要求满足平截面假设。在Terzaghi建立的土力学中讨论三相土。上述刚体、质点、刚塑性体、三相土都是理想的，是人们建立的概念，非常重要，但在现实世界中是不存在的。在工程分析中，工程师要重视真实材料和理想材料之间的区别。在钢结构和钢筋混凝土结构分析中,工程结构的真实材料和建立理论的理想材料之间的区别较小,而在岩土工程分析中,真实材料和理想材料之间的区别很大。另外,前者的差异造成的误差容易评估,后者的差异造成的误差则很难评估。理想的三相土的每点都是由固相、液相和气相组成的,是连续分布的三相体,而真实的三相土在空间上由固相、液相和气相组成,是不规则的混合体。真实的三相土和理想的三相土两者差别很大,由此我认为其产生的影响在土力学书中、在土力学教学中强调得不够,没有得到应有的重视。工程分析中的真实材料和建立理论的理想材料之间的区别是岩土工程分析与结构工程分析产生差异的主要原因。岩土工程分析中需要强调工程师综合判断,"不求计算精确,只求判断正确"。理论力学、材料力学和土力学的知识对岩土工程师特别重要。若没有学好理论力学、材料力学和土力学,在岩土工程分析中不可能做好综合判断,也不可能成为一个优秀的岩土工程师。

土力学创始人 Terzaghi 在《工程实用土力学》的序中写道:"工程师们必须善于利用一切方法和所有材料——包括经验总结、理论知识和土工试验。但是除非对这些材料加以细心、有区别的应用,否则这些材料都是无益的。因为几乎每一个有关土力学的实际问题的某些特点都是没有先例的。"Terzaghi 在《理论土力学》的序中强调:"作者(指太沙基自己)的大部分力量将用来提炼工地经验,并对将有关土的物理性质知识应用到实际问题上的技术加以发展。"Terzaghi 在创建土力学过程的这些教导至今仍很值得我们思考,很值得我们重视。

加强学科建设 加快发展步伐 适应形势要求 为建设一流土木工程学系而努力

—— 浙江大学土木工程学系发展规划概要初步设想 以及工作思路*

龚晓南

为了适应我国迅速发展的土木工程建设的需要,使我校土木工程学系进入全国同类系的前列,并在2010年左右跻身世界一流水平,在教学、科研和技术开发、继续教育等各方面有自己的特色,我们需要付出艰苦的努力。为了加强学科建设、加快发展步伐、适应形势要求,决定制定浙江大学土木工程学系发展规划(2000年左右)。现将就土木工程学系发展规划的初步设想(讨论稿)和工作思路报告如下,请多提意见和建议,以便完善和提高,使我们以后的工作少犯错误,少走弯路,提高效率。

1 土木工程学系发展规划概要(2000年左右)

土木工程功能化,城市立体化,交通高速化,以及改善综合居住环境成为现代土木工程建设的特点,土木工程学系的发展要适应我国现代土木工程建设发展的需要。根据我国我省土木工程建设对各类土木工程技术人员和管理人员的需求以及我系我校具体情况,制订发展规划。

发展规划的总思路是在研究所(室)设置、研究方向、大学本科教育上向大土木方向转变,以适应形势对我们的要求。土木工程学系的发展,既要有重点,又要拓广范围。

1)浙江大学土木工程学系下属研究所、学科性公司和继续教育中心规划
(1)已建和拟建研究所
·结构工程研究所(含结构实验室)——已建
·岩土工程研究所(含土工实验室)——已建
·水工结构及水环境研究所(含水利实验室)——已建

---

* 本文刊于浙大土木校友通讯,1995,06(1).

大约在10年内逐步筹建一批新的研究所(室),下述研究所可供参考。

·工程结构振动与测试研究所——拟建

·交通工程研究所——拟建

·建筑材料研究所(含建筑材料实验室)——由建筑材料研究所发展建成

·建筑经济与管理研究所——由建筑经济与管理研究室发展建成

·建设监理研究所——拟建

·环境工程研究所——拟建

·市政工程研究所——拟建

(2)已建和拟建系、所学科性公司

·浙江大学建设监理公司——已建

·浙江大学西维尔建筑新技术开发有限公司——已建

·浙江大学地基基础工程公司——已建

·浙江大学建筑设计院研究院第五设计室——已建

·浙江大学建筑设计研究院勘察设计室——拟建

·浙江大学土木工程顾问有限公司——拟建

·浙江大学土木工程测试中心(含桩基测试与研究中心)——拟建

·浙江大学建筑设计研究院市政工程设计研究室——拟建

随着学科建设发展和系、研究所的发展,还可建立一些独资或合资的科技产业。

(3)拟建浙江大学土木工程继续教育中心

在建筑业继续教育培训中心的基础上,完善组织,成立浙江大学土木工程继续教育培训中心。

2)适度发展大学本科教育规模,逐步扩大研究生教育规模,建立博士后流动站

大学本科教学加速向大土木教学转变,不分专业,只设若干个专业方向。

博士后流动站、博士点、硕士点分布逐步做到系有博士后流动站,各研究所分别有若干个博士点和硕士点。近期建设规划如下。

(1)博士后流动站

·土木、水利学科博士后流动站——拟建

(2)博士点

·岩土工程——已建

·结构工程——已建

·水工结构工程——已建

(3)硕士点

·岩土工程——已建

·结构工程——已建

·水工结构工程——已建

（4）可以考虑优先发展的硕士点

· 建筑材料

· 市政工程

· 建筑经济与管理

· 桥梁与隧道工程

· 交通工程

· 土木、水利工程施工

· 环境工程

2 工作思路

为了完成发展规划,使浙江大学土木工程学系位于全国同类系的前列,系工作思路如下。

1）加强学科建设

学科建设要靠系、所两级抓。系的主要工作是根据发展规划,制定学科建设规划。根据规划,加强研究所(室)建设,逐步取消教研室,有计划地创建一批新的研究所(室),完成系研究所(室)建制;加强与相关学科系(所)的科研合作,逐步形成由土建、水利、交通、环境、力学和数学等学科参与的土木工程学科群;注意培养和引进人才;创造经济条件,利用各种渠道增加学科建设经费投入;加强实验室建设,以满足教学、科研工作的需要。创造条件建设国家重点学科和工程中心。要把学科建设作为系工作的一个重点。

2）加强本科教学,调整教学计划,拓宽建筑工程专业知识面,加速向大土木教学计划发展

继续加强本科教学,逐步调整教学计较,加速向大土木教学计划发展。按系招生,不分专业,设若干专业方向。在前三个学年,对学生进行土木工程通才教育,使学生掌握建筑工程、交通工程、水利工程、地下工程、环境工程等基础知识,在第四学年分若干分专业方向,如工业与民用建筑工程、市政工程、建筑经济与管理、岩土工程、交通工程和环境工程等。要求学生通过1~2个专业方向的要求。在本科教学中,加强基础课和专业基础课教学,扩大知识面,加强学生能力训练。创造条件进一步完善学分制。更好地调动学生学习的主动性、积极性。提倡教授上基础课。对学生进行因材施教,加强对优秀人才的培养。加强教材建设,逐步出版一套有浙大特色的适应大土木教学计划的教材。

3）积极发展研究生教育

积极创造条件,逐步扩大硕士生、博士生招生规模,尽快完成从以本科教育为主到本科与研究生教育并重的过渡。培养研究生应是研究所工作的重要方面。根据发展规划,创建一批新的硕士点和博士点,建立博士后流动站和国家级重点学科。创造条

件在一级学科招收、培养硕士和博士研究生。加强研究生教材建设,各博士点逐步出版有浙大特色的系列研究生教材。

4)积极发展继续教育,适应社会需求

土木工程继续教育面广量大。为适应社会需求,要积极发展继续教育。成立浙江大学土木工程继续教育培训中心,创造条件建立若干个培训基地,使继续教育工作规范化、制度化、经常化。

5)加强纵向科研和高技术水平项目的研究

根据我系各学科方向的特色,面向社会,与设计、施工单位扩大联系,积极参与国家和省的重点工程建设,解决工程建设中遇到的重大技术难题。采取有力的措施,加强基础和技术基础研究。进一步加强与建设部、能源部、水利部、交通部、铁道部、电力部及中国建筑工程建设总公司、交通工程建设总公司、铁道建设总公司、港湾建设总公司等有关部门的联系和合作,争取承担更多国家级、省部级重大和重点研究项目。

6)办好系、所二级公司

创办系、所二级公司,既有利于将科学技术尽快转化为生产力,又能为学科建设、教学工作提供资金投入,也能为逐步改善教职工以及离退休同志的生活创造条件。在办好现有公司和设计室基础上,根据学科发展规划,创建一些新的科技产业,以支持系、所的发展。

7)加强人才培养和引进工作

一个系、一个研究所能否办好,关键是人才。只有形成一支高水平的师资队伍和一批在国内外有影响的学术带头人,拥有特别知名的学术权威,才可能把我系办成国内外有影响力的土木工程学系。要积极创造条件,促进人才的成长,并且吸引国内外专家学者来我系工作。

8)深化改革,完善系研究所(室)体制,提高办学效益

根据学科建设规划,在二级学科建研究所、研究室,逐步撤销教研室,完成系研究所(室)建制。系管教学,研究所(室)承担教学任务,积极开展科研和技术开发工作。

9)动员社会力量,支持我系发展

在学科建设、本科教学、研究生培养以及系、所公司等各方面都要扩大对外联系,积极动员社会力量,特别是要争取国内外校友的力量,支持和促进我系发展。出版浙大土木工程校友通讯,加强校友间的联系。聘请一批兼职教授和兼职指导教师。建立浙江大学土木工程教育基金会,筹集土木工程教材和专著出版基金,广开渠道,筹措经费,提高办学实力。

10)加强国内和国际学术交流

鼓励我系各研究所(室)主持各种形式(地区、全国和国际)的学术研讨会,出版学术刊物、学术专著,欢迎全国和省内学术团体挂靠我系,与世界一些著名大学土木工程学系建立合作关系,加强国际合作,加强国内和国际学术交流,扩大我系在国内外的影响力,促进我系发展。

在第六届教职工代表大会(2012年)第三次会议上的发言

龚晓南

各位代表,各位领导:

上午好!

今天有机会与大家交流自己的想法,为学校发展献计献策,我感到很高兴。

学习了杨校长在浙江大学第六届教职工代表大会暨第二十届工会会员代表大会第三次会议上的报告《促进内涵发展,提高教育质量》,我深受鼓舞。近30年来,浙江大学发展很快。我是1978年来浙江大学求学的,1981年岩土工程硕士研究生毕业后留在土木工程学系工作,至今从教30余年。30多年来,看到了学校各项工作的发展,正如杨校长在报告中指出的,浙江大学在很多办学总量指标上均已走在全国的前列,作为浙江大学的一名教师,我感到十分高兴。这是几代人共同努力的结果。杨校长在报告中指出,浙江大学已经到了全面推动内涵发展的阶段,通过推动内涵发展,全面提高教育质量,进一步加快创建世界一流大学的步伐。我非常同意。

下面谈几点想法,请大家指正。

从学校建制发展变化过程看,1981年我留校工作时,学校是校、系、教研室建制。在1989年前后,开始在二级学科建设研究所。1999年四校合并后,形成校、院、系、所建制。后来设立学部后,形成了校、学部、系、所或校、学部、院、系、所建制。每一次建制变化都不同程度地增强了活力,促进了进步。特别是在二级学科建设研究所,为走向研究型大学迈出了很重要的一步。但也应看到,有时也会有负面影响。杨校长在报告中指出:"不同的学科具有不同的演化规律,采取'一刀切'的办法制定管理政策往往会忽略不同主体个性化和规律性的特点。"说得很好。我感觉在学校建制上述发展变化过程中,有时对一级学科的建设和发展重视不够。高等学校中,一般在一级学科建系。一级学科的发展在高等学校发展中非常重要。四校合并后,形成校、院、系、所建制,系一级被虚化。现在有的系是实的,有的还较虚。我建议要加强研究,加强一级学科的建设,重视一级学科的发展。努力培育一级学科的学术带头人,特别是培育一级学科的教育家。

从高校的教师队伍看,过去是教授、副教授、讲师、助教系列。在高校中,一级、二级教授在学校中具有很大的影响。现在是院士、千人、长江学者、杰青，岗位教授、教授、副教授、讲师、助教……我也排不清楚。我想说的是，在高等学校中，教授、副教授、讲师、助教，还应是基本系列，要适当强化基本系列。有些人才工程计划，出发点是好的，也有一定的激励作用，但负面作用不小。不少人开始思考这一问题。目前要重视高校教师队伍的总体建设。没有大多数人的积极性，全面提高教育质量是不可能的。有人呼吁重视高校中出现的"45岁现象"，应该引起注意。

在考核标准和导向方面，校长在报告中提出："我们要修正做法、磨合政策，强化人才培养是高校的根本任务。教书育人是高校教师的首要工作，从根本上改变目前高校考核教师的标准和导向，回归大学的育人本质。"说得非常好。在教师的考核评价方面，一定要尊重学科之间的差异。过分注重量化指标可能带来急功近利的负面影响，不利于出精品，也不利于人才的成长。科研是评价教师的重要参考，但不能占过大的比重，且要注重质量，注重理论或实际应用价值，注重实际贡献。不能只看数量、形式或"标签"。最近我看到一份国外的关于工程教育的研究报告指出，大量资料表明，只用科研来评价教师，有两个不可忽视的负面影响：一是降低教学质量；二是导致科研工作的低水平重复，造成资源浪费。工程学科发展的动力来自实际工程发展的需要。就土木工程学科而言，结合实践，解决工程建设中遇到的技术问题的能力是很重要的。记得在德国高等学校，岩土工程领域的许多名教授都有工程经历。在工程学科教师队伍结构中，可考虑多引进有工程经历的大师。

最后，祝会议圆满成功！

谢谢！

2014年浙江大学研究生开学典礼讲话

龚晓南

各位同学、各位贵宾：

晚上好！

我是土木工程学系的教师。1961年考上清华大学学习土木工程，至今已有53年。1978年我作为"文革"后的第一批研究生来浙江大学学习岩土工程，与你们现在一样兴奋、激动。1984年9月12日通过论文答辩，获得博士学位。我在浙江大学学习和工作也已有36年多。我常说，我们这一代人，人生阅历比较丰富。经历过"大炼钢铁""大跃进"，困难时期挨过饿，经历过史无前例的"文革"风云，最后赶上了改革开放的好时代。我很幸运，从一位穷苦农家的孩子，成长为中国工程院院士。丰富的人生阅历是宝贵的财富。回想什么是最重要的、最值得提倡的，我觉得一是要勤奋，二是要干一行、爱一行，三是要有开拓精神。做一件事，就要努力把它做好。

我希望你们在接下来的研究生生活中走好每一步。一要养成坚持体育锻炼的好习惯，为健康为祖国工作五十年打好基础；二要努力发挥自己的潜能，多读书、多交流、多实践、多磨炼自己。在认识论上要坚持唯物主义，任何时候、任何情况下都不要迷信，不要随波逐流。要学习、实践、发扬求是精神。要加强思维训练，努力提高自己的心智，培养有效思考的能力、交流思想的能力、逻辑判断的能力以及辨别价值的能力，为自己未来的人生筑好最坚实的基础。最后让我与大家共勉，努力做到：满腔热情对待工作！满腔热情对待生活！满腔热情对待人生！

祝各位身体健康！生活愉快！心想事成！

谢谢！

附录 1

著作目录*

1. 龚晓南.地基处理手册[M].北京:中国建筑工业出版社,1988.(担任本书编委会编委、秘书,负责组织工作,参加编写总论)

2. 郑颖人,龚晓南.岩土塑性力学基础[M].北京:中国建筑工业出版社,1989.

3. 龚晓南.土塑性力学[M].杭州:浙江大学出版社,1990.(1998年译成韩文,由欧美书馆出版)

4. 龚晓南.计算土力学[M].上海:上海科学技术出版社,1990.(编写"固结分析"和"反分析法在土工中应用"共两章,均为第一作者)

5. 龚晓南.复合地基[M].杭州:浙江大学出版社,1992.

6. 龚晓南,潘秋元,张季容.土力学及基础工程实用名词词典[M].杭州:浙江大学出版社,1993.

7. 龚晓南,叶黔元,徐日庆.工程材料本构方程[M],北京:中国建筑工业出版社,1995.

8. 龚晓南.桩基工程手册[M].北京:中国建筑工业出版社,1995.(担任本书编委会编委、秘书,负责组织工作)

9. 龚晓南.高等土力学[M].杭州:浙江大学出版社,1996.

10. 龚晓南.地基处理新技术[M].西安:陕西科学技术出版社,1997.

11. 龚晓南,高有潮.深基坑工程设计施工手册[M].北京:中国建筑工业出版社,1998.

12. 江见鲸,龚晓南,王元清,崔京浩.建筑工程事故分析与处理[M].北京:中国建筑工业出版社,1998.

13. 龚晓南.土塑性力学[M].2版.浙江大学出版社,1999.

14. 龚晓南.英汉汉英土木工程词汇[M].浙江大学出版社,1999.

15. 殷宗泽,龚晓南.地基处理工程实例[M].北京:中国水利水电出版社,2000.

16. 龚晓南.地基处理手册[M].2版.中国建筑工业出版社,2000.

17. 龚晓南.土工计算机分析[M].中国建筑工业出版社,2000.

18. 龚晓南.21世纪岩土工程发展态势[M]//高大钊.岩土工程的回顾与前瞻.北京:人民交通出版社,2001.

19. 龚晓南.中国土木建筑百科辞典工程力学卷.北京:中国建筑工业出版社,2001.(担任编委会委员,负责土力学部分组织和编写工作)

---

* "著作目录""论文目录""主编学术论文集目录"部分由博士研究生傅了一协助整理。

20. 龚晓南. 土力学[M]. 北京:中国建筑工业出版社,2002.

21. 龚晓南. 复合地基理论及工程应用[M]. 北京:中国建筑工业出版社,2002.

22. 郑颖人,沈珠江,龚晓南. 岩土塑性力学原理[M]. 北京:中国建筑工业出版社, 2002.

23. 江见鲸,龚晓南,王元清,崔京浩. 建筑工程事故分析与处理[M]. 2版. 北京:中国 建筑工业出版社,2003.

24. 龚晓南,周建,汤亚琦. 复合地基与地基处理设计[M]//林宗元. 简明岩土工程勘察 设计手册(下册,5). 北京:中国建筑工业出版社,2003.

25. 龚晓南. 复合地基设计和施工指南[M]. 北京:人民交通出版社,2003.

26. 龚晓南. 地基处理技术发展与展望[M]. 北京:中国水利水电出版社、知识产权出版 社,2004.

27. 龚晓南. 地基处理[M]. 北京:中国建筑工业出版社,2005.(高校土木工程专业指导 委员会规划推荐教材)

28. 龚晓南. 高等级公路地基处理设计指南[M]. 北京:人民交通出版社,2005.

29. 龚晓南,宋二祥,郭红仙. 基坑工程实例1[M]. 北京:中国建筑工业出版社,2006.

30. 龚晓南. 复合地基理论及工程应用[M]. 2版. 北京:中国建筑工业出版社,2007.

31. 龚晓南. 地基处理手册[M]. 3版. 北京:中国建筑工业出版社,2008.

32. 龚晓南. 基础工程[M]. 北京:中国建筑工业出版社,2008.(高校土木工程专业规划 教材)

33. 龚晓南,宋二祥,郭红仙. 基坑工程实例2[M]. 北京:中国建筑工业出版社,2008.

34. 龚晓南. 加强对岩土工程性质的认识,提高岩土工程研究和设计水平[M]//苗国航. 岩土工程纵横谈. 北京:人民交通出版社,2010.

35. 钱七虎,方鸿琪,张在明,龚晓南,曾宪明. 岩土工程师手册[M]. 北京:人民交通出 版社,2010.

36. 龚晓南,宋二祥,郭红仙,徐明. 基坑工程实例3[M]. 北京:中国建筑工业出版社, 2010.

37. 龚晓南,宋二祥,郭红仙,徐明. 基坑工程实例4[M]. 北京:中国建筑工业出版社, 2012.

38. 龚晓南. 地基处理技术及发展展望[M]. 北京:中国建筑工业出版社,2014.

39. 龚晓南. 地基处理三十年[M]. 北京:中国建筑工业出版社,2014.

40. 龚晓南,谢康和. 土力学[M]. 北京:中国建筑工业出版社,2014.(高等院校卓越计 划系列丛书)

41. 龚晓南,宋二祥,郭红仙,徐明. 基坑工程实例5[M]. 北京:中国建筑工业出版社, 2014.

42. 龚晓南、谢康和. 基础工程[M]. 北京:中国建筑工业出版社,2015.(高等院校卓越

计划系列丛书)

43. 龚晓南. 我与岩土工程[M]//黄强. 新中国66年岩土工程的人和事. 北京:中国建筑工业出版社,2015.

44. 龚晓南. 桩基工程手册[M]. 2版. 北京:中国建筑工业出版社,2016.

45. 龚晓南,宋二祥,郭红仙,徐明. 基坑工程实例6[M]. 北京:中国建筑工业出版社,2016.

46. 龚晓南,陶燕丽. 地基处理[M]. 2版. 北京:中国建筑工业出版社,2017.(高校土木工程专业指导委员会规划推荐教材)

47. 龚晓南,谢康和. 土力学及基础工程实用名词词典[M]. 2版. 杭州:浙江大学出版社,2017.

48. 龚晓南. 海洋土木工程概论[M]. 北京:中国建筑工业出版社,2017.

49. 龚晓南,候伟生. 深基坑工程设计施工手册[M]. 2版. 北京:中国建筑工业出版社,2017.

论文目录

1. 刊物论文

1. 曾国熙,龚晓南. 软土地基固结有限元法分析[J]. 浙江大学学报,1983,17(1):1 – 14.

2. 龚晓南,曾国熙. 油罐软黏土地基性状[J]. 岩土工程学报,1985,7(4):1 – 11.

3. 龚晓南. 软黏土地基各向异性初步探讨[J]. 浙江大学学报,1986,20(4):103 – 115.

4. 龚晓南. 软黏土地基上圆形贮罐上部结构和地基共同作用分析[J]. 浙江大学学报, 1986,20(1):108 – 116.

5. 陈希有,龚晓南,曾国熙. 具有各向异性和非匀质性的 C – φ 土上条形基础的极限承载力[J]. 土木工程学报,1987,20(4):74 – 82.

6. 曾国熙,龚晓南. 软黏土地基上的一种油罐基础构造及地基固结分析[J]. 浙江大学学报(自然科学版),1987,21(3):67 – 78.

7. 曾国熙,龚晓南,盛进源. 正常固结黏土 K_0 固结剪切试验研究[J]. 浙江大学学报, 1987,21(2):5 – 13.

8. 陈希有,曾国熙,龚晓南. 各向异性和非匀质地基上条形基础承载力的滑移场解法[J]. 浙江大学学报(自然科学版),1988,22(3):65 – 74.

9. 龚晓南,GUDEHUS. 反分析法确定固结过程中土的力学参数[J]. 浙江大学学报(自然科学版),1989,23(6):841 – 849.

10. 张土乔,龚晓南. 水泥土桩复合地基固结分析[J]. 水利学报,1991(10):32 – 37.

11. 龚晓南. 复合地基引论(一)[J]. 地基处理,1991,2(3):36 – 42.

12. 龚晓南. 复合地基引论(二)[J]. 地基处理,1991,2(4):1 – 11.

13. 陈列峰,龚晓南,曾国熙. 考虑地基各向异性的沉降计算[J]. 土木工程学报,1991, 24(1):1 – 7.

14. 龚晓南. 确定地基固结过程中材料参数的反分析法[J]. 应用力学学报,1991,8(2): 131 – 136.

15. 杨灿文,龚晓南. 四年来地基处理的发展[J]. 地基处理,1991,2(2):47.

16. 龚晓南. 复合地基引论(三)[J]. 地基处理,1992,3(2):32.

17. 龚晓南. 复合地基引论(四)[J]. 地基处理,1992,3(3):24.

18. 王启铜,龚晓南,曾国熙. 考虑土体拉,压模量不同时静压桩的沉桩过程[J]. 浙江大学学报(自然科学版),1992,26(6):678－687.

19. 王启铜,龚晓南.拉,压模量不同材料的球孔扩张问题[J].上海力学,1993,14(2):55－63.

20. 段继伟,龚晓南.水泥搅拌桩桩土应力比试验研究[J].岩土工程师,1993,5(4):1－7.

21. 徐日庆,龚晓南.土的应力应变本构关系[J].西安公路学院学报,1993,13(3):46－50.

22. 严平,龚晓南.箱形基础的极限分析[J].土木工程学报,1993,26(5):50－57.

23. 段继伟,龚晓南.单桩带台复合地基的有限元分析[J].地基处理,1994,5(2):5－12.

24. 龚晓南.地基处理在我国的发展——祝贺地基处理学术委员会成立十周年[J].地基处理,1994,5(2):1.

25. 陈东佐,龚晓南.黄土显微结构特征与湿陷性的研究现状及发展[J].地基处理,1994,5(2):55－62.

26. 严平,龚晓南.角点支承双向板系结构的塑性分析[J].浙江大学学报(自然科学版),1994,28(2):171－179.

27. 严平,龚晓南.井格梁板结构的整体塑性极限分析[J].浙江大学学报(自然科学版),1994,28(5):577－583.

28. 龚晓南,王启铜.拉压模量不同材料的圆孔扩张问题[J].应用力学学报,1994,11(4):127－132.

29. 龚晓南,卢锡璋.南京南湖地区软土地基处理方案比较分析[J].地基处理,1994,5(1):16－30.

30. 段继伟,龚晓南,曾国熙.水泥搅拌桩的荷载传递规律[J].岩土工程学报,1994,16(4):1－8.

31. 杨洪斌,张景恒,徐日庆,龚晓南.天津地区建筑物的沉降分析[J].岩土工程学报,1994,16(5):65－72.

32. 张龙海,龚晓南.圆形水池结构与地基共同作用探讨[J].特种结构,1994,11(2):4－6.

33. 陈东佐,龚晓南."双灰"低强度混凝土桩复合地基的工程特性[J].工业建筑,1995,25(10):39－42.

34. 龚晓南.复合地基计算理论研究[J].中国学术期刊文摘,1995,1(A01).

35. 龚晓南.排水固结法与土工布垫层联合作用问题[J].地基处理,1995,6(2):42.

36. 龚晓南.墙后卸载与土压力计算[J].地基处理,1995,6(2):42－43.

37. 徐日庆,龚晓南.土的应力路径非线性行为[J].岩土工程学报,1995,17(4):56－60.

38. 龚晓南.形成竖向增强体复合地基的条件[J].地基处理,1995,6(3):48.

39. 段继伟,龚晓南.一种层状地基上板土共同作用的数值分析方法[J].应用力学学报,1995,12(4):57－64.

40. 龚晓南.地基处理技术与复合地基理论[J].浙江建筑,1996(1):35－37.

41. 龚晓南. 沉降浅议[J]. 地基处理,1996,7(1):41.

42. 蒋镇华,龚晓南. 成层土单桩有限里兹单元法分析[J]. 浙江大学学报(自然科学版),1996,30(4):366－374.

43. 龚晓南. 一种考虑土工织物抗滑作用的稳定分析方法[J]. 地基处理,1996,7(2):1－5.

44. 余绍锋,周柏泉,龚晓南. 支挡结构刚体有限元数值方法和位移预报[J]. 上海铁道大学学报,1996,17(4):23－30.

45. 龚晓南. 地基处理技术及其发展[J]. 土木工程学报,1997,30(6):3－11.

46. 龚晓南,卞守中. 二灰混凝土桩复合地基技术研究[J]. 地基处理,1997,8(1):3－9.

47. 龚晓南. 复合地基若干问题[J]. 工程力学,1997,1(A01):86－94.

48. MAHANEH,龚晓南. 复合地基在中国的发展[J]. 浙江大学学报,1997,31(A01):238.

49. 鲁祖统,龚晓南. 关于稳定材料屈服条件在π平面内的屈服曲线存在内外包络线的证明[J]. 岩土工程学报,1997,19(5):1－5.

50. 杨晓军,龚晓南. 基坑开挖中考虑水压力的土压力计算[J]. 土木工程学报,1997,30(4):58－62.

51. 余绍锋,龚晓南. 某路槽滑坍事故及整体稳定分析[J]. 岩土工程学报,1997,19(1):8－14.

52. 杨晓军,龚晓南. 水泥土支护结构稳定分析探讨[J]. 浙江大学学报,1997,31(A01):225.

53. 徐日庆,龚晓南. 土的边界面应力应变本构关系[J]. 同济大学学报(自然科学版),1997,25(1):29－33.

54. 徐日庆,龚晓南,杨林德. 土的非线性抗剪强度及土压力计算[J]. 浙江大学学报,1997,31(A01):101.

55. 徐日庆,谭昌明,龚晓南. 岩土工程反演理论及其展望[J]. 浙江大学学报,1997,31(A01):157.

56. 杨军,龚晓南,金天德. 有黏结及无黏结预应力框架的静力及动力特性分析[J]. 浙江大学学报,1997,31(A01):209.

57. 黄明聪,龚晓南,赵善锐. 钻孔灌注长桩荷载传递性状及模拟分析[J]. 浙江大学学报,1997,31(A01):197.

58. 罗嗣海,李志,龚晓南. 分级加荷条件下正常固结软土的不排水强度确定[J]. 工程勘察,1998(1):17－19.

59. 罗嗣海,龚晓南,史光金. 固结应力和应力路径对黏性土固结不排水剪总应力强度指标的影响[J]. 工程勘察,1998(6):7－10.

60. 龚晓南,温晓贵. 二灰混凝土试验研究[J]. 混凝土,1998(1):37－41.

61. 毛前,龚晓南.复合地基下卧层计算厚度分析[J].浙江建筑,1998(1):20-23.

62. 韩同春,龚晓南,韩会增.丙烯酸钙化学浆液凝胶时间的动力学探讨[J].水利学报,1998,29(12):47-50.

63. 徐日庆,龚晓南.黏弹性本构模型的识别与变形预报[J].水利学报,1998,29(4):75-80.

64. 童小东,龚晓南,姚恩瑜.关于在应变空间中屈服面与其内部所构成的集合为凸集的证明[J].工程力学,1998(A01):189-192.

65. 俞建霖,龚晓南.基坑周围地表沉降量的空间性状分析[J].工程力学,1998(A03):565-571.

66. 龚晓南,黄广龙.柔性桩沉降的可靠性分析[J].工程力学,1998(A03):347-351.

67. 陈愈炯,杨晓军,龚晓南.对"基坑开挖中考虑水压力的土压力计算"的讨论[J].土木工程学报,1998,31(4):74.

68. 刘吉福,龚晓南,王盛源.高填路堤复合地基稳定性分析[J].浙江大学学报(自然科学版),1998,32(5):511-518.

69. 龚晓南,陈明中.关于复合地基沉降计算的一点看法[J].地基处理,1998,9(2):10-18.

70. 龚晓南,杨晓军,俞建霖.基坑围护设计若干问题[J].《基坑支护技术进展》专题报告,1998,建筑技术增刊:94.

71. 罗嗣海,龚晓南,张天太.论固结不排水剪总应力强度指标及其应用[J].地球科学,1998,23(6):643-648.

72. 龚晓南,杨晓军.某工程设备基础基坑开挖围护[J].地基处理,1998,9(1):16-19.

73. 史光金,龚晓南.软弱地基强夯加固效果评价的研究现状[J].地基处理,1998,9(4):3-11.

74. 俞建霖,龚晓南.软土地基基坑开挖的三维性状分析[J].浙江大学学报(自然科学版),1998,32(5):552-557.

75. 俞建霖,赵荣欣,龚晓南.软土地基基坑开挖地表沉降量的数值研究[J].浙江大学学报(自然科学版),1998,32(1):95-101.

76. 徐日庆,龚晓南,杨林德.深基坑开挖的安全性预报与工程决策[J].土木工程学报,1998,31(5):33.

77. 龚晓南.土的实际抗剪强度及其量度[J].地基处理,1998,9(2):61-62.

78. 童小东,龚晓南,姚恩瑜.稳定材料在应力π平面上屈服曲线的特性[J].浙江大学学报(自然科学版),1998,32(5):643-647.

79. 肖溟,龚晓南.一个基于空间自相关性的土工参数推测公式[J].岩土力学,1998,19(4):69-72.

80. 龚晓南.议土的抗剪强度影响因素[J].地基处理,1998,9(3):54-56.

81. 毛前,龚晓南. 桩体复合地基柔性垫层的效用研究[J]. 岩土力学,1998,19(2):67－73.

82. 黄明聪,龚晓南,赵善锐. 钻孔灌注长桩静载试验曲线特征及沉降规律[J]. 工业建筑,1998,28(10):37－41.

83. 黄明聪,龚晓南,赵善锐. 钻孔灌注长桩试验曲线型式及破坏机理探讨[J]. 铁道学报,1998,20(4):93－97.

84. 陈福全,龚晓南,竺存宏,邓冰. 非沉入式圆筒结构与筒内填料相互作用的数值模拟[J]. 港工技术,1999(4):17.

85. 龚晓南. 深层搅拌桩复合地基承载力和变形的可靠度研究[J]. 中国学术期刊文摘,1999(1):117.

86. 肖专文,徐日庆,龚晓南. 求解复杂工程优化问题的一种实用方法[J]. 水利学报,1999(2):23－27.

87. 张仪萍,张土乔,龚晓南. 关于悬臂式板桩墙的极限状态设计[J]. 工程勘察,1999(3):4－6.

88. 毛前,龚晓南. 有限差分法分析复合地基沉降计算深度[J]. 建筑结构,1999(3):37－41.

89. 左人宇,龚晓南,桂和荣. 多因素影响下煤层底板变形破坏规律研究[J]. 东北煤炭技术,1999(5):3－7.

90. 陈明中,龚晓南,梁磊. 深层搅拌桩支护结构的优化设计[J]. 建筑结构,1999(5):3－5.

91. 黄广龙,龚晓南. 单桩承载力计算模式的不确定性分析[J]. 工程勘察,1999(6):9－12.

92. 徐日庆,俞建霖,龚晓南. 基坑开挖性态反分析[J]. 工程力学,1999(A01):524.

93. 侯永峰,龚晓南. "Hencky第二定律的探讨"探讨之一[J]. 岩土工程学报,1999,21(4):521－522.

94. 龚晓南,赵荣欣. 测斜仪自动数据采集及处理系统的研制[J]. 浙江大学学报(自然科学版),1999,33(3):237－242.

95. 张仪萍,张土乔,龚晓南. 沉降的灰色预测[J]. 工业建筑,1999,29(4):45.

96. 黄广龙,龚晓南. 单桩沉降的可靠度分析[J]. 工程兵工程学院学报,1999,14(2):95－100.

97. 龚晓南. 读"岩土工程规范的特殊性"与"试论基坑工程的概念设计"[J]. 地基处理,1999,10(2):76－77.

98. 龚晓南. 对几个问题的看法[J]. 地基处理,1999,10(2):60－61.

99. 龚晓南. 复合地基发展概况及其在高层建筑中的应用[J]. 土木工程学报,1999,32(6):3－10.

100. 龚晓南. 复合桩基与复合地基理论[J]. 地基处理,1999,10(1):1－15.

101. 黄广龙,樊有维,龚晓南. 杭州地区主要软土层土体的自相关特性[J]. 河海大学学报,1999,27(S1):76.

102. 龚晓南,肖专文,徐日庆,俞建霖,杨晓军,陈页开.基坑工程辅助设计系统——"围护大全"[J].地基处理,1999,10(4):76.

103. 肖专文,龚晓南.基坑土钉支护优化设计的遗传算法[J].土木工程学报,1999,32(3):73-80.

104. 童小东,蒋永生,龚维明,龚晓南.深层搅拌法若干问题探讨[J].东南大学学报,1999,土木工程专辑.

105. 俞建霖,龚晓南.深基坑工程的空间性状分析[J].岩土工程学报,1999,21(1):21-25.

106. 李大勇,张土乔,龚晓南.深基坑开挖引起临近地下管线的位移分析[J].工业建筑,1999,29(11):36-42.

107. 施晓春,徐日庆,龚晓南,陈国祥,袁中立.桶形基础单桶水平承载力的试验研究[J].岩土工程学报,1999,21(6):723-726.

108. 肖专文,龚晓南.有限元应力计算结果改善处理的一种实用方法[J].计算力学学报,1999,16(4):489-492.

109. 龚晓南.原状土的结构性及其对抗剪强度的影响[J].地基处理,1999,10(1):61-62.

110. 俞炯奇,张土乔,龚晓南.钻孔嵌岩灌注桩承载特性浅析[J].工业建筑,1999,29(8):38-43.

111. 曾庆军,龚晓南,李茂英.强夯时饱和软土地基表层的排水通道[J].工程勘察,2000(3):1.

112. 洪昌华,龚晓南.基于稳定分析法的碎石桩复合地基承载力的可靠度[J].水利水运科学研究,2000(1):30-35.

113. 龚晓南.漫谈岩土工程发展的若干问题[J].岩土工程界,2000(1):52-57.

114. 龚晓南,熊传祥.黏土结构性对其力学性质的影响及形成原因分析[J].水利学报,2000(10):43-47.

115. 曾庆军,龚晓南.强夯时饱和软土地基表层的排水通道[J].工程勘察,2000(3):1-3.

116. 陈明中,龚晓南.单桩沉降的一种解析解法[J].水利学报,2000(8):70-74.

117. 龚晓南.21世纪岩土工程发展展望[J].岩土工程学报,2000,22(2):238-242.

118. 鲁祖统,龚晓南.Mohr-Coulomb准则在岩土工程应用中的若干问题[J].浙江大学学报(自然科学版),2000,34(5):588-590.

119. 洪昌华,龚晓南.不排水强度的空间变异性及单桩承载力可靠性分析[J].土木工程学报,2000,33(3):66-70.

120. 陈明中,龚晓南,梁磊.带桩条形基础的计算分析[J].工业建筑,2000,30(4):41-44.

121. 龚晓南.地基处理技术发展展望[J].地基处理,2000,11(1):3-8.

122. 洪昌华,龚晓南,温晓贵.对"深层搅拌桩复合地基承载力的概率分析"讨论的答复[J].岩土工程学报,2000,22(6):757.

123. 童小东,蒋永生,龚维明,姜宁辉,龚晓南.多功能喷射深层搅拌法装置的工作原理[J].东南大学学报(自然科学版),2000,30(5):78-80.

124. 熊传祥,龚晓南,王成华.高速滑坡临滑变形能突变模型的研究[J].浙江大学学报(工学版),2000,34(4):443.

125. 龚晓南,李向红.静力压桩挤土效应中的若干力学问题[J].工程力学,2000,17(4):7-12.

126. 马克生,杨晓军,龚晓南.空间随机土作用下的柔性桩沉降可靠性分析[J].浙江大学学报(自然科学版),2000,34(4):366-369.

127. 黄广龙,周建,龚晓南.矿山排土场散体岩土的强度变形特性[J].浙江大学学报(自然科学版),2000,34(1):54-59.

128. 罗嗣海,龚晓南.两种不同假设下的Af-Ko关系和不排水强度[J].地球科学——中国地质大学学报,2000,25(1):57-60.

129. 龚晓南.漫谈土的抗剪强度和抗剪强度指标[J].地基处理,2000,11(3):106-108.

130. 马克生,龚晓南.模量随深度变化的单桩沉降[J].工业建筑,2000,30(1):66-67.

131. 罗嗣海,龚晓南.强夯的地面变形规律[J].地质科技情报,2000,19(4):92-96.

132. 童小东,龚晓南.氢氧化铝在水泥系深层搅拌法中的应用[J].建筑结构,2000,30(5):14-16.

133. Mahaneh,龚晓南,鲁祖统.群桩有限里兹单元法[J].浙江大学学报(自然科学版),2000,34(4):438-442.

134. 马克生,杨晓军,龚晓南.柔性桩沉降的随机响应[J].土木工程学报,2000,33(3):75-77.

135. 熊传祥,龚晓南,陈福全,张冬霁.软土结构性对桩性状影响分析[J].工业建筑,2000,30(5):40.

136. 李向红,龚晓南.软黏土地基静力压桩的挤土效应及其防治措施[J].工业建筑,2000,30(7):11-14.

137. 洪昌华,龚晓南.深层搅拌桩复合地基承载力的概率分析[J].岩土工程学报,2000,22(3):279-283.

138. 肖溟,龚晓南.深层搅拌桩复合地基承载力的可靠度分析[J].浙江大学学报(自然科学版),2000,34(4):351-354.

139. 童小东,龚晓南.生石膏在水泥系深层搅拌法中的试验研究[J].建筑技术,2000,31(3):162-163.

140. 童小东,龚晓南.石灰在水泥系深层搅拌法中的应用[J].工业建筑,2000,30(1):21-25.

141. 侯永峰,龚晓南.水泥土的渗透特性[J].浙江大学学报(自然科学版),2000,

34(2):189-193.

142. 曾庆军,龚晓南.填石强夯加固机理与应用[J].建筑技术,2000,31(3):159-160.

143. 施晓春,徐日庆,龚晓南,陈国祥,袁中立.桶形基础发展概况[J].土木工程学报, 2000,33(4):68-73.

144. 施晓春,徐日庆,俞建霖,龚晓南,袁中立,陈国祥.桶形基础简介及试验研究[J]. 浙江科技学院学报,2000,12(S1):39-42.

145. 黄广龙,龚晓南.土性参数的随机场模型及桩体沉隆变异特性分析[J].岩土力学, 2000,21(4):311-315.

146. 洪昌华,龚晓南.土性空间变异性的统计模拟[J].浙江大学学报(自然科学版), 2000,34(5):527-530.

147. 张吾渝,徐日庆,龚晓南.土压力的位移和时间效应[J].建筑结构,2000,30(11): 58-61.

148. 罗嗣海,陈进平,龚晓南.无黏性土强夯加固效果的定量估算[J].工业建筑,2000, 30(12):26-29.

149. 洪昌华,龚晓南.相关情况下 Hasofer-Lind 可靠指标的求解[J].岩土力学,2000, 21(1):68-71.

150. 董邑宁,徐日庆,龚晓南.萧山黏土的结构性对渗透性质影响的试验研究[J].大坝 观测与土工测试,2000,24(6):44-46.

151. 周建,龚晓南,李剑强.循环荷载作用下饱和软黏土特性试验研究[J].工业建筑, 2000,30(11):43-47.

152. 周建,龚晓南.循环荷载作用下饱和软黏土应变软化研究[J].土木工程学报, 2000,33(5):75-78.

153. 陈页开,徐日庆,任超,龚晓南.压顶梁作用的弹性地基梁法的分析[J].浙江科技 学院学报,2000,12(S1):34-38.

154. 肖专文,龚晓南.岩体开挖与充填有限元计算结果的可视化研究[J].工程力学, 2000,17(1):41-46.

155. 龚晓南,益德清.岩土流变模型研究的现状与展望[J].工程力学,2000,1(A01): 145-155.

156. 龚晓南.有关复合地基的几个问题[J].地基处理,2000,11(3):42-48.

157. 陈福全,龚晓南.桩的负摩阻力现场试验及三维有限元分析[J].建筑结构学报, 2000,21(3):77-80.

158. 严平,龚晓南.桩筏基础在上下部共同作用下的极限分析[J].土木工程学报, 2000,33(2):87-95.

159. 马克生,龚晓南.柔性桩沉降可靠性的简化分析公式[J].水利学报,2001(2):63-68.

160. 陈明中,严平,龚晓南.群桩与条形基础耦合结构的分析计算[J].水利学报,2001(3):

32 – 36.

161. 黄春娥,龚晓南. 条分法与有限元法相结合分析渗流作用下的基坑边坡稳定性[J]. 水利学报,2001(3):6 – 10.

162. 陈福全,龚晓南. 大直径圆筒码头结构的有限元分析[J]. 水利水运工程学报,2001(4):37 – 40.

163. 罗嗣海,潘小青,黄松华,龚晓南. 强夯置换深度的统计研究[J]. 工程勘察,2001(5):38 – 39.

164. 张旭辉,杨晓军,龚晓南. 软土地基堆载极限高度的计算分析[J]. 公路,2001(5):33 – 36.

165. ZHOU J, GONG X N. Strain Degradation of Saturated Clay under Cyclic Loading[J]. Canadian Geotechnical Journal, 2001,38(1):208 – 212.

166. 王国光,严平,龚晓南,王成华. 采取止水措施的基坑渗流场研究[J]. 工业建筑,2001,31(4):43 – 45.

167. 曾庆军,周波,龚晓南. 冲击荷载下饱和黏土孔压特性初探[J]. 岩土力学,2001,22(4):427 – 431.

168. 李海晓,林楠,林楠. 复合地基的地震动力反应分析[J]. 工业建筑,2001,31(6):43 – 45.

169. 吴慧明,龚晓南. 刚性基础与柔性基础下复合地基模型试验对比研究[J]. 土木工程学报,2001,34(5):81 – 84.

170. 董邑宁,徐日庆,龚晓南. 固化剂 ZDYT – 1 加固土试验研究[J]. 岩土工程学报,2001,23(4):472 – 475.

171. 严平,龚晓南. 基础工程在各种极限状态下的承载力[J]. 土木工程学报,2001,34(2):62 – 67.

172. 张土乔,张仪萍,龚晓南. 基坑单支撑拱形围护结构性状分析[J]. 岩土工程学报,2001,23(1):99 – 103.

173. 俞建霖,龚晓南. 基坑工程地下水回灌系统的设计与应用技术研究[J]. 建筑结构学报,2001,22(5):70 – 74.

174. 陈页开,徐日庆,杨晓军,龚晓南. 基坑工程柔性挡墙土压力计算方法[J]. 工业建筑,2001,31(3):1 – 4.

175. 陈页开,徐日庆,任超,龚晓南. 基坑开挖的空间效应分析[J]. 建筑结构,2001,31(10):42 – 44.

176. 袁静,龚晓南. 基坑开挖过程中软土性状若干问题的分析[J]. 浙江大学学报(工学版),2001,35(5):465 – 470.

177. 黄春娥,龚晓南,顾晓鲁. 考虑渗流的基坑边坡稳定分析[J]. 土木工程学报,2001,34(4):98 – 101.

178. 周健,余嘉澍,龚晓南.临海市防洪堤稳定分析[J].浙江水利水电专科学校学报,2001,13(3):4-6.

179. 张旭辉,龚晓南.锚管桩复合土钉支护的应用研究[J].建筑施工,2001,23(6):436-437.

180. 吴忠怀,吴武胜,龚晓南.强夯置换深度估算的拟静力法[J].华东地质学院学报,2001,24(4):306-308.

181. 马克生,杨晓军,龚晓南.柔性桩沉降的随机特性[J].力学季刊,2001,22(3):329-334.

182. 李大勇,龚晓南,张土乔.软土地基深基坑周围地下管线保护措施的数值模拟[J].岩土工程学报,2001,23(6):736-740.

183. 李大勇,龚晓南,张土乔.深基坑工程中地下管线位移影响因素分析[J].岩石力学与工程学报,2001,20(S1):1083-1087.

184. 曾庆军,龚晓南.深基坑降排水-注水系统优化设计理论[J].土木工程学报,2001,34(2):74-78.

185. 熊传祥,鄢飞,周建安,龚晓南.土结构性对软土地基性状的影响[J].福州大学学报(自然科学版),2001,29(5):89-92.

186. 谭昌明,徐日庆,龚晓南.土体双曲线本构模型的参数反演[J].浙江大学学报(工学版),2001,35(1):57-61.

187. 侯永峰,张航,周建,龚晓南.循环荷载作用下复合地基沉降分析[J].工业建筑,2001,31(6):40-42.

188. 侯永峰,张航,周建,龚晓南.循环荷载作用下水泥复合土变形性状试验研究[J].岩土工程学报,2001,23(3):288-291.

189. 袁静,龚晓南,益德清.岩土流变模型的比较研究[J].岩石力学与工程学报,2001,20(6):772-779.

190. 陈明中,龚晓南,应建新,温晓贵.用变分法解群桩-承台(筏)系统[J].土木工程学报,2001,34(6):67-73.

191. 龚晓南,陈明中.桩筏基础设计方案优化若干问题[J].土木工程学报,2001,34(4):107-110.

192. 冯海宁,徐日庆,龚晓南.沉井后背墙土抗力计算的探讨[J].中国市政工程,2002(1):64-66.

193. 冯海宁,龚晓南.刚性垫层复合地基的特性研究[J].浙江建筑,2002(2):26-28.

194. 董邑宁,张青娥,徐日庆,龚晓南.ZDYT-2固化软土试验研究[J].土木工程学报,2002,35(3):82-86.

195. 黄春娥,龚晓南.承压含水层对基坑边坡稳定性影响的初步探讨[J].建筑技术,2002,33(2):92.

196. 曾庆军,周波,龚晓南.冲击荷载下饱和软黏土孔压增长与消散规律的一维模型试验[J].实验力学,2002,17(2):212-219.

197. 黄春娥,龚晓南.初探承压含水层对基坑边坡稳定性的影响[J].工业建筑,2002,32(3):82-83.

198. 陈福全,龚晓南,竺存宏.大直径圆筒码头结构土压力性状模型试验[J].岩土工程学报,2002,24(1):72-75.

199. 俞炯奇,龚晓南,张土乔.非均质地基中单桩沉降特性分析[J].岩土工程界,2002,5(7):33-34.

200. 冯海宁,杨有海,龚晓南.粉煤灰工程特性的试验研究[J].岩土力学,2002,23(5):579-582.

201. 葛忻声,温育琳,龚晓南.刚柔组合桩复合地基的沉降计算[J].太原理工大学学报,2002,33(6):647-648.

202. 徐日庆,陈页开,杨仲轩,龚晓南.刚性挡墙被动土压力模型试验研究[J].岩土工程学报,2002,24(5):569-575.

203. 周建,俞建霖,龚晓南.高速公路软土地基低强度桩应用研究[J].地基处理,2002,13(2):3-14.

204. 俞建霖,龚晓南.基坑工程变形性状研究[J].土木工程学报,2002,35(4):86-90.

205. 张土乔,张仪萍,龚晓南.基于拱梁法原理的深基坑拱形围护结构分析[J].土木工程学报,2002,35(5):64-69.

206. 罗战友,龚晓南.基于经验的砂土液化灰色关联系统分析与评价[J].工业建筑,2002,32(11):36-39.

207. 左人宇,严平,龚晓南.几种桩墙合一的施工工艺[J].建筑技术,2002,33(3):197.

208. 葛忻声,龚晓南.挤扩支肋桩在杭州地区的现场试验[J].科技通报,2002,18(4):284-288.

209. 王国光,严平,龚晓南.考虑共同作用的复合地基沉降计算[J].建筑结构,2002,32(11):67-69.

210. 李昌宁,龚晓南.矿岩散体的非均匀度研究[J].矿冶工程,2002,22(2):37-39.

211. 陈昌富,龚晓南.露天矿边坡破坏概率计算混合遗传算法[J].工程地质学报,2002,10(3):305-308.

212. 熊传祥,周建安,龚晓南,简文彬.软土结构性试验研究[J].工业建筑,2002,32(3):35-37.

213. 谭昌明,徐日庆,周建,龚晓南.软黏土路基沉降的一维固结反演与预测[J].中国公路学报,2002,15(4):14-16.

214. 李大勇,俞建霖,龚晓南.深基坑工程中地下管线的保护问题分析[J].建筑技术,2002,33(2):95-96.

215. 童小东,龚晓南,蒋永生. 水泥加固土的弹塑性损伤模型[J]. 工程力学,2002, 19(6):33－38.

216. 童小东,龚晓南,蒋永生. 水泥土的弹塑性损伤试验研究[J]. 土木工程学报,2002, 35(4):82－85.

217. 施晓春,龚晓南,徐日庆. 水平荷载作用下桶形基础性状的数值分析[J]. 中国公路学报,2002,15(4):49－52.

218. 龚晓南. 土钉定义和土钉支护计算模型[J]. 地基处理,2002,13(1):52－54.

219. 龚晓南. 土钉支护适用范围和设计中应注意的几个问题[J]. 地基处理,2002, 13(2):54－55.

220. 龚晓南,李海芳. 土工合成材料应用的新进展及展望[J]. 地基处理,2002,13(1): 10－15.

221. 张旭辉,徐日庆,龚晓南. 圆弧条分法边坡稳定计算参数的重要性分析[J]. 岩土力学,2002,23(3):372－374.

222. 杨军龙,龚晓南,孙邦臣. 长短桩复合地基沉降计算方法探讨[J]. 建筑结构,2002, 32(7):8－10.

223. 葛忻声,龚晓南,张先明. 长短桩复合地基设计计算方法的探讨[J]. 建筑结构, 2002,32(7):3－4.

224. 龚晓南,岑仰润. 真空预压加固地基若干问题[J]. 地基处理,2002,13(4):7－11.

225. 龚晓南,岑仰润. 真空预压加固软土地基机理探讨[J]. 哈尔滨建筑大学学报, 2002,35(2):7－10.

226. 罗嗣海,潘小青,黄松华,龚晓南. 置换深度估算的一维波动方程法[J]. 地球科学: 中国地质大学学报,2002,27(1):115－119.

227. 严平,余子华,龚晓南. 地下工程新技术——一桩三用[J]. 杭州科技,2003(1): 36－37.

228. 刘恒新,温晓贵,魏纲,龚晓南. 低强度混凝土桩处理桥头软基的试验研究[J]. 公路,2003(11):43－46.

229. 罗战友,龚晓南,杨晓军. 全过程沉降量的灰色verhulst预测方法[J]. 水利学报, 2003(3):29－32.

230. 郑君,张土乔,龚晓南. 均质地基中单桩的沉降特性分析[J]. 浙江水利科技,2003(6): 14－15.

231. 丁洲祥,龚晓南,唐亚江,李天柱. 考虑自重变化的协调分析方法及其在路基沉降计算中的应用[J]. 地质与勘探,2003(S2):252－255.

232. 龚晓南.《复合地基理论及工程应用》简介[J]. 岩土工程学报,2003,25(2):251.

233. LI H F, WEN X G, GONG X N, XUE S Y, YANG T. Flyash properties and analysis of flyash dam stability under seismic load [J]. Journal of Coal Science and Engineering

(China),2003,9(2):95－98.

234. 张旭辉,龚晓南,徐日庆.边坡稳定影响因素敏感性的正交法计算分析[J].中国公路学报,2003,16(1):36－39.

235. 宋金良,龚晓南,凌道盛.大型桩－筏基础筏板竖向位移及位移差变化特征[J].煤田地质与勘探,2003,31(3):38－42.

236. 孙伟,龚晓南.弹塑性有限元法在土坡稳定分析中的应用[J].太原理工大学学报,2003,34(2):199－202.

237. 李海芳,温晓贵,龚晓南.低强度桩复合地基处理桥头跳车现场试验研究[J].中南公路工程,2003,28(3):27－29.

238. 冯海宁,温晓贵,魏纲,刘春,杨仲轩,龚晓南.顶管施工对土体影响的现场试验研究[J].岩土力学,2003,24(5):781－785.

239. 冯海宁,温晓贵,龚晓南.顶管施工环境影响的二维有限元计算分析[J].浙江大学学报(工学版),2003,37(4):432－435.

240. 葛忻声,龚晓南,白晓红.高层建筑复合桩基的整体性状分析[J].岩土工程学报,2003,25(6):758－760.

241. 曾开华,俞建霖,龚晓南.高速公路通道软基低强度混凝土桩处理试验研究[J].岩土工程学报,2003,25(6):715－719.

242. 葛忻声,龚晓南.灌注桩的竖向静载荷试验及其受力性状分析[J].建筑技术,2003,34(3):183－184.

243. 龚晓南,褚航.基础刚度对复合地基性状的影响[J].工程力学,2003,20(4):67－73.

244. 陈昌富,杨宇,龚晓南.基于遗传算法地震荷载作用下边坡稳定性分析水平条分法[J].岩石力学与工程学报,2003,22(11):1919－1923.

245. 褚航,益德清,龚晓南.理论t－z法在双桩相互影响系数计算中的应用[J].工业建筑,2003,33(12):58－60.

246. 曾开华,龚晓南.马芜高速公路软土地基处理方案分析[J].中南公路工程,2003,28(4):78－80.

247. 张旭辉,龚晓南.锚管桩复合土钉支护构造与稳定性分析[J].建筑施工,2003,25(4):247－248.

248. 王哲,龚晓南,金凤礼,周永祥.门架式围护结构的设计与计算[J].地基处理,2003,14(4):3－11.

249. 李大勇,龚晓南.软土地基深基坑工程邻近柔性接口地下管线的性状分析[J].土木工程学报,2003,36(2):77－80.

250. 李大勇,龚晓南.深基坑开挖对周围地下管线影响因素分析[J].建筑技术,2003,34(2):94－96.

251. 冯海宁,龚晓南,杨有海.双灰桩材料工程特性的试验研究[J].土木工程学报,

2003,36(2):67-71.

252. 施晓春,龚晓南,俞建霖,陈国祥.桶形基础抗拔力试验研究[J].建筑结构,2003, 33(8):49-51.

253. 龚晓南.土钉和复合土钉支护若干问题[J].土木工程学报,2003,36(10):80-83.

254. 孙伟,龚晓南.土坡稳定分析强度折减有限元法[J].科技通报,2003,19(4):319-322.

255. 李光范,龚晓南,郑镇燮.压实花岗土的Yasufukus模型研究[J].岩土工程学报, 2003,25(5):557-561.

256. 龚晓南.遥感在隐伏区域构造研究中的运用[J].煤矿开采,2003,8(4):21-23.

257. 宋金良,龚晓南,徐日庆.圆形工作井的土反力分布特征研究[J].煤田地质与勘 探,2003,31(6):39-42.

258. 邓超,龚晓南.长短柱复合地基在高层建筑中的应用[J].建筑施工,2003,25(1): 18-20.

259. 葛忻声,龚晓南,张先明.长短桩复合地基有限元分析及设计计算方法探讨[J].建 筑结构学报,2003,24(4):91-96.

260. 朱建才,温晓贵,龚晓南,岑仰润.真空排水预压法中真空度分布的影响因素分析[J]. 哈尔滨工业大学学报,2003,35(11):1399-1401.

261. 岑仰润,龚晓南,温晓贵.真空排水预压工程中孔压实测资料的分析与应用[J].浙 江大学学报(工学版),2003,37(1):16-18.

262. 岑仰润,俞建霖,龚晓南.真空排水预压工程中真空度的现场测试与分析[J].岩土 力学,2003,24(4):603-605.

263. 王国光,严平,龚晓南.桩基荷载作用下地基土竖向应力的上限估计[J].岩土工程 学报,2003,25(1):116-118.

264. 龚晓南.桩体发现渗水怎么办?[J].地基处理,2003,14(3):71.

265. 陈昌富,龚晓南,王贻荪.自适应蚁群算法及其在边坡工程中的应用[J].浙江大学 学报(工学版),2003,37(5):566-569.

266. 李海芳,龚晓南,温晓贵.复合地基孔隙水压力原型观测结果分析[J].低温建筑技 术,2004(4):52-53.

267. 褚航,龚晓南.利用有限元法进行参数反分析的研究[J].中国市政工程,2004(4): 21-23.

268. 沈扬,梁晓东,岑仰润,龚晓南.真空固结室内实验模拟与机理浅析[J].中国农村 水利水电,2004(4):58-60.

269. 朱建才,李文兵,龚晓南.真空联合堆载预压加固软基中的地下水位监测成果分 析[J].工程勘察,2004(5):27-30.

270. 温晓贵,刘恒新,龚晓南.低强度桩在桥头软基处理中的应用研究[J].中国市政工 程,2004(6):22-24.

271. 朱建才,温晓贵,龚晓南.真空排水预压加固软基中的孔隙水压力消散规律[J].水利学报,2004(8):123-128.

272. 龚晓南.1+1=?[J].地基处理,2004,15(4):57-58.

273. 宋金良,龚晓南,徐日庆.SMW工法圆形工作井内力分析[J].煤田地质与勘探,2004,32(6):42-44.

274. 陈昌富,杨宇,龚晓南.边坡稳定性分析水平条分法及其进化计算[J].湖南大学学报(自然科学版),2004,31(3):72-75.

275. 丁洲祥,龚晓南,唐启.从Biot固结理论认识渗透力[J].地基处理,2004,15(3):3-6.

276. 冯海宁,龚晓南,徐日庆.顶管施工环境影响的有限元计算分析[J].岩石力学与工程学报,2004,23(7):1158-1162.

277. 冯俊福,俞建霖,龚晓南.反分析技术在基坑开挖及预测中的应用[J].建筑技术,2004,35(5):346-347.

278. 陈页开,汪益敏,徐日庆,龚晓南.刚性挡土墙被动土压力数值分析[J].岩石力学与工程学报,2004,23(6):980-988.

279. 孙伟,龚晓南,孙东.高速公路拓宽工程变形性状分析[J].中南公路工程,2004,29(4):53-55.

280. 孙红月,尚岳全,龚晓南.工程措施影响滑坡地下水动态的数值模拟研究[J].工程地质学报,2004,12(4):436-440.

281. 陈昌富,龚晓南.混沌扰动启发式蚁群算法及其在边坡非圆弧临界滑动面搜索中的应用[J].岩石力学与工程学报,2004,23(20):3450-3453.

282. 邢皓枫,龚晓南,傅海峰.混凝土面板堆石坝软岩坝料开采填筑技术研究[J].水力发电,2004,30(A01):129-136.

283. 邢皓枫,龚晓南,傅海峰,王正宏.混凝土面板堆石坝软岩坝料填筑技术研究[J].岩土工程学报,2004,26(2):234-238.

284. 龚晓南.基坑工程设计中应注意的几个问题[J].工业建筑,2004,34(S2):1-4.

285. 金小荣,邓超,俞建霖,祝哨晨,龚晓南.基坑降水引起的沉降计算初探[J].工业建筑,2004,34(S2):130-133.

286. 丁洲祥,龚晓南,俞建霖.基坑降水引起的地面沉降规律及参数敏感性简析[J].地基处理,2004,15(2):3-8.

287. 罗战友,杨晓军,龚晓南.考虑材料的拉压模量不同及应变软化特性的柱形孔扩张问题[J].工程力学,2004,21(2):40-45.

288. 曾开华,俞建霖,龚晓南.路堤荷载下低强度混凝土桩复合地基性状分析[J].浙江大学学报(工学版),2004,38(2):185-190.

289. 李海芳,温晓贵,龚晓南.路堤荷载下刚性桩复合地基的现场试验研究[J].岩土工程学报,2004,26(3):419-421.

290. 陈昌富,龚晓南.启发式蚁群算法及其在高填石路堤稳定性分析中的应用[J].数学的实践与认识,2004,34(6):89-92.

291. 袁静,龚晓南,刘兴旺,益德清.软土各向异性三屈服面流变模型[J].岩土工程学报,2004,26(1):88-94.

292. 张雪松,屠毓敏,龚晓南,潘巨忠.软黏土地基中挤土桩沉降时效性分析[J].岩石力学与工程学报,2004,23(19):3365-3369.

293. 丁洲祥,龚晓南,李韬,谢永利.三维大变形固结本构方程的矩阵表述[J].地基处理,2004,15(4):21-33.

294. 俞建霖,曾开华,温晓贵,张耀东,龚晓南.深埋重力-门架式围护结构性状研究与应用[J].岩石力学与工程学报,2004,23(9):1578-1584.

295. 孙钧,周健,龚晓南,张弥.受施工扰动影响土体环境稳定理论与变形控制[J].同济大学学报(自然科学版),2004,32(10):1261-1269.

296. 郑坚,龚晓南.土钉支护工作性能的现场监测分析[J].建筑技术,2004,35(5):337-339.

297. 丁洲祥,俞建霖,祝哨晨,龚晓南.土水势方程对Biot固结FEM的影响研究[J].浙江大学学报(理学版),2004,31(6):716-720.

298. 罗战友,董清华,龚晓南.未达到破坏的单桩极限承载力的灰色预测[J].岩土力学,2004,25(2):304-307.

299. 李光范,郑镇燮,龚晓南.压实花岗土的试验研究[J].岩石力学与工程学报,2004,23(2):235-241.

300. 温晓贵,朱建才,龚晓南.真空堆载联合预压加固软基机理的试验研究[J].工业建筑,2004,34(5):40-43.

301. 朱建才,温晓贵,龚晓南.真空预压加固软基中的真空度监测成果分析[J].地基处理,2004,15(1):3-8.

302. 邵玉芳,龚晓南,徐日庆,刘增永.有机质对土壤固化剂加固效果影响的研究进展[J].农机化研究,2005(1):23-24.

303. 陈志军,陈强,龚晓南.公路加筋土挡墙最危险滑动面的优化搜索技术[J].华东公路,2005(2):81-85.

304. 陈志军,陈强,龚晓南.加筋土挡墙的原型墙观测及有限元模拟研究[J].华东公路,2005(4):56-61.

305. 高海江,龚晓南,金小荣.真空预压降低地下水位机理探讨[J].低温建筑技术,2005(6):97-99.

306. 王哲,龚晓南,丁洲祥,周建.大直径薄壁灌注筒桩土芯对承载性状影响的试验及其理论研究[J].岩石力学与工程学报,2005,24(21):3916-3921.

307. 王哲,龚晓南,郭平,胡明华,郑尔康.大直径薄壁灌注筒桩在堤防工程中的应用[J].

岩土工程学报,2005,27(1):121-124.

308. 王哲,龚晓南,张玉国.大直径灌注筒桩轴向荷载-沉降曲线的一种解析算法[J].建筑结构学报,2005,26(4):123-129.

309. 王哲,龚晓南,陈建强.大直径灌注筒桩轴向荷载传递性状分析[J].苏州科技学院学报(工程技术版),2005,18(1):32-38.

310. 黄敏,龚晓南.带翼板预应力管桩承载性能的模拟分析[J].土木工程学报,2005,38(2):102-105.

311. 龚晓南.当前复合地基工程应用中应注意的两个问题[J].地基处理,2005,16(2):57-58.

312. 李海芳,龚晓南,温晓贵.低强度桩复合地基深层位移观测结果分析[J].工业建筑,2005,35(1):47-49.

313. 刘恒新,龚晓南,温晓贵.低强度桩在桥头深厚软基处理中的应用[J].中南公路工程,2005,30(1):57-58.

314. 丁洲祥,俞建霖,龚晓南,金小荣.改进Biot固结理论移动网格有限元分析[J].浙江大学学报(工学版),2005,39(9):1383-1387.

315. 朱建才,陈兰云,龚晓南.高等级公路桥头软基真空联合堆载预压加固试验研究[J].岩石力学与工程学报,2005,24(12):2160-2165.

316. 俞建霖,曾开华,龚晓南,岳原发.高速公路拓宽工程硬路肩下土体注浆加固试验研究[J].中国公路学报,2005,18(3):27-31.

317. 丁洲祥,龚晓南,俞建霖.割线模量法及其浙江地区若干工程中的应用[J].河海大学学报(自然科学版),2005,33(A01):11.

318. 丁洲祥,龚晓南,李又云,刘保健.割线模量法在沉降计算中存在的问题及改进探讨[J].岩土工程学报,2005,27(3):313-316.

319. 龚晓南.关于基坑工程的几点思考[J].土木工程学报,2005,38(9):99-102.

320. 金小荣,俞建霖,祝哨晨,龚晓南.基坑降水引起周围土体沉降性状分析[J].岩土力学,2005,26(10):1575-1581.

321. 陈昌富,龚晓南.基于小生境遗传算法软土地基上加筋路堤稳定性分析[J].工程地质学报,2005,13(4):516-520.

322. 罗战友,杨晓军,龚晓南.基于支持向量机的边坡稳定性预测模型[J].岩石力学与工程学报,2005,24(1):144-148.

323. 夏建中,罗战友,龚晓南,边大可.基于支持向量机的砂土液化预测模型[J].岩石力学与工程学报,2005,24(22):4139-4144.

324. 罗战友,龚晓南,王建良,王伟堂.静压桩挤土效应数值模拟及影响因素分析[J].浙江大学学报(工学版),2005,39(7):992-996.

325. 丁洲祥,龚晓南,李又云,唐启.考虑变质量的路基沉降应力变形协调分析法[J].

中国公路学报,2005,18(2):6-11.

326. 冯俊福,俞建霖,杨学林,龚晓南. 考虑动态因素的深基坑开挖反演分析及预测[J].岩土力学,2005,26(3):455-460.

327. 王哲,周建,龚晓南. 考虑土芯作用的大直径灌注筒桩轴向荷载传递性状分析[J].岩土工程学报,2005,27(10):1185-1189.

328. 李海芳,温晓贵,龚晓南. 路堤荷载下复合地基加固区压缩量的解析算法[J].土木工程学报,2005,38(3):77-80.

329. 李海芳,龚晓南. 路堤下复合地基沉降影响因素有限元分析[J].工业建筑,2005,35(6):49-51.

330. 丁洲祥,龚晓南,谢永利. 欧拉描述的大变形固结理论[J].力学学报,2005,37(1):92-99.

331. 王哲,龚晓南,程永辉,张玉国. 劈裂注浆法在运营铁路软土地基处理中的应用[J].岩石力学与工程学报,2005,24(9):1619-1623.

332. 李海芳,龚晓南,温晓贵. 桥头段刚性桩复合地基现场观测结果分析[J].岩石力学与工程学报,2005,24(15):2780-2785.

333. 丁洲祥,谢永利,龚晓南,俞建霖. 时间差分格式对路基Biot固结有限元分析的影响[J].长安大学学报(自然科学版),2005,25(2):33-37.

334. 邢皓枫,龚晓南,杨晓军. 碎石桩复合地基固结简化分析[J].岩土工程学报,2005,27(5):521-524.

335. 邢皓枫,杨晓军,龚晓南. 碎石桩复合地基试验及固结分析[J].煤田地质与勘探,2005,33(3):48-51.

336. 李海芳,龚晓南. 填土荷载下复合地基加固区压缩量的简化算法[J].固体力学学报,2005,26(1):111-114.

337. 刘岸军,龚晓南,钱国桢. 土锚杆和挡土桩共同作用的经验分析法[J].建筑施工,2005,27(3):5-7.

338. 黄敏,龚晓南. 一种带翼板预应力管桩及其性能初步研究[J].土木工程学报,2005,38(5):59-62.

339. 龚晓南. 应重视上硬下软多层地基中挤土桩挤土效应的影响[J].地基处理,2005,16(3):63-64.

340. 罗战友,童健儿,龚晓南. 预钻孔及管桩情况下的压桩挤土效应研究[J].地基处理,2005,16(1):3-8.

341. 丁洲祥,俞建霖,朱建才,龚晓南. 真空-堆载联合预压加固地基简化非线性分析[J].浙江大学学报(工学版),2005,39(12):1897-1901.

342. 朱建才,温晓贵,龚晓南. 真空预压加固软基施工工艺及其改进[J].地基处理,2005,16(2):28-32.

343. 丁洲祥,龚晓南,俞建霖,金小荣,祝哨晨.止水帷幕对基坑环境效应影响的有限元分析[J].岩土力学,2005,26(S1):146-150.

344. 王哲,龚晓南.轴向与横向力同时作用下大直径灌注筒桩的受力分析[J].苏州科技学院学报(工程技术版),2005,18(3):31-37.

345. 孙林娜,龚晓南.锚杆静压桩在建筑物加固纠偏中的应用[J].低温建筑技术,2006(1):62-63.

346. 高海江,俞建霖,金小荣,龚晓南.真空预压中设置应力释放沟的现场测试和分析[J].中国农村水利水电,2006(5):75-77.

347. 梁晓东,江璞,沈扬,龚晓南.复合地基等效实体法侧摩阻力分析[J].低温建筑技术,2006(6):105-106.

348. 罗战友,夏建中,龚晓南.不同拉压模量及软化特性材料的球形孔扩张问题的统一解[J].工程力学,2006,23(4):22-27.

349. 罗勇,龚晓南,连峰.成层地基固结性状中不同定义平均固结度研究分析[J].科技通报,2006,22(6):813-816.

350. 丁洲祥,龚晓南,朱合华,谢永利,刘保健.大变形有效应力分析退化为总应力分析的新方法[J].岩土力学,2006,27(12):2111-2114.

351. 邢皓枫,杨晓军,龚晓南.刚性基础下水泥土桩复合地基固结分析[J].浙江大学学报(工学版),2006,40(3):485-489.

352. XING H F, GONG X N, ZHOU X G, FU H F. Construction of concrete-faced rock-fill dams with weak rocks[J]. Journal of Geotechnical and Geoenvironmental Engineering, 2006,132(6):778-785.

353. 金小荣,俞建霖,龚晓南,朱建才.缓解深厚软基桥头跳车两种方法的现场试验[J].煤田地质与勘探,2006,34(3):58-61.

354. 龚晓南.基坑工程发展中应重视的几个问题[J].岩土工程学报,2006,28(S1):1321-1324.

355. 丁洲祥,龚晓南,谢永利,李韬.基于不同客观本构关系的路基大变形固结分析[J].岩土力学,2006,27(9):1485-1489.

356. 刘岸军,龚晓南,钱国桢.考虑施工过程的土层锚杆挡土桩共同作用的非线性分析[J].工业建筑,2006,36(5):74-78.

357. 陈昌富,杨宇,龚晓南.考虑应变软化纤维增强混凝土圆管极限荷载统一解[J].应用基础与工程科学学报,2006,14(4):496-505.

358. 沈扬,周建,龚晓南.空心圆柱仪(HCA)模拟恒定围压下主应力轴循环旋转应力路径能力分析[J].岩土工程学报,2006,28(3):281-287.

359. 吕秀杰,龚晓南,李建国.强夯法施工参数的分析研究[J].岩土力学,2006,27(9):1628-1632.

360. 张耀东,龚晓南.软土基坑抗隆起稳定性计算的改进[J].岩土工程学报,2006, 28(S1):1378-1382.

361. 连峰,龚晓南,李阳.双向复合地基研究现状及若干实例分析[J].地基处理,2006, 17(2):3-9.

362. 邢皓枫,龚晓南,杨晓军.碎石桩加固双层地基固结简化分析[J].岩土力学,2006, 27(10):1739-1742.

363. 刘岸军,钱国桢,龚晓南.土层锚杆和挡土桩共同作用的非线性分析及其优化设计[J].岩土工程学报,2006,28(10):1288-1291.

364. 严平,包红泽,龚晓南.箱形基础在上下部共同作用下整体受力的极限分析[J].土木工程学报,2006,39(8):107-112.

365. 熊传祥,龚晓南.一种改进的软土结构性弹塑性损伤模型[J].岩土力学,2006, 27(3):395-397.

366. 邵玉芳,徐日庆,刘增永,龚晓南.一种新型水泥固化土的试验研究[J].浙江大学学报(工学版),2006,40(7):1196-1200.

367. 金小荣,俞建霖,龚晓南,毛志兴.真空联合堆载预压加固含承压水软基中水位和出水量变化规律研究[J].岩土力学,2006,27(S2):961-964.

368. 沈扬,周建,龚晓南.主应力轴旋转对土体性状影响的试验进展研究[J].岩石力学与工程学报,2006,25(7):1408-1416.

369. 金小荣,俞建霖,龚晓南,朱建才.真空联合堆载预压加固深厚软基工后沉降的测试与分析[J].中国农村水利水电,2007(2):37-39.

370. 金小荣,俞建霖,龚晓南,杨雷霞,黄达宇.含承压水软基真空联合堆载预压设计[J].中国农村水利水电,2007(3):110-112.

371. 李昌宁,龚晓南.王滩电站地下水泵房深基坑的开挖方案及稳定性分析[J].铁道工程学报,2007,24(5):28-32.

372. LUO Z Y, ZHU X R, GONG X N. Expansion of spherical cavity of strain-softening materials with different elastic moduli of tension and compression [J]. Journal of Zhejiang University SCIENCE A, 2007,8(9):1380-1387.

373. SHEN Y, ZHOU J, GONG X N. Possible stress path of hca for cyclic principal stress rotation under constant confining pressures[J]. International Journal of Geomechanics, 2007,7(6):423-430.

374. 丁洲祥,龚晓南,朱合华,蔡永昌,李天柱,唐亚江.Biot固结有限元方程组的病态规律分析[J].岩土力学,2007,28(2):269-273.

375. 孙林娜,龚晓南.按沉降控制的复合地基优化设计[J].地基处理,2007,18(1):3-8.

376. 邵玉芳,龚晓南,徐日庆,刘增永.腐殖酸对水泥土强度的影响[J].江苏大学学报(自然科学版),2007,28(4):354-357.

377. 陈昌富,吴子儒,龚晓南.复合形模拟退火算法及其在水泥土墙优化设计中的应用[J].岩土力学,2007,28(12):2543-2548.

378. 龚晓南.广义复合地基理论及工程应用[J].岩土工程学报,2007,29(1):1-13.

379. 金小荣,俞建霖,龚晓南,黄达宇,杨雷霞.含承压水软基真空联合堆载预压加固试验研究[J].岩土工程学报,2007,29(5):789-794.

380. 邵玉芳,龚晓南,徐日庆,刘增永.含腐殖酸软土的固化试验研究[J].浙江大学学报(工学版),2007,41(9):1472-1476.

381. 连峰,龚晓南,付飞营,罗勇,李阳.黄河下游冲积粉土地震液化机理及其判别[J].浙江大学学报(工学版),2007,41(9):1492-1498.

382. 俞建霖,朱普遍,刘红岩,龚晓南.基础刚度对刚性桩复合地基性状的影响分析[J].岩土力学,2007,28(S1):833-838.

383. 张瑛颖,龚晓南.基坑降水过程中回灌的数值模拟[J].水利水电技术,2007,38(4):48-50.

384. 鹿群,龚晓南,崔武文,张克平,许明辉.静压单桩挤土位移的有限元分析[J].岩土力学,2007,28(11):2426-2430.

385. 罗勇,龚晓南,吴瑞潜.考虑渗流效应下基坑水土压力计算的新方法[J].浙江大学学报(工学版),2007,41(1):157-160.

386. 沈扬,周建,张金良,龚晓南.考虑主应力方向变化的原状黏土强度及超静孔压特性研究[J].岩土工程学报,2007,29(6):843-847.

387. 鹿群,龚晓南,马明,王建良.考虑桩基作用的静压桩挤土效应[J].浙江大学学报(工学版),2007,41(7):1132-1135.

388. 罗勇,龚晓南,吴瑞潜.颗粒流模拟和流体与颗粒相互作用分析[J].浙江大学学报(工学版),2007,41(11):1932-1936.

389. 王志达,龚晓南,蔡智军.浅埋暗挖隧道开挖进尺的计算方法探讨[J].岩土力学,2007,28(S1):497-500.

390. 俞建霖,龚晓南,江璞.柔性基础下刚性桩复合地基的工作性状[J].中国公路学报,2007,20(4):1-6.

391. 孙林娜,龚晓南,张菁莉.散体材料桩复合地基桩土应力应变关系研究[J].科技通报,2007,23(1):97-101.

392. 李征,郭彪,龚晓南.绍兴县滨海区高层建筑基础选型研究[J].地基处理,2007,18(3):48-52.

393. 郭彪,龚晓南,余跃平.绍兴县工程地质特性[J].地基处理,2007,18(4):61-70.

394. 邵玉芳,龚晓南,郑尔康,刘增永.疏浚淤泥的固化试验研究[J].农业工程学报,2007,23(9):191-194.

395. 刘岸军,钱国桢,龚晓南.土层锚杆挡土桩共同作用的非线性拟合解[J].建筑结构,2007,37(7):102-103.

396. 朱磊,龚晓南.土钉支护内部稳定性的参数敏感性分析[J].科技通报,2007, 23(3):396-399.

397. 沈扬,周建,张金良,张泉芳,龚晓南.新型空心圆柱仪的研制与应用[J].浙江大学学报(工学版),2007,41(9):1450-1456.

398. 丁洲祥,朱合华,龚晓南,蔡永昌,丁文其.压缩试验本构关系的大变形表述法[J].岩石力学与工程学报,2007,26(7):1356-1364.

399. 鹿群,龚晓南,马明,王建良.一例静力压桩挤土效应的观测及分析[J].科技通报, 2007,23(2):232-236.

400. 金小荣,俞建霖,龚晓南,杨雷霞.真空预压部分工艺的改进[J].岩土力学,2007, 28(12):2711-2714.

401. 连峰,龚晓南,张长生.真空预压处理软基效果分析[J].工业建筑,2007,37(10): 58-62.

402. 罗勇,龚晓南,吴瑞潜.桩墙结构的颗粒流数值模拟研究[J].科技通报,2007, 23(6):853-857.

403. 龚晓南.案例分析[J].地基处理,2008,19(1):57.

404. 鹿群,龚晓南,崔武文,王建良.饱和成层地基中静压单桩挤土效应的有限元模拟[J].岩土力学,2008,29(11):3017-3020.

405. 罗战友,夏建中,龚晓南.不同拉压模量及软化特性材料的柱形孔扩张问题的统一解[J].工程力学,2008,25(9):79-84.

406. 龚晓南.从某勘测报告不固结不排水试验成果引起的思考[J].地基处理,2008, 19(2):44-45.

407. 陈昌富,周志军,龚晓南.带褥垫层桩体复合地基沉降计算改进弹塑性分析法[J].岩土工程学报,2008,30(8):1171-1177.

408. 王志达,龚晓南,王士川.单桩荷载-沉降计算的一种方法[J].科技通报,2008, 24(2):213-218.

409. 沈扬,周建,张金良,龚晓南.低剪应力水平主应力轴循环旋转对原状黏土性状影响研究[J].岩石力学与工程学报,2008,27(S1):3033-3039.

410. 葛忻声,白晓红,龚晓南.高层建筑复合桩基中单桩的承载性状分析[J].工程力学,2008,25(S1):99-101.

411. 董邑宁,张青娥,徐日庆,龚晓南.固化剂对软土强度影响的试验研究[J].岩土力学,2008,29(2):475-478.

412. 龚晓南.关于筒桩竖向承载力受力分析图[J].地基处理,2008,19(3):89-90.

413. 陈敬虞,龚晓南,邓亚虹.基于内变量理论的岩土材料本构关系研究[J].浙江大学学报(理学版),2008,35(3):355-360.

414. 陈昌富,朱剑锋,龚晓南. 基于响应面法和 Morgenstern-Price 法土坡可靠度计算方法[J]. 工程力学,2008,25(10):166 – 172.

415. 罗战友,龚晓南,朱向荣. 考虑施工顺序及遮栏效应的静压群桩挤土位移场研究[J]. 岩土工程学报,2008,30(6):824 – 829.

416. 夏建中,罗战友,龚晓南. 钱塘江边基坑的降水设计与监测[J]. 岩土力学,2008,29(S1):655 – 658.

417. 罗勇,龚晓南,连峰. 三维离散颗粒单元模拟无黏性土的工程力学性质[J]. 岩土工程学报,2008,30(2):292 – 297.

418. 孙林娜,龚晓南. 散体材料桩复合地基沉降计算方法的研究[J]. 岩土力学,2008,29(3):846 – 848.

419. 罗嗣海,龚晓南. 无黏性土强夯加固效果定量估算的拟静力分析法[J]. 岩土工程学报,2008,30(4):480 – 486.

420. 罗战友,夏建中,龚晓南,朱向荣. 压桩过程中静压桩挤土位移的动态模拟和实测对比研究[J]. 岩石力学与工程学报,2008,27(8):1709 – 1714.

421. 金小荣,俞建霖,龚晓南. 真空预压的环境效应及其防治方法的试验研究[J]. 岩土力学,2008,29(4):1093 – 1096.

422. SHEN Y, ZHOU J, GONG X N, LIU H L. Intact soft clay's critical response to dynamic stress paths on different combinations of principal stress orientation [J]. Journal of Central South University of Technology, 2008,15(S2):147 – 154.

423. 沈扬,周建,龚晓南,刘汉龙. 主应力轴循环旋转对超固结黏土性状影响试验研究[J]. 岩土工程学报,2008,30(10):1514 – 1519.

424. 沈扬,周建,张金良,龚晓南. 主应力轴循环旋转下原状软黏土临界性状研究[J]. 浙江大学学报(工学版),2008,42(1):77 – 82.

425. 连峰,龚晓南,赵有明,顾问天,刘吉福. 桩 – 网复合地基加固机理现场试验研究[J]. 中国铁道科学,2008,29(3):7 – 12.

426. 连峰,龚晓南,罗勇,刘吉福. 桩 – 网复合地基桩土应力比试验研究[J]. 科技通报,2008,24(5):690 – 695.

427. 丁洲祥,朱合华,谢永利,龚晓南,蒋明镜. 基于非保守体力的大变形固结有限元法[J]. 力学学报,2009(1):91 – 97.

428. 汪明元,龚晓南,包承纲,施戈亮. 土工格栅与压实膨胀土界面的拉拔性状[J]. 工程力学,2009(11):145 – 151.

429. 吕文志,俞建霖,郑伟,龚晓南,荆子菁. 基于上、下部共同作用的柔性基础下复合地基解析解的研究[J]. 工业建筑,2009(4):77 – 83.

430. 龚晓南. 薄壁取土器推广使用中遇到的问题[J]. 地基处理,2009,20(2):61 – 62.

431. 连峰,龚晓南,徐杰,吴瑞潜,李阳. 爆夯动力固结法加固软基试验研究[J]. 岩土力学,2009,30(3):859-864.

432. 王志达,龚晓南. 城市人行地道分部开挖长度大小及其影响[J]. 科技通报,2009, 25(6):820-825.

433. 汪明元,于嫣华,龚晓南. 含水量对加筋膨胀土强度与变形特性的影响[J]. 中山大学学报(自然科学版),2009,48(6):138-142.

434. 张杰,龚晓南,丁晓勇,高峻. 杭州城区古河道承压含水层特性研究[J]. 科技通报, 2009,25(5):643-648.

435. 龚晓南. 基坑放坡开挖过程中如何控制地下水[J]. 地基处理,2009,20(3):61.

436. 郭彪,龚晓南,卢萌盟,李瑛. 考虑涂抹作用的未打穿砂井地基固结理论分析[J]. 岩石力学与工程学报,2009,28(12):2561-2568.

437. 沈扬,周建,龚晓南,刘汉龙. 考虑主应力方向变化的原状软黏土应力应变性状试验研究[J]. 岩土力学,2009,30(12):3720-3726.

438. 龚晓南. 某工程案例引起的思考——应重视工后沉降分析[J]. 地基处理,2009, 20(4):61.

439. 吕文志,俞建霖,刘超,龚晓南,荆子菁. 柔性基础复合地基的荷载传递规律[J]. 中国公路学报,2009,22(6):1-9.

440. 陈敬虞,龚晓南,邓亚虹. 软黏土层一维有限应变固结的超静孔压消散研究[J]. 岩土力学,2009,30(1):191-195.

441. 李瑛,龚晓南,焦丹,刘振. 软黏土二维电渗固结性状的试验研究[J]. 岩石力学与工程学报,2009,28(S2):4034-4039.

442. 史海莹,龚晓南. 深基坑悬臂双排桩支护的受力性状研究[J]. 工业建筑,2009, 39(10):67-71.

443. 汪明元,于嫣华,包承纲,龚晓南. 土工格栅加筋压实膨胀土的强度与变形特性[J]. 武汉理工大学学报,2009,31(11):88-92.

444. 罗战友,龚晓南,夏建中,朱向荣. 预钻孔措施对静压桩挤土效应的影响分析[J]. 岩土工程学报,2009,31(6):846-850.

445. 吕秀杰,龚晓南. 真空堆载联合预压处理桥头软基桩体变形控制研究[J]. 工程勘察,2009,37(4):26-31.

446. 连峰,龚晓南,崔诗才,刘吉福. 桩-网复合地基承载性状现场试验研究[J]. 岩土力学,2009,30(4):1057-1062.

447. 吕文志,俞建霖,龚晓南. 柔性基础下复合地基试验研究综述[J]. 公路交通科技, 2010,27(1):1-5.

448. 魏永幸,薛新华,龚晓南. 柔性路堤荷载作用下的地基承载力研究[J]. 铁道工程学报,2010,27(2):22-26.

449. 郭彪,韩颖,龚晓南,卢萌盟. 考虑横竖向渗流的砂井地基非线性固结分析[J]. 深圳大学学报(理工版),2010,27(4):459 - 463.

450. 龚晓南,朱奎,钱力航,宋振.《刚 - 柔性桩复合地基技术规程》JGJ/T210 - 2010编制与说明[J]. 施工技术,2010,39(9):121 - 124.

451. 王术江,连峰,龚晓南,孙宁,刘传波. 超前工字钢桩在基坑围护中的应用[J]. 岩土工程学报,2010,32(S1):335 - 337.

452. 龚晓南. 从应力说起[J]. 地基处理,2010,21(1):61 - 62.

453. 张雪婵,张杰,龚晓南,尹序源. 典型城市承压含水层区域性特性[J]. 浙江大学学报(工学版),2010,44(10):1998 - 2004.

454. 李瑛,龚晓南,郭彪. 电渗电极参数优化研究[J]. 工业建筑,2010,40(2):92 - 96.

455. 李瑛,龚晓南. 电渗法加固软基的现状及其展望[J]. 地基处理,2010,21(2):3 - 11.

456. 李瑛,龚晓南,郭彪,周志刚. 电渗软黏土电导率特性及其导电机制研究[J]. 岩石力学与工程学报,2010,29(S2):4027 - 4032.

457. 李瑛,龚晓南,卢萌盟,郭彪. 堆载 - 电渗联合作用下的耦合固结理论[J]. 岩土工程学报,2010,32(1):77 - 81.

458. 俞建霖,荆子菁,龚晓南,刘超,吕文志. 基于上下部共同作用的柔性基础下复合地基性状研究[J]. 岩土工程学报,2010,32(5):657 - 663.

459. 周爱其,龚晓南,刘恒新,张宏建. 内撑式排桩支护结构的设计优化研究[J]. 岩土力学,2010,31(S1):245 - 254.

460. 王志达,龚晓南. 浅埋暗挖人行地道开挖进尺的计算方法[J]. 岩土力学,2010,31(8):2637 - 2642.

461. 吕文志,俞建霖,龚晓南. 柔性基础下桩体复合地基的解析法[J]. 岩石力学与工程学报,2010,29(2):401 - 408.

462. 龚晓南. 调查中53位同行专家对岩土工程数值分析发展的建议[J]. 地基处理,2010,21(4):69 - 76.

463. 郭彪,龚晓南,卢萌盟,李瑛. 土体水平渗透系数变化的多层砂井地基固结性状分析[J]. 工业建筑,2010,40(4):88 - 95.

464. 张磊,孙树林,龚晓南,张杰. 循环荷载下双曲线模型修正土体一维固结解[J]. 岩土力学,2010,31(2):455 - 460.

465. ZHUAN Y, ZHU L P, XU Y Y, GONG X N, ZHU B K. Surface zwitterionicalization of poly(vinylidene fluoride) porous membranes by post-reaction of the amphiphilic precursor [J]. Journal of Membrane Science, 2011, 385(1):57 - 66.

466. ZHANG X C, GONG X N. Observed performance of a deep multistrutted excavation in Hangzhou soft clays with high confined water [J]. Advanced Materials Research, 2011, 253(S1):2276 - 2280.

467. 龚晓南,张杰. 承压水降压引起的上覆土层沉降分析[J]. 岩土工程学报,2011,

33(1):145－149.

468. 龚晓南.承载力问题与稳定问题[J].地基处理,2011,22(2):53.

469. 焦丹,龚晓南,李瑛.电渗法加固软土地基试验研究[J].岩石力学与工程学报,2011,30(S1):3208－3216.

470. 李瑛,龚晓南,张雪婵.电压对一维电渗排水影响的试验研究[J].岩土力学,2011,32(3):709－714.

471. 龚晓南.对岩土工程数值分析的几点思考[J].岩土力学,2011,32(2):321－325.

472. ZHANG L, GONG X N, YANG Z X, YU J L. Elastoplastic solutions for single piles under combined vertical and lateral loads [J]. Journal of Central South University of Technology, 2011,18(1):216－222.

473. 李瑛,龚晓南.含盐量对软黏土电渗排水影响的试验研究[J].岩土工程学报,2011,33(8):1254－1259.

474. 张雪婵,龚晓南,尹序源,赵玉勃.杭州庆春路过江隧道江南工作井监测分析[J].岩土力学,2011,32(S1):488－494.

475. 史海莹,龚晓南,俞建霖,连峰.基于Hewlett理论的支护桩桩间距计算方法研究[J].岩土力学,2011,32(S1):351－355.

476. 张磊,龚晓南,俞建霖.基于地基反力法的水平荷载单桩半解析解[J].四川大学学报(工程科学版),2011,43(1):37－42.

477. 龚晓南,焦丹.间歇通电下软黏土电渗固结性状试验分析[J].中南大学学报(自然科学版),2011,42(6):1725－1730.

478. 罗勇,龚晓南.节理发育反倾边坡破坏机理分析及模拟[J].辽宁工程技术大学学报(自然科学版),2011,30(1):60－63.

479. 张磊,龚晓南,俞建霖.考虑土体屈服的纵横荷载单桩变形内力分析[J].岩土力学,2011,32(8):2441－2445.

480. 杨迎晓,龚晓南,范川,金兴平,陈华.钱塘江冲海积非饱和粉土剪胀性三轴试验研究[J].岩土力学,2011,32(S1):38－42.

481. 吕文志,俞建霖,龚晓南.柔性基础下复合地基理论在某事故处理中的应用[J].中南大学学报(自然科学版),2011,42(3):772－779.

482. 李瑛,龚晓南.软黏土地基电渗加固的设计方法研究[J].岩土工程学报,2011,33(6):955－959.

483. 龚晓南.软黏土地基土体抗剪强度若干问题[J].岩土工程学报,2011,33(10):1596－1600.

484. 张磊,龚晓南,俞建霖.水平荷载单桩计算的非线性地基反力法研究[J].岩土工程学报,2011,33(2):309－314.

485. 俞建霖,何萌,张文龙,龚晓南,应建新.土钉墙支护极限高度的有限元分析与拟合[J]. 中南大学学报(自然科学版),2011,42(5):1447-1453.

486. 李征,龚晓南,周建. 一种新型大直径现浇混凝土空心桩(筒桩)成桩工艺及设备简介[J]. 地基处理,2011,22(2):10-15.

487. 龚晓南,焦丹,李瑛. 黏性土的电阻计算模型[J]. 沈阳工业大学学报,2011,33(2):213-218.

488. 张磊,龚晓南,俞建霖. 纵横荷载下单桩地基反力法的半解析解[J]. 哈尔滨工业大学学报,2011,43(6):96-100.

489. 李瑛,龚晓南. 等电势梯度下电极间距对电渗影响的试验研究[J]. 岩土力学,2012,33(1):89-95.

490. 朱磊,龚晓南,邢伟. 土钉支护基坑抗隆起稳定性计算方法研究[J]. 岩土力学,2012,33(1):167-170.

491. 郑刚,龚晓南,谢永利,李广信. 地基处理技术发展综述[J]. 土木工程学报,2012(2):127-146.

492. 黄磊,周建,龚晓南. CFG桩复合地基褥垫层的设计机理[J]. 广东公路交通,2012(3):63-66.

493. 郭彪,韩颖,龚晓南,卢萌盟. 随时间任意变化荷载下砂井地基固结分析[J]. 中南大学学报(自然科学版),2012,43(6):2369-2377.

494. 郭彪,龚晓南,王建良,王勤生,李长宏,俞跃平. 绍兴县城区大型公共建筑基础型式合理选用研究[J]. 浙江建筑,2012,29(11):13-17.

495. 喻军,鲁嘉,龚晓南. 考虑围护结构位移的非对称基坑土压力分析[J]. 岩土工程学报,2012,34(S1):24-27.

496. 杨迎晓,龚晓南,张雪婵,勒建明,张智卿,徐毅青. 钱塘江边冲海积粉土基坑性状研究[J]. 岩土工程学报,2012,34(S1):750-755.

497. GONG X N, ZHANG X C. Excavation collapse of hangzhou subway station in soft clay and numerical investigation based on orthogonal experiment method [J]. Journal of Zhejiang University SCIENCE A, 2012,13(10):760-767.

498. 严佳佳,周建,管林波,龚晓南. 杭州原状软黏土非共轴特性与其影响因素试验研究[J]. 岩土工程学报,2013,35(1):96-102.

499. 郭彪,龚晓南,王建良,王勤生,李长宏,俞跃平. 绍兴县城区多层建筑基础型式合理选用研究[J]. 江苏建筑,2013(1):80-85.

500. 张磊,龚晓南,俞建霖. 大变形条件下单桩水平承载性状分析[J]. 土木建筑与环境工程,2013,35(2):61-65.

501. 郭彪,龚晓南,王建良,王勤生,李长宏,俞跃平. 绍兴县城区高层建筑基础形式的合理选用研究[J]. 四川建筑,2013,33(2):91-94.

502. 陶燕丽,周建,龚晓南,陈卓,李一雯. 铁和铜电极对电渗效果影响的对比试验研究[J].岩土工程学报,2013,35(2):388-394.

503. 郭彪,龚晓南,王建良,王勤生,李长宏,俞跃平.绍兴县工程地质特性[J].浙江建筑,2013,30(3):35-43.

504. 郭彪,龚晓南,卢萌盟,张发春,房锐.真空联合堆载预压下竖井地基固结解析解[J].岩土工程学报,2013,35(6):1045-1054.

505. 李一雯,周建,龚晓南,陈卓,陶燕丽.电极布置形式对电渗效果影响的试验研究[J].岩土力学,2013,34(7):1972-1978.

506. 喻军,刘松玉,龚晓南.基于拱顶沉降控制的卵砾石地层浅埋隧道施工优化[J].中国工程科学,2013,15(10):97-102.

507. 龚晓南,伍程杰,俞峰,房凯,杨淼.既有地下室增层开挖引起的桩基侧摩阻力损失分析[J].岩土工程学报,2013,35(11):1957-1964.

508. 喻军,卢彭真,龚晓南.两种不同建筑物的振动特性分析[J].土木工程学报,2013(S1):81-86.

509. 安春秀,黄磊,黄达余,龚晓南.强夯处理碎石回填土地基相关性试验研究[J].岩土力学,2013,34(S1):273-278.

510. 陶燕丽,周建,龚晓南.铁、石墨、铜和铝电极的电渗对比试验研究[J].岩石力学与工程学报,2013,32(S2):3355-3362.

511. 豆红强,韩同春,龚晓南.筒桩桩承式加筋路堤工作机理分析[J].岩土工程学报,2013,35(S2):956-962.

512. ZHOU J J, WANG K H, GONG X N, ZHANG R H. Bearing capacity and load transfer mechanism of a static drill rooted nodular pile in soft soil areas [J]. Journal of Zhejiang University SCIENCE A, 2013,14(10):705-719.

513. ZHOU J, YAN J J, XU C J, GONG X N. Influence of intermediate principal stress on undrained behavior of intact clay under pure principal stress rotation [J]. Mathematical Problems in Engineering, 2013:1-10.

514. 刘念武,龚晓南,陶艳丽,楼春晖.软土地区嵌岩连续墙与非嵌岩连续墙支护性状对比分析[J].岩石力学与工程学报,2014,33(1):164-171.

515. 喻军,姜天鹤,龚晓南.支腿式地下连续墙受力特性研究[J].施工技术,2014,43(1):41-44.

516. 严佳佳,周建,龚晓南,郑鸿镔.主应力轴纯旋转条件下原状黏土变形特性研究[J].岩土工程学报,2014,36(3):474-481.

517. 伍程杰,龚晓南,俞峰,楼春晖,刘念武.既有高层建筑地下增层开挖桩端阻力损失[J].浙江大学学报(工学版),2014,48(4):671-678.

518. 周佳锦,王奎华,龚晓南,张日红,严天龙,许远荣.静钻根植竹节桩承载力及荷载传递机制研究[J].岩土力学,2014,35(5):1367-1376.

519. 周佳锦,龚晓南,王奎华,张日红.静钻根植竹节桩抗压承载性能[J].浙江大学学报(工学版),2014,48(5):835-842.

520. 龚晓南,王继成,伍程杰.深基坑开挖卸荷对既有桩基侧摩阻力影响分析[J].湖南大学学报(自然科学版),2014,41(6):70-76.

521. 陈东霞,龚晓南.非饱和残积土的土-水特征曲线试验及模拟[J].岩土力学,2014(7):1885-1891.

522. 刘念武,龚晓南,楼春晖.软土地区基坑开挖对周边设施的变形特性影响[J].浙江大学学报(工学版),2014,48(7):1141-1147.

523. 陶燕丽,周建,龚晓南.电极材料对电渗过程作用机理的试验研究[J].浙江大学学报(工学版),2014,48(9):1618-1623.

524. 陶燕丽,周建,龚晓南,陈卓.间歇通电模式影响电渗效果的试验[J].哈尔滨工业大学学报,2014,46(8):78-83.

525. 刘念武,龚晓南,俞峰,房凯.内支撑结构基坑的空间效应及影响因素分析[J].岩土力学,2014,35(8):2293-2298.

526. 伍程杰,龚晓南,房凯,俞峰,张乾青.增层开挖对既有建筑物桩基承载刚度影响分析[J].岩石力学与工程学报,2014,33(8):1526-1535.

527. 严佳佳,周建,龚晓南,曹洋,刘正义.主应力轴循环旋转条件下重塑黏土变形特性试验研究[J].土木工程学报,2014(8):120-127.

528. 陶燕丽,周建,龚晓南.电极材料对电渗过程作用机理的试验研究[J].浙江大学学报(工学版),2014,48(9):1618-1623.

529. 伍程杰,俞峰,龚晓南,林存刚,梁荣柱.开挖卸荷对既有群桩竖向承载性状的影响分析[J].岩土力学,2014,35(9):2602-2608.

530. 王继成,俞建霖,龚晓南,马世国.大降雨条件下气压力对边坡稳定的影响研究[J].岩土力学,2014,35(11):3157-3162.

531. YU J L, ZHANG L, GONG X N. Elastic solutions for partially embedded single piles subjected to simultaneous axial and lateral loading [J]. Journal of Central South University, 2014,21(11):4330-4337.

532. 王继成,龚晓南,田效军.考虑土应力历史的土压力计测量修正[J].湖南大学学报(自然科学版),2014,41(11):96-102.

533. 狄圣杰,龚晓南,李晓敏,蒋建平,麻鹏远.软黏土地基桩土相互作用p-y曲线法参数敏感性分析[J].水力发电,2014(12):23-25.

534. 喻军,龚晓南.考虑顶管施工过程的地面沉降控制数值分析[J].岩石力学与工程学报,2014,33(S1):2605-2610.

535. 罗战友,夏建中,龚晓南,刘薇.考虑孔压消散的静压单桩挤土位移场研究[J].岩石力学与工程学报,2014,33(S1):2765-2772.

536. 刘念武,龚晓南,楼春晖. 软土地基中地下连续墙用作基坑围护的变形特性分析[J]. 岩石力学与工程学报,2014,33(S1):2707 - 2712.

537. 连峰,刘治,付军,巩宪超,李乾龙,龚晓南. 双排桩支护工程实例分析[J]. 岩土工程学报,2014,36(S1):127 - 131.

538. 叶启军,喻军,龚晓南. 荷载作用下橡胶混凝土抗氯离子渗透规律研究[J]. 材料导报,2014(S2):327 - 330.

539. 喻军,龚晓南,李元海. 基于海量数据的深基坑本体变形特征研究[J]. 岩土工程学报,2014,36(S2):319 - 324.

540. 张旭辉,吴欣,俞建霖,何萌,龚晓南. 浆囊袋压力型土钉新技术及工作机理研究[J]. 岩土工程学报,2014,36(S2):227 - 232.

541. 周佳锦,龚晓南,王奎华,张日红,严天龙. 静钻根植竹节桩在软土地基中的应用及其承载力计算[J]. 岩石力学与工程学报,2014,33(S2):4359 - 4366.

542. 刘念武,龚晓南,俞峰,汤恒思. 软土地区基坑开挖引起的浅基础建筑沉降分析[J]. 岩土工程学报,2014,36(S2):325 - 329.

543. 陈鹏飞,龚晓南,刘念武. 止水帷幕的挡土作用对深基坑变形的影响[J]. 岩土工程学报,2014,36(S2):254 - 258.

544. 严佳佳,周建,刘正义,龚晓南. 主应力轴纯旋转条件下黏土弹塑性变形特性[J]. 岩石力学与工程学报,2014,33(S2):4350 - 4358.

545. HAN T C, DOU H Q, GONG X, ZHANG J, MA S G. A rainwater redistribution model to evaluate two-layered slope stability after a rainfall event [J]. Environmental & Engineering Geoscience, 2014,20(2):163 - 176.

546. WANG J C, GONG X, MA S G. Effects of pore-water pressure distribution on slope stability under rainfall infiltration [J]. Electronic Journal of Geotechnical Engineering, 2014(19):1677 - 1685.

547. WANG J C, GONG X, MA S G. Modification of green-ampt infiltration model considering entrapped air pressure [J] Electronic Journal of Geotechnical Engineering 2014(19):1801 - 1811.

548. DOU H Q, HAN T C, GONG X N, ZHANG J. Probabilistic slope stability analysis considering the variability of hydraulic conductivity under rainfall infiltration-redistribution conditions [J]. Engineering Geology, 2014(183):1 - 13.

549. ZHOU J, YAN J J, LIU Z Y, GONG X N. Undrained anisotropy and non-coaxial behavior of clayey soil under principal stress rotation [J]. Journal of Zhejiang University SCIENCE A, 2014,15(4):241 - 254.

550. YAN J J, ZHOU J, GONG X N, CAO Y. Undrained response of reconstituted clay to cyclic pure principal stress rotation [J]. Journal of Central South University, 2015,

22(1):280 – 289.

551. 龚晓南,孙中菊,俞建霖. 地面超载引起邻近埋地管道的位移分析[J]. 岩土力学, 2015,36(2):305 – 310.

552. 周佳锦,龚晓南,王奎华,张日红,严天龙. 静钻根植竹节桩荷载传递机理模型试验[J]. 浙江大学学报(工学版),2015,49(3):531 – 537.

553. 周佳锦,龚晓南,王奎华,张日红. 静钻根植竹节桩抗拔承载性能试验研究[J]. 岩土工程学报,2015,37(3):570 – 576.

554. 刘念武,龚晓南,俞峰. 大直径钻孔灌注桩的竖向承载性能[J]. 浙江大学学报(工学版),2015,49(4):763 – 768.

555. 俞建霖,张甲林,李坚卿,龚晓南. 地表硬壳层对柔性基础下复合地基受力特性的影响分析[J]. 中南大学学报(自然科学版),2015,46(4):1504 – 1510.

556. 崔新壮,龚晓南,李术才,汤濉泽,张炯. 盐水环境下水泥土桩劣化效应及其对道路复合地基沉降的影响[J]. 中国公路学报,2015,28(5):66 – 76.

557. GONG X N, TIAN X J, HU W T. Simplified method for predicating consolidation settlement of soft ground improved by floating soil-cement column [J]. Journal of Central South University, 2015(7):2699 – 2706.

558. 周佳锦,王奎华,龚晓南静钻根植竹节桩荷载传递机理模型试验. 静钻根植抗拔桩承载性能数值模拟[J]. 浙江大学学报(工学版),2015,49(11):2135 – 2141.

559. 周佳锦,龚晓南,王奎华,张日红,许远荣. 静钻根植竹节桩桩端承载性能数值模拟研究[J]. 岩土力学,2015,36(S1):651 – 656.

560. 陈东霞,龚晓南,马亢. 厦门地区非饱和残积土的强度随含水量变化规律[J]. 岩石力学与工程学报,2015,34(S1):3484 – 3490.

561. 龚晓南. 地基处理技术及发展展望——纪念中国土木工程学会岩土工程分会地基处理学术和会成立三十周年(1984 – 2014)(上、下册)[J]. 岩土力学,2015(S2):701.

562. 豆红强,韩同春,龚晓南. 降雨条件下考虑裂隙土孔隙双峰特性对非饱和土边坡渗流场的影响[J]. 岩石力学与工程学报,2015,34(S2):4373 – 4379.

563. ZHOU J J, GONG X N, WANG K H, ZHANG R H. A field study on the behavior of static drill rooted nodular piles with caps under compression [J]. Journal of Zhejiang University SCIENCE A, 2015,16(12):951 – 963.

564. DOU H Q, HAN T C, GONG X N, QIU Z Y, LI Z N. Effects of the spatial variability of permeability on rainfall-induced landslides [J]. Engineering Geology, 2015(192):92 – 100.

565. ZHOU J, TAO Y L, XU C J, GONG X N, HU P C. Electro-osmotic strengthening of silts based on selected electrode materials [J]. Soils and Foundations, 2015,55(5):1171 – 1180.

566. TIAN X J, HU W T, GONG X N. Longitudinal dynamic response of pile foundation in a nonuniform initial strain field [J]. KSCE Journal of Civil Engineering, 2015, 19(6):1656 – 1666.

567. WANG J C, YU J L, Ma S G, GONG X N. Relationship between cell-indicated earth pressures and field earth pressures in backfills [J]. European Journal of Environmental and Civil Engineering, 2015, 19(7):773 – 788.

568. 刘念武, 龚晓南, 俞峰, 张乾青. 大直径扩底嵌岩桩竖向承载性能[J]. 中南大学学报(自然科学版), 2016, 47(2):541 – 547.

569. 郭彪, 龚晓南, 李亚军. 考虑加载过程及桩体固结变形的碎石桩复合地基固结解析解[J]. 工程地质学报, 2016, 24(3):409 – 417.

570. 豆红强, 韩同春, 龚晓南, 李智宁, 邱子义. 降雨条件下考虑饱和渗透系数变异性的边坡可靠度分析[J]. 岩土力学, 2016, 37(4):1144 – 1152.

571. 应宏伟, 朱成伟, 龚晓南. 考虑注浆圈作用水下隧道渗流场解析解[J]. 浙江大学学报(工学版), 2016, 50(6):1018 – 1023.

572. 周佳锦, 王奎华, 龚晓南, 张日红, 严天龙. 静钻根植竹节桩桩端承载性能试验研究[J]. 岩土力学, 2016, 37(9):2603 – 2609.

573. ZHOU J J, GONG X N, WANG K H, ZHANG R H, YAN T L. A model test on the behavior of a static drill rooted nodular pile under compression [J]. Marine Georesources & Geotechnology, 2016, 34(3):293 – 301.

574. TAO Y L, ZHOU J, GONG X N, HU P C. Electro-osmotic dehydration of hangzhou sludge with selected electrode arrangements [J]. Drying Technology, 2016, 34(1): 66 – 75.

575. WANG J C, YU J L, MA S G, GONG X N. Hammer's impact force on pile and pile's penetration [J]. Marine Georesources & Geotechnology, 2016, 34(5):409 – 419.

576. 杨迎晓, 龚晓南, 周春平, 金兴平. 钱塘江冲海积粉土渗透破坏试验研究[J]. 岩土力学, 2016, 37(S2):243 – 249.

2. 论文集论文

1. ZENG G X, GONG X N. Consolidation analysis of the soft clay ground beneath large steel oil tank [C]// Proceedings of the Fifth International Conference on Numerical Methods in Geomechanics, 1985:613.

2. 曾国熙, 龚晓南. 数值计算方法在土力学中的应用[C]//中国力学学会岩土力学专业委员会. 第二届全国岩土力学数值分析和解析方法讨论会会议录, 1986.

3. CHEN X Y, GONG X N. Bearing capacity of strip footing on anisotropic and nonhomogeneous soils［C］// Bridges and Structures, 1987:345.

4. GONG X N. Estimaton of parameters of nonlinear model of Soil during consolidation with back analysis［C］// Research report of Institute of Soil Mech. and Rock Mech. Karlsruhe University, 1988.

5. GONG X N. Introduction to a finite element program PBC［C］// Research report of Institute of Soil Mech. and Rock Mech. Karlsruhe University, 1988.

6. GONG X N. A procedure of estimation of material parameters of subsoil under consolidation with back analysis method［C］// Research report of Institute of Soil Mech. and Rock Mech. Karlsruhe University, 1988.

7. ZENG G X, GONG X N, NIAN J B, HU Y F. Back analysis for determining nonlinear mechanical parameters in soft clay excavation［C］// Proceedings of the 6th International Conference on Numerical Methods in Geomechanics, 1988:2069.

8. 龚晓南. 岩土工程中反分析法的应用[C]//第一届华东地区岩土力学讨论会论文集, 1989.

9. 龚晓南. 土塑性力学的发展[C]//浙江省力学学会. 浙江省力学学会成立十周年暨1989年学术年会论文集. 1989.

10. 曾国熙, 龚晓南, 粘精斌, 胡一峰. 反分析法确定基坑开挖问题的有关参数[C]//中国土木工程学会. 第五届土力学及基础工程学术会议论文集. 北京:中国建筑工业出版社, 1990:94.

11. GONG X N, LIU Y M, ZHANG T Q. Settlement of the flexible pile［C］// Third Iranian Congress of Civil Engineering, 1990.

12. 俞茂宏, 龚晓南, 曾国熙. 岩土力学和基础工程基本理论中的若干新概念[C]//中国土木工程学会. 第六届土力学及基础工程学术会议论文集. 上海:同济大学出版社, 1991:155.

13. 龚晓南, 杨灿文. 地基处理[C]//中国土木工程学会. 第六届土力学及基础工程学术会议论文集. 上海:同济大学出版社, 1991:37.

14. 谢康和, 刘一林, 潘秋元, 龚晓南. 搅拌桩复合地基变形分析微机程序开发与应用[C]//全国土木工程科技工作者计算机应用学术会议论文集组. 全国土木工程科技工作者计算机应用学术会议论文集. 南京:东南大学出版社, 1991:314.

15. 龚晓南. 复合地基理论概要[C]//中国土木工程学会土力学及基础工程学会地基处理学术委员会第三届地基处理学术讨论会论文集. 杭州:浙江大学出版社, 1992:37.

16. 张土乔, 龚晓南, 曾国熙, 裘慰伦. 水泥土桩复合地基复合模量计算[C]//中国土木工程学会土力学及基础工程学会地基处理学术委员会第三届地基处理学术讨论会论文集. 杭州:浙江大学出版社, 1992:140.

17. 张土乔,龚晓南,曾国熙.海水对水泥土侵蚀特性的试验研究[C]//中国土木工程学会土力学及基础工程学会地基处理学术委员会第三届地基处理学术讨论会论文集.杭州:浙江大学出版社,1992:154.

18. 张航,龚晓南.地基处理领域中的智能辅助设计系统[C]//中国土木工程学会土力学及基础工程学会地基处理学术委员会第三届地基处理学术讨论会论文集.杭州:浙江大学出版社,1992:626.

19. ZHANG T Q, GONG X N, ZENG G X. Research on the failure mechanism of cement soil piles [C]// Proceedings of International Symposium on Soil Improvement and Pile Foundation, 1992:515.

20. ZHANG T Q, GONG X N, LI M K, ZENG G X. Effects of cement soil corrosion by seawater [C]// Proceedings of International Symposium on Soil Improvement and Pile Foundation, 1992:335.

21. 段继伟,龚晓南,曾国熙.复合地基桩土应力比影响因素有限元法分析[C]//沈珠江,龚晓南,殷宗泽.第二届华东地区岩土力学学术讨论会论文集.杭州:浙江大学出版社,1992:43.

22. 张龙海,龚晓南.圆形水池结构与复合地基共同作用分析[C]//沈珠江,龚晓南,殷宗泽.第二届华东地区岩土力学学术讨论会论文集.杭州:浙江大学出版社,1992:48.

23. 张土乔,龚晓南,曾国熙.水泥搅拌桩荷载传递机理初步分析[C]//沈珠江,龚晓南,殷宗泽.第二届华东地区岩土力学学术讨论会论文集.杭州:浙江大学出版社,1992:60.

24. 张航,龚晓南.专家系统中的专业思路[C]//沈珠江,龚晓南,殷宗泽.第二届华东地区岩土力学学术讨论会论文集.杭州:浙江大学出版社,1992:79.

25. 龚晓南,王启铜.拉、压模量不同介质中的球孔扩张问题[C]//沈珠江,龚晓南,殷宗泽.第二届华东地区岩土力学学术讨论会论文集.杭州:浙江大学出版社,1992:83.

26. 张龙海,龚晓南.圆形水池结构与地基共同作用分析[C]//岩土力学与工程的理论与实践——首届岩土力学与工程青年工作者学术讨论会论文集.杭州:浙江大学出版社,1992:126.

27. 张航,龚晓南.工程型专家系统的构造策略[C]//中国建筑学会建筑结构学术委员会,第六届全国建筑工程计算机应用学术会议论文集.北京:中国建筑工业出版社,1992.

28. 严平,龚晓南.箱形基础的简化分析[C]//潘秋元.浙江省土木建筑学会土力学与基础工程学术委员会第五届土力学及基础工程学术讨论会论文集.杭州:浙江大学出版社,1992:251.

29. WANG Q T, GONG X N. Effects of pile stiffness on bearing capacity [C]// Proceedings of the international coference on soft clay engineering, 1993:479.

30. 段继伟,龚晓南,曾国熙.受竖向荷载柔性单桩的沉降及荷载传递特性分析[C]//深层搅拌法设计、施工经验交流会论文集.北京:中国铁道出版社,1993:162.

31. 龚晓南.深层搅拌法在我国的发展[C]//深层搅拌法设计、施工经验交流会论文集.北京:中国铁道出版社,1993:1.

32. 余绍锋,龚晓南,曾国熙.深层搅拌法在我国的发展[C]//深层搅拌法设计、施工经验交流会论文集.北京:中国铁道出版社,1993:140.

33. XU R Q, GONG X N, ZENG G X. Time-dependent strain for soft soil [C]// Proceedings of the International Conference on Soft Clay Engineering, 1993:307.

34. 龚晓南.复合地基承载力和沉降[C]//岩土力学与工程论文集.北京:中国铁道出版社,1993.

35. 徐日庆,龚晓南,曾国熙.ZDGE地基变形有限元程序介绍[C]//岩土力学与工程论文集.北京:中国铁道出版社,1993:28.

36. 严平,龚晓南.肋梁式桩筏基础的简化分析[C]//岩土力学与工程论文集.北京:中国铁道出版社,1993:44.

37. 张土乔,龚晓南.水泥土应力应变关系的试验研究[C]//岩土力学与工程论文集.北京:中国铁道出版社,1993:56.

38. 龚晓南,卞守中,王宝玉,宋中.一竖井纠偏加固工程[C]//岩土力学与工程论文集.北京:中国铁道出版社,1993:80.

39. 张土乔,龚晓南,曾国熙.海水作用下水泥土的线膨胀特性[C]//岩土力学与工程论文集.北京:中国铁道出版社,1993:139.

40. YAN P, GONG X N. Limit analysis of pile-girde raft foundation on friction pile group [C]// 3rd International Conference on Deep Foundation Practice Incorporating Piletalk International, 1994.

41. 龚晓南,段继纬.柔性桩的荷载传递特性[C]//叶书麟.中国土木工程学会第七届土力学及基础工程学术会议论文集.北京:中国建筑工业出版社,1994:605.

42. 龚晓南.复合地基理论与实践[C]//海峡两岸土力学及基础工程地工技术学术研讨会论文集,1994:683.

43. 严平,龚晓南,李建新.摩擦群桩上板式桩筏基础的简化分析[C]//董石麟,益德清,顾尧章,沈钢.结构与地基国际学术研讨会论文集.杭州:浙江大学出版社,1994:526.

44. 徐日庆,龚晓南,曾国熙.边界面本构模型及其应用[C]//中国力学学会岩土力学专业委员会.第五届全国岩土力学数值分析与解析方法讨论会论文集.武汉:武汉测绘科技大学出版社,1994.

45. 段继伟,龚晓南,曾国熙.一种非均质地基上板土共同作用数值分析方法[C]//中国力学学会岩土力学专业委员会.第五届全国岩土力学数值分析与解析方法讨论会论文集.武汉:武汉测绘科技大学出版社,1994.

46. 严平,龚晓南. 杭州某综合大楼基坑围护工程设计[C]//第二届浙江省岩土力学与工程学术讨论会论文集. 杭州:浙江大学出版社,1995:158.

47. 严平,龚晓南. 软土中基坑围护工程的对策[C]//第二届浙江省岩土力学与工程学术讨论会论文集. 杭州:浙江大学出版社,1995:141.

48. 段继伟,龚晓南,曾国熙. 柔性群桩—承台—土共同作用的数值分析[C]//第二届浙江省岩土力学与工程学术讨论会论文集. 杭州:浙江大学出版社,1995:28.

49. 严平,龚晓南,李建新. 软土地基中深基坑开挖围护的工程实践[C]//中国土木工程学会土力学及基础工程学会地基处理学术委员会第四届地基处理学术讨论会论文集. 杭州:浙江大学出版社,1995:606.

50. 余绍锋,龚晓南. 宁波甬江隧道地下连续墙路槽工程施工及原位测试[C]//中国土木工程学会土力学及基础工程学会地基处理学术委员会第四届地基处理学术讨论会论文集. 杭州:浙江大学出版社,1995:582.

51. 刘绪普,龚晓南,黎执长. 用弹性理论法和传递函数法联合求解单桩的沉降[C]//中国土木工程学会土力学及基础工程学会地基处理学术委员会第四届地基处理学术讨论会论文集. 杭州:浙江大学出版社,1995:484.

52. 蒋镇华,龚晓南,曾国熙. 成层非线性弹性土中单桩分析[C]//中国土木工程学会土力学及基础工程学会地基处理学术委员会第四届地基处理学术讨论会论文集. 杭州:浙江大学出版社,1995:489.

53. 龚晓南. 复合地基理论框架[C]//那向谦,龚晓南,吴硕贤. 建筑环境与结构工程最新发展. 杭州:浙江大学出版社,1995:224.

54. 龚晓南. 地基处理技术在我国的发展[C]//那向谦,龚晓南,吴硕贤. 建筑环境与结构工程最新发展. 杭州:浙江大学出版社,1995:210.

55. YAN P, YUE X D, GONG X N. Limit Analysis of Pile-Box Foundation on Friction Pile Groups [C]// EASEC－5, 1995.

56. 龚晓南. 复合地基若干问题[C]//第二届全国青年岩土力学与工程会议论文集. 大连:大连理工大学出版社,1995:95.

57. 徐日庆,龚晓南. 蛋形函数边界面本构关系[C]//第二届全国青年岩土力学与工程会议论文集. 大连:大连理工大学出版社,1995:165.

58. 余绍锋,赵荣欣,龚晓南. 一种基坑支挡结构侧向位移的预报方法[C]//第二届全国青年岩土力学与工程会议论文集. 大连:大连理工大学出版社,1995:393.

59. 蒋镇华,龚晓南,曾国熙. 单桩有限里兹单元法分析[C]//第二届全国青年岩土力学与工程会议论文集. 大连:大连理工大学出版社,1995:619.

60. 严平,龚晓南,李建新. 在上下部共同作用下肋梁式桩筏基础整体极限弯矩的简化分析[C]//廖济川. 第三届华东地区岩土力学学术讨论会论文集. 武汉:华中理工大学出版社,1995:302.

61. 龚晓南. 复合地基理论与地基处理新技术[M].//吴玉山. 高层建筑基础工程技术. 北京:科学出版社,1995:212.

62. 龚晓南. 工程材料本构理论若干问题[C]//许学咨. 浙江省力学学会成立十五周年学术讨论会论文集. 北京:原子能出版社,1995:1.

63. 俞建霖,龚晓南. 深基坑开挖柔性支护结构的性状研究[C]//许学咨. 浙江省力学学会成立十五周年学术讨论会论文集. 北京:原子能出版社,1995:288.

64. 余绍锋,龚晓南,俞建霖. 限制带撑支挡结构变形发展的一种计算方法[M].//侯学渊,杨敏. 软土地基变形控制设计理论和工程实践. 上海:同济大学出版社,1996:131.

65. 龚晓南. 复合地基理论框架及复合地基技术在我国的发展[C]//浙江省第七届土力学及基础工程学术讨论会论文集. 北京:原子能出版社,1996:39.

66. 龚晓南. 基坑围护体系选用原则及设计程序[C]//浙江省第七届土力学及基础工程学术讨论会论文集. 北京:原子能出版社,1996:157.

67. 严平,龚晓南. 软土中基坑开挖支撑围护的若干问题[C]//浙江省第七届土力学及基础工程学术讨论会论文集. 北京:原子能出版社,1996:172.

68. 赵荣欣,龚晓南. 由围护桩水平位移曲线反分析桩身弯矩[C]//浙江省第七届土力学及基础工程学术讨论会论文集. 北京:原子能出版社,1996:186.

69. 俞建霖,龚晓南. 温州国贸大厦基坑围护工程设计[C]//浙江省第七届土力学及基础工程学术讨论会论文集. 北京:原子能出版社,1996:217.

70. 龚晓南. 复合地基理论与实践在我国的发展[C]//龚晓南. 复合地基理论与实践:全国复合地基理论与实践学术讨论会论文集. 杭州:浙江大学出版社,1996:1.

71. 龚晓南,温晓贵,卞守中,尚亨林. 二灰混凝土桩复合地基技术与研究[C]//龚晓南. 复合地基理论与实践:全国复合地基理论与实践学术讨论会论文集. 杭州:浙江大学出版社,1996:349.

72. 温晓贵,龚晓南. 二灰混凝土桩复合地基设计和试验研究[C]//龚晓南,徐日庆,侯伟生. 中国土木工程学会土力学及基础工程学会地基处理学术委员会第五届地基处理学术讨论会论文集. 北京:中国建筑工业出版社,1997:410.

73. 龚晓南,章胜南. 某工程水塔的纠偏[C]//龚晓南,徐日庆,侯伟生. 中国土木工程学会土力学及基础工程学会地基处理学术委员会第五届地基处理学术讨论会论文集. 北京:中国建筑工业出版社,1997:476.

74. 严平,李建新,龚晓南. 软土地基中桩基质量事故的加固处理[C]//龚晓南,徐日庆,侯伟生. 中国土木工程学会土力学及基础工程学会地基处理学术委员会第五届地基处理学术讨论会论文集. 北京:中国建筑工业出版社,1997:476.

75. 严平,张航,龚晓南. 基坑围护工程设计专家系统的建立[C]//第三届浙江省岩土力学与工程学术讨论会论文集. 北京:中国国际广播出版社,1997:317.

76. 徐日庆,俞建霖,肖专文,龚晓南. 深基坑开挖性态反分析方法[C]//第三届浙江省岩土力学与工程学术讨论会论文集.北京:中国国际广播出版社,1997:101.

77. 杨晓军,温晓贵,龚晓南.土工合成材料在道路工程中的应用[C]//第三届浙江省岩土力学与工程学术讨论会论文集.北京:中国国际广播出版社,1997:292.

78. 俞建霖,徐日庆,肖专文,龚晓南.有限元和无限元耦合分析方法及其在基坑数值分析中的应用[C]//第三届浙江省岩土力学与工程学术讨论会论文集.北京:中国国际广播出版社,1997:17.

79. 周建,龚晓南.柔性桩临界桩长计算分析[C]//龚晓南,徐日庆,侯伟生.中国土木工程学会土力学及基础工程学会地基处理学术委员会第五届地基处理学术讨论会论文集.北京:中国建筑工业出版社,1997:746.

80. 龚晓南,张土乔.刚性基础下水泥土桩的荷载传递机理研究[C]//第二届结构与地基国际学术研讨会论文集.香港:香港科技大学出版社,1997:510-515.

81. 龚晓南.地基处理技术和复合地基理论在我国的发展[C]//龚晓南,阮连法,郭鼎康.土木工程论文集.杭州:浙江大学出版社,1997.

82. 张航,侯永峰,龚晓南,明珉,王蔚,卢锡章.南京市南苑小区复合地基性状试验研究[C]//龚晓南,徐日庆,侯伟生.中国土木工程学会土力学及基础工程学会第五届地基处理学术讨论会论文集.北京:中国建筑工业出版社,1997:313.

83. 黄明聪,龚晓南,赵善锐.钻孔灌注长桩沉降曲线特征分析[C]//龚晓南,徐日庆,侯伟生.中国土木工程学会土力学及基础工程学会第五届地基处理学术讨论会论文集.北京:中国建筑工业出版社,1997:500.

84. 徐日庆,傅小东,张磊,俞建霖,龚晓南.深基坑反分析工程应用软件设计——"预报之神"[C]//龚晓南,徐日庆,侯伟生.中国土木工程学会土力学及基础工程学会第五届地基处理学术讨论会论文集.北京:中国建筑工业出版社,1997:567.

85. 俞建霖,徐日庆,龚晓南.基坑周围地基沉降量的性状分析[C]//龚晓南,徐日庆,侯伟生.中国土木工程学会土力学及基础工程学会第五届地基处理学术讨论会论文集.北京:中国建筑工业出版社,1997:596.

86. 肖专文,徐日庆,龚晓南.基坑开挖反分析力学参数确定的GA-ANN法[C]//龚晓南,徐日庆,侯伟生.中国土木工程学会土力学及基础工程学会第五届地基处理学术讨论会论文集.北京:中国建筑工业出版社,1997:721.

87. 朱少杰,张伟民,张航,龚晓南.杭州市教四路路基处理方案分析研究[C]//龚晓南,徐日庆,侯伟生.中国土木工程学会土力学及基础工程学会第五届地基处理学术讨论会论文集.北京:中国建筑工业出版社,1997:769.

88. 鲁祖统,龚晓南,黄明聪.饱和软土中压桩过程的理论分析与数值模拟[M].//第六届全国岩土力学数值分析与解析方法讨论会.广州:广东科技出版社,1998:302.

89. 龚晓南.浙江大学土木工程教育发展思路[C]//中国土木工程学会第八届年会论文集.北京:清华大学出版社,1998.

90. 龚晓南. 基坑工程若干问题[C]//施建勇. 岩土力学的理论与实践——第三届全国青年岩土力学与工程会议论文集. 南京:河海大学出版社,1998:18.

91. 严平,龚晓南. 对高层建筑基础工程若干问题的思考[C]//中国土木工程学会第八届年会论文集. 北京:清华大学出版社,1998:419.

92. 龚晓南. 基坑工程特点和围护体系选用原则[C]//中国土木工程学会第八届年会论文集. 北京:清华大学出版社,1998:413.

93. 徐日庆,龚晓南. 软土边界面模型的本构关系[C]//《岩土工程青年专家学术论坛文集》编委会. 全国岩土工程青年专家学术会议论文集. 北京:中国建筑工业出版社,1998:59.

94. 龚晓南. 近期土力学及其应用发展展望[C]//《岩土工程新进展》特约稿件. 西安:西北大学出版社,1998:25.

95. LU Z T, GONG X N, BASSAM M. Emendation to Zienkiewicz-Pande criterion [C]// Proceedings of International Symposium on Strength Theory, 1998:253.

96. XU R Q, GONG X N. A constitutive relationship of bounding surface model for soft soils [C]// Proceedings of International Symposium on Strength Theory, 1998:627.

97. 徐日庆,杨仲轩,龚晓南,俞建霖. 考虑位移和时间效应的土压力计算方法[C]//潘秋元,谢新宇,应宏伟. 土力学与基础工程的理论及实践——浙江省第八届土力学及基础工程学术讨论会论文集. 上海:上海交通大学出版社,1998:9.

98. 严平,杨晓军,孟繁华,龚晓南. 粉砂地基中深基坑开挖围护设计实例[C]//潘秋元,谢新宇,应宏伟. 土力学与基础工程的理论及实践——浙江省第八届土力学及基础工程学术讨论会论文集. 上海:上海交通大学出版社,1998:122.

99. 龚晓南. 高速公路软土地基处理技术[C]//龚晓南,徐日庆,郑尔康. 高速公路软弱地基处理理论与实践:全国高速公路软弱地基处理学术讨论会论文集. 上海:上海大学出版社,1998:3.

100. 徐日庆,俞建霖,龚晓南. 杭甬高速公路软基试验分析[C]//龚晓南,徐日庆,郑尔康. 高速公路软弱地基处理理论与实践:全国高速公路软弱地基处理学术讨论会论文集. 上海:上海大学出版社,1998:108.

101. 严平,龚晓南. A practical method for calculation integral moment of pile-box foundation considering interaction between superstructure and base [C]//结构工程理论与实践国际会议论文集. 北京:地震出版社,1998:419.

102. 杨晓军,施晓春,温晓贵,龚晓南. 土工合成材料加筋路堤软基的机理[C]//中国土木工程学会第八届土力学及岩土工程学术会议论文集. 北京:万国学术出版社,1999:437－440.

103. 温晓贵,龚晓南,周建,杨晓军. 锚杆静压桩加固与沉井冲水掏土纠倾工程实例[C]//中国土木工程学会第八届土力学及岩土工程学术会议论文集. 北京:万国学术出版社,1999:519.

104. 徐日庆,俞建霖,龚晓南.土体开挖性态反演分析[C]//中国力学学会.第八届全国结构工程学术会议论文集.北京:清华大学出版社,1999.

105. 徐日庆,俞建霖,龚晓南,张吾渝.基坑开挖中土压力计算方法探讨[C]//中国土木工程学会第八届土力学及岩土工程学术会议论文集.北京:万国学术出版社,1999:667.

106. 周建,龚晓南.饱和软黏土临界循环特性初探[C]//中国土木工程学会第八届土力学及岩土工程学术会议论文集.北京:万国学术出版社,1999:165.

107. 洪昌华,龚晓南.变量相关情况下可靠度指标计算的优化方法[C]//中国土木工程学会第八届土力学及岩土工程学术会议论文集.北京:万国学术出版社,1999:121.

108. 肖专文,徐日庆,俞建霖,杨晓军,谭昌明,陈页开,龚晓南.深基坑工程辅助设计软件系统[C]//第四届浙江省岩土力学与工程学术讨论会论文集.上海:上海交通大学出版社,1999:206.

109. 俞建霖,徐日庆,龚晓南,余子华.基坑工程空间性状的数值分析研究[C]//龚晓南,俞建霖,严平.岩土力学与工程的理论及实践:第四届浙江省岩土力学与工程学术讨论会论文集.上海:上海交通大学出版社,1999:170.

110. 俞建霖,万凯,姜昌伟,徐日庆,龚晓南.地基及基础沉降分析系统的开发及应用[C]//龚晓南,俞建霖,严平.岩土力学与工程的理论及实践:第四届浙江省岩土力学与工程学术讨论会论文集.上海:上海交通大学出版社1999.

111. 龚晓南.岩土工程发展展望[C]//周光召.面向21世纪的科技进步与社会经济发展—中国科协首届学术年会.北京:中国科学技术出版社,1999.

112. GONG X N. Development of composite foundation in China [C]// BALKEMA A A. Soil Mechanics and Geotechnical Engineering. 1999:201.

113. 俞建霖,徐日庆,龚晓南,陈观胜.杭州四堡污水处理厂消化池地基坑开挖与回灌系统应用[M]//杭州市建筑业管理局.深基础工程实践与研究.北京:中国水利水电出版社,1999:65.

114. 俞建霖,姜昌伟,万凯,徐日庆,龚晓南.基坑工程监测数据处理系统的研制与应用[M]//杭州市建筑业管理局.深基础工程实践与研究.北京:中国水利水电出版社,1999:266.

115. 徐日庆,俞建霖,陈页开,龚晓南.深基坑工程设计软件系统——"围护大全"软件[M]//杭州市建筑业管理局.深基础工程实践与研究.北京:中国水利水电出版社,1999:276.

116. 龚晓南,俞建霖,余子华.杭州京华科技影艺世界工程基坑围护[M].//蒋国澄,米祥友,彭安宁.基础工程400例.北京:地震出版社,1999:473.

117. 俞建霖,龚晓南.锚杆静压桩在炮台新村1#～5#楼地基加固处理中的应用[M]//

蒋国澄,米祥友,彭安宁. 基础工程400例. 北京:地震出版社,1999:676.

118. 曾庆军,龚晓南. 软弱地基填石强夯法加固原理[C]//龚晓南. 第六届地基处理学术讨论会暨第二届基坑工程学术讨论会论文集. 西安:西安出版社,2000:216.

119. 施晓春,徐日庆,龚晓南,陈国祥,袁中立. 一种新型基础——桶形基础[C]//龚晓南. 第六届地基处理学术讨论会暨第二届基坑工程学术讨论会论文集. 西安:西安出版社,2000:409.

120. 罗嗣海,陈进平,龚晓南. 强夯加固效果的深度效应[C]//龚晓南. 第六届地基处理学术讨论会暨第二届基坑工程学术讨论会论文集. 西安:西安出版社,2000:28.

121. 杨泽平,张天太,罗嗣海,龚晓南. 强夯夯锤与土接触时间的计算探讨[C]//龚晓南. 第六届地基处理学术讨论会暨第二届基坑工程学术讨论会论文集. 西安:西安出版社,2000:220.

122. 童小东,龚晓南. 氢氧化铝——水泥土添加剂试验研究[C]//龚晓南. 第六届地基处理学术讨论会暨第二届基坑工程学术讨论会论文集. 西安:西安出版社,2000:125.

123. 俞茂宏,廖红建,龚晓南,唐春安,胡小荣. 20世纪在中国的强度理论发展和创新[C]//白以龙,杨卫. 力学2000. 北京:气象出版社,2000.

124. 龚晓南,洪昌华,马克生. 水泥土桩复合地基的可靠度研究[C]//龚晓南. 工程安全及耐久性——中国土木工程学会第九届年会论文集. 北京:中国水利水电出版社,2000:281.

125. 龚晓南. 软土地区建筑地基工程事故原因分析及对策[C]//龚晓南. 工程安全及耐久性:中国土木工程学会第九届年会论文集. 北京:中国水利水电出版社,2000:255.

126. 徐日庆,龚晓南,施晓春. 桶形基础发展与研究现状[C]//潘秋元. 浙江省第九届土力学及岩土工程学术讨论会论文集. 西安:西安出版社,2000:25.

127. 马克生,龚晓南. 单桩沉降可靠性分析[C]//第六届地基处理学术讨论会暨第二届基坑工程学术讨论会论文集. 西安:西安出版社,2000:317.

128. GONG X N. Development and Application to High-rise Building of Composite Foundation[C]//韩·中地盘工学讲演会论文集. 2001:34.

129. XU R Q, GONG X N. Back Analysis Method of Characteristics of Rock Masses with Particular Reference to a Case Study[C]//韩·中地盘工学讲演会论文集. 2001:45.

130. XU R Q, YAN P, GONG X N. Parameter back-analysis of the hyperbolic constitutive model of soils[C]// The 6th International Symposium on Geotechnical Aspects of Underground Construction in Soft Ground. Shanghai: Tongji University Press, 2001:495.

131. 张先明,葛忻声,龚晓南,兰四清. 长短桩复合地基设计计算探讨[C]//龚晓南,俞建霖. 地基处理理论与实践:第七届全国地基处理学术讨论会论文集. 北京:中国水利水电出版社,2002:267.

132. 陈昌富,袁玲红,龚晓南.边坡稳定性评价T－S型模糊神经网络模型[C]//崔京浩.第十一届全国结构工程学术会议论文集第Ⅱ卷:北京:《工程力学》杂志社,2002.

133. 葛忻声,李宇进,龚晓南.长短桩复合地基共同作用的有限元分析[C]//龚晓南,李海芳.岩土力学及工程理论与实践——华东地区第五届暨浙江省第五届岩土力学与工程学术讨论会论文集.北京:中国水利水电出版社,2002:321.

134. 李海芳,龚晓南,薛守义.一五0电厂三期灰坝动力反应分析及地震安全评估[C]//龚晓南,李海芳.岩土力学及工程理论与实践——华东地区第五届暨浙江省第五届岩土力学与工程学术讨论会论文集.北京:中国水利水电出版社,2002:38.

135. 冯海宁,邓超,龚晓南,徐日庆.顶管施工对土体扰动的弹塑性区的计算分析[C]//龚晓南,李海芳.岩土力学及工程理论与实践——华东地区第五届暨浙江省第五届岩土力学与工程学术讨论会论文集.北京:中国水利水电出版社,2002:13.

136. 俞顺年,鲁美霞,王高帆,俞建霖,龚晓南.杭州大剧院台仓深基坑变形及稳定控制[C]//龚晓南,李海芳.岩土力学及工程理论与实践——华东地区第五届暨浙江省第五届岩土力学与工程学术讨论会论文集.北京:中国水利水电出版社,2002:199.

137. 陈昌富,龚晓南.戈壁滩上露天矿坑稳定性分析仿生算法研究[C]//中国岩石力学与工程学会.岩石力学新进展与西部开发中的岩土工程问题——中国岩石力学与工程学会第七次学术大会论文集.北京:中国科学技术出版社:2002.

138. 袁静,益德清,龚晓南.黏土的蠕变—松弛耦合试验的方法初探[C]//中国岩石力学与工程学会.岩石力学新进展与西部开发中的岩土工程问题——中国岩石力学与工程学会第七次学术大会论文集.北京:中国科学技术出版社,2002.

139. 冯海宁,龚晓南,徐日庆,肖俊,罗曼慧,金自立.矩形沉井后背墙最大反力及顶管最大顶力的计算[C]//龚晓南,俞建霖.地基处理理论与实践:第七届全国地基处理学术讨论会论文集.北京:中国水利水电出版社,2002:588.

140. 施晓春,许祥芳,裘滨,龚晓南.水平荷载作用下桶形基础的性状[C]//龚晓南,俞建霖.地基处理理论与实践:第七届全国地基处理学术讨论会论文集.北京:中国水利水电出版社,2002:584.

141. 陈页开,徐日庆,杨仲轩,龚晓南.变位方式对挡土墙被动土压力影响的试验研究[C]//龚晓南,俞建霖.地基处理理论与实践:第七届全国地基处理学术讨论会论文集.北京:中国水利水电出版社,2002:526.

142. 龚晓南,马克生,白晓红,梁仁旺,巨玉文,张小菊.复合地基沉降可靠度分析[C]//龚晓南,俞建霖.地基处理理论与实践:第七届全国地基处理学术讨论会论文集.北京:中国水利水电出版社,2002:515.

143. 俞顺年,来盾矛,俞建霖,龚晓南.杭州大剧院动力房深基坑变形及稳定控制[C]//龚晓南,俞建霖.地基处理理论与实践:第七届全国地基处理学术讨论会论文集.北京:中国水利水电出版社,2002:461.

144. 龚晓南,岑仰润,李昌宁. 真空排水预压加固软土地基的研究现状及展望[C]//龚晓南,俞建霖. 地基处理理论与实践:第七届全国地基处理学术讨论会论文集. 北京:中国水利水电出版社,2002:3.

145. ZHANG X H, GONG X N, ZHOU J. A new bracing structure: Channel-pile composite soil nailing [C]// Proc. of the 7th international symposium on strueture engineering for young experts. Beijing: Science Press, 2002:662.

146. GONG X N, ZENG K H. On composite foundation [C]// Proc. of International conference on Innovation and Sustainable Development of Civil Engineering in the 21st Century. Beijing: 2002:67.

147. 袁静,施祖元,益德清,龚晓南. 对软土流变本构模型的探讨[C]//包承钢. 第一届全国环境岩土工程与土工合成材料技术研讨会论文集. 杭州:浙江大学出版社,2003.

148. 陈昌富,龚晓南,赵明华. 混沌蚁群算法及其工程应用[C]//《中国土木工程学会第九届土力学及岩土工程学术会议论文集》编委会. 中国土木工程学会第九届土力学及岩土工程学术会议论文集. 北京:清华大学出版社,2003.

149. 丁洲祥,龚晓南,李又云,谢永利. 应力变形协调分析新理论及其在路基沉降计算中的应用[C]//《中国土木工程学会第九届土力学及岩土工程学术会议论文集》编委会. 中国土木工程学会第九届土力学及岩土工程学术会议论文集. 北京:清华大学出版社,2003.

150. 王国光,龚晓南,严平. 不能承受拉应力材料半无限空间弹性理论解[C]//《中国土木工程学会第九届土力学及岩土工程学术会议论文集》编委会. 中国土木工程学会第九届土力学及岩土工程学术会议论文集. 北京:清华大学出版社,2003.

151. 李昌宁,何江,刘凯年,龚晓南. 南京地铁车站深基坑稳定性分析及钢支撑移换技术[C]//中国建筑学会工程勘察分会全国岩土与工程学术大会论文集(下). 北京:人民交通出版社,2003.

152. 朱建才,温晓贵,龚晓南,李文兵. 真空联合堆载预压加固软土地基的影响区分析[C]//龚晓南,俞建霖. 地基处理理论与实践新进展——第八届全国地基处理学术讨论会论文集. 合肥:合肥工业大学出版社,2004:67.

153. 俞建霖,岑仰润,金小荣,龚晓南,陆振华. 某别墅区滑坡的综合治理及效果分析[C]//龚晓南,俞建霖. 地基处理理论与实践新进展——第八届全国地基处理学术讨论会论文集. 合肥:合肥工业大学出版社,2004.

154. 张旭辉,董福涛,龚晓南,施晓春. 锚管桩复合土钉支护机理分析[C]//龚晓南,俞建霖. 地基处理理论与实践新进展——第八届全国地基处理学术讨论会论文集. 合肥:合肥工业大学出版社,2004:371.

155. 陈湧彪,祝哨晨,金小荣,俞建霖,龚晓南. 基坑降水对周围环境影响的有限元分析[C]//龚晓南,俞建霖. 地基处理理论与实践新进展——第八届全国地基处理学术术讨论会论文集. 合肥:合肥工业大学出版社,2004:383.

156. 李昌宁,项志敏,龚晓南.高速铁路软土地基处理技术及沉降控制研究[C]//张玉台.科技、工程与经济社会协调发展——中国科协第五届青年学术年会论文集.北京:中国科学技术出版社,2004.

157. 钱继东,张昊,朱邻玲,俞建霖,龚晓南.土钉墙在软土地基基坑围护工程中应用[C]//浙江大学土木系.土木建筑工程新技术.杭州:浙江大学出版社,2004:19.

158. 张旭辉,龚晓南.复合土钉支护设计参数重要性分析[C]//浙江大学土木系.土木建筑工程新技术.杭州:浙江大学出版社,2004:54.

159. 李海芳,龚晓南,黄晓.路堤下复合地基沉降影响因素有限分析[C]//龚晓南,俞建霖.地基处理理论与实践新进展——第八届全国地基处理学术讨论会论文集.合肥:合肥工业大学出版社,2004:44.

160. 龚晓南.高等级公路地基处理技术在我国的发展[C]//高速公路地基处理理论与实践——全国高速公路地基处理学术研讨会论文集.广州:人民交通出版社,2005.

161. 刘岸军,钱国桢,龚晓南.土锚杆挡土桩共同作用的经验分析法[C]//杭州市科协第二届学术年会论文集.杭州:浙江大学出版社,2005.

162. 龚晓南.广义复合地基理论若干问题[C]//杭州市科协第二届学术年会论文集//杭州:浙江大学出版社,2005.

163. 刘岸军,钱国桢,龚晓南.土锚杆挡土桩共同作用的非线性拟合解[C]//杭州市科协第二届学术年会论文集.杭州:浙江大学出版社,2005.

164. 朱建才,周群建,龚晓南.两种桥头软基处理方法在某高等级公路中的应用[C]//杭州市科协第二届学术年会论文集.杭州:浙江大学出版社,2005.

165. 毛志兴,安春秀,黄达宇,杨雷霞,俞建霖,龚晓南.220kV港湾变真空联合堆载预压加固试验研究[C]//龚晓南,俞建霖.2006地基处理理论与实践——第九届全国地基处理学术讨论会论文集.杭州:浙江大学出版社,2006.

166. 丁洲祥,朱合华,龚晓南.大变形固结理论最终沉降量分析[C]//《第一届中国水利水电岩土力学与工程学术讨论会论文集》编委会》.第一届中国水利水电岩土力学与工程学术讨论会论文集(下册).2006.

167. 罗战友,龚晓南.基坑内土体加固对围护结构内力的影响分析[C]//《第一届中国水利水电岩土力学与工程学术讨论会论文集》编委会》.第一届中国水利水电岩土力学与工程学术讨论会论文集(下册).2006.

168. 孙林娜,龚晓南,齐静静.刚性承台下刚性桩复合地基附加应力研究[C]//《第一届中国水利水电岩土力学与工程学术讨论会论文集》编委会》.第一届中国水利水电岩土力学与工程学术讨论会论文集(下册).2006.

169. 王哲,龚晓南,周建.竖向力与水平向力同时作用下管桩的性状研究[C]//《第二届全国岩土与工程学术大会论文集》编辑委员会.第二届全国岩土与工程学术大会论文集(下册). 北京:科学出版社,2006.

170. 龚晓南. 土力学学科特点及对教学的影响[C]//李广信,杜修力. 2006年土力学教育与教学——第一届全国土力学教学研讨会论文集. 北京:人民交通出版社,2006.

171. 张铁柱,丁洲祥,蔺崇义,陈丕东,祝彦知,龚晓南. 高速公路柔性桩复合地基的大变形固结分析[C]//中国铁道学会. 2006年中国交通土建工程学术论文集. 成都:西南交通大学出版社,2006.

172. GONG X N, XING H F. A simplified solution for the consolidation of composite foundation [C]// PORBAHA A, SHEN S L, WARTMAN J, CHAI J C. Ground Modification and Seismic Mitigation. GeoShanghai International Conference, June 6-8, 2006, Shanghai. Reston: American Society of Civil Engineers, 2006:295-304.

173. CHEN J Y, GONG X N, WANG M Y. A fractal-based soil-water characteristic curve model for unsaturated soils [C]// LU N, HOYOS L R, REDDI L. GeoShanghai International Conference, June 6—8, 2006, Shanghai. Advances in Unsaturated Soil, Seepage, and Environmental Geotechnics. Reston: American Society of Civil Engineers, 2006:55-61.

174. 俞建霖,张文龙,龚晓南,罗春波. 复合土钉支护极限高度确定的有限元方法[C]//中国土木工程学会第十届土力学及岩土工程学术会议论文集(下). 重庆:重庆大学出版社,2007:358.

175. 张旭辉,龚晓南. 复合土钉支护边坡稳定影响因素的敏感性研究[C]//中国土木工程学会第十届土力学及岩土工程学术会议论文集(下). 重庆:重庆大学出版社,2007:354.

176. 孙林娜,龚晓南. 考虑桩长与端阻效应影响的复合地基模量计算[C]//中国土木工程学会第十届土力学及岩土工程学术会议论文集(下). 重庆:重庆大学出版社,2007:135.

177. 鹿群,龚晓南. 平面应变条件下静压桩施工对邻桩的影响[C]//中国土木工程学会第十届土力学及岩土工程学术会议论文集(中). 重庆:重庆大学出版社,2007:254.

178. 罗战友,龚晓南,朱向荣. 静压桩挤土效应理论研究的分析与评价[C]//中国土木工程学会第十届土力学及岩土工程学术会议论文集(中). 重庆:重庆大学出版社,2007:219.

179. 葛忻声,翟晓力,白晓红,龚晓南. 高层建筑复合桩基的非线性数值模拟[C]//中国土木工程学会第十届土力学及岩土工程学术会议论文集(中). 重庆:重庆大学出版社,2007:130.

180. 郑刚,叶阳升,刘松玉,龚晓南. 地基处理[C]//中国土木工程学会第十届土力学及岩土工程学术会议论文集(上). 重庆:重庆大学出版社,2007:32.

181. 俞建霖,朱普遍,刘红岩,龚晓南. 基础刚度对刚性桩复合地基性状的影响分析[C]//

第九届全国岩土力学数值分析与解析方法研讨会论文集. 2007.

182. 王志达, 龚晓南, 王士川. 基于荷载传递法的单桩荷载 – 沉降计算[C]//第八届桩基工程学术年会论文汇编. 2007.

183. GONG X N, SHI H Y. Development of groud improvement technique in china [C]// New Frontiers in Chinese and Japanese Geotechniques. China Communications Press, 2007.

184. 沈扬, 周建, 龚晓南. 采用亨开尔公式分析主应力方向变化条件下原状软黏土孔压特征研究[C]//土工测试新技术: 第25届全国土工测试学术研讨会论文集. 杭州: 浙江大学出版社, 2008.

185. 张文龙, 俞建霖, 龚晓南. 关于土钉支护极限高度的探讨[C]//第五届全国基坑工程学术讨论会论文集. 2008.

186. 夏建中, 罗战友, 龚晓南. 基坑内土体加固对地表沉降的影响分析[C]//第五届全国基坑工程学术讨论会论文集. 2008.

187. YU J L, GONG X N, LIU C, LV W Z, JING Z J. Working behavior of composite ground under flexible foundations based on super-substructure interaction [C]// US-China Workshop on Ground Improvement Technologies. ASCE, 2009.

188. 杨迎晓, 龚晓南, 金兴平, 周春平, 范川. 钱塘江河口相冲海积粉土层渗透稳定性探讨[C]//第十届全国岩土力学数值分析与解析方法研讨会论文集. 2010.

189. 俞建霖, 郑伟, 龚晓南. 考虑上下部共同作用的柔性基础下复合地基性状解析法研究[C]//浙江省第七届岩土力学与工程学术讨论会论文集. 2010.

190. 杨迎晓, 龚晓南, 金兴平. 钱塘江冲海积粉土物理力学特性探讨[C]//浙江省第七届岩土力学与工程学术讨论会论文集. 2010.

191. GAN T, WANG W J, GONG X N. Affect of mechanical properties changes of injecting cement paste on ground settlement with shield driven method [C]// International Conference on Multimedia Technology. 2011, IEEE: 958 – 962.

192. 安春秀, 黄磊, 黄达余, 龚晓南. 强夯处理碎石回填土地基相关性试验研究[J]. 岩土力学, 2013, 34(s1): 273 – 278.

193. TAO Y L, ZHOU J, GONG X N, CHEN, HU P C. Influence of polarity reversal and current intermittence on electro- osmosis [C]// Geo- Shanhai, Shanghai. Reston: ASCE, 2014: 198 – 208.

194. CUI X Z, ZHANG J, HUANG D, GONG X N, LIU Z Q, HOU F, CUI S Q. Measurement of permeability and the correlation between permeability and strength of pervious concrete [C]// First International Conference on Transportation Infrastructure and Materials, Chang'an University, Xi'an, China. Lancaster: DEStech Transactions on Enginnering and Technology Research.

主编学术论文集目录

1. 龚晓南. 中国土木工程学会土力学及基础工程学会第三届地基处理学术讨论会论文集[C]. 杭州:浙江大学出版社,1992.

2. 沈珠江,龚晓南,殷宗泽. 第二届华东地区岩土力学学术讨论会论文集[C]. 杭州:浙江大学出版社,1992.

3. 龚晓南. 深层搅拌法设计与施工:全国深层搅拌法设计与施工学术讨论会论文集[C]. 北京:中国铁道出版社,1993.(龚晓南策划、主编,由浙江大学电教中心制作的《深层搅拌法设计与施工》录像片)

4. 龚晓南,张土乔. 岩土力学与工程论文集:浙江省第一届岩土力学与工程学术讨论会论文集[C]. 北京:中国铁道出版社,1993.

5. 那向谦,龚晓南,吴硕贤. 建筑环境与结构工程最新发展[M]. 杭州:浙江大学出版社,1995.

6. 龚晓南,张土乔,严平. 浙江省第二届岩土力学与工程学术讨论会论文集[C]. 杭州:浙江大学出版社,1995.

7. 龚晓南,张航. 第四届地基处理学术讨论会论文集[C]. 杭州:浙江大学出版社,1995.

8. 龚晓南. 复合地基理论与实践:全国复合地基理论与实践学术讨论会论文集[C]. 杭州:浙江大学出版社,1996.

9. 龚晓南,阮连法,郭鼎康. 百年校庆暨七十年系庆土木工程论文集[C]. 杭州:浙江大学出版社,1997.

10. 龚晓南,侯伟生,徐日庆. 第五届地基处理学术讨论会论文集[C]. 北京:中国建筑工业出版社,1997.

11. 龚晓南,严平,俞建霖. 浙江省第三届岩土力学与工程学术讨论会论文集[C]. 北京:中国国际广播出版社,1997.

12. 曾国熙,《曾国熙教授科技论文选集》[M]. 北京:中国建筑工业出版社,1997.(龚晓南任编委会主任)

13. 龚晓南,徐日庆,郑尔康. 高速公路软弱地基处理理论与实践:全国高速公路软弱地基处理学术讨论会论文集[C]. 上海:上海大学出版社,1998.

14. 《汪闻韶院士土工问题论文选集》编委会. 汪闻韶院士土工问题论文选集[M]. 北京:中国建筑工业出版社,1999.(龚晓南任编委会副主任委员)

15. 杭州市建筑业管理局.《深基础工程实践与研究》[M]. 北京:中国水利水电出版社,

1999.（龚晓南任名誉主编）

16. 龚晓南,俞建霖,严平.岩土力学与工程的理论及实践浙江省第四届岩土力学与工程学术讨论会论文集[C].上海:上海交通大学出版社,1999.

17. 龚晓南.工程安全及耐久性中国土木工程学会第九届年会论文集[C].北京:中国水利水电出版社,2000.

18. 龚晓南.第六届地基处理学术研究会暨第二届基坑工程学术讨论会论文集[C].西安:西安出版社,2000.

19. 益德清,龚晓南.土木建筑工程理论与实践浙江省土木建筑学会2000年学术年会论文集[C].西安:西安出版社,2000.

20. 龚晓南,俞建霖.地基处理理论与实践第七届全国地基处理学术讨论会论文集[C].北京:中国水利水电出版社,2002.

21. 龚晓南,李海芳.岩土力学及工程理论与实践浙江省第五届岩土力学与工程学术讨论会暨华东地区第五届岩土力学与工程学术讨论会论文集[C].北京:中国水利水电出版社,2002.

22. 林树校.建筑地基基础工程实践[M].北京:中国环境科学出版社,2003.（龚晓南任主审）

23. 益德清,龚晓南.土木建筑工程新技术浙江省土木建筑学会2004年学术年会论文集[C].杭州:浙江大学出版社,2004.

24. 龚晓南,俞建霖.地基处理理论与实践新进展第八届全国地基处理学术讨论会论文集[C].合肥:合肥工业大学出版社,2004.

25. 龚晓南.高速公路地基处理理论与实践全国高速公路地基处理学术讨论会论文集[C].北京:人民交通出版社,2005.

26. 龚晓南,俞建霖.地基处理理论与实践新进展第九届全国地基处理学术讨论会论文集[C].杭州:浙江大学出版社,2006.

27. 龚晓南,刘松玉.地基处理理论与技术进展第10届全国地基处理学术讨论会论文集[C].南京:东南大学出版社,2008.

28. 龚晓南,卫宏,李光范.地基处理理论与技术进展第11届全国地基处理学术讨论会论文集[C].海口:南海出版公司,2010.

29. 龚晓南,陆增建,项枫.地基处理理论与实践最新进展第十二届全国地基处理学术讨论会论文集[C].昆明:云南人民出版社,2012.

30. 龚晓南,谢永利,杨晓华,俞建霖.地基处理理论与实践新进展第十三届全国地基处理学术讨论会论文集[C].北京:人民交通出版社股份有限公司,2014.

31. 龚晓南,罗嗣海.地基处理理论与实践新发展第十四届全国地基处理学术讨论会论文集[C].南昌:江西科学技术出版社,2016.

培养硕士研究生、博士研究生、博士后及访问学者名录*

硕士研究生

1. 陈希有[#]   1987   土的各向异性及其对条形基础承载力的影响
2. 粘精斌[#]   1988   反分析确定土层的模型参数
3. 陈列峰[#]   1988   软黏土地基各向异性探讨
4. 张龙海   1992   圆形水池结构与复合地基共同作用分析
5. 刘绪普   1993   单桩及群桩的沉降特性研究
6. 曾小强   1993   水泥土力学特性和复合地基变形计算研究
7. 张永强   1994   考虑各向异性的软土地基沉降计算方法
8. 尚亨林   1995   二灰混凝土桩复合地基性状试验研究
9. 刘吉福   1996   高填路堤复合地基稳定性分析
10. 蒋云峰   1996   软黏土次固结变形的实用性研究
11. 史美东(女)   1996   考虑强度空间与时间效应的承载力理论
12. 陈锦霞(女)   1996   大直径钻孔灌注桩承载力特性
13. 侯永峰   1997   水泥土的基本性状研究
14. 胡庆红   1997   基坑支护变形分析
15. 毛　前   1997   复合地基压缩层厚度及垫层的效用研究
16. 朗庆善   1997   水池基础下水泥搅拌桩复合地基承载力研究
17. 肖　溟   1998   深层搅拌桩复合地基承载力的可靠度研究
18. 楼晓东   1998   水泥土桩复合地基的固结有限元分析
19. 王　晖   1998   土工织物加筋土强度特性
20. 张吾渝(女)   1999   基坑开挖中土压力计算方法探讨
21. 项可祥   1999   杭州黏土的结构性特性
22. 周　霄   1999   挤密砂桩复合地基施工质量控制

---

* 带 # 的硕士表示协助指导，带 # 的博士表示任副导师。

23.	邹　冰	1999	深基坑支护体系的变形性状分析
24.	杨　慧（女）	2000	双层地基和复合地基压力扩散角比较分析
25.	顾正维	2000	软土地基基坑工程事故原因分析
26.	王文豪	2000	基坑工程双排桩围护结构性状
27.	张耀东	2000	深埋重力—门架式围护结构性状研究
28.	董邑宁	2001	固化剂加固软土试验研究
29.	杨仲轩	2001	考虑时间和位移效应的土压力理论研究
30.	张天宝	2001	地下洞室群围岩稳定性分析
31.	周群建	2001	扁铲侧胀试验（DMT）的机理分析及其应用
32.	应建新	2001	桩—土—筏板共同作用分析
33.	史美生	2001	土钉支护原理及工程应用
34.	黄明辉	2001	振动静压预制桩沉桩工艺及其应用
35.	洪文霞	2002	青岛开发区工程地质特性及地基处理对策
36.	陆宏敏	2002	单桩沉降计算的一种解析方法
37.	杨军龙	2002	长短桩复合地基沉降计算
38.	张京京	2002	复合地基沉降计算等效实体法分析
39.	苏晓樟	2002	温州地区桥头路堤沉降综合治理研究
40.	徐刚毅	2002	超长水泥搅拌桩复合地工程应用
41.	郑　坚	2002	支钉支护工作性能及在软土地基基坑围护中的应用
42.	邓　超	2002	长短桩复合地基承载力与沉降计算
43.	朱　奎	2002	温州地区挤土桩环境影响及防治措施
44.	杨丽君（女）	2003	绍兴城区软土地基工程特性及地基处理方法
45.	祝卫东	2003	温州软土和台州软土工程特性及其比较分析
46.	胡加林	2004	袋装砂井处理软黏土路堤地基沉降与稳定性研究
47.	刘恒新	2004	低强度桩复合地基加固桥头软基试验研究
48.	冯俊福	2004	杭州地区地基土 m 值的反演分析
49.	楼永良	2005	真空预压加固深厚软土地基现场试验与设计理论研究
50.	杨凤灵（女）	2005	高压旋喷桩复合地基在高层住宅楼中的应用
51.	梁晓东	2005	复合地基等效实体法研究
52.	段　冰	2005	真空—堆载联合预压的影响因素研究及数值分析
53.	孙亚琦	2005	超前锚杆复合土钉支护在软土层中的应用研究
54.	高月虹（女）	2005	杭州地区深基坑围护合理型式的选用
55.	刘岸军	2006	土层锚杆和挡土排桩共同作用的工程实用研究
56.	高海江	2006	真空预压法加固软土地基试验研究
57.	应齐明	2006	大直径现浇混凝土薄壁筒桩加固路堤软基试验研究

58. 吕秀杰（女）　　2006　　嘉兴主要城区建筑物基础的合理选型
59. 谷　丰（女）　　2006　　纠倾加固技术在绍兴城区倾斜建筑物中的应用
60. 张瑛颖（女）　　2006　　杭州地区粉砂土中基坑降水面的数值模拟
61. 陈建荣　　2007　　真空堆载联合预压技术在高速公路软基加固中的应用
62. 屠建波　　2007　　真空联合堆载预压处理软土地基的机理及应用
63. 李　征　　2007　　绍兴县建筑基础型式选用研究
64. 应志峰　　2008　　温岭龙门港工程方案设计分析与研究
65. 俞红光　　2008　　杭新景高速公路滑坡治理
66. 徐朝辉　　2008　　水泥搅拌桩在浙江内河航道软基处理中应用试验研究
67. 丁晓勇　　2008　　钱塘江河道形成及古河道承压水性状研究
68. 李中坚　　2008　　温州地区水闸工程地基处理技术研究
69. 高　峻　　2008　　高承压水地基深基坑支护设计及隔渗施工技术研究
70. 王勇军　　2008　　台州市区工程地质特性及基础形式合理选用
71. 周爱其　　2008　　内撑式排桩支护结构的设计优化研究
72. 江新冬　　2008　　真空联合堆载预压设计与现场监测
73. 周晓龙　　2009　　湖州地区工程地质特性及单桩有效桩长研究
74. 焦　丹（女）　　2010　　软黏土电渗固结试验研究
75. 冯伟强　　2011　　公路筒桩复合地基数值分析
76. 周志刚　　2011　　预应力锚索格构梁加固边坡的优化设计及安全系数计算
77. 钱天平　　2012　　坑中坑对基坑性状影响分析
78. 甘　涛　　2012　　宁波轨道交通盾构法隧道施工引起的地表沉降的规律研究
79. 黄　曼　　2012　　岩石模型结构面的相似材料研制及力学可靠性研究
80. 曹强凤（女）　　2013　　注浆技术在公路路面基层加固中的研究与应用
81. 俞剑龙　　2013　　钻孔灌注扩底桩抗拔承载力及耐久性研究
82. 李一雯（女）　　2013　　电极布置形式对电渗效果的试验研究
83. 黄　磊　　2013　　山区高填方地基强夯试验及加筋土挡墙工作性能研究
84. 杨　森（女）　　2013　　新型螺旋成孔根植注浆竹节管桩抗压抗拔承载特性研究
85. 梅狄克　　2014　　变电站软土区挡土墙稳定性分析及基底强夯挤淤处理研究
86. 孙中菊（女）　　2014　　地面堆载作用下埋地管道的力学性状分析
87. 伍程杰　　2014　　增层开挖对既有建筑桩基承载性状影响研究
88. 肖鸿斌（女）　　2015　　软土地区PHC管桩的纠偏加固治理

博士研究生

1.	王启铜[#]	1991	柔性桩的沉降(位移)特性及荷载传递规律
2.	张土乔[#]	1992	水泥土的应力应变关系及搅拌桩破坏特性研究
3.	段继伟[#]	1993	柔性桩复合地基的数值分析
4.	徐日庆[#]	1994	软土地基沉降数值分析
5.	张 航[#]	1994	油罐软黏土地基处理智能辅助决策系统
6.	余绍锋[#]	1995	带撑支挡结构的计算与监测
7.	蒋镇华[#]	1996	有限里兹单元法及其在桩基和复合地基中的应用
8.	严 平[#]	1997	多高层建筑基础工程的极限分析
9.	俞建霖	1997	软土地基深基坑工程数值分析研究
10.	鲁祖统	1998	软土地基静力压桩数值模拟
11.	金南国	1998	混凝土受集中荷载作用的弹性、极限状态分析及其在工程中的应用
12.	黄广龙	1998	岩土工程中的不确定性及柔性桩沉降可靠性分析
13.	Bassam, M.	1998	The Analysis of composite foundation using finite Ritz element method
14.	周 建(女)	1998	循环荷载作用下饱和软黏土特性研究
15.	童小东	1999	水泥土添加剂及其损伤模型试验研究
16.	黄明聪	1999	复合地基振动反应与地震响应数值分析
17.	杜时贵	1999	岩体结构面的工程性质
18.	谭昌明	1999	高等级公路软土路基沉降的反演与预测
19.	杨晓军	1999	土工合成材料加筋机理研究
20.	温晓贵	1999	复合地基三维性状数值分析
21.	赵荣欣[#]	2000	软土地基基坑工程的环境效应及对策研究
22.	罗嗣海	2000	软弱地基强夯与强夯置换加固效果计算
23.	张仪萍	2000	深基坑拱形围护结构拱梁法分析及优化设计
24.	俞炯奇	2000	非挤土长桩性状数值分析
25.	侯永峰	2000	循环荷载作用下复合土与复合地基性状研究
26.	陈福全	2000	大直径圆筒码头结构与土的相互作用性状
27.	洪昌华	2000	搅拌桩复合地基承载力可靠性分析
28.	马克生	2000	柔性桩复合地基沉降可靠度分析
29.	熊传祥	2000	软土结构性与软土地基损伤数值模拟
30.	李向红	2000	软土地基中静力压桩挤土效应问题研究

31. 陈明中	2000	群桩沉降计算理论及桩筏基础优化设计研究
32. 吴慧明（女）	2001	不同刚度基础下复合地基性状
33. 李大勇	2001	软土地基深基坑工程邻近地下管线性状研究
34. 施晓春	2001	水平荷载作用下桶形基础的性状
35. 曾庆军	2001	强夯和强夯置换加固效果及冲击荷载下饱和黏土孔压特性
36. 左人宇	2001	"一桩三用"技术及实践
37. 陈页开	2001	挡土墙上土压力的试验研究与数值分析
38. 黄春娥（女）	2001	考虑渗流作用的基坑工程稳定分析
39. 袁　静（女）	2001	软土地基基坑工程的流变效应
40. 李海晓	2001	复合地基和上部结构相互作用的地震动力分应分析
41. 张旭辉	2002	锚管桩复合土钉支护稳定性研究
42. 王国光	2003	拉压模量不同弹性理论解及桩基沉降计算
43. 葛忻声	2003	高层建筑刚性桩复合地基性状
44. 褚　航	2003	复合桩基共同作用分析
45. 冯海宁	2003	顶管施工环境效应影响及对策
46. 岑仰润	2003	真空预压加固地基的试验及理论研究
47. 宋金良	2004	环—梁分载计算理论及圆形工作井结构性状分析
48. 罗战友	2004	静压桩挤土效应及施工措施研究
49. 李海芳	2004	路堤荷载下复合地基沉降计算方法研究
50. 朱建才	2004	真空联合堆载预压加固软基处理及工艺研究
51. 孙红月（女）	2005	含碎石黏性土滑坡的成因机理与防治对策
52. 丁洲祥	2005	连续介质固结理论及其工程应用
53. 孙　伟	2005	高速公路路堤拓宽地基性状分析
54. 王　哲	2005	大直径灌注筒桩承载性状研究
55. 陈志军	2005	路堤荷载下沉管灌注筒桩复合地基性状分析
56. 邢皓枫	2006	复合地基固结分析
57. 邵玉芳（女）	2006	含腐殖酸软土的加固研究
58. 孙林娜（女）	2007	复合地基沉降及按沉降控制的优化设计研究
59. 金小荣	2007	真空联合堆载预压加固软基试验及理论研究
60. 鹿　群	2007	成层地基中静压桩挤土效应及防治措施
61. 沈　杨	2007	考虑主应力方向变化的原状软黏土试验研究
62. 陈敬虞	2007	软黏土地基非线性有限应变固结理论及有限元法分析
63. 罗　勇	2007	土工问题的颗粒流数值模拟及应用研究
64. 连　峰	2009	桩网复合地基承载机理及设计方法
65. 王志远	2009	城市人行地道浅埋暗挖施工技术及其环境效应研究

66. 汪明元	2009	土工格栅与膨胀土的界面特性及加筋机理研究
67. 吕文志	2009	柔性基础下桩体复合地基性状与设计方法研究
68. 郭 彪	2010	竖井地基轴对称固结解析理论研究
69. 史海莹（女）	2010	双排桩支护结构性状研究
70. 张 磊	2011	水平荷载作用下单桩性状研究
71. 杨迎晓（女）	2011	钱塘江冲海积粉土工程特性试验研究
72. 李 瑛	2011	软黏土地基电渗固结试验和理论研究
73. 张雪婵（女）	2012	软土地基狭长型深基坑性状分析
74. 张 杰	2012	杭州承压水地基深基坑降压关键技术及环境效应研究
75. 田效军	2013	黏结材料桩复合地基固结沉降发展规律研究
76. 王继成	2014	格栅加筋土挡墙性状
77. 严佳佳	2014	主应力连续旋转下软黏土非共轴变形特性试验和模型研究
78. 陈东霞（女）	2014	厦门地区非饱和残积土土水特征及强度性状研究
79. 陶燕丽（女）	2015	不同电极电渗过程比较及基于电导率电渗排水量计算方法
80. 豆红强	2015	降雨入渗—重分布下土质边坡稳定性研究
81. 刘念武	2015	软土地区支护墙平面及空间变形特性与开挖环境效应分析
82. 周佳锦	2016	静钻根植竹节桩承载及沉降性能试验研究与有限元模拟

博士后

1. 肖专文（女）	1997—1999	深基坑工程辅助设计软件系统——"围护大全"的开发与研制
2. 韩同春	1997—1999	岩土工程勘察软件系统的开发与研制
3. 李昌宁	2000—2004	真空－填土自载联合预压加固软土机理及其应用研究
4. 曾开华	2001—2003	高速公路通道软基低强度混凝土桩处理试验研究
5. 陈昌富	2002—2005	组合型复合地基加固机理及仿生智能优化分析计算方法研究
6. 黄 敏	2002—2005	带翼板预应力管桩承载力研究
7. 薛新华	2009—2011	路堤沉降动态控制方法研究
8. 喻 军	2010—2013	软土地基深大基坑施工对周边土工环境的影响与防治对策
9. 鲁 嘉	2010—2013	深大基坑地下连续墙施工周边土工环境的影响评价与对策研究
10. 狄圣杰	2012—2014	海洋地层工程地质力学特性研究及桩土作用分析

11. 崔新壮　　　　2014—2016　传感型土工格栅研发及其拉敏效应研究

访问学者

1.　陈东佐　　　1994—1995　太原大学土木系
2.　施凤英（女）1997—1998　连云港化工高等专科学校
3.　樊　江（女）1999—2000　云南理工大学
4.　兰四清　　　2001—2002　福建南平高等师范专科学校

主要学术兼职

1. 中国土木工程学会第六届、第七届、第八届理事会理事(1993—2012),第九届理事会常务理事(2012—);教育工作委员会委员(1998—2006);土力学及岩土工程分会第二届理事会理事(1985—1989),第三届、第四届、第五届、第六届理事会副理事长(1989—2011),第七届、第八届理事会顾问(2011—);第一届地基处理学术委员会委员兼秘书(1984—1990),第二届、第三届、第四届主任(1990—)

2. 中国岩石力学与工程学会理事(2007—2009)、常务理事(2009—2012)、副理事长(2012—2016)

3. 中国建筑学会教育与职业实践工作委员会委员(2000—2004);中国建筑学会建筑施工分会基坑工程专业委员会副主任(1997—2004)、主任(2004—)

4. 中国力学学会岩土力学专业委员会委员(1995—2007)、副主任(2007—)

5. 浙江省岩土力学与工程学会第一届、第二届理事会理事长(2008—)

6. 浙江省土木建筑学会第八届理事会理事、常务理事(1999—)、副秘书长(1999—2012);学术工作委员会主任(1999—);优秀论文评选委员会主任(1999—)

7. 浙江省力学学会理事会理事、常务理事(1992、1995—);第一届、第二届岩土力学与工程专业委员会主任(1992—)

8. 全国高等土木工程学科专业指导委员会委员(1998—2005)

9. 全国注册土木工程师(岩土)考试考题与评分专家组成员(1998—)

10. 住房和城乡建设部第一届建筑地基基础标准化技术委员会委员(2012—)

11. 全国地基处理协作网管理委员会主任(1995—2003)

12. 浙江省大中型工业与民用建筑地基基础和结构设计咨询小组成员(1994—)

13. 浙江省建设厅科学技术委员会委员,地基基础与地下空间工程专业委员会副主任(2008—)

14. 杭州结构与地基处理研究会名誉理事(1996—),名誉理事长(2010—)

15. 《地基处理》报刊负责人,编辑委员会主任(1990—)

16. 《土木工程学报》编辑委员会委员(1996—)

17. 《岩土工程学报》编辑委员会委员(1991—,副主任(2016—)

18. 《科技通报》编辑委员会委员(1995—)

19. 《浙江建筑》编辑委员会委员(1995—)

20. 《工程力学》学报编辑委员会委员(1999—)

21.《土工基础》编辑委员会委员(2002—)

22.《工业建筑》编辑委员会委员(2002—2011)、顾问(2012—)

23.《公路工程》编辑委员会委员(2004—)、副主任(2012—)

24.《中国公路学报》编辑委员会委员(2004—)

25.《建筑结构》编辑委员会委员(2005—)

26.《岩土工程界》编辑委员会委员(1999—2002)

27.《地基基础工程》编辑委员会委员(2001—2003)

28.《岩土工程师》编辑委员会委员(1992—2001)

29. 清华大学结构工程与振动教育部重点实验室学术委员会委员(2005—)

30. 天津市软土特性与工程环境重点实验室第一届学术委员会委员(2008—),第二届学术委员会副主任委员(2012—)

31. 中国科学院岩土力学重点实验室第一届学术委员会委员(1999—2003),岩土力学国家重点实验室学术委员会委员(2012—)

32. 广东省岩土工程技术研究中心学术委员会主席(2012—)

33. 四川大学岩土工程四川省重点实验室学术委员会主任(2012—)

34. 上海基坑工程环境安全控制工程技术研究中心技术委员会主任(2013—)

35. 四川大学水力学与山区河流开发保护国家重点实验室学术委员会副主任(2012—)

36. 西南交通大学交通隧道工程教育部重点实验室学术委员会委员(2015—)

37. 同济大学土木信息技术教育部工程研究中心学术委员会主任(2013—)

38. 大连理工大学海岸和近海工程国家重点实验室第六届指导咨询委员会委员(2014—)

39. 杭州市深基础开挖围护方案论证顾问(1997—)

40. 中国建筑科学研究院客座研究员(2014—)

41. 第二届全国高等教育土木工程专业评估委员会委员(1998—2003)

42. 国家自然科学基金委员会第五届、第六届建筑环境与结构工程学科评审组成员(1993—1997)

43. 浙江省建筑业协会首届理事会理事、常务理事(1998—2002)

44. 浙江省建筑业协会建设监理分会第一届理事会理事、常务理事、副会长(1999—2002)

45. 中国建筑业协会深基础工程协会理事(1997—1999)

46. 中国建筑业协会第三届理事会理事(1999—2006)

47. 交通运输行业特殊区域公路建设与养护技术协同创新平台第一届科技咨询专家委员会副主任委员(2015—)

48. 机械工业勘察设计研究院特聘首席专家(2014—)

49. "建华工程奖"奖励委员会副主任委员（2013—）

50. 宁波市城市建设工程专家咨询委员会顾问专家（2005—）

51. 金华籍博士联谊会法定代表人、会长（1996—）

52. 中科院广州化学灌浆工程总公司高级技术顾问（1994—）

53. 汤溪中学校友会杭州分会会长（1997—）

54. 浙江工业大学名誉教授（2016—）

55. 东北大学兼职教授（2013—）

56. 山东科技大学兼职教授（2001—）

57. 上海铁道大学兼职教授（1998—2001）

58. 云南工业大学客座教授（1998—2001）

59. 金华理工学院客座教授（2002—2003）

60. 杭州市轨道交道工程设计审查咨询委员会委员（2003—）

61. 港珠澳大桥珠海连接线拱北隧道技术专家委员会专家（2013—2016）

62. 深圳机场扩建项目填海及软基处理工程技术顾问（2006—2012）

63. 杭州奥体博览中心滨江项目专家技术顾问（2009—）

64. 台州港临海港区建设管理委员会专家顾问（2010—2012）

65. 高德置地控股有限公司顾问（2012—2014）

66. 杭州东杭大通岩土工程有限公司顾问（2012—）

67. 杭州紫金港隧通工程专家组组长（2010—2012）

68. 浙江省交通集团高速公路杭州板块工程技术专家委员会主任（2016—）

69. 上海民防勘察院岩土工程研究所名誉所长（1994—1995）

70. 汕头大学科技产业发展中心凌达地基结构研究所高级技术顾问（1995—1998）

71. 中国有色金属总公司软土地基研究中心高级技术顾问（1995—1999）

72. 温州华野实业有限公司高级技术顾问（1994—1998）

73. 中国建筑第一工程局杭甬高速公路余姚指挥部顾问（1992—1995）

74. 嘉兴市乍嘉苏高速公路建设技术专家组特聘专家（1999—2003）

75. 中国水利水电建设工程咨询技术咨询专家（1989—2001）

76. 杭州应用工程技术学院软土地基研究所顾问（1996—2002）

77. 浙江省高级人民法院技术顾问（1997—2000）

78. 杭州市城建设计院顾问专家（2000—2005）

79. 浙江省科技咨询中心全国地基处理咨询部主任（1989—2005）

附录 2

家族考查概况

龚樟杰

　　龚姓受姓在东周春秋战国时期,公元前221年以前,在晋受姓。晋国,后被秦国并吞。距今已2200多年。第一代龚坚受姓,至第四十代,日新公由义邑松门迁居茅檐,时间在公元1120年前后。至第四十八代,允德、允志二兄弟由茅檐迁居雷鼓山下泛珠之地,山下龚,时在公元1370年前后,即元朝转明朝之时。以后允德子孙迁居至衢州发家。

　　证实:

　　[第一世]始祖龚坚,晋荣禄大夫。

　　[第四世]龚遂西汉宣帝时渤海太守,时在公元前100—前75年。

　　(注:山下龚厅堂上匾书"渤海流风",表示山下龚龚姓为渤海太守龚遂之后,也表示龚姓汤溪第一始祖龚日新希望后人继承太祖龚遂之意)

　　[第七世]龚胜汉哀帝时谏议大夫,王莽重政,归老乡里,子孙分住全国各地。

　　[第十世]龚康东汉安帝武陵太守,时在公元101—120年。

　　[第十四世]龚珮晋武帝太康年间御史中丞,时在公元1267年前后。

　　[第十九世]龚湛宋文帝元嘉间侍御史,时在公元429至455年之时。

　　[第二十一世]龚致尧梁武帝晋通中吏部尚书,时在公元502—550年。

　　[第二十六世]龚顺中武后朝为凤阁舍人,时在公元743年前后。

　　[第四十世]龚日新北宋徽宗崇宁间进士,娶尚公主,附马公,做官被缵由钱塘遁迹,迁居茅檐,为汤溪第一始祖。

　　(注:山下龚厅堂为"龚氏家庙"印证为皇亲国戚之后;厅堂上匾书"作忠堂"表示虽被缵陷害世代要做忠臣之意)

　　[第四十八世]龚允志山下龚第一始祖,由茅檐迁住泛珠之地山下龚村,至今已630年左右,计从礼字到慈字二十二代,子孙繁荣昌盛。

年迈忆少　昼夜思亲　艰辛处事　记忆犹新
岁月蹉跎　白费心神　子孙荣誉　光耀门庭
——我的家史*

龚樟杰

　　我名樟乾(后改杰),姓龚(敬字辈)。世居金华市婺城区(原汤溪县,1958年与金华县合并称金华县),2001年撤县建区,为婺城区罗埠镇山下龚村。

　　家谱记载,家祖龚日新,宋徽宗崇宁年间进士,驸马公。因被谗弃职,由钱塘遁迹居茅沿村。第九代祖龚允志,字其信(礼字辈,排行第三),由茅沿村徙居雷鼓山下定居,定村名山下龚,为山下龚始祖。

　　自始祖龚日新起我是第二十七代,自山下龚始祖龚其信起我是第十九代。自家祖龚日新起我家族系如下所示:

实　　龚日新(宋进士,附马公。因被谗弃职,由钱塘遁迹居茅沿村)

念　　龚　增

百　　龚　镛(下略)

　　　　　　弋

千　　龚　沉

　　　　　　浚(下略)

万　　龚　楫

　　　　　　栋(下略)

曾　　龚　熹

荣　　龚　培(下略)

　　　　　　坊

盛　　龚　瑗(下略)

　　　　　　琏

礼　　龚其行(下略)

＊ 本文笔录于2002年10月12日。

其㑽（下略）

其信（上下龚第一世祖，由茅沿村徙居雷鼓山下定居，定村名山下龚）

其文（下略）

兴　龚远成

俊　龚　兰（下略）

　　桂

　　藤（下略）

　　茅（下略）

汶　龚汶彰

　　汶俊（下略）

　　汶宪（下略）

恺　龚登元

　　登科（下略）

　　登贤（下略）

增　龚　讨（下略）

　　孙

贤　龚孙赦（下略）

　　彰（下略）

　　添

厚　龚　敬（下略）

　　忠

裕　龚惟进

圣　龚良元

　　良魁（下略）

　　良彦（下略）

智　龚福其（下略）

　　福珍（下略）

　　福韬（下略）

　　福祥

青　龚日吉（下略）

　　日贵

　　日贤（下略）

　　日斌（下略）

良　龚功廷（下略）

　　功围（下略）

　　　　　雪球

　　　　　功望(下略)

　　　　　功元(下略)

贞　　龚成瑜

　　　　　万镒(下略)

　　　　　万钱(下略)

诚　　龚自任

　　　　　自潮(下略)

忠　　龚景标

　　　　　景尾(下略)

　　　　　景棠(下略)

恕　　龚振纲

恭　　龚绍周(下略)

　　　　　绍昭(下略)

　　　　　绍庭(下略)

　　　　　绍珍(下略)

　　　　　绍驰

　　　　　绍凝(下略)

敬　　龚樟杰

　　　　　银珠(女)

　　　　　珠梅(女)

和　　龚晓南

　　　　　晓峰

　　　　　志金(女)

　　　　　志银(女)

　　　　　志琴(女)

　　　　　志英(女)

　　　　　淑英(女)

睦　　龚　鹏

　　　　　程(女)

　　　　　珏(女)

慈　龚　子晋

　　我爷爷振纲有六个儿子。我父亲绍驰,排行老五。兄弟未分家的时候,人口兴旺,全家20多人,务农为业。家庭副业做豆腐出售。兄弟团结,妯娌和睦,家业兴旺。在我五岁的时候,我们住的老屋改建翻新。1926年腊月(我五岁时),国民军(人称南军)

军官周凤岐与军阀孙传芳(人称北佬)手下将领孟昭月在我地打仗。我与父母亲逃至厚大乡陈村避难。后北军打败仗,向北方向逃窜,北军边逃边抢掠,人民遭受灾难。战争平息后,百姓回家过春节,庆祝太平。因人口繁多,树大开枝,在我六岁时分家,各户立业。

我父绍驰(恭字辈),因兄弟排行第五,村人叫他老五。清光绪十七年(1892年)出生,幼时进过私塾读书,识几个字,务农为业,附带做点家庭副业为生。为人忠厚、诚实、勤劳,乐于帮助别人做事。村中土地房屋有出卖或是典当租赁,都叫他代笔写契立约,做中证人。我父关心公益事业,旧社会小孩预防天花,需要注射牛痘苗,注射三年或长点时间定要演戏一次,以谢花神,讨个吉利。他与本村龚樟英为花头,筹经费,请戏班,安排戏班人吃、住和做戏时所用的工具。他从不厌烦,自当其任。本村大厅本来只有前后二层,中间是空地。我父与同村龚大荣为头发起,筹集资金,采购木材砖瓦,请工匠,把中层建造起来,成为现在前、中、后三层大厅。做花头,修大厅,都要做戏,他做戏头,费神费力,不计报酬,还要赔茶水。故在村中威望较高,至今尚有传颂。

家庭副业是家中卖酒。酒是从邻村酒坊挑来零卖的,其利甚微。忙时在家种田,家养一只黄牛,除自家耕田外,还帮助别人翻耕田地,得点报酬。农闲时到湖镇等处买回十斤左右仔猪,饲养到20斤左右,再挑到市场出售,赚点钱以弥补家庭生活。如此辛勤劳动,损耗体力,到49岁就生起病来,全身发烧,久热不退。当时我国医疗落后,家又贫穷,缺少退热药物,无药治疗。当时我只有19岁,只得到山下周村山边泉水窝里挑冷水,回家用毛巾浸冷水贴心窝退热,皮外虽凉爽点,内心热仍不退,无药挽救,病情恶化,终于在民国二十九年(1940年)七月廿二病逝,终年49岁。

我母陈大香,洋埠镇后张陈村人,为人慈善、诚实、忠厚、勤劳。清光绪十六年(1891年)出生。外婆生一男二女。男的早夭,女的就是我母亲和我的姨娘陈小香。外公年轻时病故,遗我外婆孀居,无力养活女儿,把我母七岁时卖给寺前杨村舅舅家做童养媳。自己带着小女儿小香改嫁黄稍村,把小女儿小香配给前儿胡开泰为妻。外婆在黄稍村生一子,姓胡,取名开兴,是与我母同母异父的娘舅。胡开兴生七子一女,子名樟祖、樟潘、樟恭、樟苟、樟权、国成、明成,女名益花。除樟苟在家务农外,其他都在外营生,樟祖、樟潘、樟恭三人在新中国成立前就到上海工厂做工,现在迁居上海。明成到上海做小生意。樟权、国成二人,一个定居黄岩,一个不详。益花适古方现居金华。外婆到黄稍后,后张陈外公家就没有人居住。所以我自幼就没有去过后张陈外婆家。

我母到寺前杨村后16岁结婚,生二女二男。二男早夭,剩二女。长女杨金莲,次女杨连珠。金莲自幼给黄稍姨娘家做童养媳,未婚,后出嫁到湖沿村罗根茂为妻,子女已经长大。生一男一女,均已成家。男名罗仕勇(绰号小讨饭),女名罗凤娇。仕勇生一男一女:男名孝平,在家务农;女名孝红,已出嫁。凤娇嫁在兰溪市兰江镇,生一男一女:男名余族华,现在浙江大学土木系读书;女名不详。我母命苦,与外婆同病相怜,不幸28岁丧夫,因无子在寺前杨村难于生活,不得已带领亲生女儿连珠转嫁到东祝乡下伊村我大婶娘家,后经大婶介绍嫁来山下龚村。我父亲在前也娶过妻,是汤溪城内人,姓吴(名不详)。吴母生一女后病故,女儿取名银珠。出嫁与本镇尖上村陈海林为妻,生二子一女。剩一子,名乌牛。乌牛生一子三女。子振红,长女旭红,次女丽红,小女芬红。旭红现在本镇工作。银珠姐17岁出嫁到尖上,29岁夫殒,儿子幼小。为了抚育幼儿,守寡在家,辛勤劳苦,继承家业,现已87岁高龄,身体还很健康。在汤溪有三个母舅,现都不在,以前也不来往。

我母在山下龚村生三女二男,剩一男一女,就是我和珠妹,兄妹二人。先把带来的姐姐杨连珠出嫁与陶家村陶树根为妻,生二女,长女陶彩茶,次女陶彩球。后丈夫病故,家庭生活不能维持,带二女转嫁到派溪李村李树根为妻。把大女儿彩茶嫁到上潘村潘如云为妻,次女彩球嫁给派溪李村绰号名叫奶奶的人为妻。彩茶生一男三女,男名潘伟,浙江农业大学毕业,女名不详。彩珠生三个女孩。一名女英,一名雪文,另一名不详。女英长春大学毕业,现在杭州工作。雪文杭州师范大学毕业,现在在校任教。小女儿龚珠妹嫁于汤溪城内吴荣琦为妻,生三男一女:长子东平,次子小平,幼子顺平。三子都已有儿女。东平儿名晓鹏,已上中学,其余幼小未入学。女儿迎春嫁于本汤溪城内范立均为妻。现在有一子已上学读书。我母尚有一养女,名四妹,嫁湖镇桐村。我们兄弟姐妹五人,有同母异父、同父异母、同母同父之异,但母亲对我们兄弟姐妹五人都一样疼爱。

我母一世勤劳,艰苦度日,晚年不幸患了黄疸肝炎,治疗无效,于1969年12月6日(农历十月廿七)病故,享年79岁。

我家亲戚繁多、复杂,母舅就有三处。亲戚多,逢年过节家庭的开支就大。

我出生于民国十一年八月廿二(公历1922年10月12日)。7岁上学,在本村私立泛珠初级小学念书。学堂设在李娣奶老屋内,后移至现龚金牛住的房子内。学校是私立的,管理人员有校长一人,校董若干人(我父是校董,父死后我继任校董)。办校经费是校出租土地收租谷开支,教师(当时称先生)是聘请来的,教师的膳食由小学的学生摊派供膳。当时汤溪县最高学府是九峰完全小学,除九峰完全小学外只有各村私立初小。我在初小读书五年(读白话语文四年,文言文一年),12岁上半年辍学在家务农,帮父亲做田间农活。19岁时父亲病故。母亲是本分善良之人,从未问国家事。妹妹又年幼,只有8岁,所以家庭担子就压在我的肩上。我家原有自耕田三石三斗(每石二亩计,计六亩六分),租种土地一石五斗计三亩,合计近十亩之数。那时生产比较落后。没有抽水机、拖拉机、脱粒机等机械。没有化肥、农药。耕种、车水、脱粒都使用人工。田间用肥是割草垫栏粪,积塘泥的土肥。用工多,收入微。耕种10亩土地,我一人做工人手不够,每年只得雇半个长工(与别人合雇,隔两天做两天)帮忙。卖酒也停业。第二年20岁时,堂兄龚卸仓要出售连到我住房的二间小楼屋,为了便利实用,我把它买下来做厨房。屋价是十几担稻谷。当时农村无其他经济收入,一切费用都靠出售稻谷。到21岁农历正月娶上章村章启弟,结婚做喜事要请酒。当时贺礼很轻,一客的贺礼红纸包只能买二斤猪肉的钱。结婚后不久,到农历四月中旬,日本侵略军已打到我家乡。日军未打倒之前,敌机天天来轰炸,一天数次警报,弄得人心惶惶。轰炸目标是火车站和衢州飞机场,有一次九架轰炸机轰炸汤溪火车站和罗埠,炸掉一个火车头和车厢物资,同日罗埠街面房屋也炸毁,熊熊大火烧至第二天,使人心寒,不得安宁生产。日军袭击我地时秧苗还没插完,全村老幼都逃到南边山里躲难。我同启弟、珠妹三人逃到岑上乡里门殿村。母亲没有去,一个人留在家。那年我家损失比较大。与堂兄如坦合养的耕牛一头被日军牵走。吴家坂二亩田秧苗未插下荒掉。插下秧苗的田也未管理。秋谷只有三四成的收成。后茬豆麦不能下种,田地基本荒芜掉。在里门殿一个多月时间,日军先锋队打倒衢州江山去了。带去的粮食也已经吃完,不得已回家。回到家后,村里厅上有日本侵略军驻扎。百姓很小心谨慎,不敢经常到田里生产。日军打到江山县一带碰到我国游击队就不能前进了。农历八月大部队就退下来了。日本鬼子退到莲塘宅口一带坚守,与国民军对持。日军驻守莲塘宅口时,日夜对我村等处断续炮击。晚上还放毒气炮,一股辣椒味,人人打喷嚏。以后我地受日军毒气炮的毒菌感染,很多人烂脚或其他疾病发作以致死亡。日军在坚守期间几次冲击到我村这些地方与国民军作战,所以田间无法生产。从山里回家后粮食接不到新谷登场,开始向别人借谷度日。因兵灾田地荒芜,下半年粮食收成很少,家中较有困难。22岁时妻产一子取名智全。妻产后心头病复发(原先发过)。发高烧,乳就没了,小孩只得雇乳喂养。每月乳钱白米四十斤。另外还要开支,雇乳一年多,小孩患牙根炎病夭(肯定与日军放毒气炮有关)。大人又要治疗,家庭经济越来越困难,不得不向人家借高利稻谷度日(当时粮价收获期与青黄不接期差距很大,借债只能借到粮食,不管什么时候借,收获时归还100斤稻谷利息40~50斤,有的甚至更高)。23岁时妻产第二胎,男孩取名志元,上小学后取名晓南。记得那年天旱,粮食减产。24岁那年未有灾害。25岁又碰到天灾打冰雹,大小麦、油菜基本打光无收,后几年田间作物又发生了病虫害。这样一年年的灾害,加上高利贷的利滚利,家庭负担一年重过一年,所借的高利贷稻谷一年比一年多,借多的年到秋收还债,要交利息稻谷上千斤。负债沉重,只得卖掉田一亩还债。后来长工也停了,叫十多岁的妹妹做帮手。25岁时妻生大女儿志金。28岁时,二女儿志银出生后,因陶家姨母无子女,把女儿志金3岁时抱给姨母做女儿,改名陶月球。姨父陶品林。妻子除抚育小孩外,家中饲养一只母猪、一只肉猪,另有其他家务。母亲帮助料理家务外做草鞋卖,还代人纺纱赚点钱。

　　1943年日军退守金华,地方稍安,但道路已破坏,交通不方便,商品不流通。有的物品靠肩运。我在农闲时做点肩挑小贩,弥补家用。1945—1949年间,物价飞涨,民不聊生之时,我主要务农,闲时仍做点肩挑生意。1949年开始,债务有些缓和。党的政策是:债权人所借的经济或实物,收历年利息超过成本的,本利都不还,收利息未超过成本的还本不交利,年借年还清的只需还本。我家所借的稻谷大都年借年还清的。本谷都要归还。1951年经过土地改革组织互助组,后成立农业生产合作社。虽再不受高利贷剥削,但家庭人口逐年增多,劳动力缺少,合作社分红低微,家庭经济仍旧入不敷出,年年超支。要分足口粮,就要欠生产队超支谷。过去向户借,后来向生产队借。直到1982年大包干,土地包产到户,原有村、队集体房屋财产卖给私人。所卖的钱分给社员。我家把这笔分到的钱归还给生产队,抵交历年超支,还清生产队的帐。晓南1967年清华大学毕业参加工作后每月向家寄钱,家庭经济开始有所好转。

1949年以前我也能帮助村中做点事,如帮人家代笔写买卖土地、房屋契约及分家书,每年除夕夜三更时在村里大厅上读祈福祭文。旧社会时我村在除夕夜三更时全村男的父老小孩,都集中到大厅上,点上红烛,烧了纸钱,向天地祈福,叫作拜天地。拜天地时我负责读祭文并行三叩礼。村中做祈福善事,我都参加筹经费,管账目等事。

1949年,由村民推选为山下龚村村主任,办理村行政事务。1950年冬至1951年进行土地改革,没收地主和太公会户土地,并将地主多余房屋由农会做主,分配给少田少屋贫困户。土地没收后过拨到户手续、填写土地证及发行,这些工作很复杂和繁重,都要村干部做。村主任是主要负责人。解放初期乡政府只设乡长一人、副乡长一人、农会主任一人和文书一人。区派南下干部一人在乡蹲点,掌握政策。农村干部比较忙。工作无报酬,会议都在晚上开,工作白天干。土改后为了解决劳动力不足和农具缺少的困难,想要组织互助合作解决。1951年我带头组织临时互助组,在我带领下,1952年全村组织12个互助组,1953年转为常年互助组。到1954年互助组合并发展为低级农业合作社,耕牛、农具入股,各户按劳动力投资股份基金(困难户国家贷款)。入股时,社员思想斗争严重,都要村干部做细致工作。低级社时按各户所占的土地和劳动力比例分红。低级社时我任社长。在互助合作农业生产中我钻研农业技术,提高单位面积产量,受到县区奖励,曾出席县劳动模范大会并授予县农业劳动模范称号。1955年低级社合并成高级农业生产合作社时,我任高级社社长。1956年同祝家店边村合并成立联盟高级社时,我任副社长。1956年秋收分配后,两村发生矛盾,只得分开。我仍为山下龚村高级社社长。1958年贯彻总路线、"大跃进"、人民公社三面红旗,以区为单位成立人民公社,农村高级社改为生产大队。1955年我加入中国共产党,1957年村成立党支部,我任党支部书记。公社化后,村办食堂集体吃饭,国家大办钢铁,大砍树木烧炭。农业贯彻密植,作物种得越密越好。工作浮夸,产量虚报,形成五风。区改人民公社,设正副社长,乡改管理区,设正副大队长。1960年春我抽调到莲湖管理区任副大队长。不到一年,1960年下半年我被调到公社九石陇畈畜牧总厂工作,领导建造猪舍和房屋。总厂下属有莲湖管理区殿山猪场、塘头郑渔场、洋埠管理区箬帽畈猪场、湖田管理区水龙庵猪场和宅口胡家猪场。在场党员成立党支部时我被推选为支部书记。在九石陇畈未到两年,公社书记李显文来对我说:山下龚村村民仍要求你回村工作。所以我接受上级组织安排,1962年仍回山下龚村任党支部书记。1962—1966年兼任莲湖乡党委委员。1962年纠正五风后体制仍旧恢复区、乡。区设区长,乡设乡长,自然村为大队。从1962年起续任支部书记,经过"文化大革命"一直担任到1984年辞职不做。1986年农历正月十五前往杭州浙江大学第六教学楼做大楼管理员,四年后(1990年)回家务农。在女儿女婿帮助下种田到1997年。从1998年起土地租给别人种,自己过清闲生活,与妻安度晚年。

我从1949年冬任村主任兼农业社社长到1957年。1957年本村成立党支部我当选为支部书记,一直担任到1984年上半年止(1960年春到1962年春在公社、管理区和畜牧场工作一段时间)。在这段时间里,解放初评为农业劳动模范,多次参加县劳动模范大会和群英大会。1960年参加过在杭州召开的省群英大会。1953年、1958年、1963年、1981年、1984年选上共五届莲湖乡人民代表大会代表。1954年、1966年两届当选为汤溪县和金华县人民代表大会代表。1958年4月当选为县辖区人民陪审员。1970年左右在莲湖乡任乡教育贫下中农管理组组长。1962—1966年任乡党委委员。

在任村主任、书记时工作忙忙碌碌,辛辛苦苦。土地改革分田到户、实现合作化等,现都已成为泡影。大办钢铁搞五风时,日夜工作,没有报酬。到生产大队按劳分配时,误工实误实记。会议都是晚上召开,不记工分。

我在任村主任、书记期间,在本村办起业余民校。依靠共青团骨干,组织青年男女学习文化,脱离文盲。通过学习提高知识水平,树立农村正气。在当时青年男女无参赌、好闲之人,都以唱革命歌曲、搞文娱活动为乐,以帮助别人做事为荣。在生产队干活争先恐后,在分配物资方面能让三分。通过学习,扫除了文盲,提高了文化程度。从民校中培养输送参加国家各项工作人员有十余人,并解决大队生产会计、记工员、经济保管员等人员。民校自1950年创办以来("文化大革命"期间停办一段时间)从未间断过。当时称为铁民校。至1975年由于国家教育普及,学习人数逐渐减少,这样就停办了。

金华文史资料(一九九六年二百二十二页)曾刊文介绍山下龚铁民校。

妻子章启弟,上章村人,1942年20岁时嫁到山下龚村。为人善良、诚实、和蔼。父名章松生,母名郑爱云,姐弟四人。大姐章桂花,嫁在陶家村陶品林为妻。弟章荣根、章荣华。荣根生三子一女,现都在家务农。荣华生三子。大儿章胜南获浙江大学硕士学位,在浙江电力设计院工作,高级工程师;次子章胜峰,浙江师范学院毕业,现在金华市党校任教(副教授);幼子章胜利,在粮食部门工作。

我妻章启弟到山下龚村后过着辛劳艰苦的日子,从未出怨言。除做家务、哺育小孩外,还参加田间劳动,农闲时到火车站土产仓库做点临时工,赚点钱。我妻生九胎,养大七胎,二男五女。长子晓南,幼子晓峰,女儿志金、志银、志琴、志英、淑英。还帮别家喂乳一个小孩,赚点乳钱,辅助家庭开支。另外帮上章弟妇、贞姑山女儿带领两个小孩。一位从3岁带到9岁,一位从7岁带到12岁上初中时才回家。洗衣换裤用自己精力来抚养。任劳任怨,辛勤劳苦,哺乳喂食,用心血喂大八个小孩,真不容易!至诚教导,慈爱育人,使儿女能勤奋求学,高攀学位。二子均获博士学位。

长子龚晓南,1967年清华大学毕业,毕业后分配陕西凤县工作十年。1978年考上研究生。1981年获浙江大学硕士学位。1984年获浙江大学博士学位,是浙江省自己培养的第一位博士,同时也是我国岩土工程界自己培养的第一位博士。毕业后留校任教,1986年破格晋升为副教授。同年年底,获得德国洪堡基金会奖学金,赴德国Karlsruhe大学从事博士后研究工作。1988年4月回国,同年破格晋升为教授。1993年被国务院学位委员会聘为岩土工程博士生导师。1994—1999年,担任浙江大学土木工程学系主任、建筑工程学院副院长。是我国岩土工程领域的著名专家。担任中国土木工程理事会理事,土力学及岩土工程分会副理事长,地基处理学术委员会主任。是金华市博士生联谊会会长等十余个社团组织负责人。为了改善本山下龚村道路和村貌,在公元2000年捐助本村建水泥路用水泥100吨(时值人民币2万元)。同年与同胞弟龚晓峰捐助人民币1万元(每人各5000元),修理本村厅堂门扇和前层浇水泥地,并在厅前竖起旗杆和安放双狮,以使村貌壮观。

次子龚晓峰,1983年毕业于浙江大学化工系。大学毕业时年龄只有18岁。毕业后分配到西南物理研究院(四川乐山)工作。1986年读研究生。1989年获硕士学位。后考入浙江大学攻读博士学位。于1997年获浙江大学博士学位。现任四川大学副教授,是我国自动控制无线电监控领域有影响的专家。

长女龚志金,自幼给陶家姨母做女儿,改名陶月球,招婿方根土在家。现为小学高级教师。生一男一女。男名伟明,中专毕业,现在十二局工作;女名伟娟,大专毕业,在金华金融部门工作,会计师。

次女龚志银,出嫁贞姑山村郑剑明为妻,生三子。长子郑永胜宁波师范学院毕业,现做房屋等方面纠偏工作。次子郑永峰,武汉海军学院毕业。现任上尉军官。幼子郑永斌高中毕业,参军复员后尚未有固定工作。

三女龚志琴,嫁给东祝村程瑞成为妻,生一子二女。子名向阳(校名程曦)已考上大学。长女程俊,大专毕业,次女程芳,中专毕业,二人均在杭州工作。

志银、志琴二人,天资聪颖,由于家庭经济困难,未能升学,就在家务农,勤劳创业。

四女龚志英,1979年浙江师范学院毕业。高中毕业时年仅17岁。毕业就任教,当民校教师。一人在校教书,一切生活自理(包括烧饭、洗衣等),又要备课。生活艰辛,能耐劳苦干,后考上浙江师范学院。现在中学教书。中学一级教师,成绩优异。嫁给胡家胡竹青为妻。现在同校教书。生一子名胡强,现在杭州攻读大专。

幼女龚淑英,智慧聪颖,能勤奋苦学,力求上进。在他初中毕业时,农村"文革"风未除,升学不凭考试,而是推荐。因我家那时有一大学毕业生,一高中毕业生,淑英与晓峰都不能被推荐,只有上乡农中读书。晓峰初中毕业成绩优良,学校要保送罗埠高中读书。因村中有人提议说我家读书人已多,因此未能去罗埠高中,只能在农中读书。后听到金华一中招考插班生。我送晓峰前往考试时,在校听到高二年级也在招考插班生,我就打电话回家叫淑英也来金华一中考试。她接到我的电话时,刚在吃中饭。碗内的饭还没有吃完,放下饭碗,就背起书包,跑路赶到相隔18华里路途的金华一中参加下午的考试。如迟到一分钟,就不能进考场,说明时间的宝贵,求学的心切。

因成绩优异,姐弟二人均得到录取。在金华一中时勤奋学习,艰苦攻读,一学期后,从平凡的成绩一跃到优秀成绩。例如,进金华一中时物理考试5分。通过学习一学期后,高考时物理考上将近90分。在金华一中名列第一名,在浙江农业大学被录取的学生中也属高分。说明有上进心,勤奋刻苦能攀上高峰。高考录取浙江农业大学。于1982年毕业于浙江农业大学茶学系。1987年获浙江农业大学硕士学位。现在浙江大学任教,为副教授,茶学系党总支书记,茶学系副主任。是我国茶学界有影响的专家。多次出国传授茶学知识。嫁于嵊县籍同校教师马良华博士为妻。生一女,名心悦。现上初中读书。

兄弟姐妹七人,五人任教,二人务农。兄弟姐妹互敬互爱、互相关心,互相帮助,同心和气,从未有过口角相争。都能勤劳治家精心培育下一代。此乃慈母养育教诲之劳。

二房儿媳,聪明贤惠,孝敬翁姑。夫妇和睦,共成家业。

长媳卢蓝玉高中毕业(因"文化大革命"时期未能升学)在杭州第三建筑公司任会计。现退休在家,料理家务。

次媳夏丽华,在四川成都电讯工程学院获硕士学位。现在四川大学任教,兼任四川省华日无线电监测有限公司副总经理。

长孙龚鹏,1993年考上清华大学,入学第一学期成绩优异,就获得学校奖学金。1998年清华大学毕业,同年下半年留学美国。2000年在美国获硕士学位。现在美国工作。孙媳李瑾,在美国获博士学位,现在美国大学任教。

长孙女龚程2001年浙江大学土木系毕业,2002年留学美国。

小孙女龚珏年幼,在校读书。

孙辈十三人中,硕士生二名,大学毕业生三名,大专毕业生三名,高中毕业生一名,中专毕业生二名,年幼入学二名。外围亲戚晚辈中,大学毕业生多人。真是庭前修竹翠、满院桃花红的欣欣向荣景象。参加工作者有钻研业务、力求上进之风,在校读书者有勤学苦读、攀登高峰学位之志。

公元2000年5月18日(农历庚辰年四月十五)凌晨,妻子章启弟不幸心脏病复发逝世,享年78岁。她为人善良,勤劳刻苦,勤俭持家,慈爱育人,在家乡广为传颂。

撰写至此,作为记录。前苦后甜,以慰平生。事难尽述,容后再言,不当处,敬请指正。

子孙繁衍,源远流长!

汤溪家乡纪述[*]

龚樟杰

回忆人生经历,目睹八二春秋,成在和平败在乱,艰辛创业顺应天时。科学不断发展,社会持续进步,时代潮流开新篇,千秋万代乐享天年。

1949年前,山下龚村属汤溪县罗埠区罗江乡第一保管辖。属第一保的自然村有山下龚、舒村、莲湖严、九石垅、寺后、水碓下等。保下设甲,每甲20户左右不等。罗江乡属下分布有宋家坂、湖沿、上章、罗埠、青阳郑、青阳洪、湖前等自然村。乡设乡长、乡队副(管兵役)、事务员、乡干事、乡丁等若干人,管理全乡事务。保设有正、副保长,保干事等人。甲设有甲长。保、甲管理人员不脱产。山下龚村临近几村不但是邻村,也是邻乡。邻村祝家店边村属界塘乡,与金塘边、山下周、东祝等同乡。山下陈村属顺琳乡,与从五都钱至洋埠一带的自然村同乡。塘头郑村属泽头乡,与下章、花园等村同乡。莲塘村、泽口村属开化乡。山下龚村临近的几村都是乡的起点村。从罗埠过衢江,伍家圩、黄泥谷等处属汤溪管辖有两个乡:瀔北乡、北源乡。1949年后这些乡划归兰溪市管辖。

汤溪县建立于明成化七年(1471年)。据县志记载,当时此处地处荒僻,山区经常有土匪出现,到外打家劫舍。未建县前苏村、大岩等处原有兵勇设防。后来明朝廷为了人民安全设县治理。汤溪县由原金华县、兰溪县、龙游县、遂昌县四县分拍部分土地组成。建县城时传说那里有汤塘,故取名为汤溪县。汤溪县建立后第一任知县官姓宋名约。宋约为官清正,为民造福。后人尊敬他,在城隍庙内为他塑像,即现在的城隍老爷。据汤溪县志介绍:宋约是农历四月十六出生,并以汤溪城四月十六庙会以作纪念。汤溪县成立时有788个村庄,12346户,有男丁35150人,女口16375人。民国十三年(1924年)户口登记时,有25264四户,男丁64833人,女口47237人。汤溪县成立后户籍由乡镇管理,土地由县财粮科辖下的莊书管理。汤溪县初期设有10个区:中区、开化、白沙、琅琊、厚大、兰源、黄堂、洋埠、内北、外北。当时罗江乡属内北区。汤溪县初期设86莊,莊内田块逐垯登记,每垯编号详细写明四至。每块田、地、山、塘、宅基、园地等都做有土地管业证书,发到业主管业,证明该地属谁所有。每莊田块造有鱼鳞

清册,以防土地发生纠纷。我村土地多数属于宝兴荘前海字第几号,少数属祝下荘丽字号和刘家荘(某)字号。荘设荘书一人。土地买卖时荘书帮做过号验契过户手续。田税由县直接通知缴纳,有专人催缴。

山下龚村始祖龚日新,宋徽宗崇宁年间进士(驸马公)被谗避难由杭州徙居茅沿村。山下龚村是从本镇茅沿村迁居而来。从我祖礼三公至现在晚辈慈字排号已历22代,计600余年(排号是分辈分长幼的)。我村排号是:礼兴俊汶、增贤厚裕、圣智青良、贞诚忠恕、恭敬和睦、慈孝纯昌共二十五字排辈分。迁居来后人口发展。第三代分枝后的另一枝后裔即金富、青云等户。以后再分为三支,现称为大房人、二房人、小房人。二房人口占全村70%左右(是排号青三六公子孙)。我们与金财、开华、济华等户属二房人。培炎、益新等户属大房人。秋南、根土属小房人。现在外姓迁居本村,大部分是入赘招婿。

1949年前,村民生活贫困,居住条件差。据1950年冬土改时统计,全村84户,共318人,包括男175人、女142人。居住房屋222间(其中木结构楼屋147间,平屋62间,茅草屋13间),有的是砖墙,有的是泥墙。每人平均0.7间。富人每人好几间,穷人多人合一间。如福铨户,一间楼屋住8人;桂培户,平屋一间半住7人;云樟户茅草屋用茅草作隔墙;樟寿户无屋住白杜村凉亭里,后搬住至本村厅内。如此户不止上述几人。居住宅基面积13.84亩,杂基和园地有17.5亩。村旧址范围:东首靠芊后并水坑为界(现已填平造屋),南靠漩塘及来云屋为界,西靠石六芊即攀枝屋,顺华、元中小屋为界,北首靠后渊坑、坟塘、红泥井为界。此范围以外全是良田。据1950年冬土改时统计,1949年前山下龚村耕种土地面积:自耕田331.6亩,出租田155亩(包括本村祀户土地),向外村富户租种田366.5亩。租种田超过自耕田。租种田大部分是租莲湖杨富户的田。据说,是为水利纠纷与山下周村人命案打官司时出卖给莲湖杨人,并留住租种的。经过1950年冬至1951年春的土地改革,租种田转为自耕田。土改后山下龚村共有自耕田717亩,地7.58亩。1959年4月土地普查,经过丈量土地,并以666.7为一市亩计,山下龚村只实有土地649亩,减少70亩左右(减少原因:一是前以一石为2.5亩,计亩面积不足,二是开坑建坟用地未除),山地33.5亩(以后有调整)。村民农忙季节在家种田,农闲时做些小商小贩,开设砻坊亩处,劳力自愿结合,到外地买回稻谷,加工成糙米运往兰溪出售,以此赚钱维持家庭生活。有的出外帮长工,挑货郎担,但赚钱很少。

山下龚村水利设施:村的南、北、中自西至东有四条渠道进水灌溉田地,饮水洗涤。南边的叫前渊(从猫儿桥经火车站到陶家);北首下垅坑,从舒村松元桥接水到郑大塘;最北首列八坑,祝边水碓下接水到连湖杨;中间后坑(即村边坑),从猫儿桥接水进入本村里外长塘,排水下垅坑。此坑全长由山下龚村管辖。以上四条进水坑都由厚大溪真武堰进水过上竹园村边分支到下游各村。现在从高墩处进到我村水坑是1949年后寺垅水库建成后新开水坑。1949年前本村田地除下垅、长塘下自流灌溉外全部用人工车水灌溉。除连着坑的塘、泉外单独的塘、泉有漩塘、濠塘、新塘、高石塘、石四塘、和尚塘、四方塘、小屋塘、双泉等。现只有漱塘、新塘、石四塘。其他塘、泉全部填掉,已不存在。

作物下种与收割本不应论述,因与今下种作物不同,农用工具也不同,故就提一下。1949年前,一年种三熟粮食作物,即一水稻二旱作物。水稻清明节浸种播谷育秧,立夏节插秧,一年一季水稻。少量早稻品种叫六十日,大暑节收割接荒(接口粮),大部分中稻(无晚稻)立秋节收割。收种全部用人工操作,肥料全用土肥,治虫无农药用石灰撒施。割稻用镰刀,打稻用稻桶。在水稻收割前20天左右,有部分田撒播马料豆。在马料豆未成熟前田中撒上紫芸英以作为第二年水稻田汞肥。其他中稻收割后播种荞麦和萝卜。荞麦、萝卜田内套种大、小麦。有的中稻收割播种油菜。那时粮食产量很低,水稻亩产只有300斤左右。大、小麦亩产不到100斤。前说过,我村耕种土地50%以上是租种的,每年水稻收割时大量稻谷交租给业主,自己留的很少。向人家借粮又要交利谷,所以大部贫农口粮一年接不到一年,只得挨饿。

旧时的风俗习惯

旧历过年从农历腊月廿四开始。廿四烧香拜送灶君上天庭、奏善事、确保平安。接着各户挂上祖先画像。廿八谢年,各户用三牲上殿,上祠堂各祖先像前烧香跪拜。有的保佑孩儿无灾无难,让老樟树(常绿树)做亲娘也烧香跪拜。三十在家烧拜过祖先后再进餐,叫封年。但农历三十是年终结账的最后一天,商人、富人要到外面讨债,少数穷人缺钱在外躲债。所以有的户不能按时进餐。年饭吃好后,挑年水,水缸装满。再每户人家屋内各处都点亮灯到天明,说是年三十请诸神下界检查人间善恶,以此表示迎接诸神来临。年饭之后家主分压岁钱。压岁钱分好后大人出去玩赌,小人出去玩耍,妇女忙着家务,准备烧拜天地的年饭和正月初吃的芋羹。年三十晚上午夜三更时,村值年人敲锣三次催促各户起来拜天地、烧香放鞭炮。各户在家拜好后,男人带好香烛集中到厅上集体跪拜。由值年人在祖先像前放好三牲酒杯,主持人恭读祭文。祭文以前是龚允灿读,1949年前几年我接来读。1949年后几年就不读祭文了。读祭文时,献三次酒、行三次礼,拜完后回家。即刻到五圣殿中及各祖先像前尊香行拜。以后每天上香两次(早晚各一次)直到正月初六止。正月初六用三牲烧拜祖先后再把萝卜香炉送出去叫收尊(意思是送上辈祖先回去)。

新年正月初一到祖坟上烧香。先祖智四八公葬在黄塘徐,如去烧香每人可领到大馒头四个。到旧坟头先祖青三六公坟上烧香,每人可领小馒头四个。因路很近,村中大部分人都去上坟。1949年前旧政府从年初一起开放赌博三天。人们可在街道上设赌。赌具有白心宝、摇滩(摇骰子)、掷骰子、搓麻将、打纸牌、打牌九、斗池、压花会等。过了这三天,政府仍然禁赌。赌博有危害,不用多说。再说拜亲访友。正月初二拜年人很少,一般到初三开始拜亲访友。先到外公、母舅家拜年,再到岳父岳母家拜年,再后到姑姑、姐妹家拜年。有次序地拜年,也是旧时的礼教。旧时走亲访友很节约。拜年礼品用两个红色礼包加一个粗色礼包。一处只收一个粗色礼包,红色礼包是不收的。红色礼包是假的,四两粗糕点或其他东西用红纸包一个礼包,贴上某店标签,因为红色是不会收去的。红色包如不放破,第二年还可用。正月十五元宵节,各村舞龙灯、狮子、唱台戏,非常热闹。清明时节户户上坟祭祖。对出嫁的女儿要做米粿和白麦粿及炒菜去看望她。村中叫作清明,由值年人(祀田收租谷人)召集全村老幼到厅上会餐一次,并每人分给猪肉四两(十六两制称),再供水酒、白米饭。各户自带粗菜和桌凳。目的是表明宗族团结。端午节女婿家自制粽子,买月饼、绿豆糕看望岳父母。岳父家答谢棉布、衬衫给女儿。七月半节家家户户晚上在家用糕点、泡茶供奉亡故的祖先,一连供三天。中秋节户户在家团聚,赏月吃月饼,过欢乐生活。冬至节户户都到祖坟上培土祭祀,化纸银锭。本村立有一个丁会,丁会在冬夜(冬至日前一天)。负责丁会的管理人集中一处,办理一年来出生的小孩登记手续。将一年内出生的男女名字、出生时的年月日时详细报告丁会登记入册。日后造谱时按辈次排号。出生日期登载上宗谱(女的名字,出嫁某处,婿某名上宗谱)。已亡的祖先所葬的地方也载上宗谱。小孩登记时要交丁银,以备日后造谱和祭谱唱戏时用。丁会收来的钱借给人家收点利息。借丁会的钱冬夜这天一定要归还,以后再借给。借丁会的钱不还,冬夜不能回家。前人说:有钱过冬夜,无钱冻一夜。冬夜这天丁会向全村人每人分小馒头四个,读初小生分八个,高小生分十六个,初中生分三十二个,高中生分六十四个,大学生分一百二十八个,高一级加倍领取以资鼓励升学。丁会由龚大沄管账。

农村男婚女嫁,全听父母之命,媒妁之言,自己无权做主。如要相亲,只能偷偷去看望。相亲常有以桃代李之事,导致结婚后夫妻不和睦。男婚女嫁具体做法:男方托媒人到女方提亲,女方父母如同意,把女的生辰八字和男的生辰八字一起由媒人传达送到男女双方,托人推算是否六合。男女方八字如无相克,即议订婚,协商聘金事项。协商好,再议送定、压书日期。男方向女方送聘金叫送定;女方把男女生辰八字一起写在龙凤贴由媒人送到男方叫压书。龙凤贴送到男方后证明女孩已同意许配男方了。以后男女双方再议婚娶日期。婚娶时男方抬轿到女方家迎亲,送上鸡、鹅、猪肉、老酒等礼物。女方送嫁妆,由乐队吹吹打打送新娘到男家。富有人家新娘坐大红花轿,穿大红衣裙,戴珠翠凤冠。贫困人家新娘坐篾轿,穿青蓝服装,简单嫁妆送行。新娘进村时,男方放爆竹欢迎。新郎新娘在华堂跪拜,先拜祖先,再拜翁姑,最后夫妻对拜。拜后由二利市人送入洞房(利市人选择膝下生有男有女,夫妇双全而且是原配的中、老年妇女)。二位年轻姑娘陪伴新娘。白天摆酒筵,晚上闹新房,人散后,利市人劝吃交杯酒,酒后新郎新娘头碰头一下,利市人马上说:撞头叩额,头发胡须叩白。意思是今后二人合到白发苍苍年纪老。碰头是结发,是原配称结发夫妻。结发夫妻男女平起平坐不能歧视。男主外女主内,故女人旧时叫内理。男女共同管理家庭。继配妇女婚嫁不再举行婚礼。男婚女嫁通过媒人纳过聘,送过龙凤书贴,便成合法婚姻。国家保护婚约,双方不能无故翻悔。另有童养媳、等郎媳。童养媳是小户人家在外抱回幼女,抚养长大,配与儿子成亲,做自己的儿媳。等郎媳是富裕人家买回未成人女子,一来帮助家庭干活,二来服侍比他幼小的儿子。等儿子长大成人,把买来的女子配与儿子成亲。因为女的年龄大早已成人,等男长大再结婚,所以叫等郎媳。总的来说,封建婚姻不能自由恋爱,男女之间多数缺乏感情。

行善事、保平安是村民共同的愿望。村民组织点天灯,我村天灯有两处。何谓天灯? 天灯是在村外路口竖起木架,架起小木棚,村民轮流点灯。具体是在每天黄昏时用小灯笼点上小蜡烛把灯笼挂在木栅内,再挂上一双草鞋。目的是走夜路的人到此天黑看不清路,帮他照明,不使迷路。如走夜路的人脚上草鞋破了,可换上新草鞋赶路。参加的人每户点上一个月或15天,周而复始,这样点上三年。三年期满,请道士做三天道场,超度亡魂,这叫忏天灯。忏天灯时点灯信士抽阄分工担任道坊事务。我每次做道场都是记账,管账目。开始时道场内中堂挂起三清佛祖画像——元始天尊像、通天教主像和太上老君像。两边挂上十殿冥王画像。道士叩经念佛,信士叩头跪拜。第三天为正日,有两件引人瞩目的佛事:一是赶将,二是唱花名。吸引邻村人都来看热闹。赶将是青年人扮起冥间五将,另外二人扮起土地公公、土地婆婆。冥将手拿铜叉到各户清扫恶魔邪气,确保各户吉祥。各户包起小钱红包放在家中各处,引导五将各处搜寻红包,这样处处都能赶到,使恶魔无处躲藏。土地公公和土地婆婆随后到户检查,最后道士到户念经一次保持吉祥。唱花名是:随便谁拿来一朵花,会场拿来一个小馒头把花插上。放道场上,放得很多。到时候道士拿一个馒头花,对着群众唱顺口溜,唱得很幽默,很好笑。把花一朵一朵唱完为止。白天道场做完,晚上焚银锭、烧纸钱、散发冥币、救济亡魂,全场结束。有的庙会布置隆重,要做七天七夜道场。

尊重文化爱惜字纸,是古人尊敬圣人之美德。旧时各处造有字纸亭,对废书籍和零星字纸都要放亭内烧掉,不许人们践踏。说如有人不尊重字纸,把字纸拿来践踏必遭雷打电劈。不像今人有拿报纸当便纸的,无文化美德。

男青年白天干活,晚上集中厅上练习拳、棒。一是锻炼身体,二是作以防身。冬天无活干,人们可踢毽子、唱戏、讲故事、玩纸牌等,女人绣花、做针线准备妆套。旧时风俗习惯事很多,不能一一表达。

再谈时事

中华民国成立后,临时大总统孙中山让位给袁世凯继任大总统。公元1915年12月(即民国四年),袁世凯恢复帝制,改国号为洪宪。于是国内引起风波,起来反对。云南蔡锷首先起义,全国各省响应,声讨袁氏,结果袁世凯只当了83天皇帝就命丧黄泉。从此各省称霸独立。北方曹锟建立伪总统府。张作霖、吴佩孚、冯玉祥等各派建立势力范围相互混战,推翻了曹锟政权。孙中山先生重新选上大总统,建都南京。北方混战不息。于是组织国民革命军开始北伐。1925年3月12日孙中山因病逝世,继任的蒋介石领兵继续北伐。公元1926年(民国十五年)1月,国民革命军(老百姓称南兵)与孙传芳领导的五省联军(称北兵)在龙游、汤溪一带开战。南军军官周凤歧,北军军官孟昭月二军开战,结果南军得胜,北军大败,向兰溪方向逃窜。那时南军军纪很好,不进老百姓住房,不接受老百姓送的食品。北军败退时到处抢掠。那时我刚五岁,随父逃乱,到厚大村边的陈村避难。以后国民革命军统一了全中国。南北混战,社会不安,战乱是祸害,造成国家经济贫困、文化落后、商业萧条,破坏农业生产。农民极端困苦,买油盐、棉纱线等细小物品和出售农村产品都要跑路到罗埠、汤溪集镇。买主要物品要跑到金华、兰溪。那时没有车,全靠腿跑路,食物全凭肩挑,走的是羊肠小道,个别户有独木轮羊角车。因小路田缺多很难使用独轮车。如老年人出外用车推送,要带木板填缺口,独轮车才能过去。有二人抬的竹筐(又叫摇篮)接送老人和病人。有事跑兰溪城来往要一天。到金华县城来往要二天。到杭州省城,要走水路从兰溪坐船经富阳到杭州。本地很少有人去过杭州和上海。有的人一辈子没有去过金华和兰溪,尤其是妇女占多数。

经济贫困带来文化落后。1937年前,汤溪县最高学府有四所是完全小学。1937年抗日时,金华作新初中暂迁洋埠开学。九峰完全小学一年招收学生20名。完全小学毕业后要升学,要到金华或严州初中去读。1942年汤溪建立初中,1958年建立高中。各村设有私立初级小学,全县共有137所,我村有私立泛珠初级小学。进小学读四年毕业,毕业后很少人升学,多数辍学在家务农。1949年前我村只有两个完全小学毕业生:龚允灿和龚桂达。这之前我村没有初中毕业生。

农村医疗卫生,无医少药。大城市有正式医院,乡下只有土郎中,无西药,靠土药。有病无药难治疗。听说那时有人生病,向军医买来一针青霉素退热病,花了120斤大米。大人减少寿命,幼儿多是殇殃。生得多,养大少。有的妇女结婚后生了十多胎,到终年还是夫妇二老。那时寿命平均年龄只有36岁。那时人讲,过了36岁不算短命人。麻子多,癞痢头人多,主要是无药治疗。卫生无人管,粪便、垃圾到处都是,蚊子、苍蝇哄哄叫,是致病根源。

混战平息后,农民有了生机,国家开始进行建设,筑铁路、造公路。火车、汽车通行,搬运物资畅通。人行减少跑路,筑路路基都是人工肩挑筑成,浙赣线在我县地段是1930年铺设铁轨的(我九岁时去看过铺铁轨)。那时是小铁轨,火车头是小龙头,烧煤,隔几年后铺上大铁轨,调上大龙头。到现在(2004年)铁轨已调过三次,铺上双轨铁道,来往行车畅通无阻。现在龙头封闭式,不烧煤,烧柴油。车厢增长次数增多,速度逐年加快。今后还要提速。汽车路兰溪至衢州地段。1932年通车(1931年我送亲到尖上路过时路基已建好,营节未埋下)。后几年又筑起汤溪至下潘县道,交通方便得多。农民交通工具也逐步改进。运货车木轮改皮轮,单轮改双轮。部分人走路改骑自行车。农村生活刚有改善。1937年发生卢沟桥事变,日本鬼子发动全面侵华,沿途抢掠烧杀,实行三光政策。日军用飞机到处轰炸,目标是铁路车站和衢州飞机场,对小镇和农村也轰炸。1941年汤溪火车站炸毁一个火车龙头和多节车厢,并炸毁大量物资。同年4月,九架飞机先在我村上空盘旋后轰炸了罗埠、下潘等处。罗埠全镇熊熊大火,房屋全部烧光。那时天天有警报,天天要逃避。为了生存,全国人民奋起抗日,民间开始抽壮丁补充兵源,后方捐钱捐物资支援前线。1942年5月20日(农历四月初六),日本侵略军打到汤溪,人民纷纷往山区避难。那时多数田已插好秧,少数田未插荒芜掉。因逃难时口粮带得不多,粮尽只得回家。回村时鬼子已盘驻在厅上,强迫农民用食物维持他们。还贴出伪布告,假惺惺地说什么要搞"大东亚共荣圈,救生灵于涂炭",真是无耻之极。鬼子狼心狗肺,对老年人特别狠毒,把我村龚寿坤(顺根祖父)和汤溪志肖(世贵的舅公)等四人用铁丝绑在祝边村新厅厅柱上,用钢丝钳慢慢扭紧致死。逃难人回家后躲在家里不敢出门,晚上早早睡觉。同年,鬼子打到江山县等处,碰到新四军游击队不能再前进,就撤退下来。最前线盘驻在我地连塘、泽口一带。白天对我村等处开炮,农民不敢到田间生产,以后粮食收成很差。晚上八九点钟时放毒气炮,放炮后,一股油炒辣椒气味钻入鼻孔,害得人人喷嚏。这是一股生化毒气,触到这股毒气多数人癫脚和发瘟疫病。有的癫死(我母舅吴寿根癫脚死)。有的终身残疾。1943年,鬼子兵退至金华城内驻扎。城外地方稍好一些,但国民党便衣队回到汤溪城,组织情报组,成立诛奸暗杀团,惩办支敌汉奸。在惩治支敌人时,私用刑罚,也错办少数好人。也有趁机勒索,暗饱私囊。那时有钱人内心惶惶,人人自危。自日本鬼子侵华后物价就逐年高涨。1936年时每100斤大米价格银圆或国币4元左右(一银圆合银币12角,一角币含25个铜圆)。那时水酒4个铜圆一斤,农村无老酒卖。后国币改称法币。因发行纸币物价又高涨,银圆都藏匿不出用。1937年日本侵华后物价大幅度高涨,国家滥印纸币,滥发钞票,物价就飞速高涨。高涨到法币无法应用。法币就改用关金票一元,关金票可调换法币,几年后关金票又无法应用。到1948年又改用金圆券,一元金圆券兑换法币300万元。那时大米每100市斤金圆券9元。以法币计每百斤大米2700万元。物价还在高涨。以后纸币无法应用,民间只能以实物换实物交易。物价逐年高涨,不能详细写出。今以《钱江晚报》1989年10月2日登载新旧社会平信邮资的报道作为参考,题为《新旧社会平信邮资一瞥》:"一九三六年国内一封平信邮资法币五分;四〇年九月二十日为法币捌分;四一年十一月一日为一角六分;四二年十二月一日为五角;四三年六月一日为一元;四四年三月一日为二元;四五年十月一日为二十元;四六年十一月一日为一百元。四七年七月一日为五百元;四七年十二月为二仟元;四八年四月为伍仟元;四八年七月涨到一万伍仟元。"

　　1948年8月19日,国民政府因法币贬值宣布改用金国券为通用货币。1948年8月20日平信邮资改为金国券半分(金圆券半分折合法币15000元)。同年11月9日又提高到1角;1949年1月1日为5角;2月7日为3元;2月21日为15元;3月1日为25元;3月11日为50元;4月17日为1500元;4月30日为4万元;5月2日为16万元;5月20日为

32万元;5月22日为48万元;5月24日只两天时间涨了一倍,多达120万元。以后不能适应物价,就发行无面值邮票。

1949年10月1日新中国成立后,至今稳定8分。至1990年10月1日调整为2角。以此为鉴。物价飞涨速度可知。直到1949年全国解放废除金圆券和法币,改用人民币,1万元法币兑换人民币1元。

日军入侵后,物价暴涨,法币贬值。奸商趁机囤积居奇,富人高利剥削。官僚欺压农民,百姓受苦。例如:①在新谷登场农民卖粮时奸商杀价,贱价收进,在粮食青黄不济时奸商抬价将粮食卖出;②在秋收前,穷人口粮不济,向富人借粮度日,秋收归还时每本谷100斤交利谷40至50斤;③卖空盘,譬如当时市场价格每100斤稻谷为100元,现付币50至60元,到秋收交稻谷100斤;④借浮租,今借你多少稻谷,秋收后连本带利归还多少稻谷,要以田的管业证抵押,到期不还要管你的田;⑤杂粮换米,大小麦登场,稻谷未收,为解决口粮,将新收大麦换米每100斤大麦到富户只能换回30至35斤大米,新谷登场后,为了喂猪,要买大麦,那时卖100斤稻谷买不回100斤大麦;⑥借不到粮只得典顶土地,典顶几年,写成契约,到期不赎,田不归还。如此等等,不胜枚举。如此时期穷则越穷,富的可以投机取巧。

日军入侵后,开台抽壮丁补充兵源,现役壮丁男丁18至30岁为甲级,31至40岁为乙级。甲级兵员上前线,乙级兵员搞运输。谁先入伍抽阄为准。抽到名额如自己不去,可托人买冒名顶替的兵。每名兵价,少的十多担米,多的二十担(那时以实物交易)。如买去顶名的兵逃走,仍旧追到你家要兵,如此乡保长、乡保人员可从中渔利。有的现役壮丁自己逃外,家中由他们勒索。有的用钱贿赂。乡保长暗中跃扦。兄弟多的户难免破家荡产。独子开始时免役,以后只有缓役。缓役期间每年交兵役费大米120斤。另外,甲内还要兜物资,供应后方。1945年日本无条件投降,地方恢复安定,人民才有了生机。

1949年全国解放(农历四月中旬汤溪解放)。10月1日在北京天安门宣布中华人民共和国成立。当时全县人民热烈欢呼。扭秧歌、打花棍、走跷脚、舞狮子,到处热闹非凡。庆祝全国人民从此站起来了。自己当家做主,不受外国欺侮。元旦和春节各村扭秧队敲锣打鼓向县府拜年,闹得县府人员无暇接待。当时农民有事到县府可直接进出,不会阻拦。问题能及时解决。新中国成立后政府派出工作队到乡下各村组织农民协会,当时政策是:依靠贫雇农,团结中农,孤立富农,打倒地主。农民协会依靠贫雇农组建,成立后由农会主任领导,由群众选出村管理委员会。我被选任本村村主任。再建立民兵队,成立共青团、妇联等组织。村委会未成立前利用旧职人员向地主、债权人减租减息(国民党时有按原租减25%指示),如未减这两次减回来。高利债务按平时利率不能多收。户借高利稻谷,若三年利谷超过本谷,以利抵本,不再归还;若未超过,停息还本。当年借谷协商归还。1950年冬,在工作组的监视和农会的领导下对全村住户进行评成分。上级发下条例,成分分为地主、破落地主、富农、佃富农、富裕中农、中农、下中农、贫农、雇农、小土地出租、自由职业等。地主为有大量土地,自己不劳动或很少劳动,出租土地,雇工放债等剥削力大的户;富农为有大量土地而自己劳动耕种,雇工很少的户;佃富农为有大量土地租入而雇工耕种从中渔利的户;富裕中农为土地自种有轻微剥削的户;中农为生活自给自足的户;下中农为家庭经济拮据的户;贫农为自己很少土地生活贫困的户;雇农为常年帮工的户;小土地出租为有少量土地出租而自己有职业如医生、教师等户。全村各户由农会成员评议,报上级批准,评定后进行土地改革。(我村地主一户,富农一户,富裕中农四户,其余都是中农、贫雇农。)

1950年冬至1951年春进行土地改革。我村同莲湖严、舒村三村合并进行。没收地主家土地、多余房屋、家具与农具、耕牛等。没收各村祀户田地山塘等。田地按每户现有人口分配,地主按土地抽出户分给。家具与农具经农会会员评议。按贫困户需要分配。我村田分进户每人一亩九分,田抽出户每人二亩一分。鳏寡孤独一人作一个半人分给,地作田二作一。每户所分到和自己的田地,连同私有房屋、园地,按原土地坐落、字号、逐垃、逐条登记造册送政府做好土地证书,至各户存证,作为私有财产。在1955年组织低级农业生产合作社时各户土地入股,集体耕种土地作为集体所有。1957年山下龚党支部成立,我任支部书记兼社长。1958年各村农业社合并办大公社,土地由大公社调动,劳力由大公社调配。到1962年仍恢复各村集体耕种按劳分配。到1982年国家改变政策,把集体土地按人口分到各户自行耕种。以后因各户人口有增减,采取五年调整重分一次田地。从此私有变集体,集体土地变为国有土地,农民只有耕种权利,没有出售、转让权利。

1949年至1950年进行反霸斗争,减租减息。1951年完成土地改革。少数农民分到土地,缺少耕牛和农具,需要组织合作来解决。1952年组织临时互助组12个,各户自愿结合每组10户左右不等。主要调剂耕牛、农具、劳力。劳力互相协作,耕牛农具互相调配,做到等价交换,经济找补。后转为长年互助组。1952年政府组织大搞农田基本建设,修造寺垅、大岩、中塘等水库,都是肩挑建成。1953年搞粮食统购统销,每户排队摸底,出售余粮。政策是留好口粮、饲料、种子,把多余粮食卖给国家,但农民抵触情绪很大。有的粮户怕卖过头粮,卖掉没粮吃。天天开会,晚晚动员,总达不到摸底出售数字。上级掌握政策,先撤马头,后修补策略,即先卖足缺补再供应,但下级不知。

1955年成立低级农业生产合作社,土地入股,集体耕种。耕牛农具折价入社,作为股份基金。无或少农具的投资户向国家贷款交股份基金。入股土地按好坏田块定产。劳力按强弱、技术高低定底分。社中秋收生产果实按土地、劳力投资对半计算,分红到户。1956年转为高级农业生产合作社,取消土地分红,收入全部按劳分配。出产粮食国家开始对合作社定产量,除所留口粮、饲料、种子、储备粮(国家允许集体提留部分储备粮)外制定每年出售国家规定数量余粮。指标定得高。无特殊灾害不能减少出售指标任务。几年来因多卖过头粮,少留口粮。1957年至1958年发生饥荒,国家未及时供应粮食,农村很早断粮,买红萝卜、芥菜当粮吃。厚大、上镜等处缺粮比较严重,有人饿死。我村已发生浮肿病,人人自危,后国家发现,及时供应粮食,解决困境,未有伤亡。1956年农业社同祝边村合并改名为"联盟高级社"。同生产,同分配,搞了一年,因生产不平衡,分红有高低。山下龚劳力出工多,投资土肥多,秋收分配时比祝边村多收入。祝边村认为合并分配吃亏。到1957年两村又分开各自生产,各自分配。1958年国家贯彻三面红旗:总路线、"大跃进"、人民公社。农村实行公社化。将罗埠区改为罗埠人民公社,把各村农业社合为一体。原乡政府改为生产大队,农村农业社改为生产小队,原生产队改为操作组。土地、劳力、物资全由公社统一调配。劳力无偿协作。物资无价调剂。各村办集体公共食堂,男女老幼集体吃饭,搞一平二调、平均主义。

国家大办钢铁,以钢铁为元帅,大量劳动力投入炼钢铁、运矿石、烧木炭、搞运输。烧炭破坏木材,炼钢烧炉(把风车当鼓风机)损坏农具。农业方面,作物下种强制越密越好。水稻密度株距6寸×3寸。有的种下水稻拔起搞并垞。玉米密度株距6寸×6寸。结果有的减产,有的颗粒无收。强制农村搞车子化。制造木料独轮手推车,搞封闭式水车。一夜之间损失大量木材,结果不管用。当时口号是:钢铁二十年赶上超过英美。粮食实现每亩千斤粮,万斤薯(地瓜),百斤棉(棉絮)。工作脱离当时客观条件,急于实现,造成不应有的损失。强迫命令,虚报产量,工作浮夸,引成五风(共产风,命令风,浮夸风,瞎指挥风,摊派风)。现在千斤粮、百斤棉、车子化指标已实现。公社化后全体社员工资由大公社发给。公社只发一个月底标准工资。以后就无处筹集资金,发不出工资。由于全社搞平调,损害社员劳动积极性,各村粮食大幅度减产。公社经济越来越困难,社员生活越来越贫困。1962年国家纠正"五风",撤掉大公社体制,恢复原有体制,农村拆掉食堂,克服无偿平调。实行原来的按劳分配、多劳多得政策。政府鼓励发展农业生产,种粮做到见缝插针,不荒芜土地。1963年各社粮食大幅度增产,人民生活逐年提高。那时党内有人提议实行三自一包、四大自由,即多分自留地、多设自由市场、多搞自负盈亏、包产到户,雇工自由、借贷自由、个体经营自由、土地买卖自由。当时认为是资本主义复辟理论。于是在1966年5月发动"文化大革命"。毛主席发表《炮打司令部》的大字报,轰轰烈烈的群众运动在全国范围内掀起高潮。各地组织造反派建立红卫兵,对本厂本单位领导开展批判斗争,对知识分子无情打击,说领导是走资本主义的当权派,必须打倒。造反派夺领导的权,组织革委会,由他们发号施令,对原领导无端污蔑挂牌殴打,有的十分残酷。干部无法工作,只得靠边站。(我1968年被夺权靠边,1969年仍恢复党支书职务,任支部书记一直到1984年。)造反派掌权后,由于派与派之间观点不同,以后派别分为两派,革命派和保皇派,相互对峙开展武斗。在毛主席领导下的军队,始终遵守军纪,不介入造反,维持社会秩序,保持国内安定。经过几年动乱,国家逐渐安定下来,社会秩序恢复正常,农村恢复生产。

1978年国家提倡发展社会企业,大力支持发展各种行业,鼓励万元户。1982年农村拆散农业社,把土地包产到户耕种,把农业社历年积累的房屋、机器、耕牛、农具、公积金、公益金、储备粮等全部分光,分到各户私有(集体所买国库券以后也不知去向)。

国家实行开放政策,开拓自由市场,提倡个体私有经营建立开发区,招商引资,扩大企业。二十年来,市场经济繁荣,国家安定,交通运输发展,铁路双轨,火车提速,汽车高速公路蓬勃发展,人民生活蒸蒸日上,社会前进欣欣向荣,为奔向小康共同富裕生活而奋斗。

1949年后社会发展,农民生活提高,今昔发生巨大变化,主要反映在以下几个方面。

(1) 农业发展,粮食产量提高

1949年后,经过土地改革,租入田改给农民为自耕田。由于技术差,品种落后,无化肥农药,水稻亩产300余斤(连杂粮)。1955年组织低级农业社。1956年转为高级农业社,虽解决了一些困难,改进了一些技术,由于1958年大办钢铁,放松粮食生产,产量提高缓慢。1959年全社实收总产量205864斤,亩产349斤。1960年通过土壤普查,丈量土地面积,我村耕地面积实际649亩。1962年大公社恢复区公所,农村恢复高级社,拆掉公共食堂,实行按劳取酬,在多劳多得政策基础上调动农民生产积极性,面积649亩除分给户自留地、队种经济作物外,实种水稻面积510多亩。1962年粮食总产321571斤,亩产605斤。1963年与莲湖严、舒村合建抽水机埠于莲湖(抽水机股份:山下龚村45.26%,莲湖厌村40.17%,舒村14.5%投资办成),改进灌水。胡家畈改种连作双季稻,该年粮食总产实收464600斤,亩产跃为903斤。在水利建设、化肥、农药技术改进和良种增多的情况下,能种双季连作的全部种上双季连作,因此亩产量在原基础上又得到上升。1972年总产实收565000斤,亩产1123斤。1980年粮食总产694200斤,亩产1439斤,比1959年总产205864斤增488336斤,增2倍多。比1962年亩产605斤,增834斤,增1倍多,比1949年前翻二番多。1982年包产到户耕种,以后总产难于统计。2003年水稻一熟亩产超千斤的田很多。现在不断改进技术,插秧改成点播、撒播。耕种收割用机器,不耘田单用除草剂,化肥农药不断改进,现在大家为争取亩产双千斤而奋斗。

(2) 文化提高

我童年时高小毕业生很少,我村只有两名高小毕业生。1937年前汤溪县没有初级中学。完小毕业后很少升学,基本都在家务农,所以农村文化水平很低,基本都是文盲和半文盲。1949年后,发起办起学习小组。在村委会领导下,1950年办为冬季民校。1952年转为常年业余民校。依靠共青团员、民兵骨干,组织全村青壮年男女参加学习,有90%青壮年男女参加。初办时自带灯油,用毛竹窝、灯盏碟、青油灯照明。在村委会支持下组织学校开荒种粮、下池塘捕鱼、火车站搞搬运等副业,筹起经费买煤油,改用风罩灯、明汽灯,一直到1969年用电灯照明。师资以能者为师,互教互学,互相提高。教员出外参加工作,优秀学员继任。党支部按议事日程来抓。通过学习文化、学习毛泽东著作,社员脱离了文盲,提高了政治思想,树立了农村正气。通过学习,青年男女无人参赌,无闲人,多唱革命歌曲,搞正当文娱活动。舍己奉公,让利与人,好人好事层出不穷。培养人才参加国家工作十余人,解决农业社会计、记工员缺少的困难。在学习过程中评为先进民校。1972年,国家文化部门派人来校总结过办校经验。办校二十年来,受县、地、省奖给锦旗、镜框30多面。曾被授省教育厅物质奖励,奖给图书600余册,显微镜一台,地球仪一套等教学仪器共14件,连同民校自筹资金买回图书,学员赠送图书成立图书流动站,建立流动网,让周围八个大队(村)社员能看到红色书籍,建立起社会主义教育阵地。做到坚持四季办校、农忙放假、忙后复课原则。风雨天照常上课,所以上级评我校为"铁民校"。到1975年,国家教育已普及,学员减少,这样就停办了。

金华县文史资料(二百二十二页)曾刊有山下龚铁民校的记载。

1949年后国家重视培养人才,创办各种学校,20世纪50年代农村办小学,区办完小,汤溪初级中学于1958年设高中部。20世纪60年代一度受"文化大革命"冲击,教育受阻损,升学靠推荐而不取优生。70年代恢复大学招生,培育国家干部。农村完小、城镇初中逐步实现文化普及,学龄儿童都能上学,一个不漏。初中基本普及。职业高中毕业生比比皆是。山下龚村大专生、本科生多名,硕士研究生6名,博士研究生3名,正副教授4名。文化提高,人才辈出。今昔对比,天壤之别。

(3) 住房改变

1949年前,我村木结构楼屋147间,平屋62间,茅屋13间共计222间。多数房屋是富裕人家居住。1949年后经过土地改革取消了剥削。农民生活逐步改善。至1990年,有14户建起木结构新房59间。至2004年,新建钢筋水泥结构的洋房屋,据不完全统计,现有68座,计195间。低的是两层半,大部分是三层、三层半,有两座是四层。现新旧木结构楼层和平屋有120座,计353间(楼屋249间,平屋104间)。木结构楼房加水泥结构洋房共180座,计548间。还有1963年在汤溪火车站时建商店8间,机米厂3间。在本村建厂房13间,办公房4间。户建养殖场房屋4座,共19间。还有村民和在外参加工作人员以及退休干部共20余户在城市自建和购买的房屋多间。现在全村168户,男女共498人。户数和人口都比以前增加,但人口与住户比例比以前每人0.7%增加一倍多。现在还在继续兴建。洋房高耸林立,楼房齐整刷新,龚民家庙前蹲着双狮和竖起旗杆,还有红旗飘扬,如此壮观。

1949年前宅基面积13.8亩,园地杂基19.5亩,园地杂基现基本都已建上新房。现全村宅基面积65亩左右,比1949年前扩34亩。实际建房面积比以前扩大三倍多。现在还在扩建。

(4) 经济生活提高

1949年前农民吃的是粗菜淡饭,做的是牛马生活,穿的是缝缝补补粗布衣着,脚上穿的是破布鞋。冬天无棉衣,夏天无蚊帐,天冷单衣、单裤过寒天,夏天赤膊晒太阳。晴天整天赤脚,雨天穿木履钉鞋,晚上点的青油灯盏,烧饭是柴灶烧稻草(若不够烧,到山区砍柴)。运货用肩挑。行远路,用腿跑,筋疲力尽无处诉。现在不同了,一般人家都能吃上肉、喝上酒,大部分农民上市买菜买鱼虾。衣穿新式服装,脚穿皮鞋、球鞋。近行有自行车、摩托车,远行坐汽车、火车。出省出国坐飞机。千里路途即刻就能到。

烧饭煤气灶,电饭锅。烧水电热壶,热菜微锅炉。照明电管电灯泡(我村电灯1969年装好),天热用电风扇和空调,天冷有电热毯。通话用电话、手机(电话我村已装上70多部)。看戏用彩色电视机、影碟机(电视机基本每户都有,有的一户有两台),新闻及时能看到。以前对面画面容,现在万里能传真。过去阴雨天难辨时间,现在到处有钟表。贮藏食物用冰箱,缝衣都用缝纫机。农业耕种用拖拉机、收割机,灌田用抽水机,杂粮加工都用小钢磨、磨粉机。过去都是人工做,现在样样用机器。喝水装上自来水。村边有公路,村内水泥路,进出道路很方便。废物倒到垃圾箱,清洁卫生比前好。计划生育保健好,儿童个个身强体壮。现在生活有改善,人的寿命比以前长。1949年前后相比较,样样比前好。建设靠科技,和平环境最重要。全国人民如能团结齐心干,赶超先进国家一定能早来到。

　　由于学识浅,社会接触少,只能把我记忆里家乡解放前后的社会情况简要纪述。如有不妥之处,请批评指正。

编辑说明

　　本书收录的"代表性刊物论文"和"一题一议"中的文章是作者自1983年至2016年30余年的部分代表性作品，从一个侧面反映了作者对岩土工程的认识和学术思想。因写作时间跨度长达30余年之久，且在不同刊物上发表，因此文章的风格和格式有所不同。为此，我们既注意保持文章的历史原貌，又兼顾全书格式上大体一致，对原文的语句表述等，一般保持不变，仅对少许字句、计量单位、名词术语、字母正斜体等做了统一和订正。另外，为节约篇幅，我们对论文中摘要、图、表、文献等部分的英文对照，均做了删节，若读者需要，可参阅原文。

　　本书记录了作者从农家孩子成长为工程院院士的求学经历，反映了作者数十年来从事岩土工程学教育、科研工作所取得的成绩。我们相信，无论是作者的人生经历、求学历程，还是作者的学术观点、治学方法，对广大读者，特别是土木工程领域的年轻人，均有较好的参考、借鉴意义。

　　由于时间仓促，编辑过程中难免有疏漏之处，恳请读者原谅并予以指正。

2017年4月